U0667989

高等职业教育“十一五”规划教材

数字媒体技术系列

AutoCAD 设计与实训

白剑宇　主　编

万朝阳　周　健　俞洪海　副主编

科学出版社

北　京

内 容 简 介

本书以 AutoCAD 2007 中文版为基础，通过大量精选的实例，围绕工程图样设计、产品造型设计，介绍了绘图、图形编辑和实体造型等命令，并讲述了灵活运用这些命令绘制各类图形的方法，同时提供了一些实例。

本书共分 13 章。第 1～4 章介绍常用的绘图命令、图形编辑命令和图层图块等知识；第 5 章介绍图案设计中的一些技巧；第 6 章、第 7 章介绍机械零件图和装配图的绘制方法；第 8 章、第 9 章介绍实体造型技术和实体编辑的方法；第 10 章介绍建筑平面图的特点和绘制方法；第 11～13 章为机械图样设计、实体造型和建筑立面图绘制三个综合练习。

本书借鉴国外教材的教学理念和方法，内容编排新颖，以实例驱动，注重联系实际应用，指导读者采用正确、简捷的绘图方法。

本书可作为普通高等院校、高职高专院校以及各类 CAD 技术培训班的教材或辅导材料，也可供相关工程技术人员参考。

图书在版编目（CIP）数据

AutoCAD 设计与实训/白剑宇主编. —北京：科学出版社，2008
（高等职业教育“十一五”规划教材 • 数字媒体技术系列）
ISBN 978-7-03-023114-7

Ⅰ. A…　Ⅱ. 白…　Ⅲ. 计算机辅助设计-应用软件，AutoCAD 2008-高等学校-教材　Ⅳ. TP391.72

中国版本图书馆 CIP 数据核字（2008）第 152346 号

责任编辑：李太铢 / 责任校对：刘彦妮
责任印制：吕春珉 / 封面设计：耕者设计工作室

科学出版社 出版
北京东黄城根北街 16 号
邮政编码：100717
http://www.sciencep.com
北京京华虎彩印刷有限公司 印刷
科学出版社发行　各地新华书店经销
*
2008 年 12 月第 一 版　　开本：787×1092 1/16
2018 年 1 月第五次印刷　　印张：20 3/4
字数：470 000

定价：49.00 元

（如有印装质量问题，我社负责调换〈京华虎彩〉）
销售部电话：010-62134988　编辑部电话：010-62135763-8220（VI01）

前　言

AutoCAD 绘图软件是优秀的图形绘制软件，也是使用人数最多的 CAD 软件。AutoCAD 由美国 Autodesk 公司开发，从 20 世纪 80 年代推出第 1 版 AutoCAD V1.0，到现在的 AutoCAD 2007 版，经历了十几次的升级之后，功能更加强大，使用更加方便，并且具有强大的二次开发功能，在机械、电子、建筑、化工、纺织、室内设计、城市规划和广告等行业都得到了广泛的应用。

本书以 AutoCAD 2007 中文版为基础，通过大量精选的实例，从基本的图形绘制、图形编辑进行介绍，然后介绍机械零件图、机械装配图、建筑平面图和建筑立面图等工程图样的绘制，最后介绍产品造型设计的基本方法，使学生能在较短的时间内掌握 AutoCAD 2007 的绘图方法，并能灵活运用绘图和编辑命令绘制各类专业图形。

本书共分 13 章。第 1 章介绍最基本的绘制直线和圆的方法；第 2 章介绍功能强大的图形编辑命令；第 3 章介绍尺寸标注的方法和图案填充的方法；第 4 章介绍图层、图块和属性等概念及其应用；第 5 章介绍分析图形的方法和图形绘制中的一些技巧；第 6 章介绍机械零件图的画法、图形样板的概念和图形的打印输出；第 7 章介绍通过插入零件图块绘制装配图的方法、零件明细表的制作方法以及 AutoCAD 设计中心的使用方法；第 8 章介绍实体造型的几种方法和三维图形的观察方法；第 9 章介绍实体编辑的方法、查询图形对象信息的方法和由实体自动生成视图的方法；第 10 章介绍建筑平面图的特点和具有针对性的绘制方法；第 11～13 章为读者提供机械图样设计、实体造型和建筑立面图绘制三个综合练习。

本书的主要特点如下：

1）本书适用范围较广。对于初学者，不需要预备知识就能直接学习、快速入门；对于有一定 CAD 基础的人员，通过学习本教材，能使 CAD 设计技能得到较大的提高。

2）本书内容编排新颖，由浅入深，以实例驱动，能激发读者的学习兴趣。

3）本书精心挑选实例，传授知识与技能并重，不但把各命令要点讲解清楚，而且指导读者采用正确、简捷的设计方法。

4）本书采用的实例密切结合各相关专业的专业知识，使本书更具实用性。

5）本书借鉴了国外 CAD 教材的先进教学理念和方法，能更好地加深对各类命令的理解和掌握，使绘图更加快速和准确。

6）本书围绕大量实例的绘制，介绍了绝大部分的绘图与编辑命令，覆盖面较广。

本书可作为大学本科、高职高专、中专技校及各类 CAD 技术培训班的教材或辅导材料，也可作为相关工程技术人员的参考书。

本书由浙江大学宁波理工学院白剑宇执笔，黄河水利职业技术学院万朝阳、河北软件职业技术学院周健、宁波北仑职业技术学校俞洪海和浙江大学宁波理工学院齐海元、张艳等参与了编写工作。本书由白剑宇任主编，万朝阳、周健和俞洪海任副主编，浙江大学宁波理工学院郑堤教授担任主审。本书免费提供电子课件，可在 www.abook.cn 网站查询并下载。

由于作者水平有限，书中难免有疏漏之处，望广大读者批评指正。

目　　录

第 1 章

简单图形的绘制

能力目标：熟悉 AutoCAD 软件；掌握直线、圆等基本图元的绘制和简单的图形编辑修改；能够独立绘制由直线和圆组成的简单图形；掌握图形文件的保存与打开。

1.1 第一个图形绘制

为了让大家对 AutoCAD 有个感性认识，首先来看一下如何用 AutoCAD 软件绘制如图 1.1 所示的图形。本书以 AutoCAD 2007 版为例介绍。

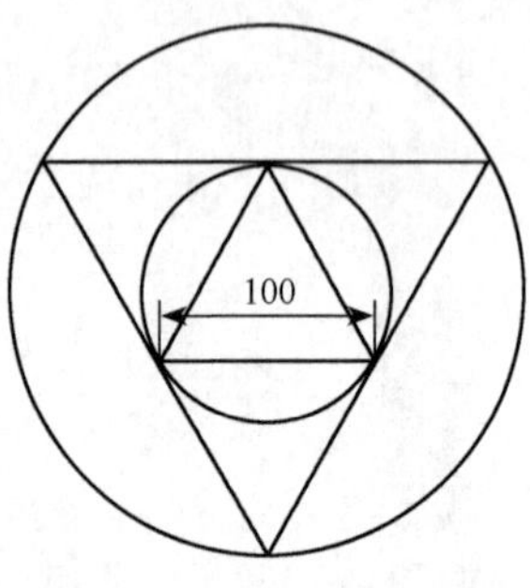

图 1.1 第一个 CAD 图形

1.1.1 新建图形文件

首先打开 AutoCAD 应用程序。双击桌面上的快捷图标，打开如图 1.2 所示的界面，选择【AutoCAD 经典】选项后，单击【确定】按钮，进入如图 1.3 所示的工作界面。

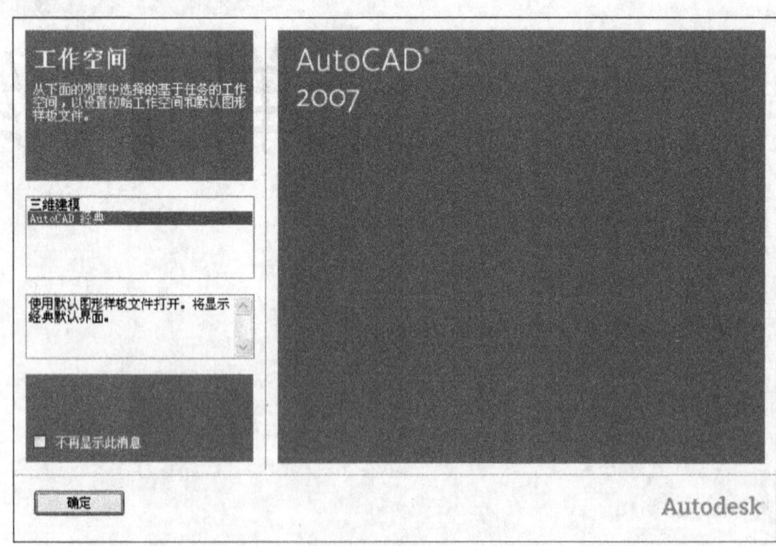

图 1.2 登录界面

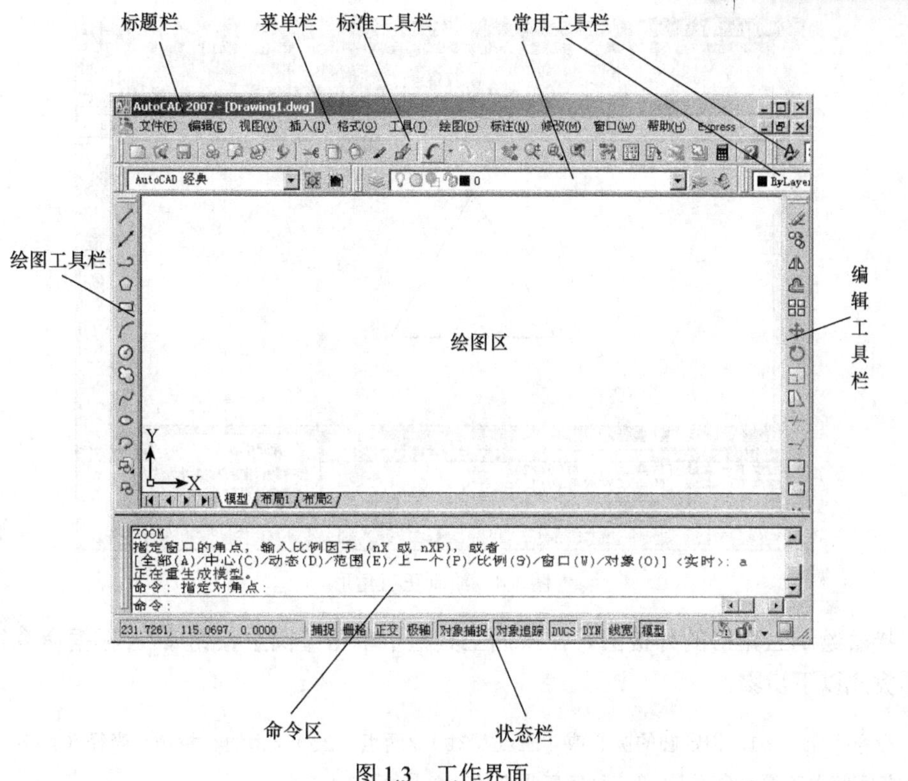

图 1.3　工作界面

1.1.2　绘制图形

首先使用直线命令（line）进行直线的绘制。在 AutoCAD 中，一般有三种不同方法执行一个绘图命令：第一种方法是在下拉菜单中选择命令；第二种方法是在命令行直接输入命令；第三种方法也是最常用的方法是在绘图工具栏中单击该命令按钮。

选择直线命令，可以有以下三种方法。

① 在菜单栏中选择【绘图 | 直线】命令。

② 在命令行输入 line。

③ 在绘图工具栏中单击 按钮。

下面开始直线的绘制，在绘图工具栏中单击 按钮，执行直线命令。后续操作如下。

```
命令：_line 指定第一点：（在绘图区适当位置单击以确定直线的起点，确定 p1）
指定下一点或 [放弃（U)]：@100<0（确定 p2）
指定下一点或 [放弃（U)]：@100<120（确定 p3）
指定下一点或 [闭合（C）/放弃（U)]：c
```

至此，在绘图区中画好了边长为 100 的正三角形，如图 1.4 所示。

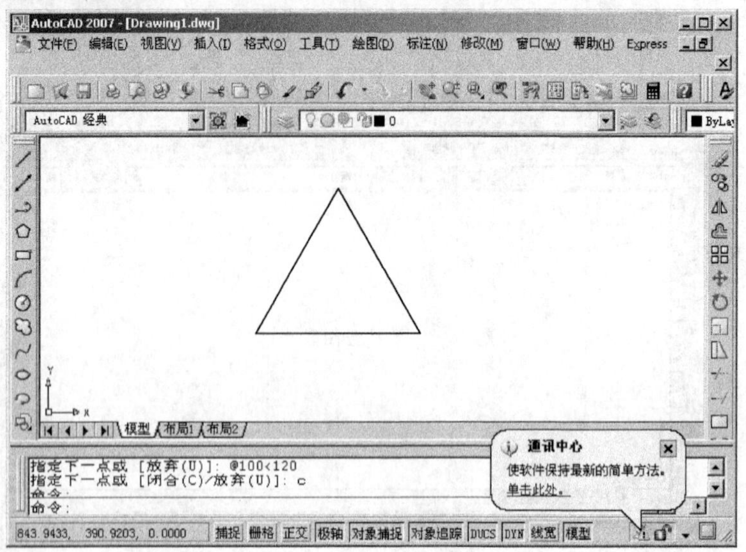

图 1.4 绘制正三角形

接着绘制三角形的外接圆。在绘图工具栏中单击【圆】按钮。根据命令行中的提示完成以下步骤。

命令：_circle 指定圆的圆心或 [三点（3P）/两点（2P）/相切、相切、半径（T）]：3p
指定圆上的第一个点：（单击确定三角形的一个顶点 p1）
指定圆上的第二个点：（单击确定三角形的第二个顶点 p2）
指定圆上的第三个点：（单击确定三角形的第三个顶点 p3）

这样，三角形的外接圆就画好了，如图 1.5 所示。

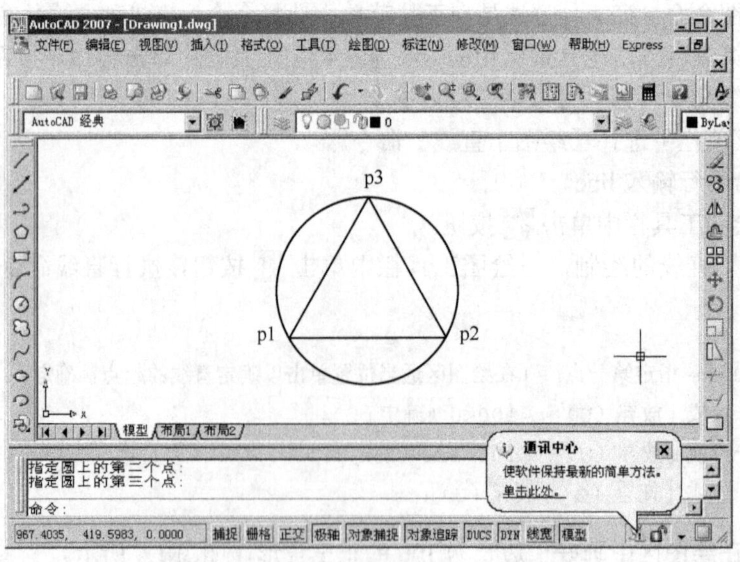

图 1.5 绘制外接圆

最后，完成全部图形的绘制。步骤如下。

```
命令：_line 指定第一点：(选择三角形的上顶点 p3)
指定下一点或 [放弃 (U)]：@100<180 (确定 p4)
指定下一点或 [放弃 (U)]：@200<-60 (确定 p5)
指定下一点或 [闭合 (C) /放弃 (U)]：@200<60 (确定 p6)
指定下一点或 [闭合 (C) /放弃 (U)]：c

命令：_circle 指定圆的圆心或 [三点 (3P) /两点 (2P) /相切、相切、半径 (T)]：3p
指定圆上的第一个点：(选择大三角形的一个顶点 p4)
指定圆上的第二个点：(选择大三角形的第二个顶点 p5)
指定圆上的第三个点：(选择大三角形的第三个顶点 p6)
```

最后图形绘制完毕，如图 1.6 所示。

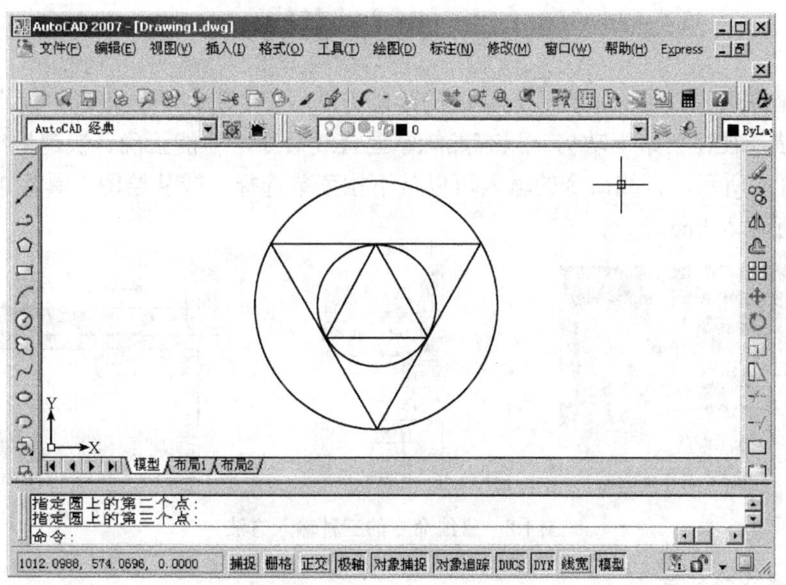

图 1.6　绘制完成的图形

1.1.3　保存图形

绘制完成的图形应该保存下来，单击标准工具栏中的【保存】按钮，打开如图 1.7 所示的对话框，选择保存文件的路径，输入文件名称，就可以把所绘制的图形保存起来。

以上绘制了一个由直线和圆组成的简单图形，其中使用了绘制直线命令和绘制圆命令，这些命令都是交互的，可以根据相应的提示选择不同的画图方式。

通过上面的例子，大家可以对计算机绘图有个初步的认识。下面详细介绍常用绘图命令的使用。

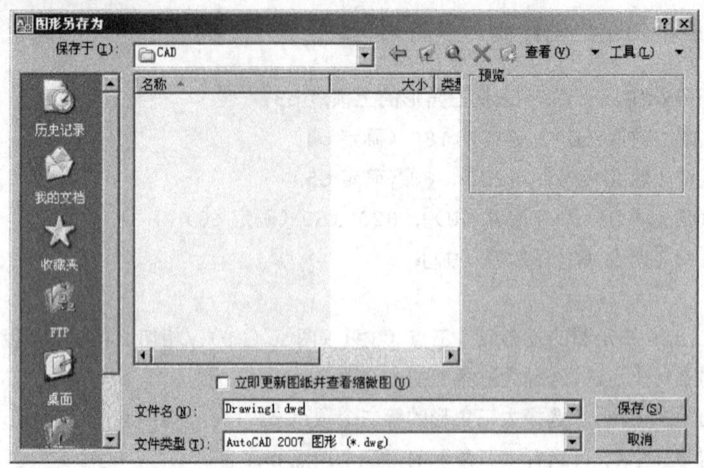

图 1.7 保存图形

1.2 如何画直线

直线是图形中最常见的图元，直线的绘制方法很多，针对不同情况，使用适当的直线绘制方法，往往会事半功倍。只有熟练掌握直线命令，才能正确、快速地绘制图形。

如图 1.8 所示，直线命令的输入可以从下拉菜单选择，或从绘图工具栏单击，也可以在命令行输入 line。

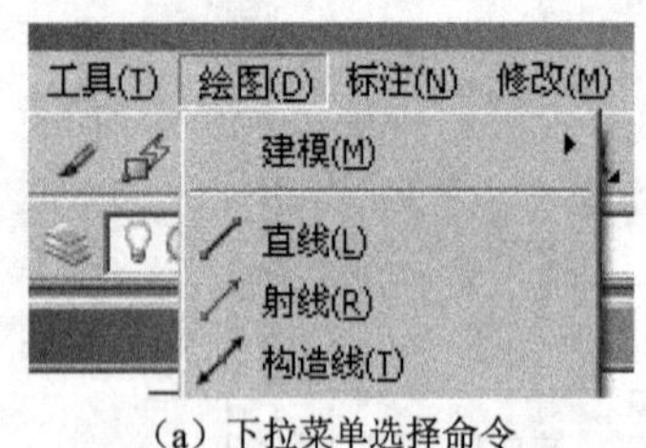

（a）下拉菜单选择命令

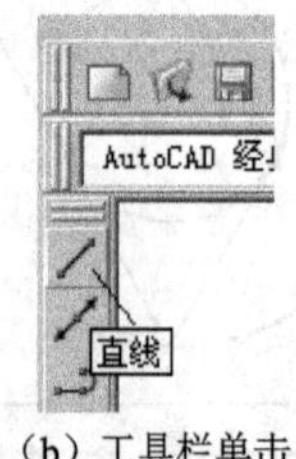

（b）工具栏单击

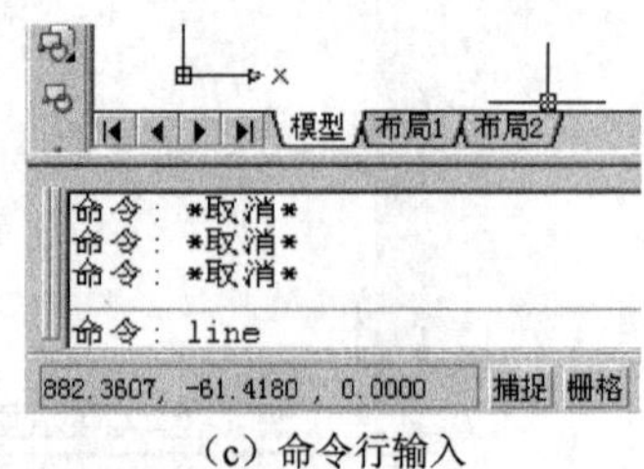

（c）命令行输入

图 1.8 直线命令的三种输入方法

1.2.1 任意线段的画法

当选择直线命令后，命令行出现如下提示。

命令：_line 指定第一点：

这里需要回答直线的起点，最简单的方法是在绘图区任意位置单击，这一鼠标拾取点即为直线的起点，接着命令行继续提示。

指定下一点或 [放弃（U)]：

可以再单击选择一点，然后会在绘图区出现一直线段，命令行反复提示同一问题，就可以连续画出直线段。若想结束直线段的绘制，可在如下提示时【回车】即可。

指定下一点或 [放弃（U)]：

1.2.2 已知端点直线的画法

上面介绍的直线画法，除了画草图时会偶尔用到，其他情况下几乎不用。如果已知直线的起点坐标（x1，y1），终点坐标（x2，y2），则可以输入坐标画直线。

```
命令：_line
指定第一点：x1，y1
指定下一点或［放弃（U）］：x2，y2
```

如图 1.9 所示，已知正方形的 4 个顶点坐标，画出此正方形。步骤如下。

```
命令：_line
指定第一点 100，100
指定下一点或［放弃（U）］：200，100
指定下一点或［放弃（U）］：200，200
指定下一点或［放弃（U）］：100，200
指定下一点或［放弃（U）］：100，100
```

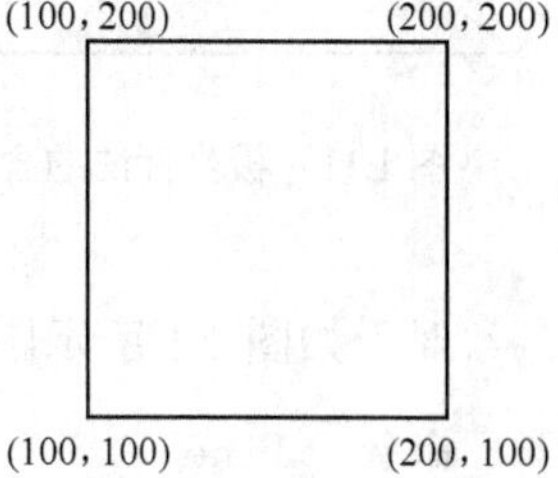

图 1.9　已知坐标画图

1.2.3 直线的相对坐标画法

在第一个图形绘制示范中，回答“指定下一点”时使用了符号@，这就是直线的相对坐标画法标志。当回答某一点坐标时，如果已知这一点与上一点坐标的相对关系，可以采用以下形式：

```
@X 增量，Y 增量
```

如图 1.10 所示，由点 p1 和 p2 组成的线段，若已经画好 p1 点，则 p2 点可以用以下相对坐标给出：@100，50。100 是 p2 相对于 p1 的 X 方向的增量，50 为 Y 方向的增量。

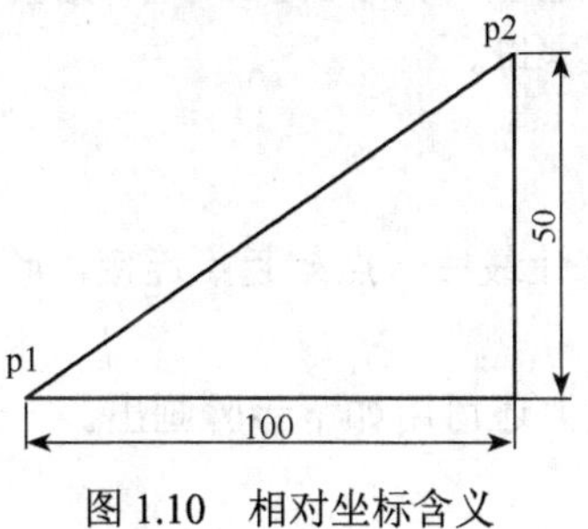

图 1.10　相对坐标含义

对于如图 1.9 所示图形，若用相对坐标法，则步骤如下。

```
命令：_line
指定第一点：100，100
指定下一点或［放弃（U）］：@100，0
指定下一点或［放弃（U）］：@0，100
指定下一点或［放弃（U）］：@-100，0
指定下一点或［放弃（U）］：@0，-100
```

1.2.4 直线的极坐标画法

仅用直线的相对坐标画法，还不能直接画出图 1.1 中的正三角形。如图 1.11 所示图形，点 p2 距离点 p1 为 100，与 X 轴正方向夹角 30°，则在回答点 p2 时，可用以下极坐标给出：@100<30。使用极坐标方法时，也要以@开头。极坐标方法的一般形式如下。

```
@ 距离<角度
```

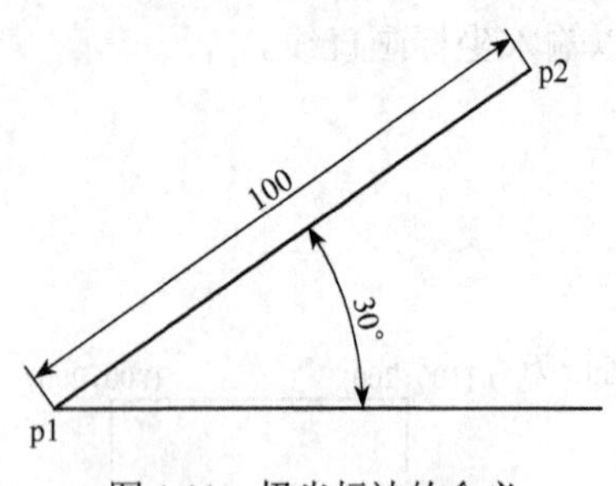

图 1.11　极坐标法的含义

图 1.11 中，p2 与 p1 的距离为 100，角度 30°。

对于如图 1.9 所示图形，若用极坐标法，则步骤如下。

```
命令：_line
指定第一点：100，100
指定下一点或［放弃（U）］：@100<0
指定下一点或［放弃（U）］：@100<90
指定下一点或［放弃（U）］：@100<180
指定下一点或［放弃（U）］：@100<-90
```

对于如图 1.1 所示图形中的小正三角形，若用极相对坐标法，则步骤如下。

```
命令：_line
指定第一点：鼠标单击（确定第一点位置）
指定下一点或［放弃（U）］：@100<0
指定下一点或［放弃（U）］：@100<120
指定下一点或［放弃（U）］：@100<-120
```

1.2.5　直线命令的两个子命令

1．作废

在画直线过程中，如果第一点画错，即起点画错，则可以先退出直线命令，然后重新开始直线命令。如果起点正确，后续有线段画错，可以使用作废子命令，取消输入的错误点，重新输入正确的点。使用了直线命令并回答了起点坐标后，在命令行会提示“指定下一点或［放弃（U）]：”，这里方括号中选项是可选的，此时，输入 U【回车】，则会放弃上一点的输入，即最后画的线段作废。U 是 Undo 的首字母。

2．封闭

在画直线过程中，如连续画点超过两个，则可回答 C 来让最后一点与起点连接，形成一个封闭图形，同时退出直线命令。

对于如图 1.1 所示图形中的小正三角形，若用极坐标法，还可用如下步骤画出。

```
命令：_line
指定第一点：点取（确定第一点位置）
指定下一点或［放弃（U）］：@100<0
指定下一点或［放弃（U）］：@100<120
指定下一点或［放弃（U）］：C
```

这个方法应该是最简便的。

以上介绍了直线的不同画法，一般常用的是相对坐标法和极坐标法。因为工程图样中对于图形中的各个点的坐标是不标注的，基本上是采用尺寸标注的方法确定图形形状。用计算机绘制工程图样时，应该利用标注的尺寸，直接画出图形。通过计算各个点的坐标来画图是不合理的。

1.3 如何画圆

圆是工程图样中的基本图元之一，计算机绘图中圆的画法比直线多，根据已知条件不同，圆有多种画法。

选择圆命令，可以有以下三种方法。

① 在菜单栏中选择【绘图 | 圆】子菜单。

② 在命令行输入 circle。

③ 在绘图工具栏中单击 按钮。

用菜单栏中选择【绘图 | 圆】子菜单，可以打开画圆二级子菜单，从中直接选择具体的画圆的命令，绘制圆的方法共有 6 种，如图 1.12 所示。图 1.13 表示从绘图工具栏选择画圆命令。

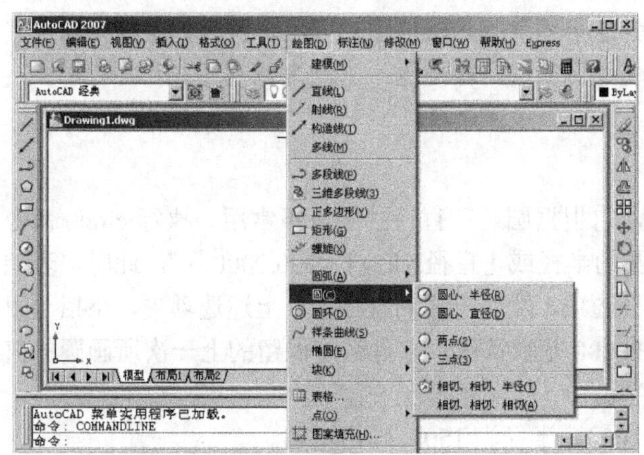

图 1.12 用菜单命令画圆

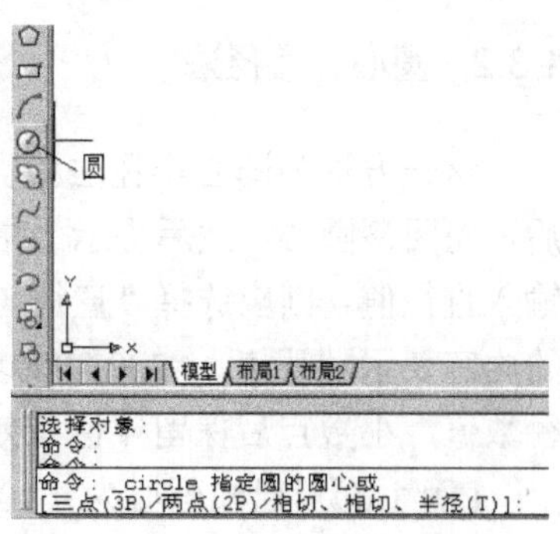

图 1.13 从工具栏选择画圆命令

1.3.1 圆心、半径法

当选择画圆命令后，命令行出现提示如下。

```
命令：_circle
指定圆的圆心或 [三点（3P）/两点（2P）/相切、相切、半径（T)]：(输入圆心)
```

已知圆心和半径画圆，此时可以回答圆心坐标或用鼠标单击确定圆心位置。接着，命令行提示输入半径。

```
指定圆的半径或［直径（D）]：(输入半径值）
```

在这里输入半径数值，或者拖动鼠标，确定一点，这一点与圆心的距离即为半径值。

【例 1.1】 已知圆心为（100，100），半径为 50，画出该圆。

步骤如下。

```
命令：_circle
指定圆的圆心或［三点（3P）/两点（2P）/相切、相切、半径（T）]：100，100
指定圆的半径或［直径（D）] <200.0000>：50
```

【例 1.2】 用鼠标在任意位置画任意大小的圆，如图 1.14 所示。

图 1.14 随手画圆

步骤如下。

```
命令：_circle
指定圆的圆心或［三点（3P）/两点（2P）/相切、相切、半径（T）]：用鼠标左键点取（单击确定圆心位置）
指定圆的半径或［直径（D）] <200.0000>：(拖动鼠标确定另一点，从而确定半径）
```

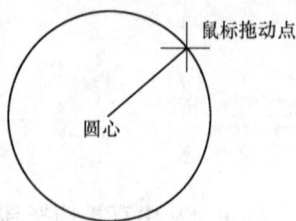

例 1.1 常用于绘制准确图形。例 1.2 则用于随手画圆，如图 1.14 所示，用鼠标在绘图区适当位置，单击确定圆心位置，然后拖动鼠标，动态显示圆的大小，圆心与拖动点的距离就是半径，以此确定圆的大小。这一方法如果结合其他的辅助方式，如对象捕捉等，会使绘图简捷，因此这一方法非常实用。

1.3.2 圆心、直径法

这一方法与圆心半径法相类似，它根据圆心和直径画圆，不常用。执行 circle 命令后，先回答圆心，然后提示“指定圆的半径或［直径（D）] <200.0000>：”。此时，若想输入直径值，则应选择“直径（D）”选项，然后再输入直径值。上述选项中，小括号里的内容表示默认值。<200.0000>中的 200 是默认值，它是系统保留的上一次所画圆的直径数值，小数点后保留 4 位有效数字。

【例 1.3】 已知圆心为（100，100），半径为 150，画出该圆。

步骤如下。

```
命令：_circle
指定圆的圆心或［三点（3P）/两点（2P）/相切、相切、半径（T）]：100，100
指定圆的半径或［直径（D）] <50.0000>：d（选择输入直径，字母大小写皆可）
指定圆的直径<100.0000>：150
```

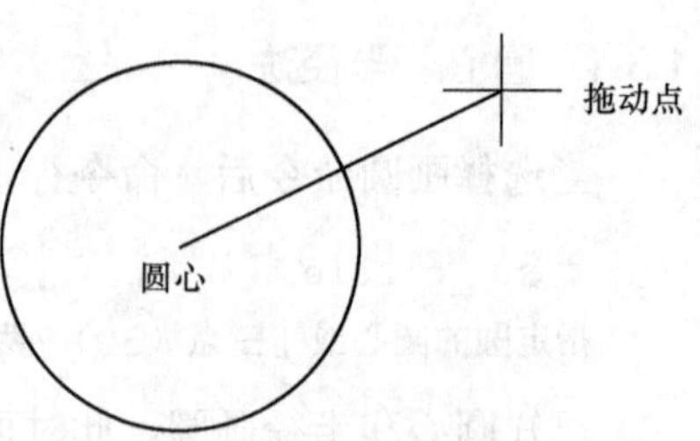

图 1.15 已知圆心、直径，鼠标拖动画圆

鼠标拖动法画圆时，如图 1.15 所示。圆心与拖动点的距离为圆的直径。

1.3.3 三点画圆法

在绘制如图 1.1 所示的图形时，正三角形的外接圆是通过已知的三个顶点，而不知圆心和半径的确定值。因为不在同一直线上的三个点可以确定一个圆，所以已知三点能够绘制确定的圆。

当选择画图命令后，命令行出现如下提示。

```
命令：_circle
指定圆的圆心或 [三点（3P）/两点（2P）/相切、相切、半径（T）]:
```

在以上的系统提示中，除了默认的“指定圆心”外，还有许多选择项，输入“3P”表示选择三点画圆法。然后分别输入三个点。

【例 1.4】 画出三角形的外接圆。

步骤如下。

```
命令：_circle。指定圆的圆心或 [三点（3P）/两点（2P）/相切、相切、半径（T）]: 3p
指定圆上的第一个点：（单击确定顶点 p1）
指定圆上的第二个点：（单击确定顶点 p2）
指定圆上的第三个点：（单击确定顶点 p3）
```

如图 1.16 所示，用鼠标分别单击确定三角形的三个顶点 p1，p2 和 p3，即可完成圆

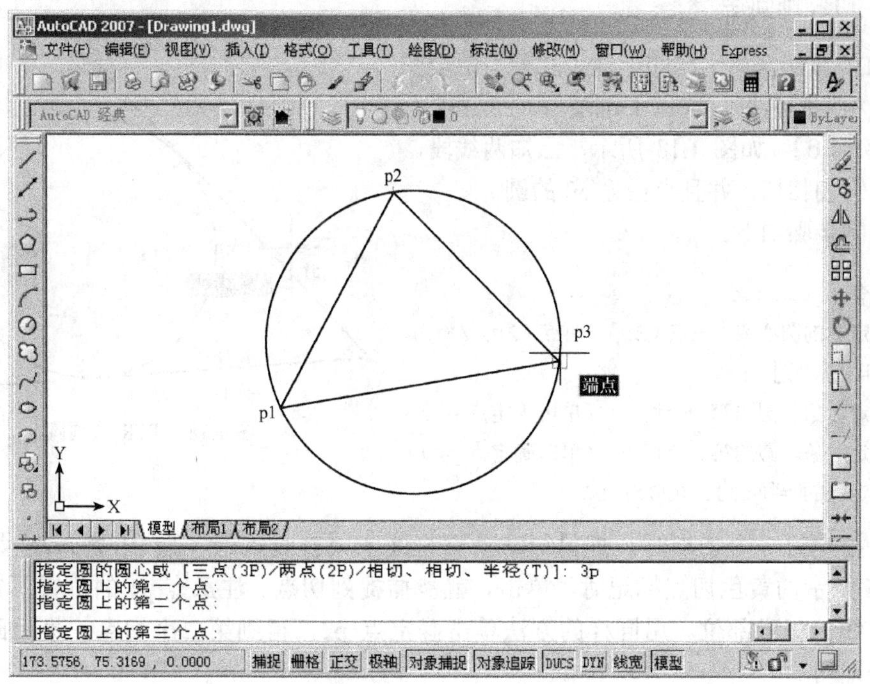

图 1.16 已知三点画圆

的绘制。在单击确定顶点时，要注意观察画面的细小变化。当鼠标移近顶点时，会显示如图 1.16 所示的“黄色小框”，它表示系统自动找到了线段的端点，也就是三角形的顶点，如图 1.16 所示的 p3 点。有时会显示“黄色小叉”，它表示系统自动找到了两线段的交点。当显示上述的黄色小标记时单击，拾取的点一定是具备某种特性的点，如线段的端点、两线段的交点、线段的中点和圆的圆心等。

1.3.4 两点画圆法

一般情况下，两点不能决定一个圆，但当这两点是直径的两端时，就能确定唯一的圆。具体操作是选择“2P”。

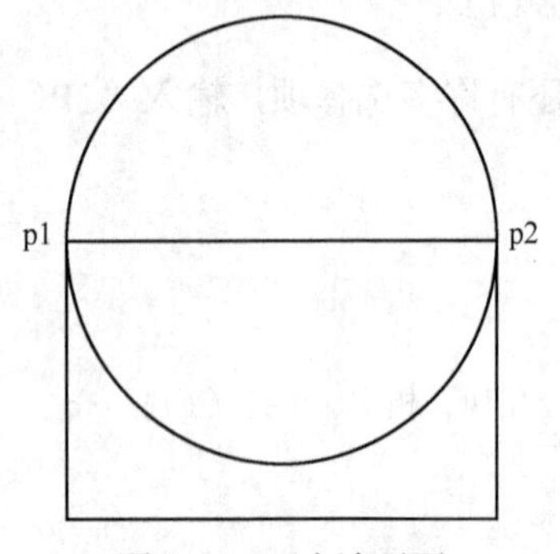

图 1.17　两点法画圆

【例 1.5】 如图 1.17 所示，以矩形的上边 p1、p2 为直径画出圆。

绘制步骤如下。

```
命令：_circle
指定圆的圆心或[三点（3P）/两点（2P）/相切、相切、半径（T）]：2p
指定圆直径的第一个端点：（单击确定点 p1）
指定圆直径的第二个端点：（单击确定点 p2）
```

在特定情况下，两点画圆法能发挥它的特有作用。

1.3.5 TTR 画圆法

TTR 画圆法用于已知半径，并与另两个图形对象相切的情况。选择 T 选项。

【例 1.6】 如图 1.18 所示，已知两线段，画出与它们相切，并且半径为 50 的圆。

绘制步骤如下。

```
命令：_circle
指定圆的圆心或[三点（3P）/两点（2P）/相切、相切、半径（T）]：t
指定对象与圆的第一个切点：（单击确定点 p1）
指定对象与圆的第二个切点：（单击确定点 p2）
指定圆的半径<70.3827>：50
```

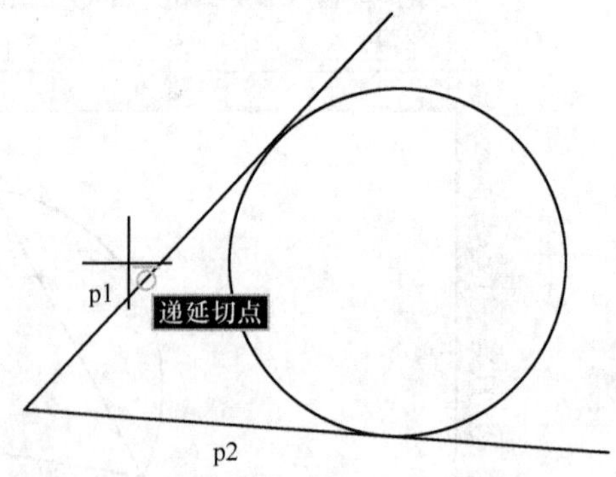

图 1.18　TTR 法画圆

在指定第一个切点时，把鼠标移动到直线上或直线附近（点 p1 处），当显示如图 1.16 所示的黄色切点标记时，单击，就能捕捉到切点。注意点 p1 的位置不定，可以在直线的任意部位。用同样的方法单击确定点 p2，得到第二个切点。最后回答圆的半径即可。

TTR 方法很实用，许多场合都会用到，将在后面的案例中介绍。

1.3.6　三切点画圆

用菜单命令画圆，如图 1.12 所示，还有一种画圆方法，即通过与三个对象相切画圆。

【例 1.7】 如图 1.19 所示，已知三个圆 c1、c2、c3，画出与它们都外切的圆。

操作步骤如下：

选择【绘图 | 圆 | 相切、相切、相切】命令，命令行提示如下。

```
命令：_circle 指定圆的圆心或 [三点（3P）/两点（2P）/相切、相切、半径（T）]：_3p
指定圆上的第一个点：_tan 到（鼠标移动到圆 c1 的圆周附近，等显示黄色切点标记时，单击）
指定圆上的第二个点：_tan 到（同上单击确定与圆 c2 相切的点）
指定圆上的第三个点：_tan 到（同上单击确定与圆 c3 相切的点）
```

仔细观察命令行的提示可以发现，三切点画圆法实际上就是三点画圆法，只不过每次单击确定目标对象时都使用了切点捕捉。

用三切点画圆法能方便地画出三角形的内切圆，如图 1.20 所示。

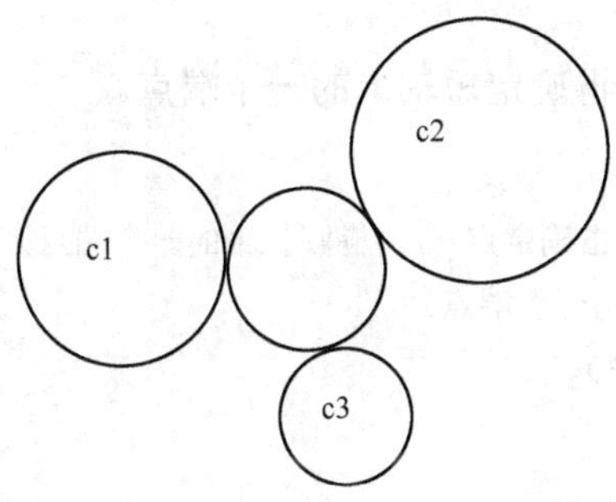

图 1.19　三切点画圆法

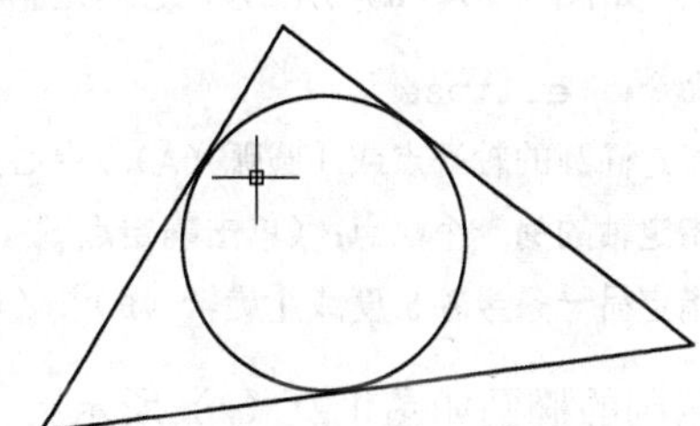

图 1.20　画三角形的内切圆

1.3.7　完成例图

现在，学完了直线和圆的基本画法，可以来完成图 1.1 中的图形绘制，绘制流程如下。

① 用极坐标法画出小的正三角形。

② 画出小三角形的外接圆。图中的小圆可以用三点画圆法绘制。

③ 用极坐标法画出倒过来的大三角形。

④ 画出大三角形的外接圆。

前面举例中最外面的圆采用三点画圆法。这里介绍用圆心、半径法来画出这个大圆。因为图中大小两个圆是同心圆，在画好小圆的基础上，已经确定了圆心，这个圆心也是大圆的圆心。同时由于是外接圆，大圆的半径是圆心到大三角形顶点的距离。有了圆心和半径，就可以开始画圆了。

具体步骤如下。

```
命令：_circle 指定圆的圆心或 [三点（3P）/两点（2P）/相切、相切、半径（T）]：cen
于（用鼠标选取小圆的周边，表示捕捉小圆的圆心）
指定圆的半径或 [直径（D）] <254.2112>：（用鼠标点取大三角形的一个顶点）
```

在上面的绘图中，先回答圆心，这里使用了圆心捕捉，输入“cen”。命令行提示为“于”，表示捕捉哪个圆的圆心，此时把鼠标移动到小圆的圆周附近，图中会显示黄色的小圆（圆心标记），表示捕捉到了圆心位置，单击确定。在回答半径时，拖动鼠标，单击确定大三角形的一个顶点，所画的圆就通过三角形的顶点。这里，圆心到顶点的距离就是外接圆的半径。

1.3.8　椭圆绘制

学完了直线和圆的基本画法，再来学习椭圆的绘制方法。

选择椭圆命令，可以有以下三种方法。

① 在菜单栏中选择【绘图 | 椭圆】命令。

② 在命令行输入 ellipse。

③ 在绘图工具栏中单击 按钮。

椭圆的绘制有两种方法，下面分别介绍。

1）如图 1.21（a）所示，先确定椭圆的长轴，再确定短轴上的一个端点。

```
命令：_ellipse
指定椭圆的轴端点或 [圆弧（A）/中心点（C）]：（单击确定点 p1，椭圆长轴的一个端点）
指定轴的另一个端点：（单击确定点 p2，椭圆长轴的另一个端点）
指定另一条半轴长度或 [旋转（R）]：（单击确定点 p3）
```

绘制的椭圆如图 1.21（a）所示。

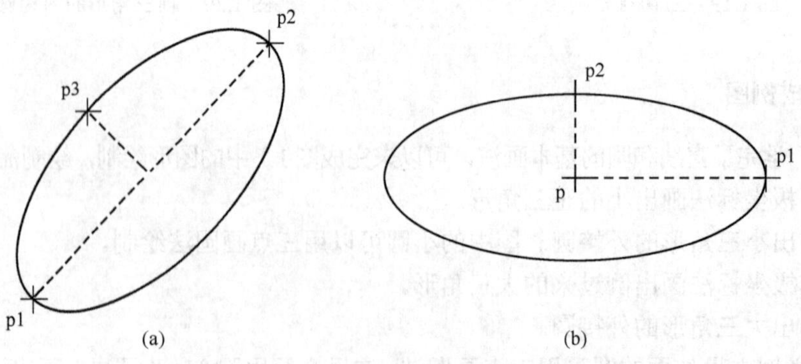

图 1.21　椭圆绘制

2）如图 1.21（b）所示，先确定椭圆的中心，再分别确定椭圆长短轴的端点。

```
命令：_ellipse
指定椭圆的轴端点或 [圆弧（A）/中心点（C）]：c（按回车键，表示指定椭圆的中心）
```

指定椭圆的中心点：（单击确定点 p）
指定轴的端点：（单击确定点 p1）
指定另一条半轴长度或［旋转（R）］：（单击确定点 p2）

绘制的椭圆如图 1.21（b）所示。

1.4 绘图经验和技巧

在计算机绘图中，除了熟练掌握各种绘图命令和编辑修改命令外，一些实际绘图经验和技巧非常实用，可以使绘图简便、准确。

1.4.1 命令别名

前面已经提到，启动命令可以用下列方法之一：在菜单、工具栏、状态栏或快捷菜单上单击命令名或命令按钮；在命令行中输入命令名或命令别名，然后按回车键或空格键。

这里提到命令别名的概念，它主要是为了方便命令的输入。如启动直线命令，应输入“line”，但直线命令 line 有别名，就是单词的首字母 l，输入“l”也能启动直线命令。这样就大大提高了输入速度。

acad.pgp 文件列出了命令别名。要访问 acad.pgp，可选择【工具 | 自定义 | 编辑程序参数（acad.pgp）】命令，然后可以修改命令别名或增加命令别名。

表 1.1 列出了常用绘图命令的别名。

表 1.1 常用绘图命令

命 令	全 称	别 名	命 令	全 称	别 名
直线	line	l	圆弧	arc	a
圆	circle	c	样条曲线	spline	spl
多段线	pline	pl	椭圆	ellipse	el
正多边形	polygon	pol	点	point	po
矩形	rectang	rec	文本	text	dt

1.4.2 对象捕捉

使用对象捕捉可指定对象上的精确位置。例如，使用对象捕捉可以绘制到圆心或多段线中点的直线，因此，常把对象捕捉称为特征点捕捉。在前面的绘图中已经使用了这一方法，如捕捉到三角形的顶点，圆的圆心等。当系统捕捉到特征点时，会显示特定的黄色小标记以提醒用户。

不论何时提示输入点，都可以指定对象捕捉。默认情况下，当光标移到对象的对象捕捉位置时，将显示标记和工具栏提示。此功能称为 AutoSnap（自动捕捉），提供了视觉提示，指示哪些对象捕捉正在使用。

要在提示输入点时指定对象捕捉，可以使用以下三种方式。

①【对象捕捉】快捷菜单如图 1.22 所示。

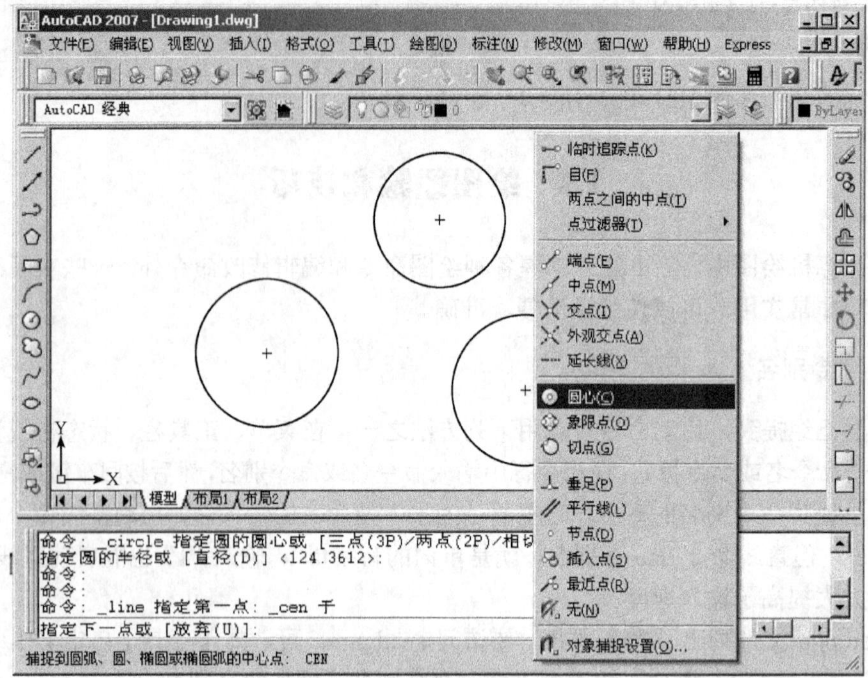

图 1.22　对象捕捉快捷菜单

②【对象捕捉】工具栏如图 1.23 所示。

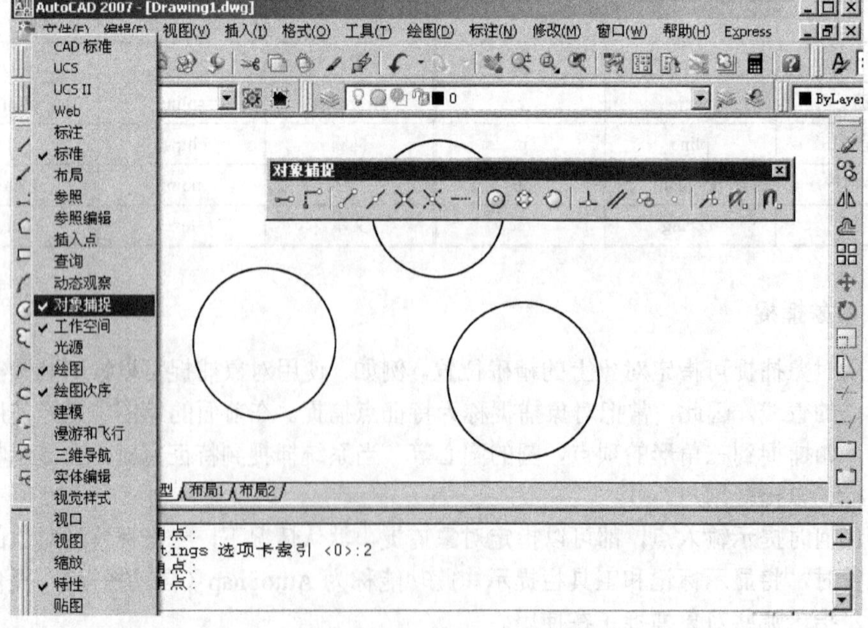

图 1.23　对象捕捉工具栏

③ 在命令行上输入对象捕捉的名称。

如图 1.22 所示，按住 Shift 键并右击以显示【对象捕捉】快捷菜单，从中选择所要捕捉的特征点。

如图 1.23 所示，单击【对象捕捉】工具栏上的对象捕捉工具按钮来捕捉特征点。为了使绘图区域足够大，除了几个基本的工具栏外，象【对象捕捉】工具栏等都不显示在界面上，通过以下方法可以把所需的工具栏显示在界面上以供使用：把鼠标移动到任一工具栏上，右击，会显示系统自带的全部工具栏，选择【对象捕捉】命令就可以把【对象捕捉】工具显示出来。

在命令行上输入对象捕捉的名称也可以实现特征点捕捉，对象捕捉名称见表 1.2。

表 1.2　对象捕捉名称及说明

特 征 点	名　称	说　明
端点	END	直线、圆弧的端点
圆心	CEN	圆、圆弧的圆心
中点	MID	直线、圆弧的中点
切点	TAN	与圆、圆弧的切点
垂点	PER	过直线、圆弧外一点作它们的垂线（垂足）
交点	INT	直线与直线、直线与圆弧、圆弧与圆弧等的交点
四分点	QUA	圆、椭圆的象限点
节点	NOD	用 POINT 命令画出的点
最近点	NEA	对象上的点，即保证点在对象实体上
虚交点	APP	直线与直线、直线与圆弧、圆弧与圆弧等延长后相交的交点
平行线	PAR	与某一直线平行的直线上的点
延伸点	EXT	在某一直线、圆弧的延长线上的点
插入点	INS	图块的插入点

注意仅当提示输入点时，对象捕捉才生效。如果尝试在命令提示下使用对象捕捉，将显示错误信息。

对象捕捉非常实用，灵活使用对象捕捉能方便迅速地绘制图形。

在提示输入点时指定对象捕捉后，对象捕捉只对指定的下一点有效。如果需要重复使用一个或多个对象捕捉，可以在【草图设置】对话框中，选中【启用对象捕捉】复选项。例如，如果需要用直线连接一系列圆的圆心，可以将圆心设置为执行对象捕捉。

可以选择【工具｜草图设置】命令，在打开的如图 1.24 所示的对话框的【对象捕捉】选项卡中指定一个或多个执行对象捕捉，选中相应对象捕捉复选框。这些被选中的捕捉方式会在绘图过程中自动起作用，而不需要在提示输入点时再次操作。如果选中多个执行对象捕捉的复选框，则在一个指定的位置可能有多个对象捕捉符合条件。如对于三角形的顶点，它就符合两个条件，既是边的端点，又是两条边的交点，所以当鼠标移近时，会随机显示端点捕捉标记或交点捕捉标记。

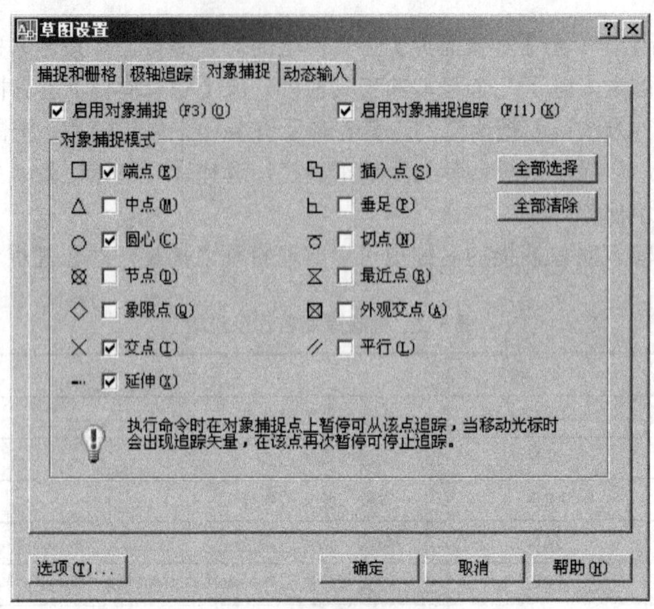

图 1.24　设置对象捕捉

在前面的绘图举例中，没有使用对象捕捉也能准确绘制图形，是因为系统打开了默认的自动捕捉功能。图 1.24 就是系统默认的四种特征点捕捉方式：端点、圆心、交点和延伸。

单击状态栏上的【对象捕捉】工具按钮或按 F3 键可以打开和关闭执行对象捕捉。

1.5 巩固训练

下面通过几个例子来复习所学的内容。由于只学习了直线、圆和椭圆命令，目前只能绘制一些简单的几何图形。

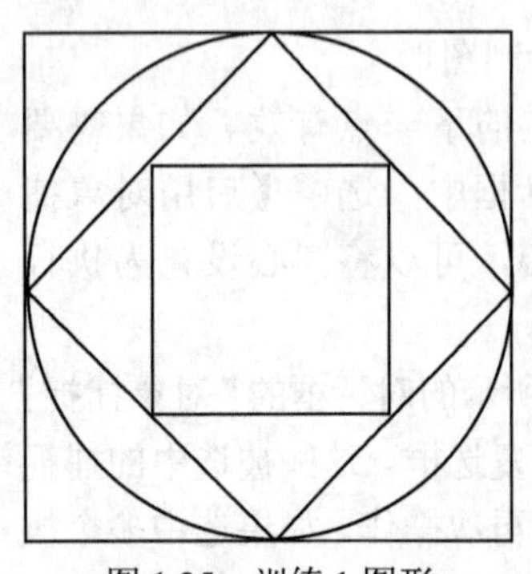

图 1.25　训练 1 图形

【例 1.8】 画出如图 1.25 所示图形（训练 1）。

具体操作步骤如下。

1）首先绘制大正方形。

命令：_line
指定第一点：(在绘图区适当位置确定大正方形的左下角点)
指定下一点或 [放弃 (U)]：@150<0
指定下一点或 [放弃 (U)]：@150<90
指定下一点或 [闭合 (C) /放弃 (U)]：@150<-180
指定下一点或 [闭合 (C) /放弃 (U)]：c

2）绘制正方形内切圆。

从下拉菜单选择三切点画圆命令。

命令：_circle

指定圆的圆心或 [三点（3P）/两点（2P）/相切、相切、半径（T）]：_3p 指定圆上的第一个点：_tan 到确定正方形的一条边

指定圆上的第二个点：_tan 到（确定正方形的另一条边）

指定圆上的第三个点：_tan 到（确定正方形的另一条边）

3）绘制中间的正方形。

命令：_line（指定第一点：捕捉圆和正方形在左边的交点）

指定下一点或 [放弃（U）]：捕捉圆和正方形在上边的交点

指定下一点或 [放弃（U）]：捕捉圆和正方形在右边的交点

指定下一点或 [闭合（C）/放弃（U）]：捕捉圆和正方形在下边的交点

指定下一点或 [闭合（C）/放弃（U）]：c

4）绘制最小的正方形。

命令：_line

指定第一点：mid（中点捕捉）

于（选取中间正方形的左下边，捕捉正方形左下边的中点）

指定下一点或 [放弃（U）]：mid

于（选取中间正方形的左上边，捕捉正方形左上边的中点）

指定下一点或 [放弃（U）]：mid

于（选取中间正方形的右上边，捕捉正方形右上边的中点）

指定下一点或 [闭合（C）/放弃（U）]：mid

于（选取中间正方形的右下边，捕捉正方形右下边的中点）

指定下一点或 [闭合（C）/放弃（U）]：c

【例 1.9】 画出如图 1.26 所示图形（训练 2）。

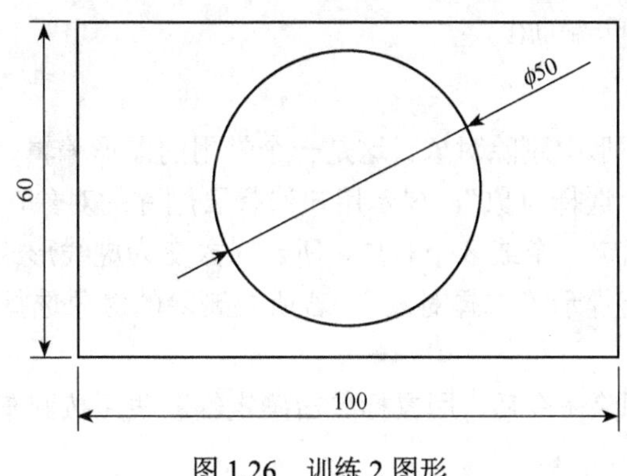

图 1.26 训练 2 图形

在这个训练中，首先可以用直线命令，采用相对坐标法或极坐标法画出矩形。在画圆的时候，注意如何确定圆心，可以考虑使用辅助线。

具体操作步骤如下。

1）绘制矩形。

```
命令：_line
指定第一点：(在绘图区适当位置确定矩形的左下角点)
指定下一点或 [放弃 (U)]：@100<0 (极坐标法)
指定下一点或 [放弃 (U)]：@0，60 (相对坐标法)
指定下一点或 [闭合 (C) /放弃 (U)]：@-100，0
指定下一点或 [闭合 (C) /放弃 (U)]：c
```

2）绘制辅助线：矩形的中线。

```
命令：_line
指定第一点：mid (中点捕捉)
于 (点取矩形的上边，捕捉矩形上边的中点)
指定下一点或 [放弃 (U)]：per (垂点捕捉)
到 (点取矩形的下边，捕捉矩形下边上的垂足)
指定下一点或 [放弃 (U)]：(结束直线命令)
```

3）绘制圆。

```
命令：_circle
指定圆的圆心或 [三点 (3P) /两点 (2P) /相切、相切、半径 (T)]：mid
于 (选取辅助中线)
指定圆的半径或 [直径 (D)] <75.0000>：25
```

4）删除辅助线：作图完成后，应把辅助线删除，删除命令是 erase，也可以在编辑工具栏中单击按钮。命令行操作提示如下。

```
命令：_erase
选择对象：(用鼠标选中辅助线)
选择对象：
```

删除命令用来从图形中删除对象。这是一个常用的图形编辑、修改命令。选择删除命令后，命令行提示“选择对象”，提示用户选择要删除的对象，可以用鼠标单击确定对象，期间可以单击确定一个或多个对象，所选对象变为虚线形式，系统报告找到几个对象，同时命令行反复提示“选择对象”，若所要删除的对象选择完毕，则再一次按回车键结束删除命令。

在本例中，选择删除命令后，用鼠标单击确定辅助线后按回车键，就会把辅助线从图形中删除。

【例 1.10】 画出如图 1.27 所示图形（训练 3）。

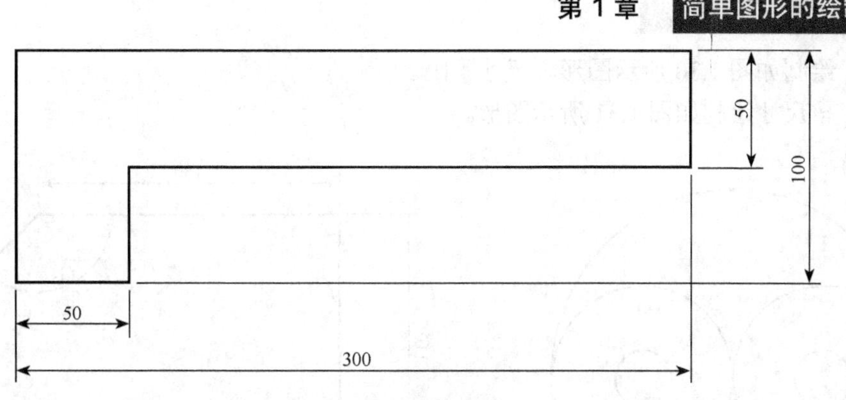

图 1.27　训练 3 图形

分析图形可知，该图形是由直线组成的封闭图形，可以用直线命令一次完成图形的绘制。

具体操作步骤如下。

```
命令：_line
指定第一点：(在绘图区适当位置确定图形的左下角点)
指定下一点或 [放弃 (U)]：@100<90
指定下一点或 [放弃 (U)]：@300<0
指定下一点或 [闭合 (C) /放弃 (U)]：@50<-90
指定下一点或 [闭合 (C) /放弃 (U)]：@250<-180
指定下一点或 [闭合 (C) /放弃 (U)]：@50<-90
指定下一点或 [闭合 (C) /放弃 (U)]：c
```

1.6　习　　题

1．如图 1.28 所示，任意绘制三个圆，并以三个圆的圆心为顶点画出三角形。

2．如图 1.29 所示，绘制一个任意正方形，并在此基础上完成图形。

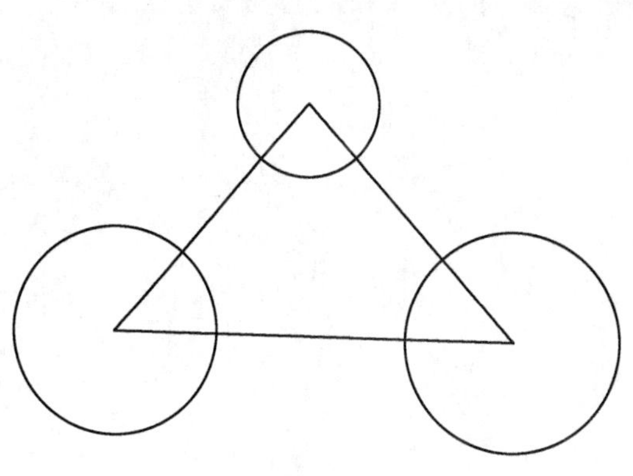

图 1.28　图形一

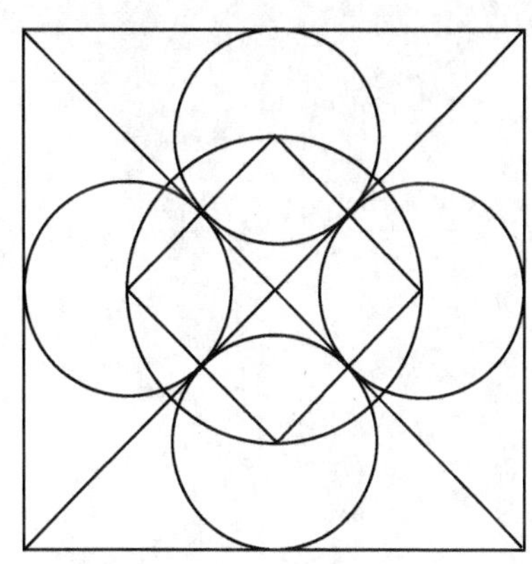

图 1.29　图形二

3．绘制如图 1.30 所示图形，尺寸不限。

4．按尺寸绘制如图 1.31 所示图形。

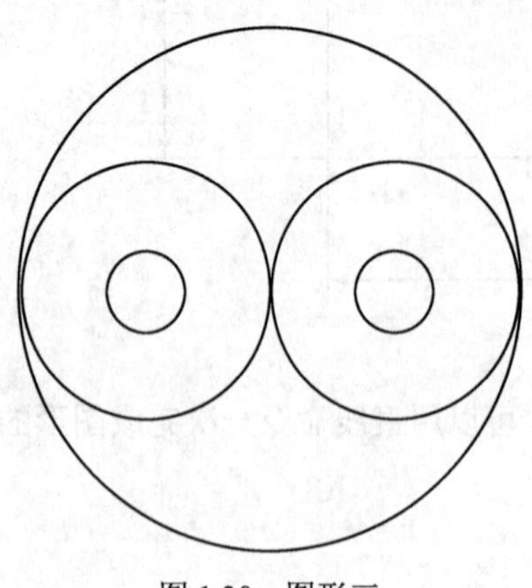

图 1.30　图形三

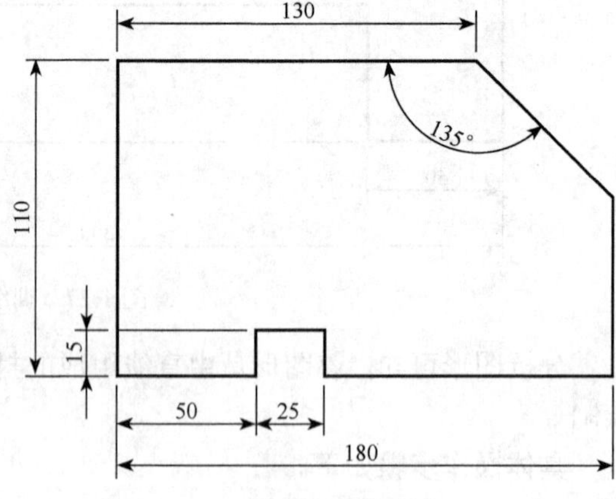

图 1.31　图形四

第 2 章

图形的绘制与编辑

能力目标：掌握 AutoCAD 基本图元的绘制和图形的编辑修改；能够独立绘制相对复杂的图形；学习合理运用绘图命令和编辑命令绘制图形。

2.1 绘制哑铃

运用第 1 章所学的知识，只能绘制一些简单图形，AutoCAD 有许多图元绘制、编辑与修改命令，认真学习并熟练掌握它们，可以大大提高计算机绘图水平。下面以图 2.1 所示图形为例，陆续介绍其他绘图与编辑命令。

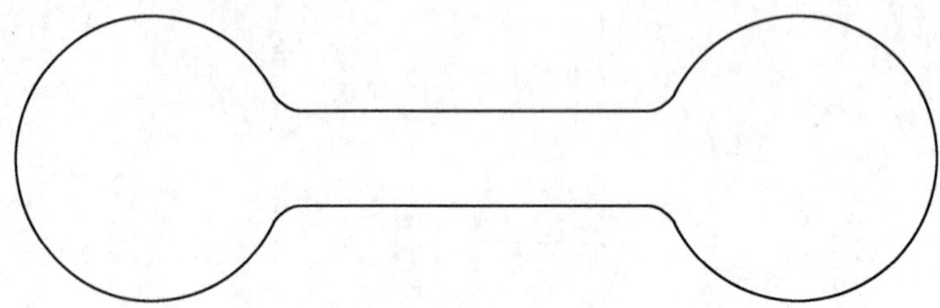

图 2.1 哑铃平面图

2.1.1 图形复制

分析如图 2.1 所示图形可知，图形由两条大圆弧、两条直线和四段小圆弧组成。要注意的是，在计算机绘图中，很少直接用圆弧命令绘制各类圆弧。图中大圆弧接近整圆，因此通过整圆经过编辑、修改得到。

首先完成两个圆的绘制，其中第二个通过复制得到。

1. 画辅助线

如图 2.2 所示，先画一条长度适中的水平直线作为辅助线，可以在画线前按 F8 键，打开正交开关，此时只能画出垂直或水平的线段。再按一次 F8 键，取消该正交功能，回到正常状态。

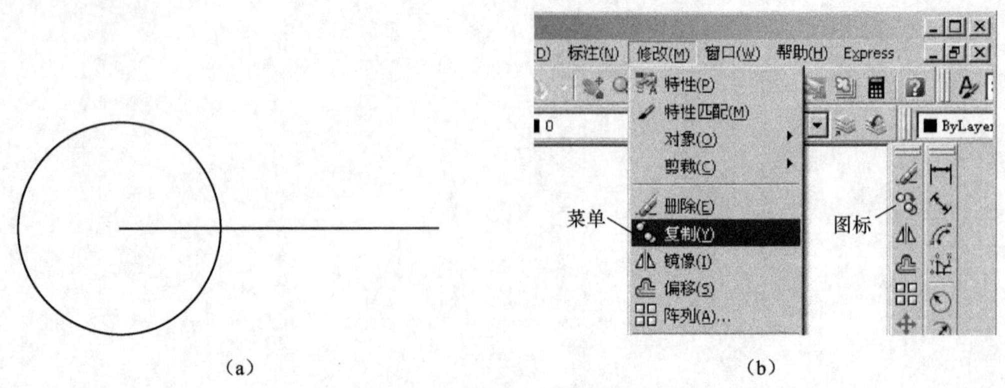

图 2.2 绘制辅助中心线和圆并复制

画该辅助线的目的是确定两个大圆的圆心。

以直线左端点为圆心，半径任意（注意比例）画圆，图形如图 2.2（a）所示。

2. 复制第二个圆

第二个圆可以用画圆命令绘制，但这里介绍通过复制画出第二个圆。复制是工程图样中的基本编辑方法之一。

选择复制命令，可以执行以下操作。

① 在菜单栏中选择【修改 | 复制】命令。

② 在命令行输入 copy。

③ 在修改工具栏中单击 按钮。

图 2.2（b）表示了如何从菜单栏选择【复制】命令，如何在工具栏中单击【复制】命令的按钮。

单击【复制】按钮，系统提示选择对象，即选择需要编辑的目标对象。选择对象是一般编辑、修改命令中必须有的步骤，在选择对象状态下，光标由“小十字”变为“小方框”。选择对象的方法是直接单击目标对象，被选中的对象将以虚线显示，表示处于被选中状态。在选择对象状态下，可以连续选择多个目标；若想退出选择状态，可在系统提示“选择对象”时直接按回车键。

具体操作如下。

```
命令：_copy
选择对象：找到 1 个（单击图 2.2 中的圆，系统提示“找到 1 个”）
选择对象：（按回车键，对象选择完毕）
指定基点或 [位移（D）] <位移>：（单击图中圆的圆心）
指定第二个点或<使用第一个点作为位移>：（单击图中直线的右端点）
指定第二个点或 [退出（E）/放弃（U）] <退出>：（按回车键，退出命令）
```

至此，圆的复制工作完成，复制成的圆如图 2.3 所示。复制操作中基点和第二点的含义是：基点和第二点组成了一个矢量，确定了对象复制的位置。上例中的复制可理解为，把圆从它的圆心出发，复制到直线的另一端，圆心正好在直线的右端点上。

2.1.2 图形镜像复制

利用镜像复制命令，可以绘制对称的图形，哑铃把手由两条直线组成，是上下对称的，利用镜像命令是合理的绘制方法。

哑铃的把手可以用直线命令绘制，但要保证图形的上、下对称，并不简单，需要用到【镜像】命令。

如图 2.3 所示，先画出上面的一条直线，位置水平。然后以辅助线为对称轴，即镜子的镜面，用【镜像】命令把下面的直线画好。

选择镜像命令，可以有以下方法。

① 在菜单栏中选择【修改 | 镜像】命令。

② 在命令行输入 mirror。

③ 在修改工具栏中单击 按钮。

具体操作如下。

```
命令：_mirror
选择对象：找到 1 个（单击上方的已画直线）
选择对象：（按回车键，对象选择完毕）
指定镜像线的第一点：（单击确定辅助线的左端点 p1）
指定镜像线的第二点：（单击确定辅助线的左端点 p2）
要删除源对象吗？［是（Y）/否（N）］<N>：（按回车键退出）
```

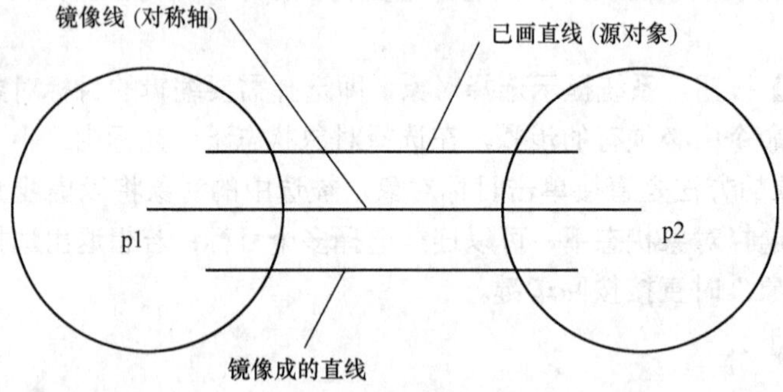

图 2.3　镜像操作

镜像操作过程中，当回答了镜像线的第一点 p1 后，移动鼠标，光标点和点 p1 之间会显示一条动态的“镜像线”以及根据这条“镜像线”镜像成的图形。

系统最后提示是否删除源对象，直接按回车键退出命令，表示源对象（图 2.3 中的已画直线）保留；输入 Y 后按回车键，原来的图形会消失。

2.1.3　图形修剪

经过镜像操作，结果如图 2.3 所示。下面需要对图形做一些修整，使用【修剪】命令可完成这一任务。

选择修剪命令，可以有以下三种方法。

① 在菜单栏中选择【修改 | 修剪】命令。

② 在命令行输入 trim。

③ 在修改工具栏中单击 按钮。

1. 修剪圆弧

首先修剪圆上的小部分圆弧，如图 2.4 所示。修剪操作如下。

```
命令：_trim
当前设置：投影=UCS，边=无
```

选择剪切边……
选择对象或<全部选择>：找到 1 个　（单击上方直线，作为修剪的边界）
选择对象：找到 1 个，总计 2 个　（单击下方直线，作为修剪的边界）
选择对象：（按回车键，作为边界的对象选择完毕）
选择要修剪的对象，或按住 Shift 键选择要延伸的对象，或
[栏选（F）/窗交（C）/投影（P）/边（E）/删除（R）/放弃（U）]：（单击圆周上点 p1）
选择要修剪的对象，或按住 Shift 键选择要延伸的对象，或
[栏选（F）/窗交（C）/投影（P）/边（E）/删除（R）/放弃（U）]：（单击圆周上点 p2）
选择要修剪的对象，或按住 Shift 键选择要延伸的对象，或
[栏选（F）/窗交（C）/投影（P）/边（E）/删除（R）/放弃（U）]：（按回车键退出）

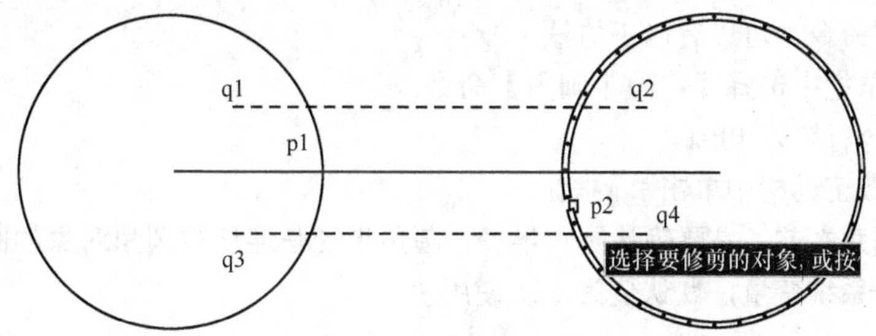

图 2.4　修剪圆弧

在修剪操作中要注意两个问题。第一个问题是注意先回答修剪边界，再回答修剪对象。命令先提示确定修剪的边界，如图 2.4 所示修剪圆弧时，边界应该为两条直线，所以先后单击这两条直线，选好边界后按回车键结束，此时选中的边界变为虚线；然后系统提示选择要修剪的对象，此时，分别单击圆弧的点 p1 和点 p2 处。第二个问题是注意在选择修剪对象时的单击选中的位置，例如单击选中的点不在两条直线边界之间的点 p1 附近，而在边界外的圆弧处，会把大的圆弧修剪掉，而留下小圆弧。

2. 修剪直线

用同样的方法修剪直线部分，如图 2.4 所示。修剪操作情况如下。

命令：_trim
当前设置：投影=UCS，边=无
选择剪切边……
选择对象或<全部选择>：找到 1 个（单击选中左边圆弧，作为修剪的边界）
选择对象：找到 1 个，总计 2 个（单击选中右边圆弧，作为修剪的边界）
选择对象：（按回车键，作为边界的对象选择完毕）
选择要修剪的对象，或按住 Shift 键选择要延伸的对象，或
[栏选（F）/窗交（C）/投影（P）/边（E）/删除（R）/放弃（U）]：（单击选中直线上点 q1）
选择要修剪的对象，或按住 Shift 键选择要延伸的对象，或
[栏选（F）/窗交（C）/投影（P）/边（E）/删除（R）/放弃（U）]：（单击选中直线上点 q2）

```
选择要修剪的对象，或按住 Shift 键选择要延伸的对象，或
[栏选（F）/窗交（C）/投影（P）/边（E）/删除（R）/放弃（U）]:（单击选中直线上点 q3）
选择要修剪的对象，或按住 Shift 键选择要延伸的对象，或
[栏选（F）/窗交（C）/投影（P）/边（E）/删除（R）/放弃（U）]:（单击选中直线上点 q4）
选择要修剪的对象，或按住 Shift 键选择要延伸的对象，或
[栏选（F）/窗交（C）/投影（P）/边（E）/删除（R）/放弃（U）]:（按回车键退出）
```

2.1.4 图形倒圆角

图形经过修剪操作，离图形最后的完成只剩一个圆整操作，把图形中的尖锐部分倒圆角，使之光滑过渡。

选择修剪命令，可以有以下方法。

① 在菜单栏中选择【修改 | 圆角】命令。

② 在命令行输入 fillet。

③ 在修改工具栏中单击 按钮。

在开始圆角之前，先要确认圆角半径，圆角半径是连接被圆角对象的圆弧半径。圆角半径是一个系统变量，默认值为上次使用值。

```
命令：_fillet
当前设置：模式=修剪，半径=0.0000
选择第一个对象或［放弃（U）/多段线（P）/半径（R）/修剪（T）/多个（M）]: r
指定圆角半径<0.0000>: 10（设定圆角半径 r=10，可根据图形大小设定）
选择第一个对象或［放弃（U）/多段线（P）/半径（R）/修剪（T）/多个（M）]:（单击选中 p1 点）
选择第二个对象，或按住 Shift 键选择要应用角点的对象:（单击选中 P2 点，如图 2.5 所示）
```

用同样的方法在余下的三处倒圆角，最后用 erase 命令删除中间的辅助直线。图形绘制完成。

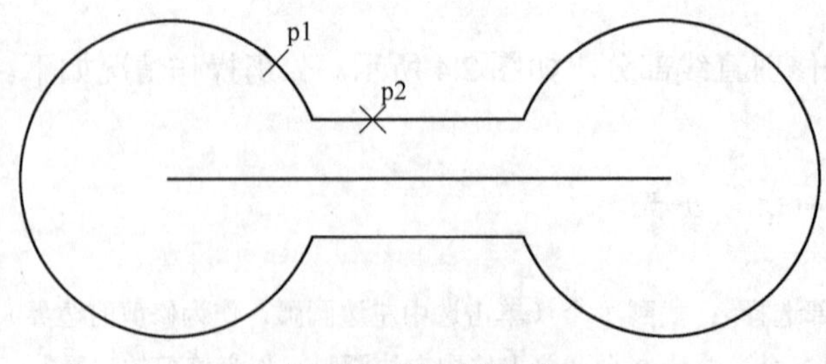

图 2.5　图形倒圆角

2.1.5 命令小结

通过本图形的绘制，学习了图形复制、镜像复制、图形修剪和倒圆角等常用图形编辑命令。

复制：copy
镜像：mirror
修剪：trim
圆角：fillet

2.2 绘制底板

分析如图 2.6 所示的底板，它的外轮廓线由 4 段直线和 4 段圆弧组成，内部规则地分布着 4 个小孔。外轮廓线如果按分析的情况，用直线和圆弧命令绘制，很麻烦，不建议采用。采用矩形命令，可以得到事半功倍的效果。内部 4 个小圆的绘制，关键在于如何快速确定它们的圆心。

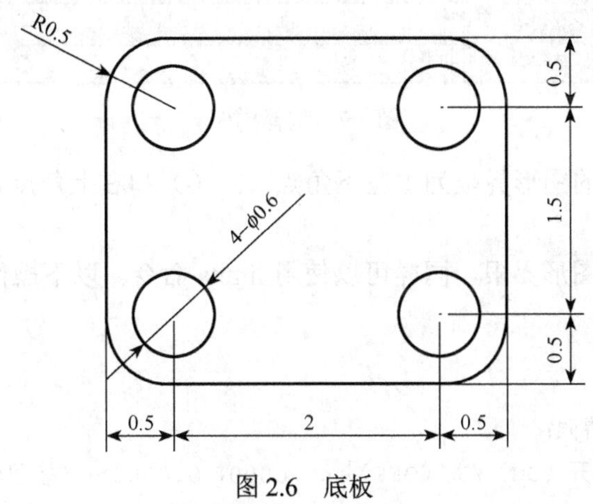

图 2.6　底板

2.2.1　图纸幅面设置

底板这个实例与前面的例子有明显的不同，就是这个图形是有尺寸的，必须按尺寸准确绘制出图形。这就要求事先确定图纸幅面的大小，以方便绘图。AutoCAD 中带有许多标准的样板图，有国标、英国标准、德国标准、国际标准等，可以根据需要进行选择。这里介绍使用图形界限 limits 命令来确定图纸幅面。

1. 改变图形界限

新建一个图形文件，在选择样板对话框中选 acad 样板，如图 2.7 所示，此时图形界限为长度 12，宽度 9，一般按英寸（1 英寸=2.54 厘米，即 1ft=2.54cm）度量。

如果不知道绘制图形时图形界限的大小，可以用图形界限命令获得。

```
命令：_limits
重新设置模型空间界限：
指定左下角点或 [开（ON）/关（OFF）] <0.0000，0.0000>：（按回车键）
指定右上角点 <180.0000，287.0000>：（按回车键）
```

图 2.7 选择样板

由此可知，当前的图形界限为由左下角点（0，0）和右上角点（180，287）组成的矩形区域。

若要设定或改变图形界限，同样可以使用 limits 命令。以下操作可以把图形界限改变为（12，9）。

```
命令：_limits
重新设置模型空间界限：
指定左下角点或 [开（ON）/关（OFF）] <0.0000，0.0000>：（按回车键）
指定右上角点<180.0000，287.0000>：12，9（按回车键）
```

2. 绘图区与图形界限匹配

观察图形时可以通过缩放命令来放大和缩小绘图窗口（绘图区），以使图形得到视觉上的放大和缩小。使用缩放命令后，绘图区与图形界限匹配关系就会打破。采用光栅点和缩放命令可以体验绘图区与图形界限匹配关系。

按 F7 键，在绘图区会显示规则的小点——光栅点。通过光栅点可以了解图形界限的大小，因为光栅点只在图形界限内显示。光栅点还是非常实用的辅助绘图工具。

执行缩放命令，让光栅点布满整个绘图区。

缩放命令为 zoom，按钮，具体操作如下。

```
命令：_zoom
指定窗口的角点，输入比例因子 (nX 或 nXP)，或者
[全部（A）/中心（C）/动态（D）/范围（E）/上一个（P）/比例（S）/窗口（W）/对象（O）]
<实时>：a
```

输入“a”，意为全部，即把整个图形界限显示在绘图区，也就是绘图区与图形界限匹配。此时，光栅点布满整个绘图区，如图 2.8 所示。

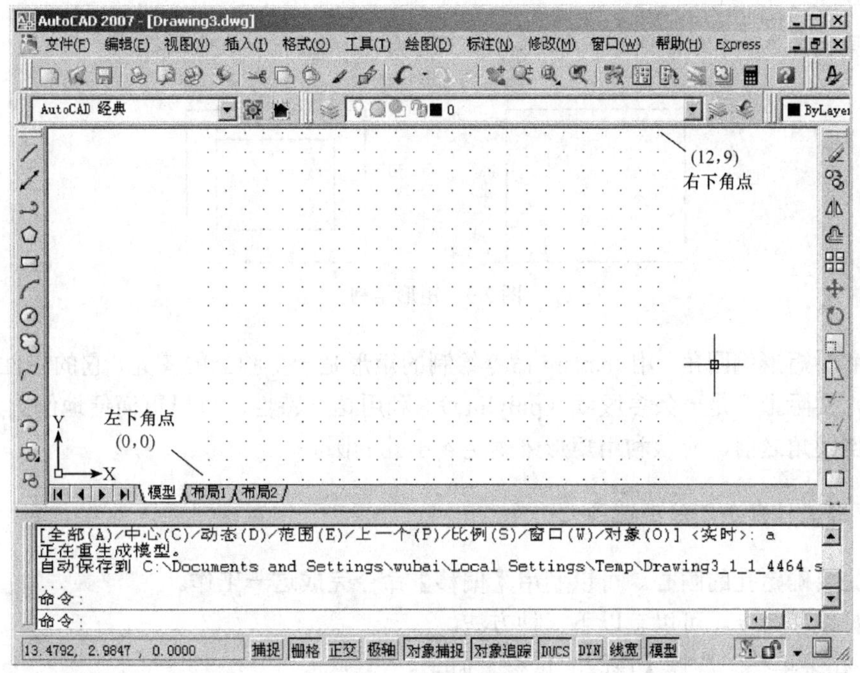

图 2.8　图形界限

一般情况下，应根据图形大小，设定图形界限，使绘图过程方便、合理。

F7 键是光栅开关，交替使用可控制光栅点的开和关。

2.2.2　图形绘制

1. 用矩形命令绘制外轮廓线

分析图 2.6，外轮廓线可以看成是一个矩形，然后倒圆角。矩形的长为 3 个图形单位，宽为 2.5 个图形单位，圆角半径为 0.3 个图形单位。注意在 AutoCAD 中的图形单位是无量纲的，一般在图形打印输出时，一个图形单位可以根据需要，对应成 1ft（1ft=2.54cm）、1mm、1cm 或 1m 等。

选择矩形命令，可以有以下三种方法。

① 在菜单栏中选择【绘图 | 矩形】命令。

② 在命令行输入 rectang。

③ 在绘图工具栏中单击 按钮。

具体操作如下。

命令：_rectang

指定第一个角点或 [倒角（C）/标高（E）/圆角（F）/厚度（T）/宽度（W）]：(在绘图区左下

角适当位置确定矩形的一个顶点）

指定另一个角点或［面积（A）/尺寸（D）/旋转（R）]：@3，2.5（使用相对坐标确定矩形的另一个顶点）

结果如图 2.9 中左图所示，绘制完成了长为 3，宽为 2.5 的矩形。

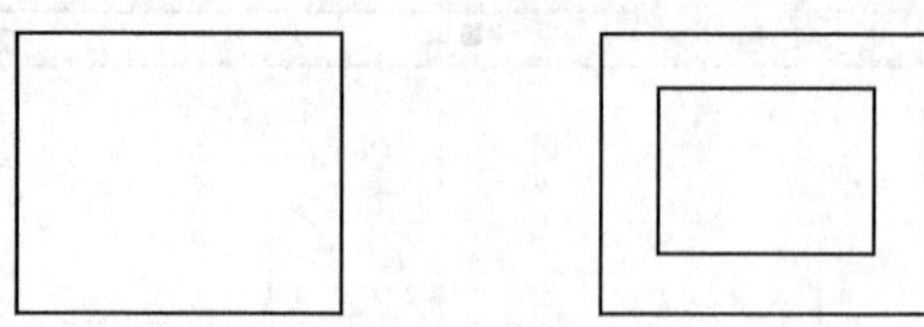

图 2.9　矩形绘制

接着对矩形倒圆角。用 rectang 命令绘制的矩形是一个独立的图元，它的属性不是 4 条直线，实际上它是一条多段线（polyline）。利用这一特性，可以更简便地倒圆角。

在倒圆角之前，应该利用矩形来确定 4 小孔的圆心。

2. 用偏移命令定位小孔圆心

首先要确定孔的圆心。可以利用【偏移】命令完成这一工作。

选择偏移命令，可以有以下三种方法。

① 在菜单栏中选择【修改 | 偏移】命令。

② 在命令行输入 offset。

③ 在修改工具栏中单击 按钮。

偏移命令也称为等距命令，用来绘制同心圆、平行线和平行曲线等。

具体操作如下。

命令：_offset

当前设置：删除源=否，图层=源，OFFSETGAPTYPE=0

指定偏移距离或［通过（T）/删除（E）/图层（L）］<通过>：0.5

选择要偏移的对象，或［退出（E）/放弃（U）］<退出>：（单击选中矩形）

指定要偏移的那一侧上的点，或［退出（E）/多个（M）/放弃（U）］<退出>：（在矩形内部任选取一点，若在矩形外选点，则会向外偏移图形）

选择要偏移的对象，或［退出（E）/放弃（U）］<退出>：按回车键（退出命令）。

如图 2.9 中右图所示，在矩形内部偏移出一个距离为 0.5 的小矩形，它的 4 个顶点就是 4 小孔的圆心。以它们为圆心，绘制半径 0.3 的圆，得到如图 2.10 中左图所示结果。

3. 外轮廓倒圆角

现在可以对外轮廓倒圆角了。

```
命令：_fillet
当前设置：模式=修剪，半径=0.0000
选择第一个对象或 [放弃（U）/多段线（P）/半径（R）/修剪（T）/多个（M)]：r
指定圆角半径 <0.0000>：0.5
选择第一个对象或 [放弃（U）/多段线（P）/半径（R）/修剪（T）/多个（M)]：p
选择二维多段线：（选取矩形作为外轮廓）
4 条直线已被圆角
```

以上操作过程中选择选项 P，表示对多段线倒圆角，它可以一次性把多段线的所有顶点倒成圆角。

删除小矩形，得到如图 2.10 右图所示结果。

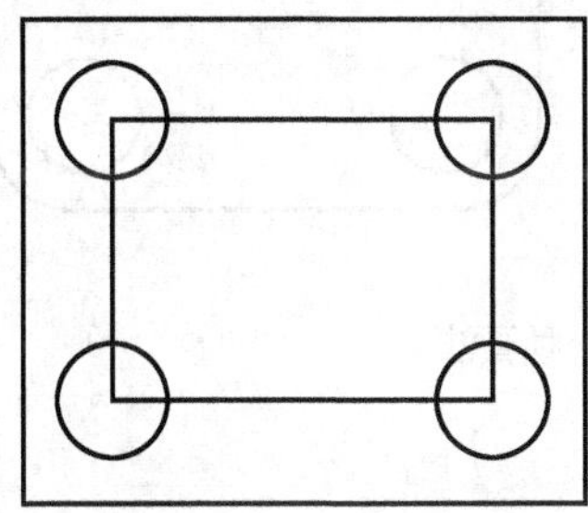
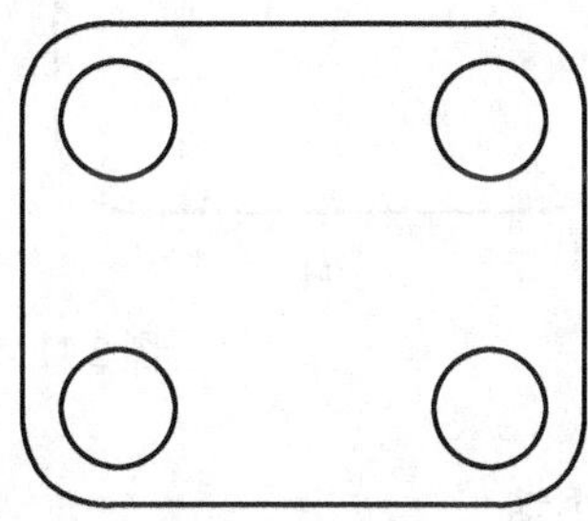

图 2.10　绘制小孔、倒圆角

矩形是常见的几何图形，若用直线命令绘制，效率太低，很不方便。AutoCAD 中有专门绘制矩形的命令。正多边形也是常见的图形，掌握正多边形命令，有助于简捷、准确地绘制图形。

4. 底板的不同画法

利用 AutoCAD 绘制同一图形常常有许多方法，它们各有优缺点，一般根据绘图习惯或命令掌握的熟练程度不同而采用不同的方法和步骤。只有多画图，多积累经验，才能掌握图形绘制最迅速、最准确的方法。

下面采用另一种方法来完成底板的绘制，体会两种方法的不同。

矩形命令可以直接画出带圆角的矩形。

```
命令：_rectang
指定第一个角点或 [倒角（C）/标高（E）/圆角（F）/厚度（T）/宽度（W)]：f
指定矩形的圆角半径<0.0000>：0.5（设定圆角半径）
指定第一个角点或 [倒角（C）/标高（E）/圆角（F）/厚度（T）/宽度（W)]：（任选一点）
指定另一个角点或 [面积（A）/尺寸（D）/旋转（R)]：@3，2.5（指定另一顶点）
```

结果如图 2.11 中左图所示。直接画出了带圆角的矩形后，如何来确定 4 个小孔的圆心呢？很简单，注意到 4 个小孔与 4 段圆角圆弧是同心的，就能利用特征点捕捉来确定圆心。

操作如下。

命令：_circle 指定圆的圆心或 [三点（3P）/两点（2P）/相切、相切、半径（T）]：捕捉到一个圆角的圆心（如底板的左上角圆角）

指定圆的半径或 [直径（D）] <0.3000>：0.3

这样就绘制了其中 1 个小孔。然后用复制命令完成其余 3 个小孔的绘制。最后结果如图 2.11（b）图所示。

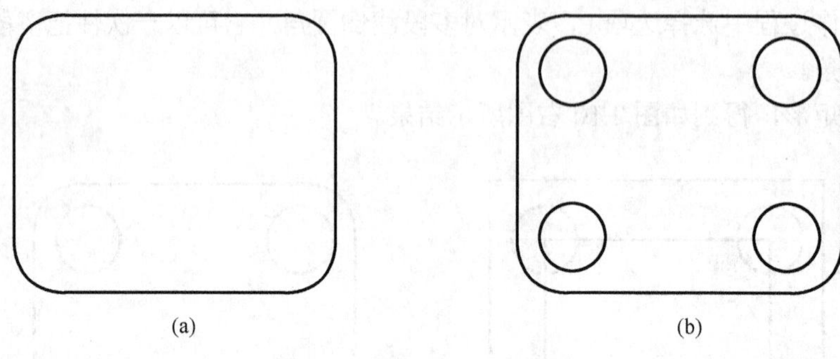

(a) (b)

图 2.11 底板的另一种画法

2.2.3 命令小结

通过本图形的绘制，学习了矩形绘制、图形偏移、矩形倒圆角和图形窗口的缩放等命令，此外了解了绘图辅助工具——光栅点开关以及图形界限等概念。图形修剪和倒圆角等常用图形编辑命令。

矩形命令：rectang
偏移命令：offset
窗口缩放：zoom
图形界限设置：limits

2.3 绘制六角螺母

正多边形是常见的几何图形之一，如图案设计中的五角星、机械设计中的六角螺母等，包括图 1.1 中就有两个正三角形。在 AutoCAD 中有专门的命令来绘制它们。本案例中，除了学习正多边形命令，还将学习线型设置、线型比例等知识。

2.3.1 正多边形命令

正多边形命令提供了一种用于规则多边形（例如等边三角形、正方形、五边形、六边形等）绘制的有效方法。与 rectang 命令绘制的矩形一样，它们的属性是一条多段线，可以使用 explode 分解命令将生成的多段线对象转换为直线。

选择正多边形命令，可以有以下三种方法。

① 在菜单栏中选择【绘图｜正多边形】命令。

② 在命令行输入 polygon。

③ 在绘图工具栏中单击 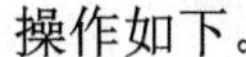 按钮。

在绘制六角螺母之前，先学习正多边形命令的使用。下面以图 1.1 的图形为例介绍正多边形命令的使用。

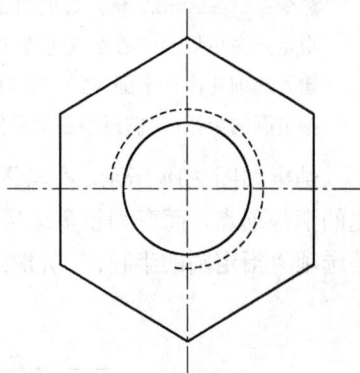

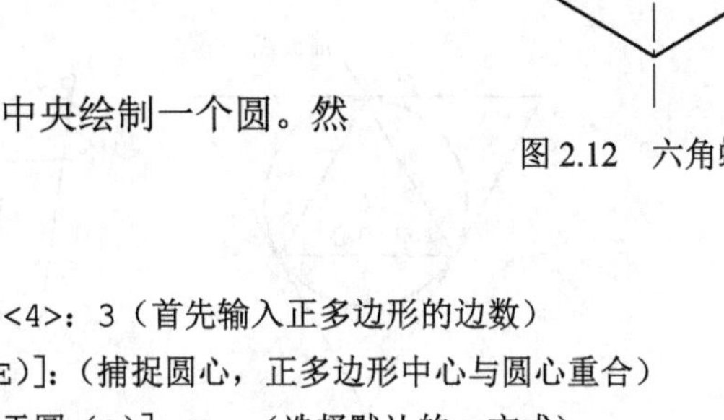

图 2.12　六角螺母

1. 绘制内接正多边形

如图 2.13 所示，先在绘图区中央绘制一个圆。然后绘制圆的内接正三角形。

操作如下。

```
命令：_polygon 输入边的数目<4>：3（首先输入正多边形的边数）
指定正多边形的中心点或［边（E）］：（捕捉圆心，正多边形中心与圆心重合）
输入选项［内接于圆（I）/外切于圆（C）］<I>：（选择默认的 I 方式）
指定圆的半径：qua（捕捉圆的 4 分点）
于（点取圆的上四分点）。
```

结果如图 2.13 所示。

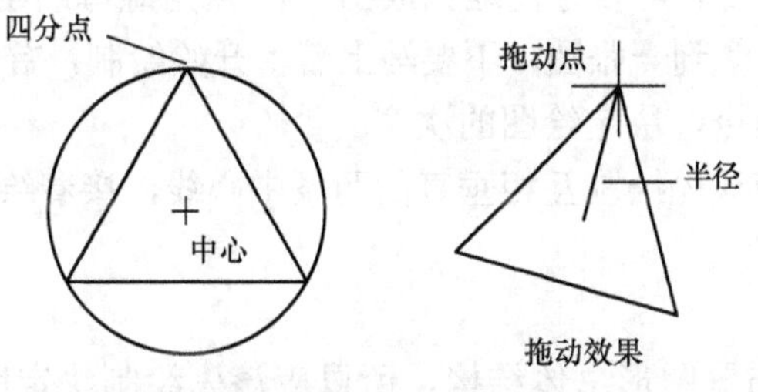

图 2.13　绘制内接正多边形

在回答“输入选项［内接于圆（I）/外切于圆（C）］<I>：”时，选择“I”表示按内接于圆的方式绘制正多边形，实际意义是正多边形中心到顶点的距离刚好是该正多边形外接圆的半径。选项“指定圆的半径：”所指的圆就是该外接圆，一般情况下输入一个数值表示半径，此例中，因为图中已经有一个现成的圆，所以可以使用对象捕捉来确定半径。

在绘图过程中，注意观察动态拖动时的图形，拖动点就是正多边形的顶点，如图 2.13 所示。

2. 绘制外切正多边形

继续绘制图形，操作如下。

命令：_polygon 输入边的数目 <3>：（按回车键，表示采用上次绘制的边数数据）
指定正多边形的中心点或 [边（E）]：（捕捉圆心，正多边形中心与圆心重合）
输入选项 [内接于圆（I）/外切于圆（C）] <I>：c（选择默认的 C 方式）
指定圆的半径：（捕捉小三角形的上顶点）

结果如图 2.14 所示。在绘图过程中，注意观察动态拖动时的图形，拖动点不再是原先的那些顶点，而变为正多边形边的中点。图中的圆是大三角形的内切圆，它的半径就是选项“指定圆的半径：”所指的半径。

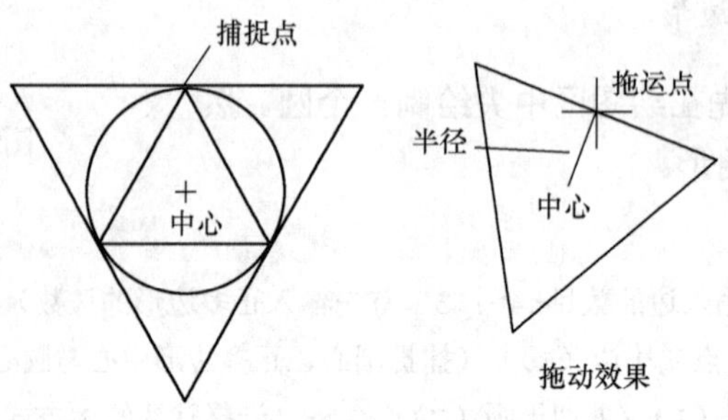

图 2.14　绘制内接正多边形

2.3.2　绘制螺母

学习了正多边形命令，可以方便地完成图 2.12 六角螺母的绘制。绘制一个图形，思路非常重要。就是说，拿到一张图，不要马上着手开始绘制，首先要分析图形，再根据图形特点，选择绘图命令，决定绘图的次序。

在这个例子中，应该先绘制互相垂直的两条中心线，接着绘制六边形、圆和圆弧。

1. 绘制中心线

一般图形都是先布置图形总体结构，所以应该先绘制决定图形结构的中心线。绘制水平、垂直中心线时，要按 F8 键正交开关，进入正交状态，方便绘图。如图 2.15 所示，在图中适当位置绘制互相垂直的十字中心线。要注意的是，尽量快速绘制线条，不要过于注重大小、对称性等。利用 AutoCAD 绘图，追求快和准，过于注重局部、细节处绘图的精准，会影响绘图速度，而且没有必要，因为 AutoCAD 具有强大的编辑功能，能方便地使图形符合要求。

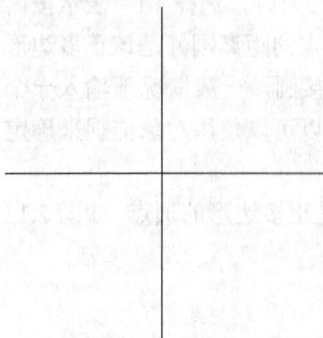

图 2.15　绘制中心线

2. 绘制正六边形

图 2.15 中两中心线的交点就是六边形的中心，大小可自由设定。因此，可以开始六边形的绘制。操作如下。

命令：_polygon 输入边的数目<3>：6（边数为 6）

指定正多边形的中心点或 [边（E）]：捕捉图中的交点

输入选项 [内接于圆（I）/外切于圆（C）] <I>：（按回车键，选择默认的 I 方式）

指定圆的半径：（移动鼠标决定半径大小，并确认正交开关打开，以使图形正直）

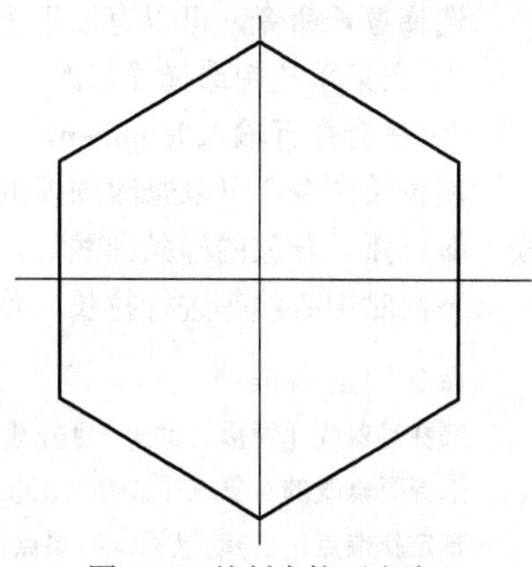

图 2.16　绘制内接正多边形

结果如图 2.16 所示。

3. 绘制圆和圆弧

继续绘图，以六边形中心为圆心绘制两个同心圆，半径可任意取合适的值，如图 2.17 所示。对于大圆，它表示的是螺母的内螺纹，按照国家标准，它不能是一个整圆，而是一条约 3/4 圆弧，必须对它进行修剪。

操作如下。

命令：_trim

当前设置：投影=UCS，边=无

选择剪切边……单击选中水平中心线

选择对象或<全部选择>：找到 1 个（单击选中垂直中心线）

选择对象：找到 1 个，总计 2 个

选择对象：（按回车键）

选择要修剪的对象，或按住 Shift 键选择要延伸的对象，或

[栏选（F）/窗交（C）/投影（P）/边（E）/删除（R）/放弃（U）]：（单击选中大圆的第三象限部分圆弧）

选择要修剪的对象，或按住 Shift 键选择要延伸的对象，或

[栏选（F）/窗交（C）/投影（P）/边（E）/删除（R）/放弃（U）]：（按回车键）

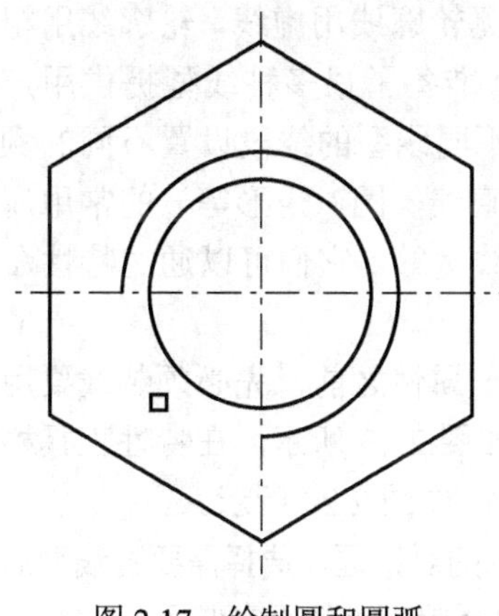

图 2.17　绘制圆和圆弧

结果如图 2.17 所示。至此，图形基本完成，但对一些细节还需作一些处理。

在这个例子中需要绘制圆弧，虽然 AutoCAD 有圆弧命令 arc，但在正式绘图中的圆弧大多利用整圆修剪得到，因为这样绘图简便。

4. 线条拉长

如图 2.17 所示图形，与图 2.12 的图形相比还有许多细节要修改。按照国家标准，中心线一般应该超出轮廓线 3～5mm，代表螺纹的圆弧的端点不能正好在中心线上。用拉长命令可以完成这一工作。

选择拉长命令，可以有以下方法。

① 在菜单栏中选择【修改 | 拉长】命令。

② 在命令行输入 lengthen。

用拉长命令，可以修改圆弧的包含角和以下对象的长度：直线、圆弧、开放的多段线、椭圆弧、开放的样条曲线等。

下面对中心线等进行拉长，使图形完美。操作如下。

```
命令：lengthen
选择对象或［增量（DE）/百分数（P）/全部（T）/动态（DY）]：dy（选择动态方式）
选择要修改的对象或［放弃（U）]：（单击选中中心线端点 p1）
指定新端点：（拖动鼠标，当端点长度合适时按下鼠标左键）
选择要修改的对象或［放弃（U）]：（单击选中中心线端点 p2）
指定新端点：（拖动鼠标，当端点长度合适时按下鼠标左键）
选择要修改的对象或［放弃（U）]：（单击选中中心线端点 p3）
指定新端点：（拖动鼠标，当端点长度合适时按下鼠标左键）
选择要修改的对象或［放弃（U）]：（单击选中中心线端点 p4）
指定新端点：（拖动鼠标，当端点长度合适时按下鼠标左键）
选择要修改的对象或［放弃（U）]：（单击选中中心线端点 q1）
指定新端点：（拖动鼠标，当端点长度合适时按下鼠标左键）
选择要修改的对象或［放弃（U）]：（单击选中中心线端点 q2）
指定新端点：（拖动鼠标，当端点长度合适时按下鼠标左键）
选择要修改的对象或［放弃（U）]：（按回车键）
```

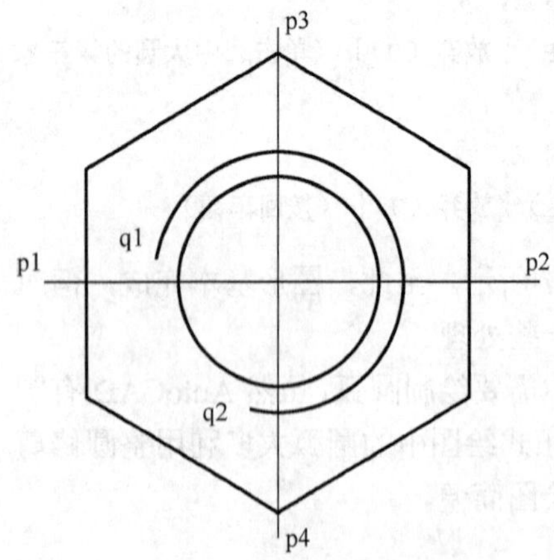

图 2.18　线段拉长

中心线和圆弧拉长后的效果如图 2.18 所示。

5. 线段属性

在工程图样中，各种线条都表示特定的含义，往往通过线型和线条宽度来区别，如中心线常用点划线，不可见轮廓线用虚线，轮廓线用粗实线等。AutoCAD 准备了很多种线型提供用户选择，同时可以对不同线型的线段设置不同的颜色或线宽。图元（直线、圆、矩形等）的常用属性有线型、颜色、线宽等。它们可以通过特性命令修改。

在修改线型这一属性之前，先必须装载要用到的线型。装载线型可以输入线型命令 linetype，也可以如图 2.19 所示，在特性工具栏的线型下拉列表框中选择“其他”选项，进入线型管理器，如图 2.20 所示。

在线型管理器中单击【加载】按钮，打开如图 2.21 所示的对话框，选择需要的线型后单击【确定】按钮。选择 center 和 hidden 两种线型加载，以后就可以使用它们了。

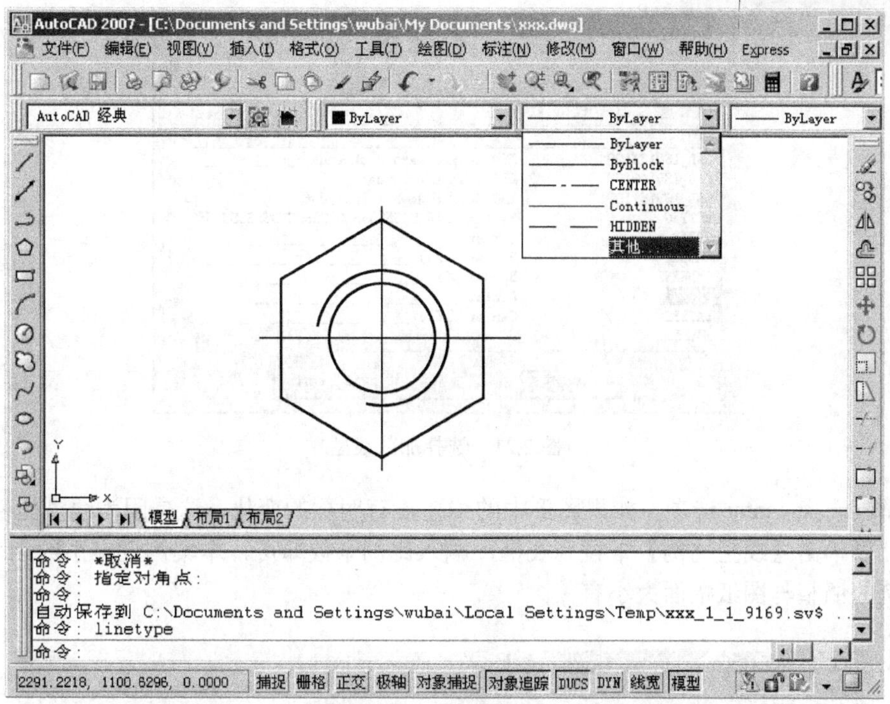

图 2.19 修改线型

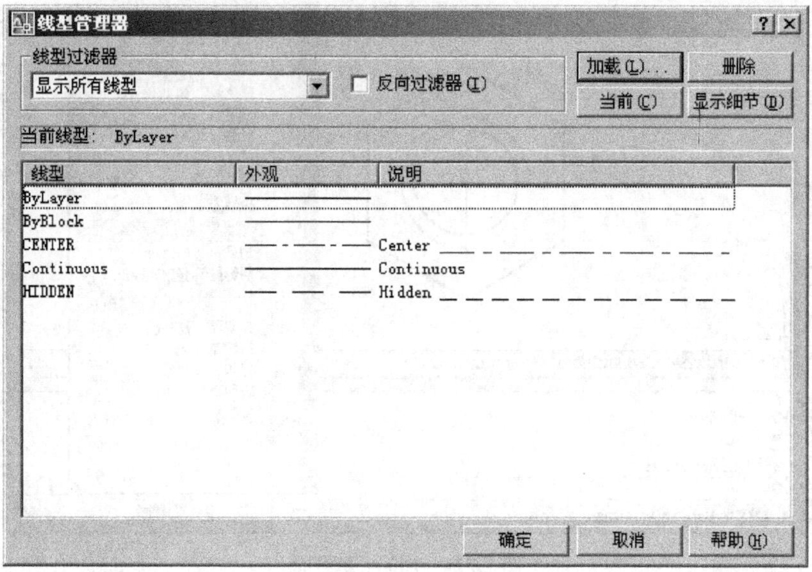

图 2.20 线型管理器

下面进行线型与颜色的修改。在常用工具栏中单击 按钮，会弹出如图 2.22 所示【特性】界面。选中图中的水平、垂直两条中心线，对话框内显示“两直线”，表示可以对它们的属性进行修改。如图 2.23 所示，单击【线型】下拉列表框，显示可供选择的各

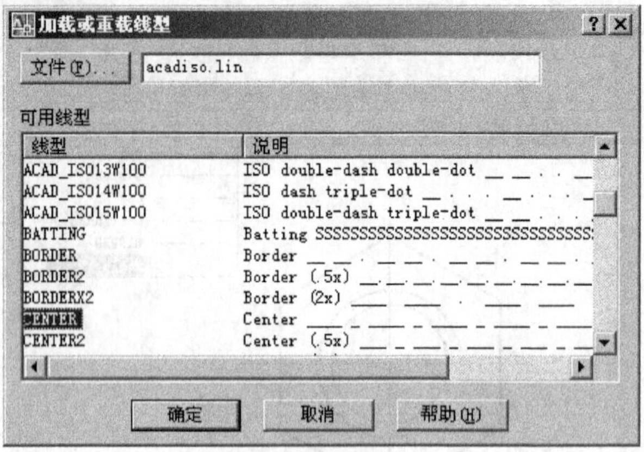

图 2.21　选择加载线型

种线型，选择 center 选项。如果图形中的线型没有明显的变化，这是因为线型比例不合适，可以单击【线型比例】下拉列表框，输入比例系数即可，本案例设定系数为 5。线型比例的调整与图纸幅面大小有关。

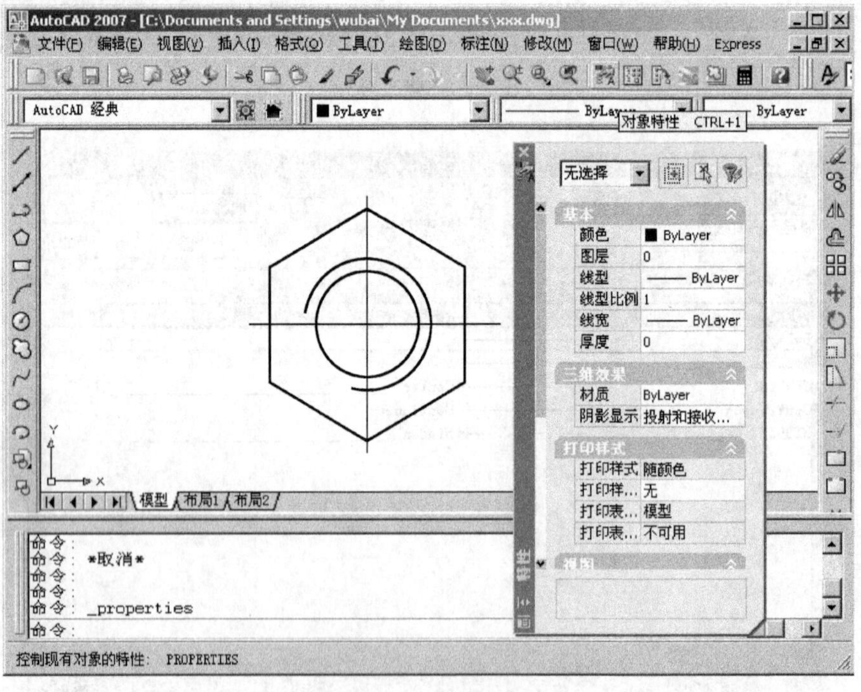

图 2.22　【特性】界面

按 Esc 键结束对中心线的属性修改。然后修改圆弧的属性，选中圆弧，在特性对话框中单击【线型】下拉列表框，显示可供选择的各种线型，选择 hidden 选项；单击【颜色】下拉列表框，显示可供选择的各种颜色，选择红色；线型比例系数设定为 5。

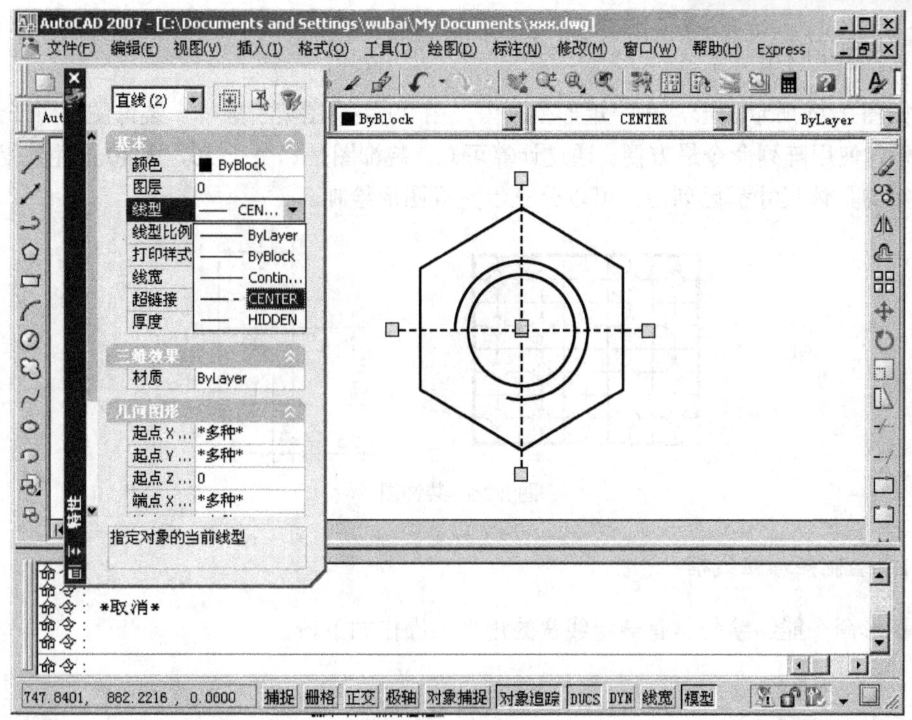

图 2.23　修改属性

至此，完成了图 2.12 的绘制。

2.3.3　命令小结

通过本图形的绘制，学习了正多边形绘制、线条拉长、图元特性修改、线型加载等命令，此外了解了图元的颜色、宽度和线型等特性以及修改方法。

正多边形命令：polygon

拉长命令：lengthen

线型加载：linetype

2.4　图 形 阵 列

实际的工程图样中有许多图形是非常有规则的，如齿轮的端面视图，是由若干个齿形沿圆周均匀排列而成的；也有的装饰图，是由一个图案按行列排列而成。对于这一类图形，AutoCAD 有一个阵列命令 array 可以用来完成绘制。

选择阵列命令，可以有以下三种方法。

① 在菜单栏中选择【修改 | 阵列】命令。

② 在命令行输入 array。

③ 在绘图工具栏中单击 ▦ 按钮。

2.4.1 矩形阵列

如图 2.24 所示图形，在一矩形范围内，由 20 块小图案拼成一个装饰图。对于这样的图形，使用阵列命令最方便。通过计算可知，装饰图是一个长 50，宽 40 的粗线矩形，小图案的具体尺寸都已列出。可以分三步完成图形绘制。

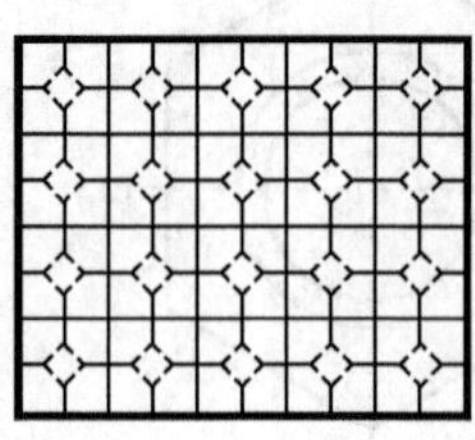

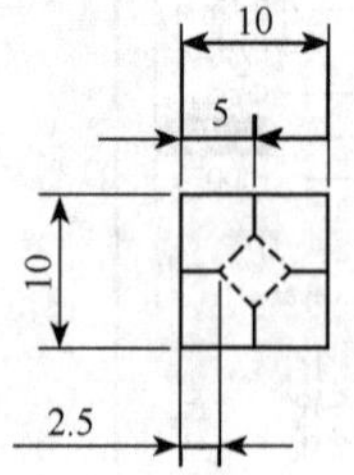

图 2.24 装饰图

1. 绘制矩形粗线框

矩形命令能够绘制具有一定线宽的矩形，操作如下。

命令：_rectang
当前矩形模式：宽度=1.0000
指定第一个角点或 [倒角（C）/标高（E）/圆角（F）/厚度（T）/宽度（W）]：w（设置线宽）
指定矩形的线宽<1.0000>：0.5（设定线宽为 0.5）
指定第一个角点或 [倒角（C）/标高（E）/圆角（F）/厚度（T）/宽度（W）]：（任意单击选中一点）
指定另一个角点或 [面积（A）/尺寸（D）/旋转（R）]：@50，40（使用增量坐标完成装饰图边框绘制）

2. 绘制图案

首先绘制正方形，如图 2.25（a）所示。操作如下。

命令：_rectang
当前矩形模式：宽度=0.5000
指定第一个角点或 [倒角（C）/标高（E）/圆角（F）/厚度（T）/宽度（W）]：w
指定矩形的线宽<0.5000>：0（线宽恢复为 0）
指定第一个角点或 [倒角（C）/标高（E）/圆角（F）/厚度（T）/宽度（W）]：（任意单击选中一点）
指定另一个角点或 [面积（A）/尺寸（D）/旋转（R）]：@10，10（增量坐标）

再绘制如图 2.25（b）所示的三条线段，操作如下。

命令：_line
指定第一点：（单击选中点 1）

```
指定下一点或［放弃（U）］：@2.5，0（画到点2）
指定下一点或［放弃（U）］：@2.5，2.5（画到点3）
指定下一点或［闭合（C）/放弃（U）］：@0，2.5（画到点4）
指定下一点或［闭合（C）/放弃（U）］：（按回车键，退出直线命令）
```

然后通过镜像命令，得到图2.25（c），操作如下。

```
命令：_mirror
选择对象：找到1个（单击选中线段12）
选择对象：找到1个，总计2个（单击选中线段23）
选择对象：找到1个，总计3个（单击选中线段34）
选择对象：（按回车键，结束选择对象）
指定镜像线的第一点：单击选中点5
指定镜像线的第二点：单击选中点6
要删除源对象吗？［是（Y）/否（N）］<N>：（按回车键，表示不删除原对象）
```

最后补上如图2.25（d）所示的两条线段。

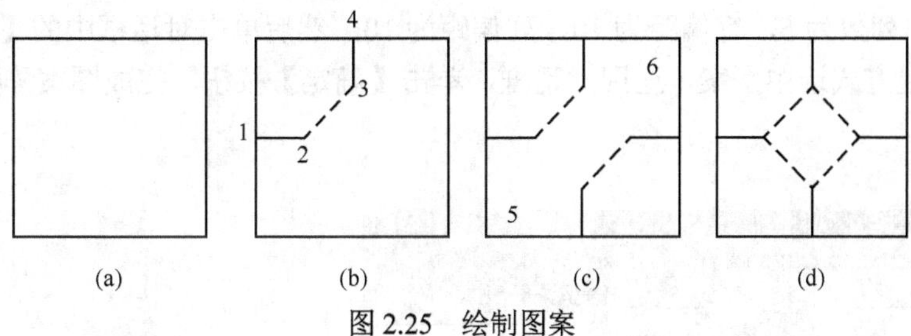

图2.25　绘制图案

3. 贴上图案

图案已绘制完毕，现在把它贴到矩形框内，即把图案移动到矩形中。

选择移动命令，可以有以下三种方法。

① 在菜单栏中选择【修改｜移动】命令。

② 在命令行输入move。

③ 在绘图工具栏中单击 按钮。

操作如下。

```
命令：_move
选择对象：指定对角点：找到9个（使用矩形窗口选取整个图案）
选择对象：（按回车键，结束对象选择）
指定基点或［位移（D）］<位移>：（单击选中图案左下角点P2）
指定第二个点或<使用第一个点作为位移>：（单击选中矩形左下角点P1）
```

结果如图2.26所示，图案移动到矩形的左下角。

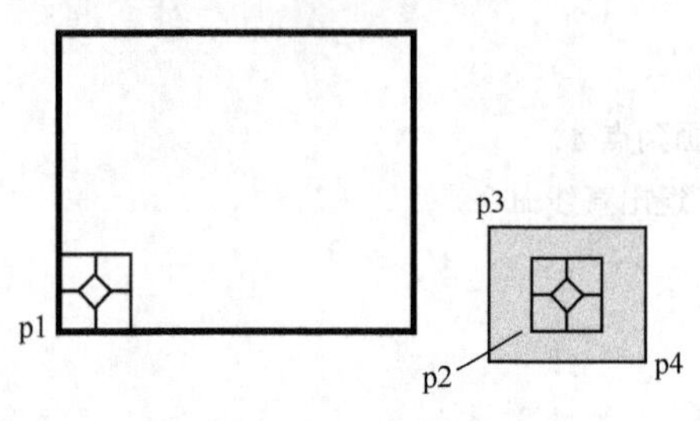

图 2.26　移动图案

在移动操作中，当选择对象时，由于对象数量较多，不方便用鼠标一一单击选中，采用了窗选的方法。在编辑、修改图形时，往往需要先选择操作对象，单击选中是一般的方法，常用于选择个数较少的对象，当要选的对象较多时，AutoCAD 有许多选择方法，矩形窗选是其中一种常用的方法。

如图 2.26 所示，开始 move 命令后，系统提示选择对象，此时在点 p3 处按鼠标左键不放，拖动鼠标到点 p4 处，并松开鼠标左键，则图案被选中，共 9 个对象。在鼠标拖动期间会动态显示一个灰色矩形窗口，在这个窗口中的对象都会被选中。

4. 完成阵列

分析图 2.24 所示的装饰图，要把图案铺满整个矩形框，需要 4 行 5 列，共 20 个图案。选择阵列命令，打开如图 2.27 的【阵列】对话框。单击【矩形阵列】单选按钮，行数设定为 4，列数为 5，行偏距为 10，列偏距为 10，然后单击对话框中的【选择对象】按钮，用窗选方式选中图案，返回对话框，单击【确定】按钮，完成图案阵列，结果如图 2.28 所示。

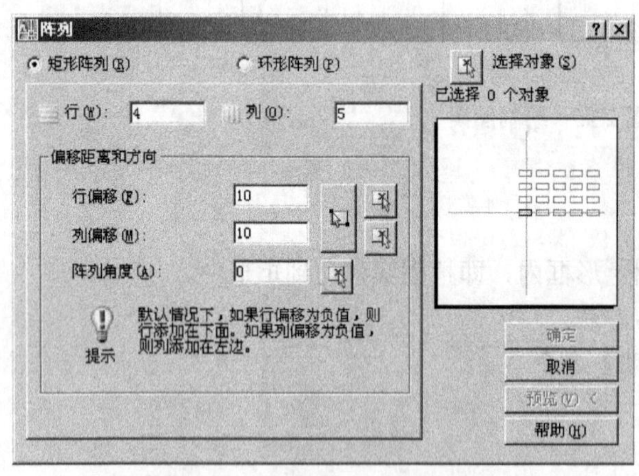

图 2.27　【阵列】对话框

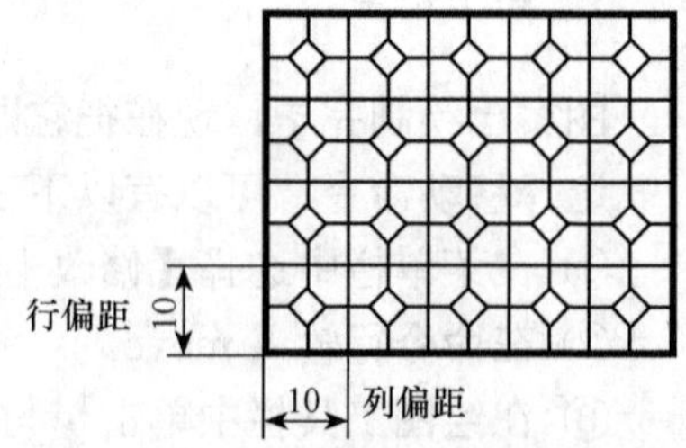

图 2.28　阵列后图形

2.4.2　环形阵列

在工程图样中，经常会有齿轮、棘轮和环状图案等。如图 2.29 所示图形为一种机械常用零件——棘轮，它的特点是某一结构沿圆周的环形排列。绘制这一类图形，应首先分析图形，找出结构特征，然后确定旋转中心，这样绘制工作就会快速准确地完成。

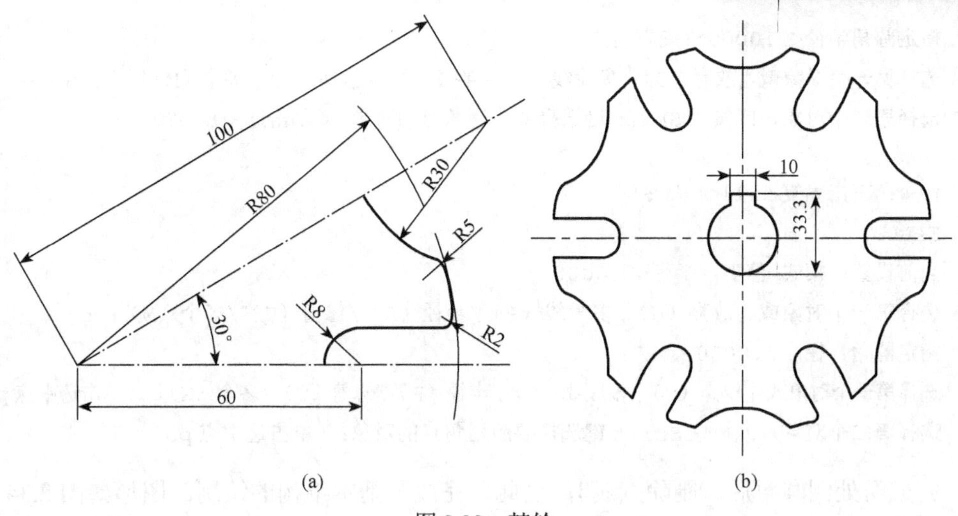

图 2.29 棘轮

如图 2.29 所示棘轮，它的基本特征是图中左边所示的粗线部分形状，这个结构经过镜像复制后，得到一个完整的棘轮齿形，再把这个齿形作环形阵列，图形就绘制成功了。

1. 绘制基本结构

棘轮的基本结构如图 2.29 中（a）图形所示。

1）绘制下列图元，如图 2.30 所示。

① 直线 p1p2：起点 p1（任选），p2（@60，0）。

② 直线 p1p3：起点 p1，p3（@100<30）。

③ 大圆：圆心 p1，半径 80。

④ 小圆：圆心 p2，半径 8。

⑤ 直线 p4p5：起点 p4（小圆 4 分点），p5。

在直线 p4p5 的绘制中，终点 p5 点位置任意，只要保证直线 p4p5 水平。

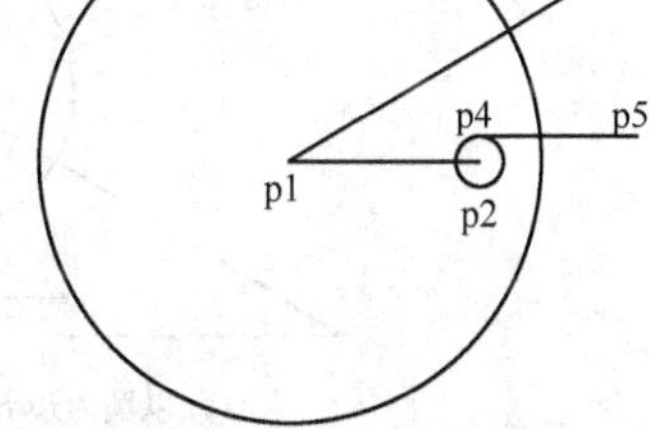

图 2.30 基本结构绘制

2）图形修剪。如图 2.30 所示。

以直线 p1p3 和 p4p5 为修剪边界，修剪大圆弧。再以直线 p1p2 和 p4p5 为修剪边界，修剪小圆弧。结果如图 2.31（a）所示。

3）画圆和修剪。以 p3 为圆心，半径 30 画圆，如图 2.31（b）所示。然后再作如图 2.31（c）和（d）所示的修剪。得到如图 2.33 所示结果。

4）倒圆角。用视图缩放命令放大图形。视图缩放工具栏如图 2.32 所示。

操作如下（图 2.33）。

```
命令：fillet
当前设置：模式=修剪，半径=2.0000
选择第一个对象或 [放弃（U）/多段线（P）/半径（R）/修剪（T）/多个（M）]：r
```

指定圆角半径<2.0000>：5
选择第一个对象或［放弃（U）/多段线（P）/半径（R）/修剪（T）/多个（M）］：（单击中点 p1）
选择第二个对象，或按住 Shift 键选择要应用角点的对象：（单击选中点 p2）

命令：右击重复 fillet 命令
FILLET
当前设置：模式=修剪，半径=5.0000
选择第一个对象或［放弃（U）/多段线（P）/半径（R）/修剪（T）/多个（M）］：r
指定圆角半径 <5.0000>：2
选择第一个对象或［放弃（U）/多段线（P）/半径（R）/修剪（T）/多个（M）］：（单击选中点 p2）
选择第二个对象，或按住 Shift 键选择要应用角点的对象：（单击选中点 p3）

完成两处倒圆角后，删除直线 1，至此，完成了基本结构的绘制。图形如图 2.34 中实线所示。

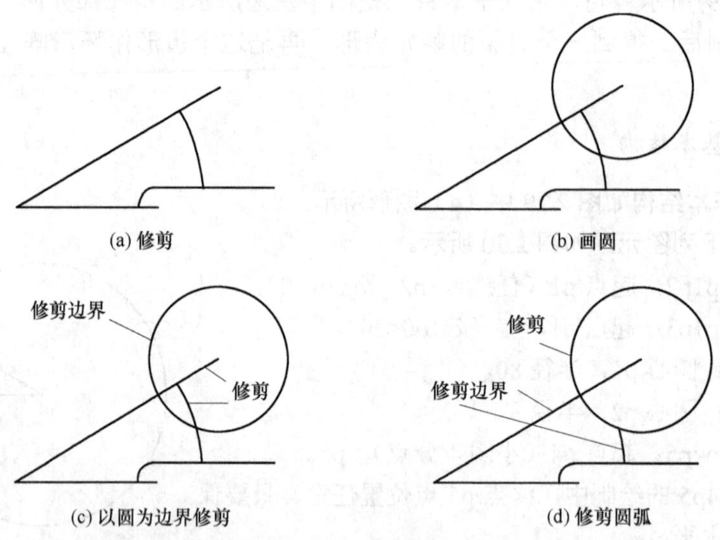

(a) 修剪　(b) 画圆
(c) 以圆为边界修剪　(d) 修剪圆弧

图 2.31　修剪并画圆

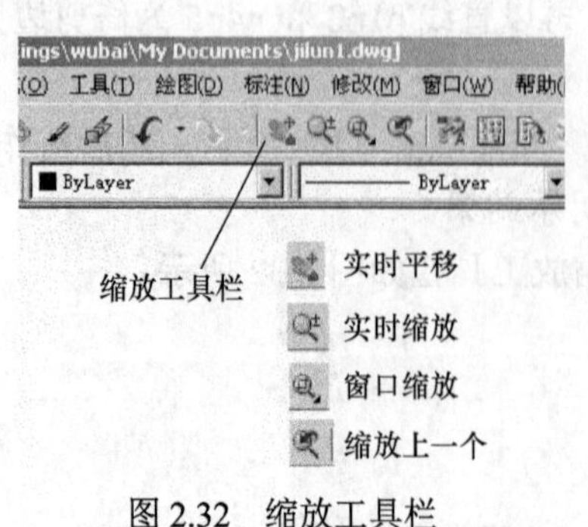

图 2.32　缩放工具栏

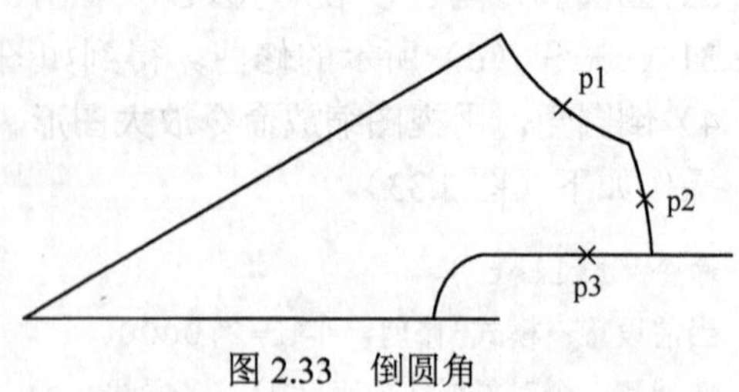

图 2.33　倒圆角

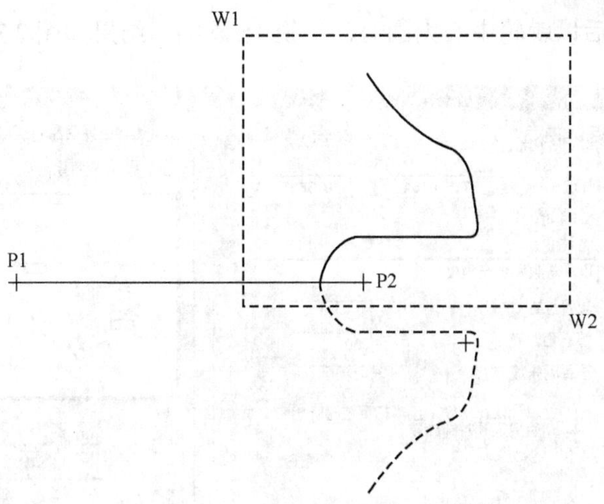

图 2.34 镜像复制得到齿形

2. 基本结构镜像复制

基本结构需通过镜像复制，才能得到一个完整的棘轮齿形。
操作如下。

```
命令：_mirror
选择对象：指定对角点：找到 6 个（通过窗口方式选择对象，W1、W2 为窗口角点）
选择对象：（按回车键）
指定镜像线的第一点：（单击选中 P1 点）
指定镜像线的第二点：（单击选中 P2 点）
要删除源对象吗？［是（Y）/否（N）］<N>：（按回车键）
```

图 2.34 中的虚线部分为镜像复制所得到。

3. 齿形的环形阵列

进行环形阵列，需要事先确定阵列对象、阵列数量、阵列角度、阵列中心和是否随着阵列而旋转对象等。本例中阵列对象为整个棘轮齿形，棘轮齿数为 6，所以阵列数量为 6，齿形分布在整个圆周上，所以阵列角度为 360°，阵列中心是图 2.34 中的 P1 点，齿形要随着阵列而旋转。

选择阵列命令，打开如图 2.35 所示的阵列对话框。单击【环形阵列】单选按钮，在对话框按上面的分析设定各项数据，单击【确定】按钮，完成图案阵列，结果如图 2.36 所示。

4. 绘制键槽孔

下面绘制棘轮的键槽孔。

1）首先从棘轮中心出发绘制垂直中心线，然后用拉长命令 lengthen 使中心线超出轮廓适当距离，最后以棘轮中心为圆心，半径 15 画圆。结果如图 2.37 所示。

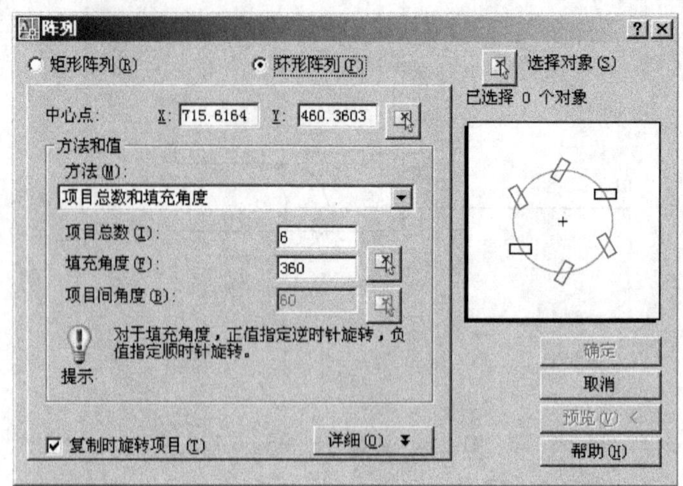

图 2.35 【阵列】对话框

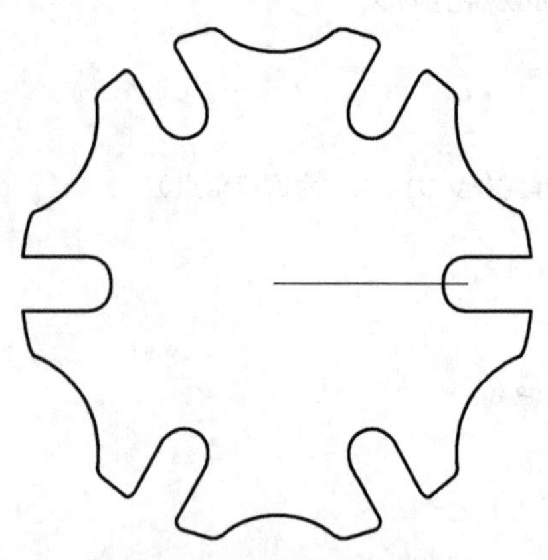

图 2.36 镜像复制得到齿形

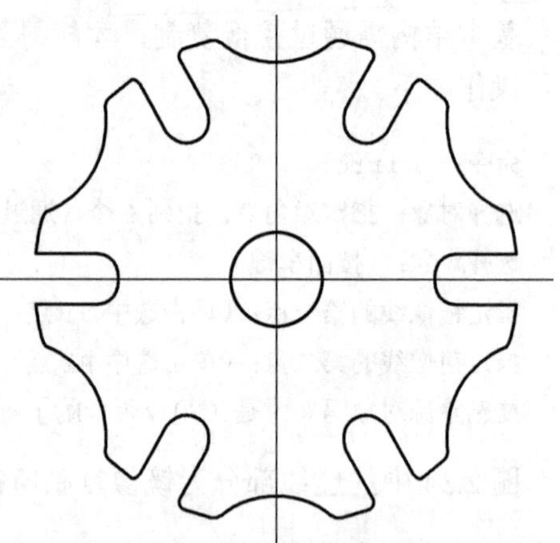

图 2.37 绘制中心线和圆

2）用偏移命令绘制三条等距线，如图 2.38 所示。操作如下。

命令：_offset

当前设置：删除源=否，图层=源，OFFSETGAPTYPE=0

指定偏移距离或［通过（T）/删除（E）/图层（L）］<通过>：5（槽宽的一半）

选择要偏移的对象，或［退出（E）/放弃（U）］<退出>：（单击选中垂直中心线 s2）

指定要偏移的那一侧上的点，或［退出（E）/多个（M）/放弃（U）］<退出>：（单击垂直中心线左侧）

选择要偏移的对象，或［退出（E）/放弃（U）］<退出>：（单击选中垂直中心线 s2）

指定要偏移的那一侧上的点，或［退出（E）/多个（M）/放弃（U）］<退出>：（单击垂直中心线右侧）

选择要偏移的对象，或 [退出（E）/放弃（U）] <退出>：（按回车键）

命令：（右击重复偏移命令）
OFFSET
当前设置：删除源=否　图层=源　OFFSETGAPTYPE=0
指定偏移距离或 [通过（T）/删除（E）/图层（L）] <5.0000>：18.3（按回车键，33.3−半径 15）
选择要偏移的对象，或 [退出（E）/放弃（U）] <退出>：（单击选中水平中心线 s1）
指定要偏移的那一侧上的点，或 [退出（E）/多个（M）/放弃（U）] <退出>：（单击水平中心线上方）
选择要偏移的对象，或 [退出（E）/放弃（U）] <退出>：（按回车键）

结果如图 2.38 所示。

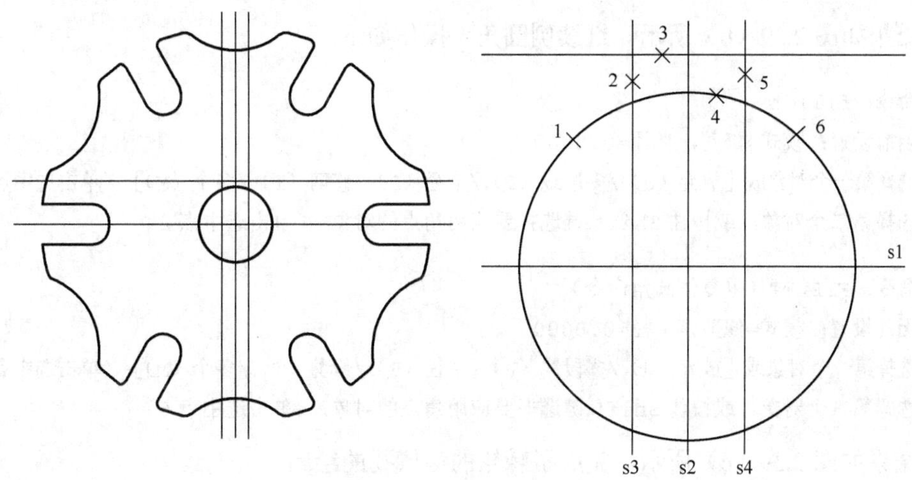

图 2.38　绘制中心线和圆

3）修剪槽形。利用多次修剪命令，可以最终完成键槽孔的绘制。这里使用圆角半径为 0 的倒圆角命令，简化操作，具体如下。

命令：_trim
当前设置：投影=UCS，边=无
选择剪切边......
选择对象或<全部选择>：找到 1 个（单击选中直线 s3）
选择对象：找到 1 个，总计 2 个（单击选中直线 s4）
选择对象：（按回车键，结束边界选择）
选择要修剪的对象，或按住 Shift 键选择要延伸的对象，或
[栏选（F）/窗交（C）/投影（P）/边（E）/删除（R）/放弃（U）]：（单击选中圆弧上的点 4）
选择要修剪的对象，或按住 Shift 键选择要延伸的对象，或
[栏选（F）/窗交（C）/投影（P）/边（E）/删除（R）/放弃（U）]：（按回车键）

结果如图 2.39（a）所示。下面利用倒圆角命令进行剪切。操作如下。

```
命令：fillet
当前设置：模式=修剪，半径=5.0000
选择第一个对象或［放弃（U）/多段线（P）/半径（R）/修剪（T）/多个（M）]：r
指定圆角半径<5.0000>：0（注意圆角半径改为 0）
选择第一个对象或［放弃（U）/多段线（P）/半径（R）/修剪（T）/多个（M）]：(单击选中点 2）
选择第二个对象，或按住 Shift 键选择要应用角点的对象：（单击选中点 3）

命令：FILLET（重复倒圆角命令）
当前设置：模式=修剪，半径=0.0000
选择第一个对象或［放弃（U）/多段线（P）/半径（R）/修剪（T）/多个（M）]：(单击选中点 3）
选择第二个对象，或按住 Shift 键选择要应用角点的对象：（单击选中点 5）
```

结果如图 2.39（b）所示。继续倒圆角，操作如下。

```
命令：fillet
当前设置：模式=修剪，半径=0.0000
选择第一个对象或［放弃（U）/多段线（P）/半径（R）/修剪（T）/多个（M）]：(单击选中点 1）
选择第二个对象，或按住 Shift 键选择要应用角点的对象：（单击选中点 2）

命令：FILLET（重复倒圆角命令）
当前设置：模式=修剪，半径=0.0000
选择第一个对象或［放弃（U）/多段线（P）/半径（R）/修剪（T）/多个（M）]：(单击选中点 5）
选择第二个对象，或按住 Shift 键选择要应用角点的对象：（单击选中点 6）
```

结果如图 2.39（c）所示，完成了棘轮的键槽孔的绘制。

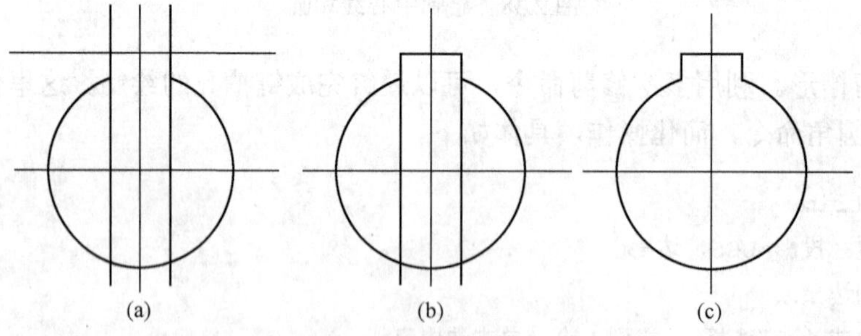

图 2.39　修剪与倒圆角（圆角半径为 0）

从上面的操作中可以体会到，在某些情况下，利用圆角半径为 0 倒圆角，要比用修剪简便。

2.4.3　命令小结

通过本图形的绘制，学习了图形的矩形阵列和环形阵列、粗框矩形的绘制、图形对象的移动等命令，掌握了倒圆角代替修剪的绘图技巧和视图的缩放等操作。

阵列命令：array
移动命令：move

2.5 图形编辑与选择集

在 AutoCAD 中，除了前面介绍的图形编辑命令外，还有许多其他图形编辑命令。在进行图形编辑时，选择对象是必不可少的操作，如何在复杂的图形中方便地选中需要编辑的目标对象非常重要，AutoCAD 中的选择集提供了很好的帮助。

2.5.1 编辑命令

除了已经介绍的图形编辑命令外，还有许多编辑命令。常用的图形编辑命令见表 2.1。

表 2.1 常用图形编辑命令

命　令	全　称	别　名	命　令	全　称	别　名
删除	erase	e	移动	move	m
复制	copy	cp	旋转	rotate	ro
镜像	mirror	mi	缩放	scale	sc
偏移	offset	o	拉伸	stretch	s
阵列	array	ar	拉长	lengthen	
修剪	trim		延伸	extend	ex
圆角	fillet	f	倒角	chamfer	cha
分解	explode		特性	properties	props

2.5.2 选择集

对已绘制好的图形中的某些图元进行编辑、修改，必须首先确定这些要编辑的对象，把这些对象组成一个集合，称为选择集，编辑命令针对选择集进行操作。一般使用编辑命令后，先要求选择对象，如果只有一两个对象可以直接单击选中，如果遇到图元较多或分布较乱时，用适当的选择方式能有很好的效果。

以执行移动命令为例，在系统提示要求选择对象时，输入？后按回车键，会列出所有对象选择方式。

```
命令：m
MOVE
选择对象：?
*无效选择*
需要点或窗口（W）/上一个（L）/窗交（C）/框（BOX）/全部（ALL）/栏选（F）/圈围（WP）
/圈交（CP）/编组（G）/添加（A）/删除（R）/多个（M）/前一个（P）/放弃（U）/自动（AU）/
单个（SI）/子对象/对象
```

这些对象选择方式的使用说明见表 2.2。

表 2.2　对象选择方式及说明

方　式	名　称	说　明
点选		直接单击选中要选的图元对象
窗口	W	选择矩形窗口（由两点确定）中的所有对象。只有整体在窗口内的对象被选中
上一个	L	选择最近一次创建的可见对象
窗交	C	选择矩形窗口内部或与之相交的所有对象。窗交显示的方框为虚线或高亮度方框
框	BOX	选择矩形窗口内部或与之相交的所有对象。如果矩形的点是从右至左指定的，则框选与窗交等价。否则，框选与窗选等价
全部	ALL	选择解冻的图层上的所有对象
栏选	F	选择与选择栏相交的所有对象
圈围	WP	选择多边形（通过待选对象周围指定点定义）中的所有对象。该多边形可以为任意形状，但不能与自身相交或相切
圈交	CP	选择多边形（通过待选对象周围指定点定义）内部或与之相交的所有对象
编组	G	选择指定组中的全部对象
添加	A	切换到添加模式：可以使用任何对象选择方法将选定对象添加到选择集。为默认模式
删除	R	切换到删除模式：可以使用任何对象选择方法从当前选择集中删除对象
多个	M	指定多次选择而不高亮显示对象，从而加快对复杂对象的选择过程。如果两次指定相交对象的交点，多选也将选中这两个相交对象
前一个	P	选择最近创建的选择集
放弃	U	放弃选择最近加到选择集中的对象
自动	AU	切换到自动选择：指向一个对象即可选择该对象。指向对象内部或外部的空白区，将形成框选方法定义的选择框的第一个角点。为默认模式
单个	SI	切换到单选模式：选择指定的第一个或第一组对象而不继续提示进一步选择
子对象		使用户可以逐个选择原始形状，这些形状是复合实体的一部分或三维实体上的顶点、边和面
对象		结束选择子对象的功能。使用户可以使用对象选择方法

以图 2.40 所列图形为例，下面对几个常用的选择方式作详细的介绍。

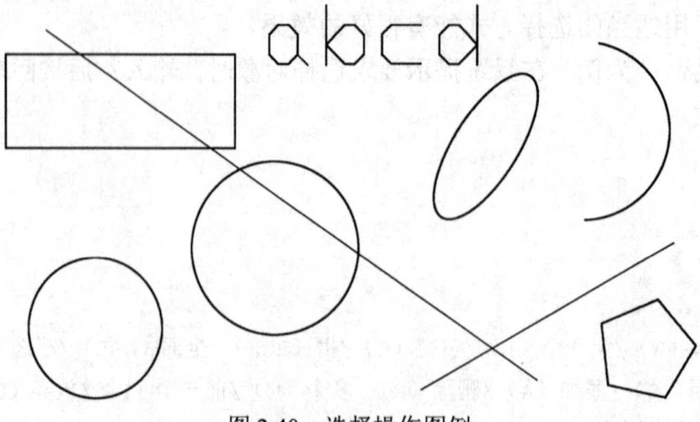

图 2.40　选择操作图例

1. “窗口”方式

在“选择对象”状态下输入 W，则选择“窗口”方式，这一窗口实际上就是一个矩形框，它由矩形的两个对角点定义，矩形框中的所有对象将被选择。注意只有整体都在矩形框中的对象被选择。不输入 W，可直接按下鼠标左键拖动，从左到右指定角点创建窗口选择。

1）输入 W，操作如下。

```
选择对象：w
指定第一个角点：指定点 p1
指定对角点：指定点 p2  找到 3 个
```

如图 2.41 所示，在点 p1 和点 p2 确定的矩形窗口中，两个圆和一个矩形被选择，被选择的对象变为虚线显示。

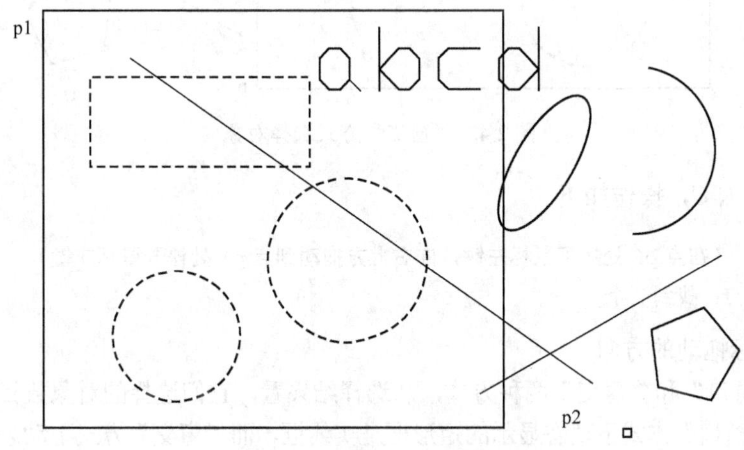

图 2.41 “窗口”方式选择对象

2）不输入 W，操作如下。

```
选择对象：(在点 p1 处按下鼠标左键，拖动到点 p2 处松开鼠标左键)
指定对角点：找到 3 个
```

选择效果相同。操作熟练后，一般都用第 2）种方法进行“窗选”。

2. “窗交”方式

在“选择对象”状态下输入 C，则选择“窗交”方式，这一方式的操作与“窗口”方式相同，但选择结果不同。使用这一方式，窗口内的对象，包括部分在窗口内的对象，即与表示窗口的矩形框相交的对象都被选择。

1）输入 C，操作如下。

```
选择对象：c
```

```
指定第一个角点：(指定点 p1)
指定对角点：(指定点 p2) 找到 7 个
```

如图 2.42 所示，在点 p1 和点 p2 确定的矩形窗口中，除了整体在矩形框内的两个圆和一个矩形被选择外，部分处于矩形框内的两条直线、一个椭圆和文字也被选择。

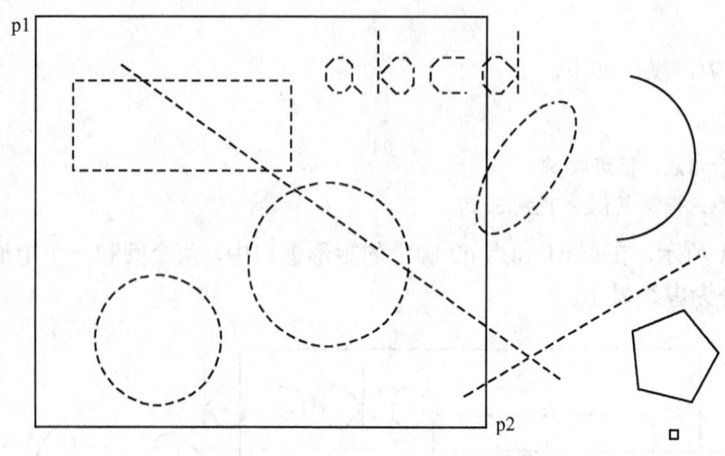

图 2.42 “窗交”方式选择对象

2）不输入 C，操作如下。

```
选择对象：(在点 p2 处按下鼠标左键，向右上方拖动到点 p1 处松开鼠标左键)
指定对角点：找到 7 个
```

注意鼠标拖动的方向。

比较“窗口”和“窗交”两种方式，从选择结果看，它们选择的对象数目不同；从操作过程看，“窗口”方式下动态显示的矩形框是实线框，而“窗交”方式下动态显示的矩形框是虚线框；若都采用方法二，即不输入方式名称 W 或 C，则从左往右拖动鼠标形成的窗口为实线框，即“窗口”方式，从右往左拖动鼠标形成的窗口为虚线框，即“窗交”方式。

3. “上一个”方式

采用“上一个”方式，将选择最近一次创建的可见对象。图 2.40 中，若正五边形是最后绘制的图元，则在对象选择状态下输入 L，选择“上一次”方式，正五边形将被选择。

4. “全部”方式

采用“全部”方式，将选择图形所有的对象。在对象选择状态下输入 all，则选择了“全部”方式，图 2.40 中的所有对象将被选择。

5. “前一个”方式

采用“前一个”方式，将选择最近创建的选择集。例如图 2.40 中的两个圆已进行了移动操作，接着想要删除这两个圆，此时可以采用“前一个”方式，进行如下操作。

```
命令：erase
选择对象：p
找到 2 个（选中两个圆）
```

6. “删除”方式

采用“删除”方式，可以切换到删除模式，此时可以使用任何对象选择方法从当前选择集中删除对象。这是一个很实用的方式，当错选或多选了对象时，不需要返回从新开始，只要利用“删除”方式，把错选或多选的对象从当前的选择集中删除即可。

例如，要在图2.40中选择除椭圆外的所有对象，可以先选择所有对象，然后在选择集中删除椭圆，具体操作如下。

```
选择对象：all（选择全部对象）
找到 9 个
选择对象：r（选择“删除”方式，切换到删除模式）
删除对象：单击选中椭圆，找到 1 个，删除 1 个，总计 8 个
删除对象：
```

当选择all后，全部被单击选中，9个对象以虚线显示，转入删除模式后，单击选中椭圆，则椭圆变为实线显示，表示椭圆已从选择集中被排除，最终选择了除椭圆外的8个对象，如图2.43所示。

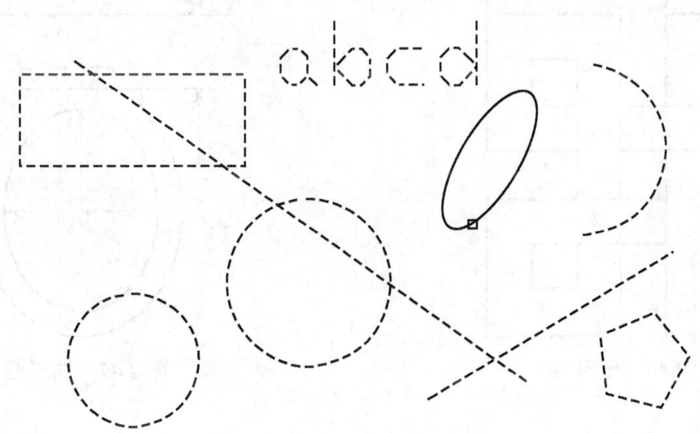

图2.43 “删除”方式选择对象

2.6 习　　题

1．按尺寸绘制如图2.44所示图形。

2．如图2.45所示，绘制一个五角星。

3．试用不同的方法绘制如图 2.46 所示图形。

4．按尺寸绘制如图 2.47 所示洁具。

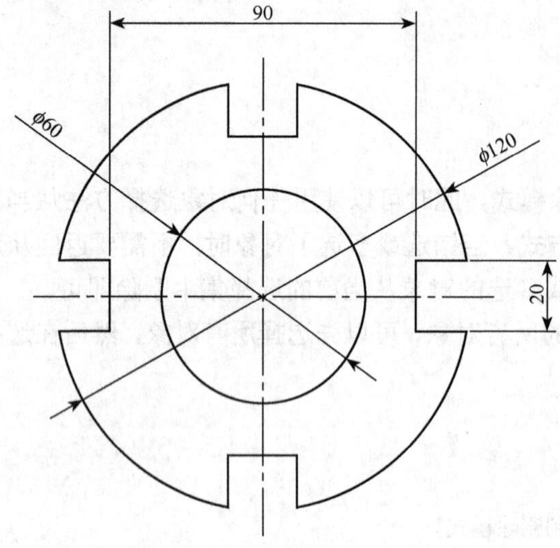

图 2.44　图形一

图 2.45　图形二

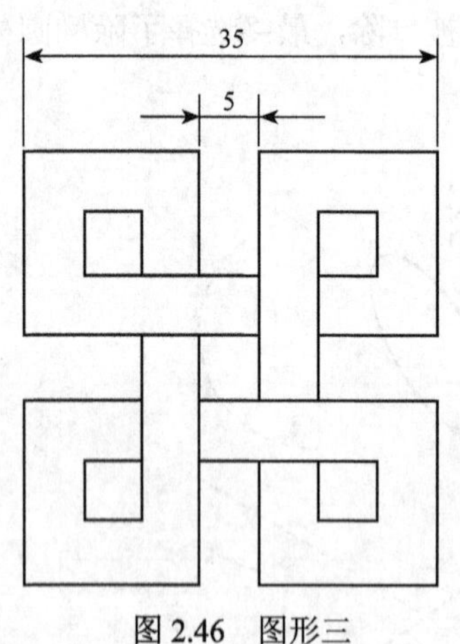

图 2.46　图形三

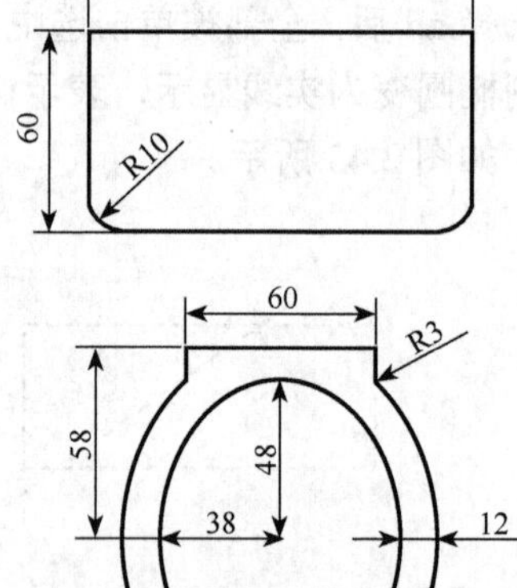

图 2.47　图形四

AutoCAD 设计与实训

第 3 章

图案填充与尺寸标注

能力目标：掌握封闭区域的图案填充方法，能正确选择填充边界，填充图案以及相应的设定参数；掌握各类尺寸标注的方法，能够合理、准确和清晰地标注尺寸，为工程图样绘制做好准备；学习圆弧、多段线等绘制命令。

3.1 风车的绘制

在如图 3.1 所示的风车图形中，需要在特定的封闭区域内画上特殊的图案，如风车的叶片要填充剖面线，而且剖面线方向互相垂直；风车的支架填充类似砖墙的图案。通过这个案例来学习图案填充的方法。

3.1.1 绘制轮廓线

1. 绘制圆和等腰三角形

在图中绘制一个位置适当，半径适中的圆。

以圆心为起点，绘制一条直线作为三角形的腰，再利用镜像命令得到对称的另一个腰，然后连接三角形两个腰得到三角形的底。

结果如图 3.2（a）所示。

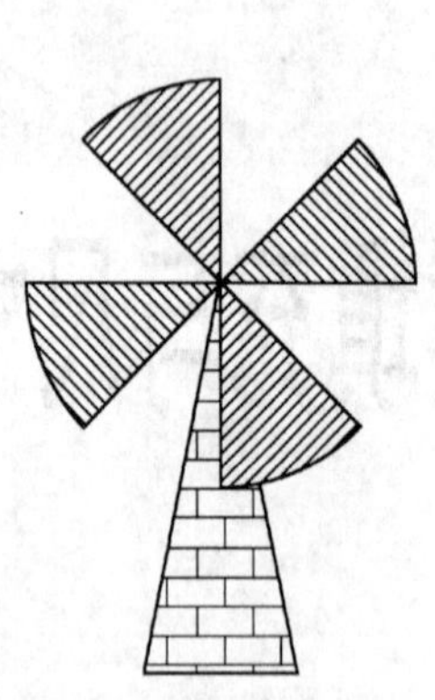

图 3.1　绘制风车

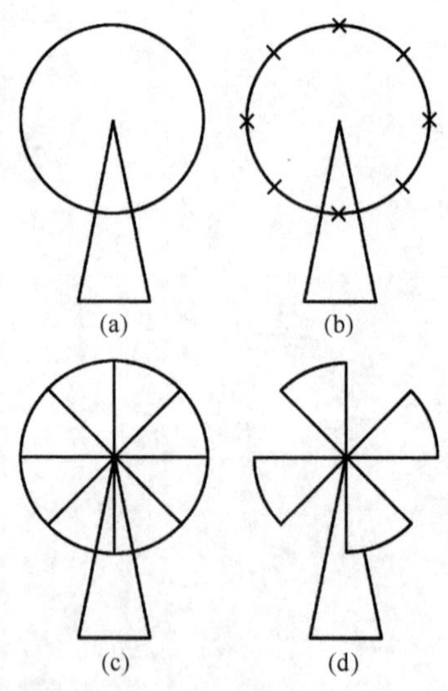

图 3.2　绘制轮廓线

2. 8 等分圆周

为了绘制风车的叶片，先要把圆周均分 8 份。AutoCAD 提供了等分命令。

选择定数等分命令，简称等分命令，可以有以下方法。

① 在菜单栏中选择【绘图 | 点 | 定数等分】命令。

② 在命令行输入 divide。

等分命令可以将所选对象等分为指定数目的相等长度。它在对象上按指定数目等间距创建点或插入块。这个操作并不将对象实际等分为单独的对象；它仅仅是标明定数等分的位置，以便将它们作为几何参考点。所以等分命令实际上是在对象的等分点处绘制点，这些点可作为等分标记，以便后续操作。在下拉菜单中选择命令如图 3.3 所示。

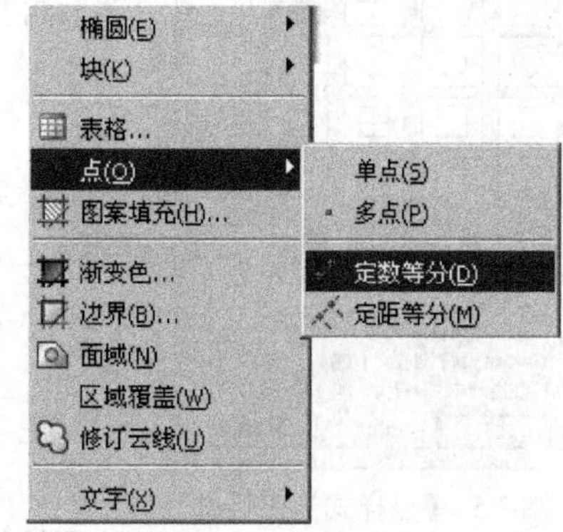

图 3.3 等分命令选择

对图 3.2（a）中的圆进行 8 等分，即插入 8 个等分点，操作如下。

```
命令：divide
选择要定数等分的对象：(单击选中圆)
输入线段数目或 [块 (B)]：8
```

等分操作完成后，图形看不到任何变化。实际上在圆上已经绘制了 8 个等分点，但由于它们和圆重合，所以不可见。可以改变点的样式让这些点显示出来。

3. 点的样式

如图 3.4 所示，在菜单栏中选择【格式 | 点样式】命令，打开如图 3.5 所示对话框。选择叉点样式，单击【确定】按钮。

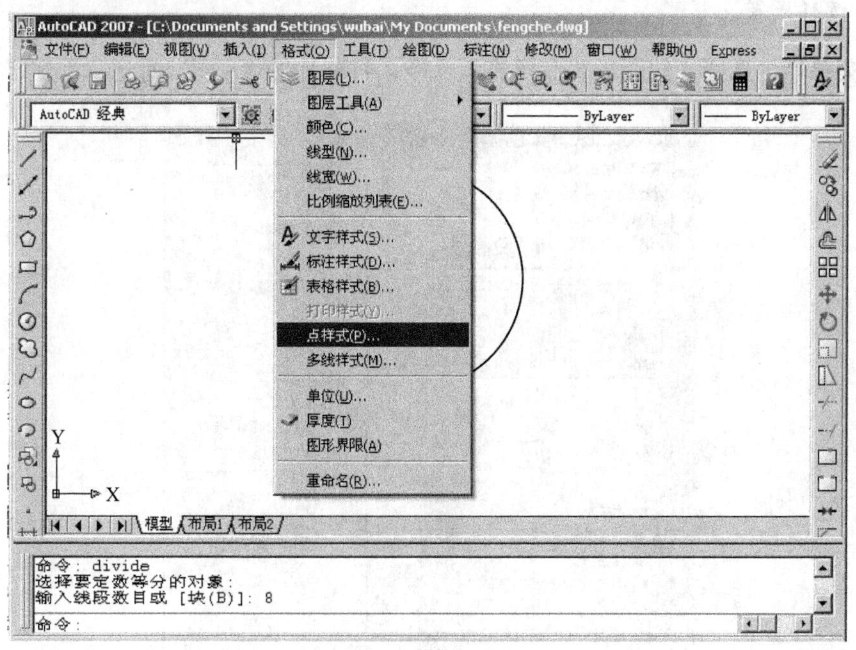

图 3.4 【点样式】命令

此时，如图 3.2（b）所示，在圆上显示了 8 个等分叉点。在 AutoCAD 中，等分点可以用 nod 节点捕捉。

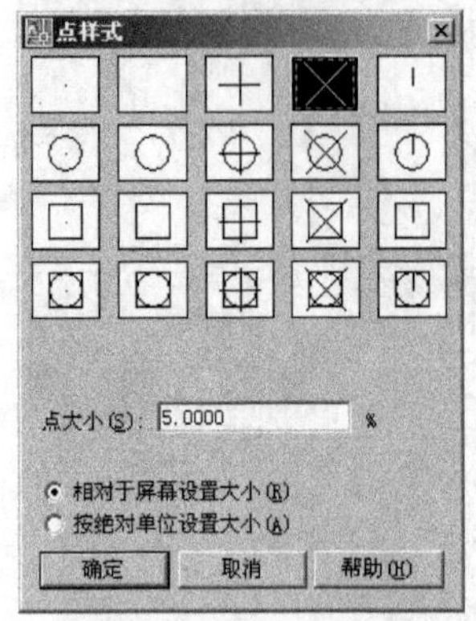

图 3.5 【点样式】对话框

使用节点捕捉方式，绘制 4 条直径，如图 3.2（c）所示。然后再把点的样式改为默认的“小点”，隐去这些等分点。

4. 轮廓修剪

修剪图形，使之如图 3.2（d）所示。至此，图形的轮廓绘制完成。

3.1.2 图案填充

在工程图样中，当用剖视图和断面图表达零件时，要求在剖切面的断面上绘制剖面线，用来区别不同的零件或表示不同的材质；在工业设计的图案设计中花纹和底色；建筑装潢设计中的图案平铺等也常常需要在某个区域内填充特定的图案。在 AutoCAD 中，图案填充可以完成这些工作。

选择图案填充命令，可以有以下方法。

① 在菜单栏中选择【绘图｜图案填充】命令。

② 在命令行输入 hatch。

③ 在绘图工具栏中单击 按钮。

1. 选择图案

在菜单栏中选择【绘图｜图案填充】命令，打开如图 3.6 所示对话框。在【类型和

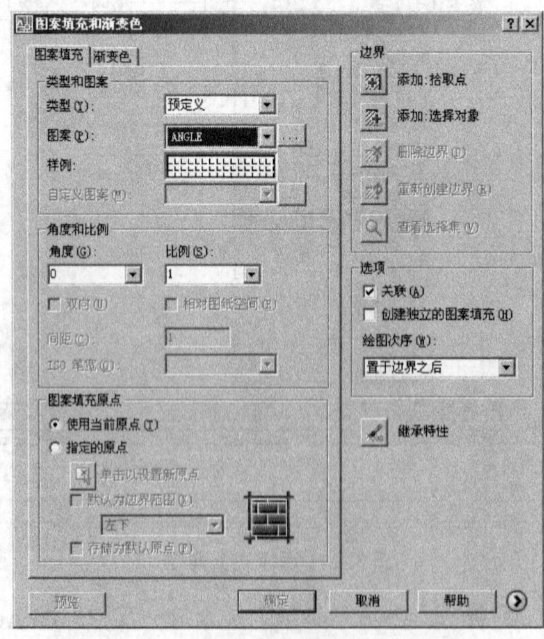

图 3.6 【图案填充和渐变色】对话框

图案】选项区域里，类型选择默认的【预定义】，即使用 AutoCAD 提供的图案；在【图案】选项区域，一般单击【图案】下拉列表框右边的浏览按钮，打开如图 3.7 所示的图案填充选项板。

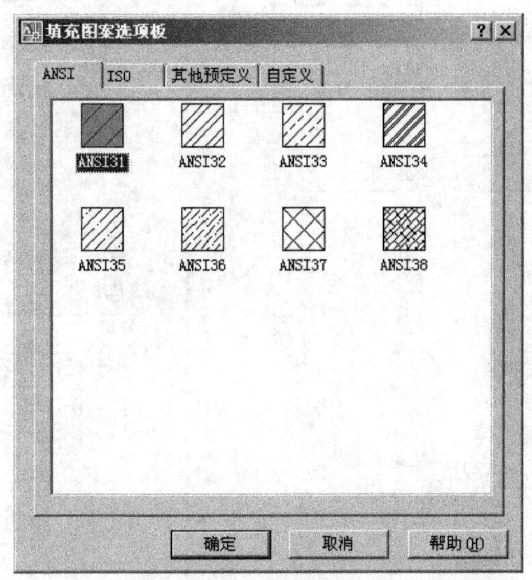

图 3.7 【填充图案】选项板

选项板中有 4 张选项卡，分布代表 ANSI、ISO 标准的图案，其他预定义的图案和自定义的图案。在机械图样的绘制中常用 ANSI 标准，其他情况下常用预定义的图案。也可以自己编写代码，定义新的图案。

在本案例绘制中，选择 ANSI 选项卡，选中图案名为 ANSI31 的图案，它一般用于表示普通的金属材料。选择完毕，单击【确定】按钮。

2. 修改图案填充参数

如图 3.8 所示，在【角度和比例】选项区域里，角度参数不修改，选默认值 0；比例参数设定为 10，根据图形大小而定。可以单击【预览】按钮观察比例是否合适。

3. 选择图案填充边界

如图 3.8 所示，在【边界】选项区域里，单击【添加：拾取点】按钮，转入绘图状态进行区域选择。如图 3.9（a）所示，单击选中区域 1 和区域 3，所选定的区域边界显示为虚线，右击退出区域选择状态，回到图案填充对话框。

此时，可以先单击【预览】按钮，观察图案填充的效果，如果满意，则右击退回对话框，再单击【确定】按钮结束。结果如图 3.9（b）所示。

4. 完成其他区域的图案填充

观察如图 3.1 所示的风车图形，上下两片叶片（图 3.9 中区域 1、区域 3）中的图案

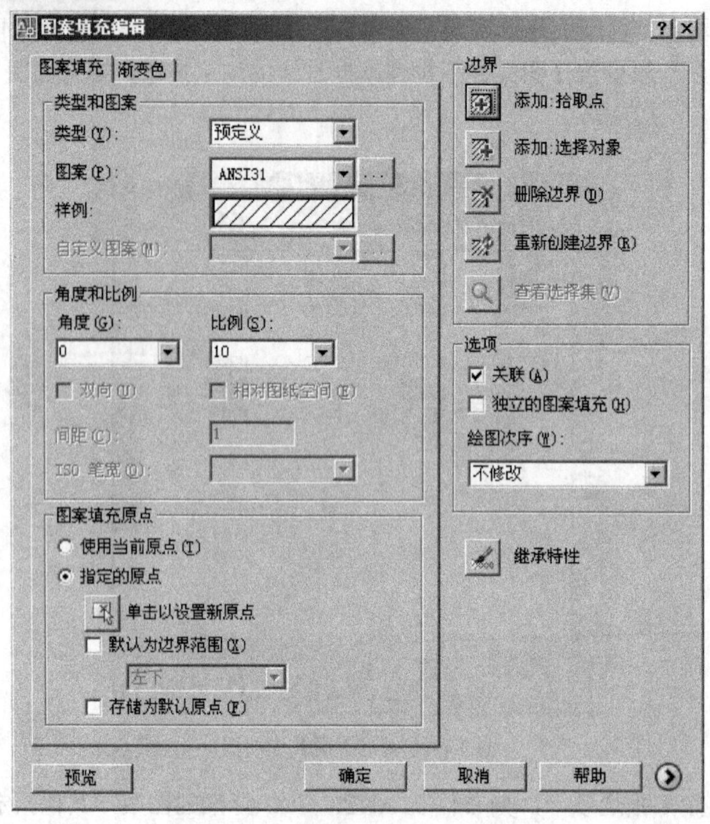

图 3.8　图案填充各项参数设定

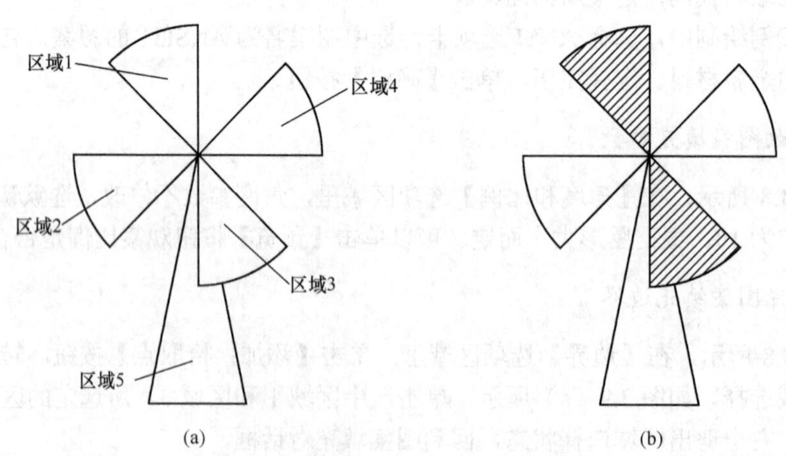

图 3.9　边界选择与图案填充

与左右两片叶片（图 3.9 中区域 2、区域 4）中的图案在角度上有变化。

与区域 1、区域 3 的图案填充一样，对区域 2、区域 4 进行图案填充。在操作中，除了【角度和比例】选项区域里，角度参数修改为 90°，其余不变。

对于图案填充中的角度参数，数值为0，表示图案不旋转，而与图案中线条的角度无关。例如ANSI31图案，图案本身由一组互相平行并与水平方向成45°的等距线条组成，图案中线段与水平方向的倾角45°与图案填充中的角度参数无关。

对区域2、区域4进行图案填充时，由于图案相对于区域1、区域3旋转了90°，所以图案填充的角度参数设定为90°。

区域5是风车的支架，采用砖墙图案填充，具体参数设定如图3.10所示。至此，风车绘制完毕。

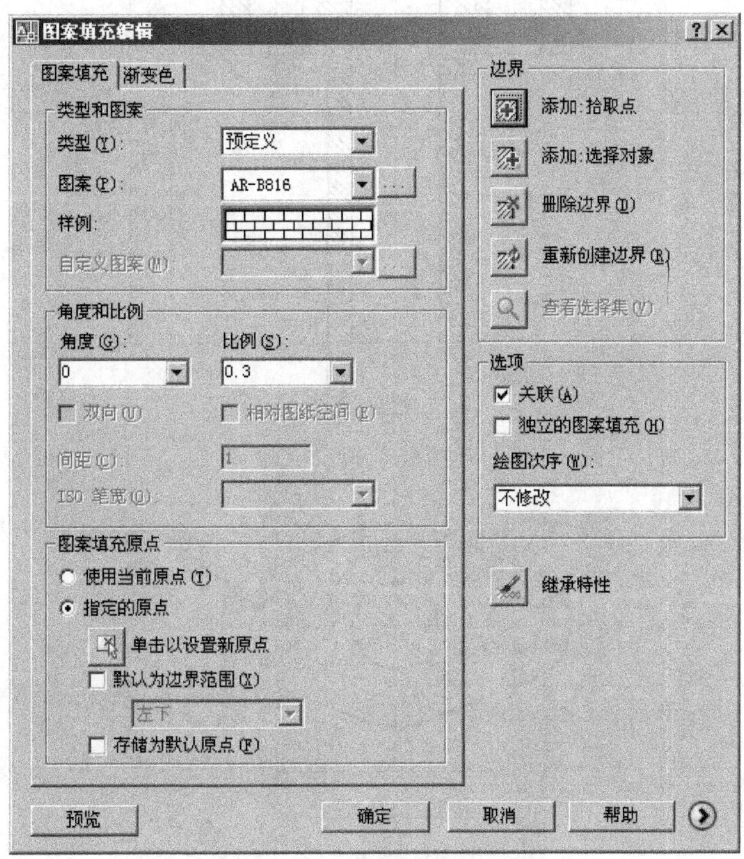

图3.10　支架图案填充参数设定

3.1.3　命令小结

通过本图形的绘制，学习了图形对象的等分、点样式的选择、对封闭区域的图案填充等命令，并掌握了图案填充中各项参数的选择和设定。

等分命令：divide

图案填充命令：hatch

点样式命令：ddptype

3.2 法兰的绘制

如图 3.11 所示的图形表示法兰零件的两个视图：主视图和俯视图。在本案例中，主视图为全剖视图，需要进行图案填充；除了复习图案填充命令外，还要学习一些简单的尺寸标注命令，同时学习多个视图的画法。

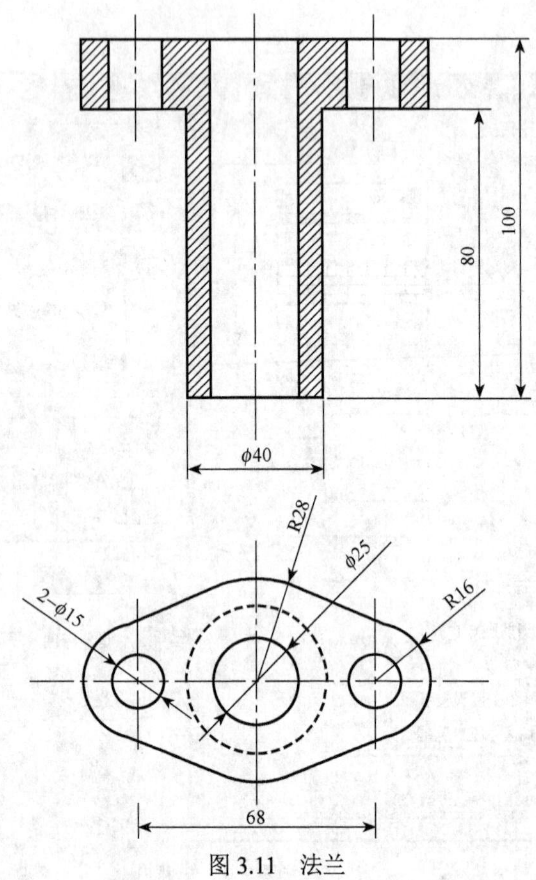

图 3.11 法兰

3.2.1 俯视图绘制

分析如图 3.11 所示图形可知，俯视图反映了法兰端面的形状，应该首先绘制。

1. 中心线、圆绘制

1）如图 3.12（a）所示，在图中适当位置绘制水平中心线 s1 和垂直中心线 s2。

2）利用偏移命令，以距离 34 在垂直中心线 s2 的左右侧各绘制中心线 s3 和 s4。

3）分别绘制直径为 15 的两个圆、半径为 16 的两个圆、直径 25 的圆和半径 28 的圆，如图 3.12（b）所示。

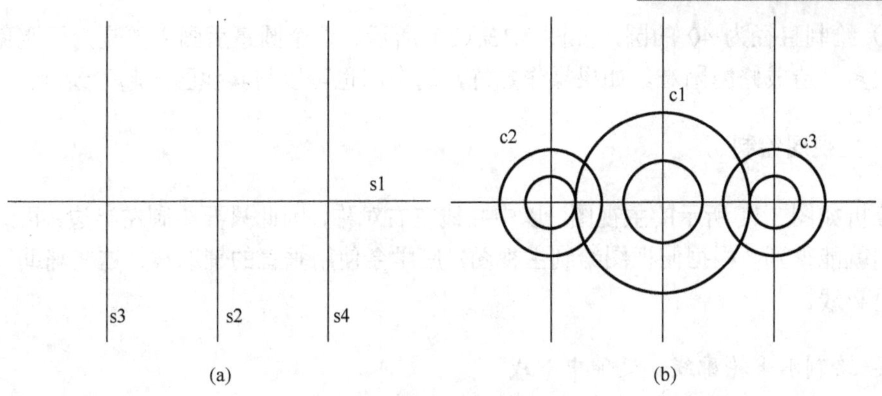

图 3.12 绘制俯视图轮廓

2. 绘制圆的公切线并修剪

1）如图 3.12（b）所示，绘制圆 c1 和 c2、c1 和 c3 的外公切线。操作如下。

命令：_line 指定第一点：tan（使用切点捕捉方式）
到（单击选中圆 c2 圆周的上方部分）
指定下一点或 [放弃（U）]：tan（使用切点捕捉方式）
到（单击选中圆 c1 圆周的上方部分）
指定下一点或 [放弃（U）]：（退出直线命令）

继续绘制圆 c1 和 c3 的外公切线，操作如下。

命令：（按回车键，重复上次的直线命令）LINE 指定第一点：tan（使用切点捕捉方式）
到（单击击选中圆 c1 圆周的上方部分）
指定下一点或 [放弃（U）]：tan（使用切点捕捉方式）
到（单击选中圆 c3 圆周的上方部分）
指定下一点或 [放弃（U）]：（按回车键，退出直线命令）

同样方法完成另外两条切线的绘制，结果如图 3.13（a）所示。

2）分别以 4 条外公切线为边界，如图 3.13（b）所示对图形进行修剪。

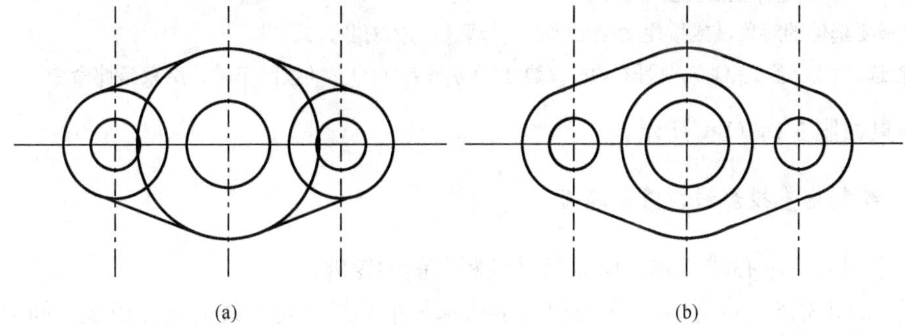

图 3.13 绘制公切线并修剪

3）绘制直径为 40 的圆，如图 3.13（b）所示。这个圆最后画主要是为了避免局部线条太多，造成修剪困难。如果操作熟练，这个圆也可以与其他圆一起先绘制。

3.2.2 主视图绘制

分析如图 3.11 所示的主视图，以中心线左右对称，因此只要绘制左半边，再经过镜像复制就能得到。根据俯视图绘制主视图，应学会使用垂直的辅助线，这些辅助线可以当作投影线。

1. 绘制水平轮廓线、延伸中心线

1）如图 3.14（a）所示，在图中绘制水平线 s1，作为主视图中法兰的下端面。

2）利用偏移命令，从 s1 分别以距离 80 和 100 绘制两条水平线 s2 和 s3，其中 s3 作为主视图中法兰的上端面。

3）利用延伸命令，把垂直中心线延伸至法兰的上端面。操作如下。

选择延伸命令，可以有如下方法。

① 在菜单栏中选择【修改 | 延伸】命令。

② 在命令行输入 extend。

③ 在绘图工具栏中单击 按钮。

命令：_extend

当前设置：投影=UCS，边=无

选择边界的边......

选择对象或 <全部选择>：找到 1 个（选择法兰的上端面线 s3，作为延伸的边界）

选择对象：（按回车键，边界选择结束）

选择要延伸的对象，或按住 Shift 键选择要修剪的对象，或

[栏选（F）/窗交（C）/投影（P）/边（E）/放弃（U）]：（单击选中垂直中心线的上端，即 p1 点，中心线延伸至法兰上端面线）

选择要延伸的对象，或按住 Shift 键选择要修剪的对象，或

[栏选（F）/窗交（C）/投影（P）/边（E）/放弃（U）]：（单击选中左侧的垂直中心线的上端，即 p2 点，中心线延伸至法兰上端面线）

选择要延伸的对象，或按住 Shift 键选择要修剪的对象，或

[栏选（F）/窗交（C）/投影（P）/边（E）/放弃（U）]：（按回车键，结束延伸命令）

结果如图 3.14（b）所示。

2. 绘制垂直投影线、修剪轮廓

由于图形以中心线对称，所以只需绘制左侧的轮廓。

1）如图 3.15（a）所示，在俯视图中从水平中心线与轮廓线的交点出发，向上绘制 5 条投影线。

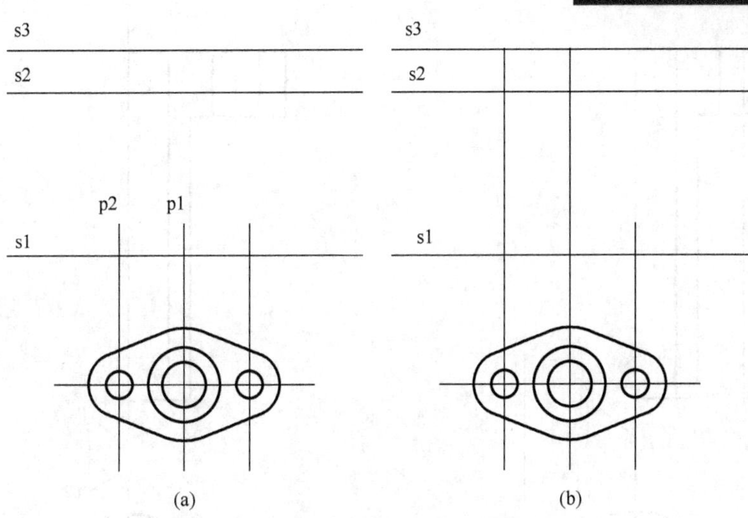

图 3.14　绘制水平线，延伸垂直中心线

2）分别以 s1、s2 和 s3 三条水平线为边界，对 5 条投影线进行修剪，如图 3.15（b）所示。再以水平线 s1 和线段 s4 为边界，修剪左侧中心线，使之分为两段。

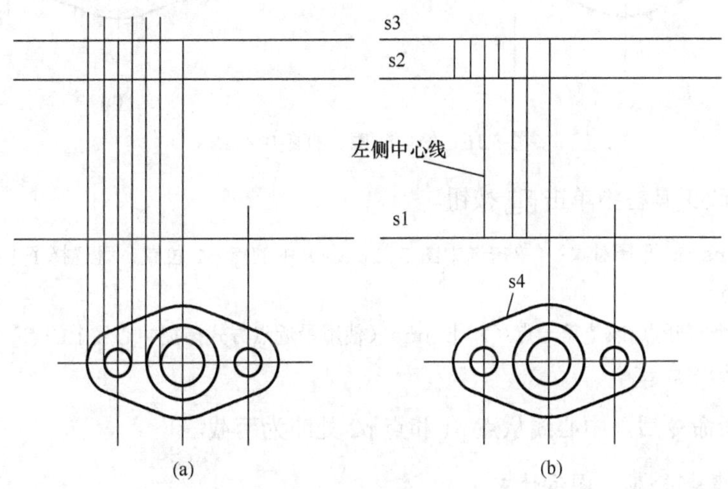

图 3.15　绘制投影线并修剪

3）在主视图中，以适当的垂直线为边界，对水平线 s1、s2 和 s3 作修剪，结果如图 3.16（a）所示。

4）利用拉长命令，调整垂直中心线的长度，如图 3.16（b）所示。

5）断开中心线，使主视图和俯视图有各自的中心线。把一条线段断为两截，可用打断命令。

选择打断命令，可以有以下方法。

① 在菜单栏中选择【修改 | 打断】命令。

② 在命令行输入 break。

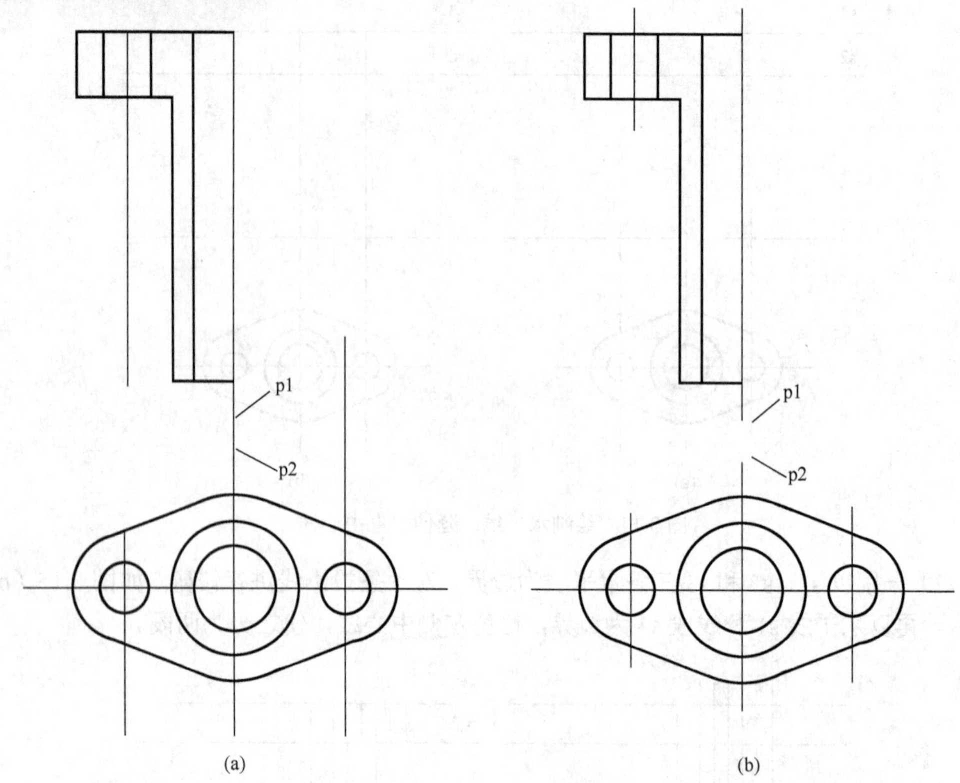

图 3.16 修剪轮廓、打断中心线

③ 在修改工具栏中单击 按钮。

命令：_break 选择对象：(单击选中图 3.16（a）中的点 p1 位置，既选择了中心线，又确定了第一个打断点）

指定第二个打断点 或 [第一点（F)]：nea（使用最近点方式捕捉中心线上的点）

到 单击选中点 p2

执行打断命令后，中心线从点 p1 和点 p2 处断为两截。

3. 镜像复制轮廓、图案填充

由于图形以中心线对称，所以只需绘制左侧的轮廓。

1）如图 3.17（a）所示，在主视图中以中心线为镜像线，镜像复制出右侧图形。

2）如图 3.17（b）所示，对主视图中的 4 个区域进行图案填充。图案选 ANSI31，角度为 0，比例为 1。

4. 修改线型、调整线型比例

如图 3.17（b）所示，把主视图和俯视图中所有的中心线的线型改为 center，把俯视图中直径为 40 的圆的线型改为虚线。最终结果如图 3.11 所示。

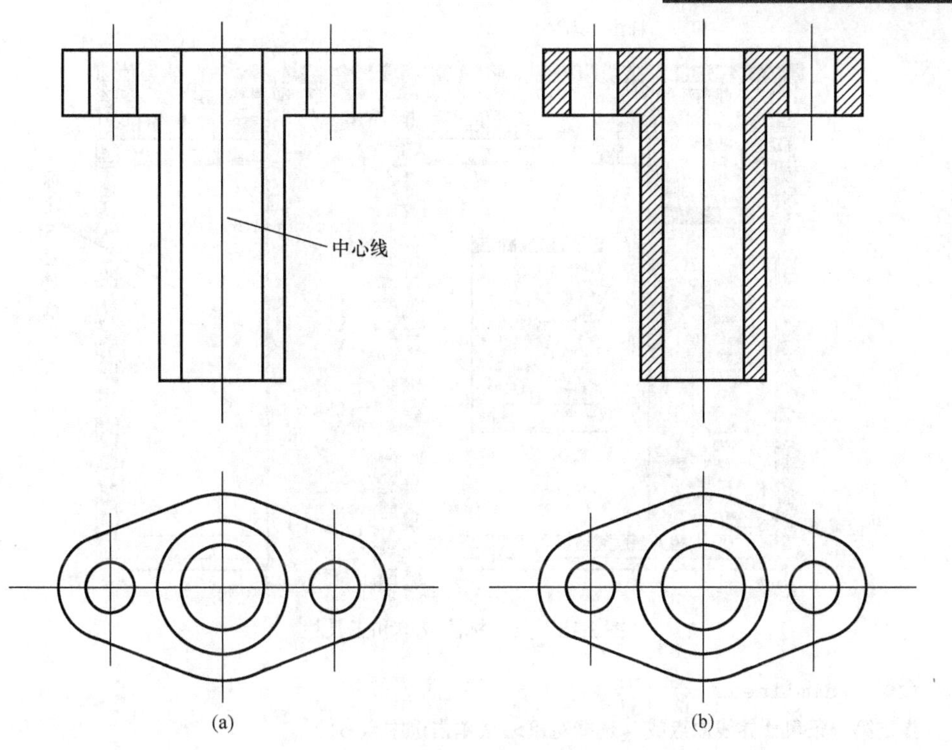

图 3.17 镜像复制、图案填充

3.2.3 尺寸标注

在工程图样中，图形用来表达零件或物体的结构形状，而它们的真实大小是通过尺寸来确定的，尺寸是工程图样中不可缺少的重要内容，必须满足正确、完整和清晰的基本要求。AutoCAD 提供了一套完整、灵活和方便的尺寸标注方法，具有强大的尺寸标注和尺寸编辑功能。

1. 尺寸标注命令选择

如图 3.18 所示，为尺寸标注下拉菜单和尺寸标注工具栏。尺寸标注工具栏一般情况不显示，若要显示它，可以把鼠标移动到任一工具栏上并右击，在弹出的快捷菜单上选择【标注】命令即可。在快捷菜单中，前面打勾的工具栏将显示在工作窗口中。

2. 线性尺寸标注

在对如图 3.11 所示的法兰进行尺寸标注之前，先要分析图形中的尺寸。在法兰的两个视图中，有三类尺寸：线性尺寸，即垂直和水平方向的尺寸；半径尺寸；直径尺寸。下面介绍线性尺寸标注。

单击 ⟷ 按钮。

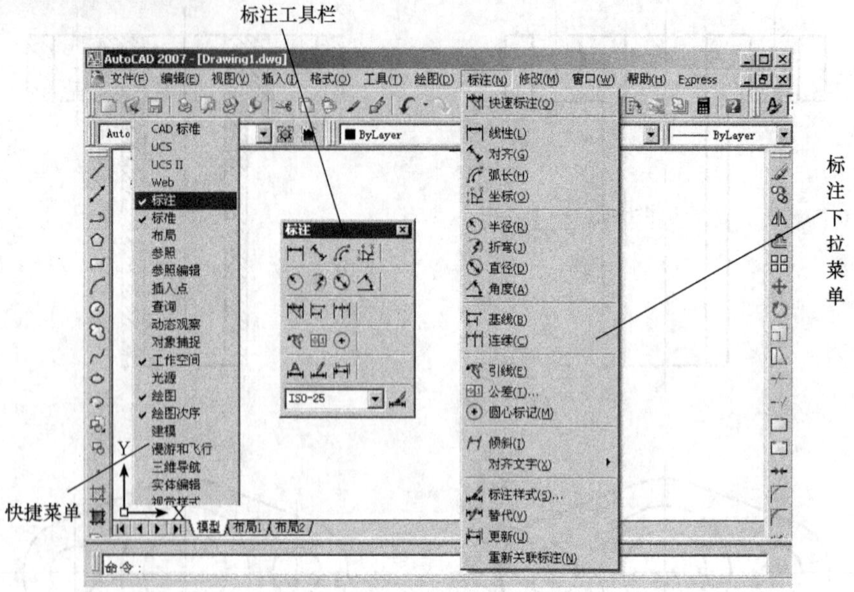

图 3.18　尺寸标注菜单和工具栏

命令：_dimlinear

指定第一条尺寸界线原点或 <选择对象>：(单击选中点 p1)

指定第二条尺寸界线原点：(单击选中点 p2)

指定尺寸线位置或 [多行文字（M）/文字（T）/角度（A）/水平（H）/垂直（V）/旋转（R）]：(在合适位置单击)

标注文字=100

结果如图 3.19（a）所示。在选择线型尺寸标注命令后，一般三步就能完成尺寸标注：第一步设定第一尺寸界线，第二步设定第二尺寸界线，第三步设定尺寸线的位置。AutoCAD 自动测量出尺寸值为 100。

上述尺寸标注方法是通过尺寸界线完成的，AutoCAD 还能直接对对象进行尺寸标注。如图 3.19（b）所示，操作如下。

命令：_dimlinear

指定第一条尺寸界线原点或 <选择对象>：(按回车键，转入对象标注模式)

选择标注对象：(单击选中线段 AB，单击选中点 p，选择直线 AB)

指定尺寸线位置或 [多行文字（M）/文字（T）/角度（A）/水平（H）/垂直（V）/旋转（R）]：(指定尺寸线位置)

标注文字=80

由于剖面线的存在，单击选中直线 AB 的操作比较难进行，此时可以通过视图缩放命令放大图形，单击选中直线的操作就容易了。

上面介绍的两种线性尺寸标注方法各有特点，在尺寸标注时应根据图形特点和操作习惯选择使用。

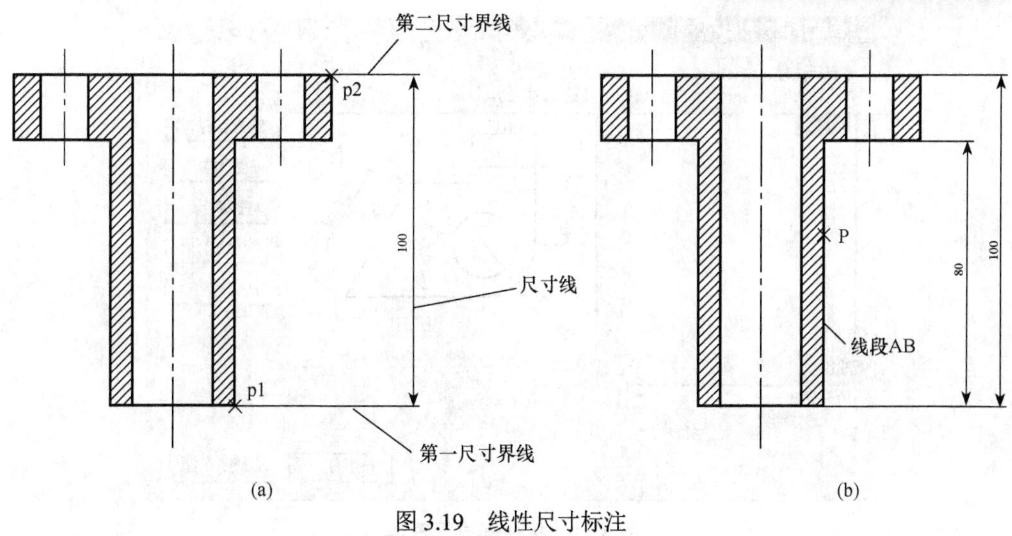

图 3.19 线性尺寸标注

用同样的方法在俯视图中标注水平尺寸 68。

3. 尺寸样式

如图 3.19 所示法兰的尺寸标注，尺寸数字显得较小。若要尺寸数字能如图 3.20 所示放大一倍，可以改变尺寸样式以放大尺寸数字。操作如下。

单击 按钮，打开如图 3.21 所示的【标注样式管理器】对话框，单击【修改】按钮，进入如图 3.22 所示的对话框，在【标注特征比例】选项区域中设定全局比例为 2，然后单击【确定】按钮退回【标注样式管理器】对话框，再单击【关闭】按钮，尺寸标注变为如图 3.20 所示，尺寸数字变大了。

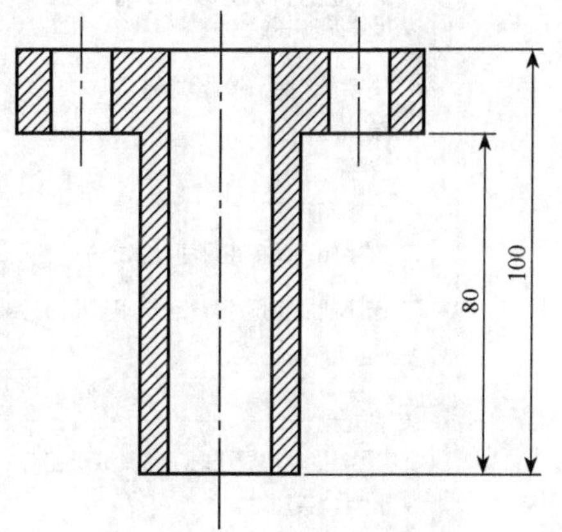

图 3.20 修改后的尺寸标注

4. 半径尺寸标注

如图 3.11 所示，法兰的俯视图中有两个半径尺寸标注，下面介绍半径尺寸的标注方法。

单击半径标注 按钮。

```
命令：_dimradius
选择圆弧或圆：(单击选中点 p，选择半径 16 的圆弧)
标注文字=16
指定尺寸线位置或 [多行文字 (M) /文字 (T) /角度 (A)]：(移动鼠标，单击确定尺寸线位置)
```

同样方法标注另一个半径尺寸，结果如图 3.23（a）所示。

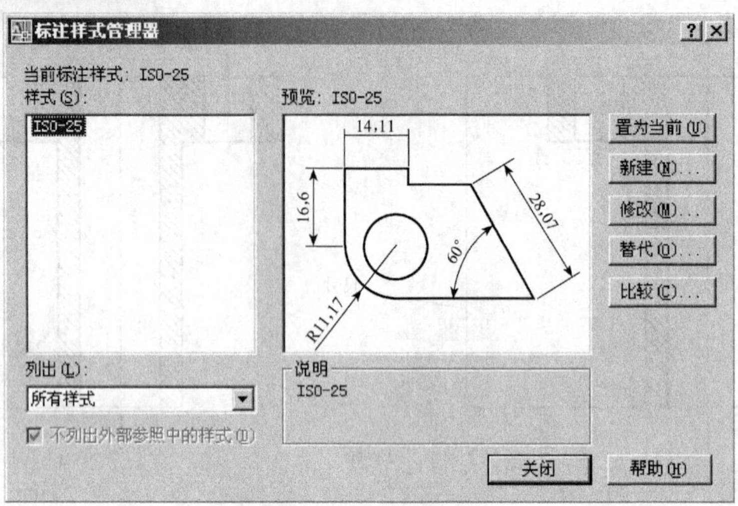

图 3.21　标注样式管理器

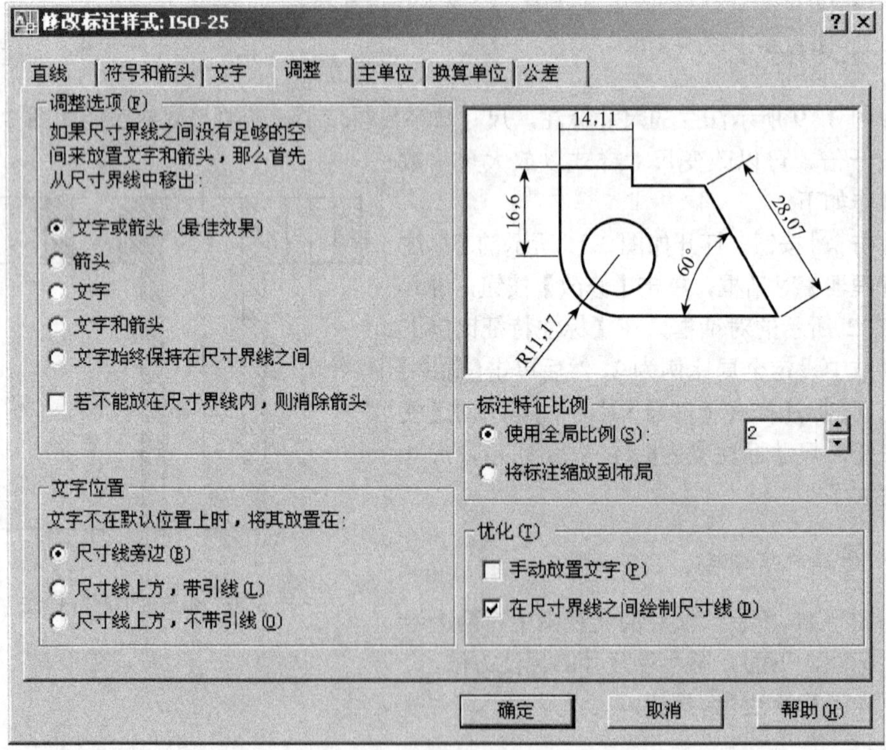

图 3.22　设定全局比例

5. 直径尺寸标注

如图 3.11 所示，法兰的俯视图中有两个直径尺寸标注，下面介绍直径尺寸的标注方法。

单击直径标注 按钮。

```
命令：_dimdiameter
选择圆弧或圆：单击选中直径 25 的圆
标注文字=25
指定尺寸线位置或［多行文字（M）/文字（T）/角度（A）］：确定尺寸线位置
```

结果如图 3.23（b）所示。

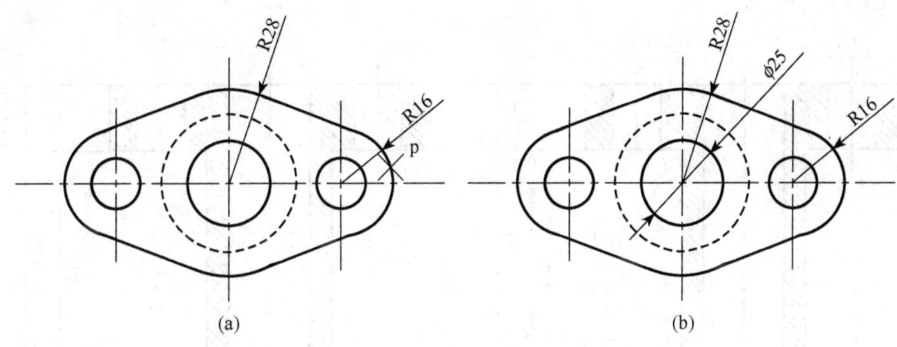

图 3.23 半径尺寸和直径尺寸标注

6. 尺寸数值的修改

如图 3.11 所示，法兰的两个直径 15 的小孔按照国家标准只需标注其中一个直径尺寸，但要在尺寸数值上作出说明；对于直径 40 的圆柱，由于在俯视图中不可见，所以用虚线绘制，一般情况下尺寸不能标注在用虚线绘制的对象上，因此，这一直径尺寸要用线性尺寸标注在主视图中，但在直径数值前需加上直径符号。

上面两种情况都要对尺寸数值作出不同的修改。AutoCAD 有两种方法完成这一修改工作，下面介绍具体的操作方法。

1）在标注过程中修改尺寸数值，尺寸数值也称为标注文字。

选择直径标注：

```
命令：_dimdiameter
选择圆弧或圆：
标注文字=15
指定尺寸线位置或［多行文字（M）/文字（T）/角度（A）］：t（表示要修改标注文字）
输入标注文字<15>：2-%%c15
指定尺寸线位置或［多行文字（M）/文字（T）/角度（A）］：（确定尺寸线位置）
```

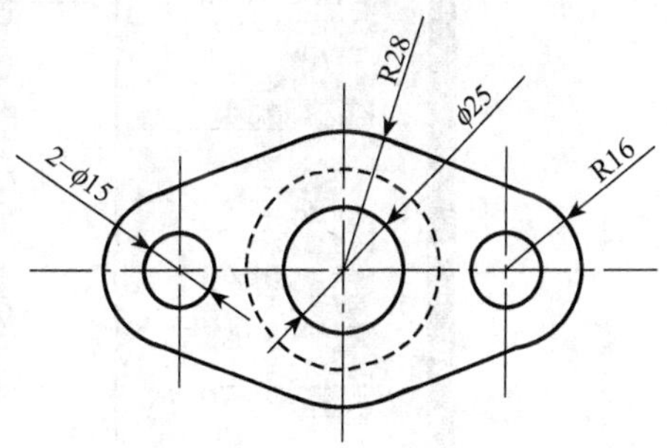

图 3.24 标注文字的修改

结果如图 3.24 所示。

在标注操作中，注意在确定尺寸线位置之前，输入 t 进行标注文字修改，随后输入新的标注文字代替默认的标注文字。如果执行了标注文字修改这一操作，直径符号不会自动附上，必须在输入过程中加入，“%%c”是个特殊字符，代表了直径符号ϕ。

2）先进行一般的直径标注，然后修改标注文字。

首先在主视图中标注线性尺寸，数值为40。结果如图3.25（a）所示。

然后双击该尺寸，弹出特性对话框，如图 3.26（a）所示。在对话框中列出了该尺寸的所有属性，选择【文字替代】选项，并输入%%c40，退出对话框，尺寸数值修改成如图3.25（b）所示。

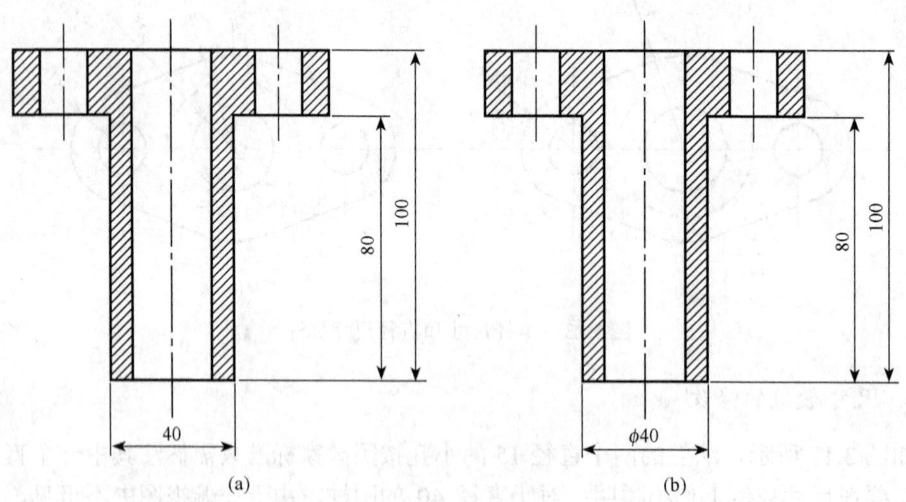

图3.25　修改尺寸数值

标注文字的编辑还可以选择如图3.26（b）所示的文字编辑命令。

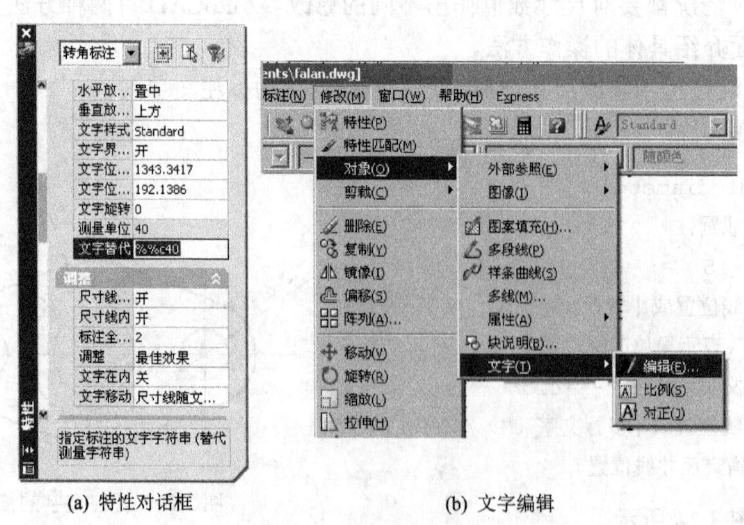

(a) 特性对话框　　(b) 文字编辑

图3.26　修改尺寸数值

至此，完成了法兰的绘制和尺寸标注，最终结果如图3.11所示。

3.2.4 命令小结

通过本图形的绘制，学习了圆的公切线画法、视图的绘制方法、线段的延伸和简单的尺寸标注和尺寸的编辑等，并初步了解了尺寸参数的修改和设定方法。

延伸命令：extend

线性尺寸标注命令：dimlinear

半径尺寸标注命令：dimradius

直径尺寸标注命令：dimdiameter

3.3 螺栓的绘制

在实际工程图样绘制中，常常会碰到一些特殊的情况。例如，如图 3.27 所示，螺栓左、右端面都有倒角，但由于尺寸标注不同，绘制方法也不同；视图中存在局部剖视图，图案填充的波浪线边界绘制；螺栓局部剖视图中相贯线的绘制；以及半径为 5 的倒圆角和公差尺寸的标注等。针对这些问题，需要用到新的 AutoCAD 命令，或者需要用到已学 AutoCAD 命令的其他选项。

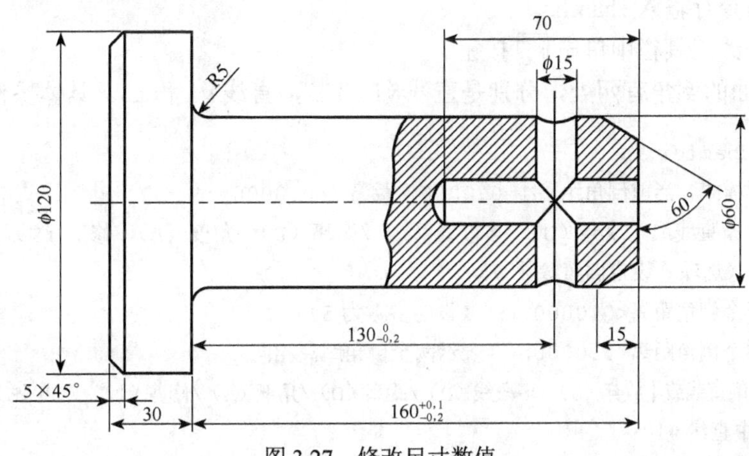

图 3.27 修改尺寸数值

3.3.1 基本轮廓绘制

1. 螺栓左端绘制

1）绘制水平中心线 h1 和左端面垂直线 v1，如图 3.28（a）所示。

2）利用偏移命令，从垂直线 v1 出发，分别以距离 30、160 偏移得到直线 v2、v3；再从水平中心线 h1 出发，以距离 60 分别向上和向下偏移得到直线 h2、h3，结果如图 3.28（b）所示。

3）对左端面倒角。AutoCAD 中的倒角命令实际上是倒方角，而圆角命令是倒圆角。

选择倒角命令，可以有以下方法。

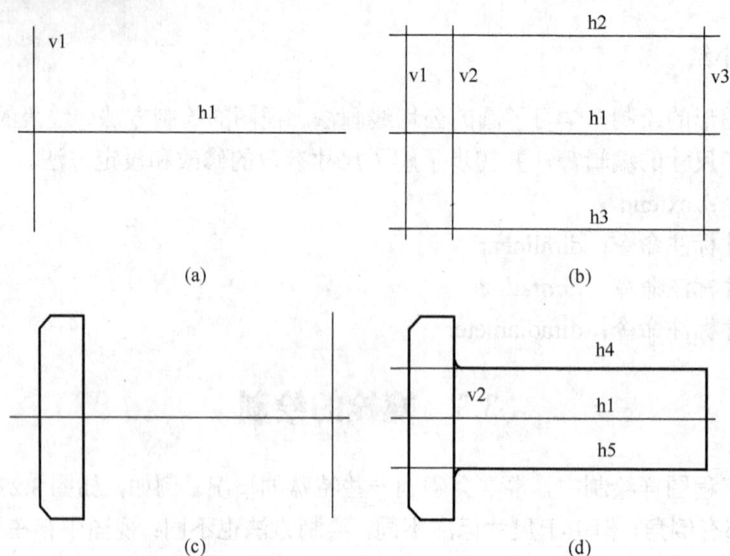

图 3.28 修改尺寸数值

① 在菜单栏中选择【修改 | 倒角】命令。

② 在命令行输入 chamfer。

③ 在修改工具栏中单击 按钮。

对左端面的倒角有两处，分别是直线 v1 和 h2，直线 v1 和 h3。具体操作如下。

```
命令：_chamfer
（"修剪"模式）当前倒角距离 1=0.0000，距离 2=0.0000
选择第一条直线或［放弃（U）/多段线（P）/距离（D）/角度（A）/修剪（T）/方式（E）/
多个（M）]：d（选项 d 设定倒角参数）
指定第一个倒角距离<0.0000>：5（设定参数为 5）
指定第二个倒角距离<5.0000>：（表示两个倒角距离相同）
选择第一条直线或［放弃（U）/多段线（P）/距离（D）/角度（A）/修剪（T）/方式（E）/多个（M）]：
（单击选中直线 v1）
选择第二条直线，或按住 Shift 键选择要应用角点的直线：（单击选中直线 h2）
```

重复倒角命令，完成直线 v1 和 h3 的倒角。结果如图 3.28（c）所示。

在倒角操作中，首先要输入两个倒角距离参数。根据图 3.27，倒角尺寸标注为 5×45°，则两个倒角距离相同，都是 5。

4）以半径为 0 分别对直线 v2 和 h2，直线 v2 和 h3 倒圆角，结果如图 3.28（c）所示，螺栓左端面绘制完成。

2. 螺栓右端绘制

1）利用偏移命令，从水平中心线 h1 出发，以距离 30 分别向上和向下偏移得到直线 h4、h5，结果如图 3.28（d）所示。

2）完成图 3.27 中的两处半径为 5 的圆角。前面已使用过倒圆角命令，一般情况下会自动修剪多余的线条，但在本案例中，不能把线条 v2 修剪掉，因此在使用倒圆角命令时需要作些变化。操作如下。

命令：_fillet
当前设置：模式 = 修剪，半径 = 0.0000
选择第一个对象或［放弃（U）/多段线（P）/半径（R）/修剪（T）/多个（M）]：r
指定圆角半径 <0.0000>：5
选择第一个对象或［放弃（U）/多段线（P）/半径（R）/修剪（T）/多个（M）]：t
输入修剪模式选项［修剪（T）/不修剪（N）］ <修剪>：n（表示不修剪）
选择第一个对象或［放弃（U）/多段线（P）/半径（R）/修剪（T）/多个（M）]：(单击选中直线 v2)
选择第二个对象，或按住 Shift 键选择要应用角点的对象：(单击选中直线 h4)

重复倒圆角命令，完成直线 v2 和 h5 的倒圆角。结果如图 3.28（d）所示。在倒圆角命令中有一个 t 选项，选择它就会可以设定在倒圆角后是否删除多余的线条，选择 n 表示不删除多余的线条。

3）如图 3.29（a）所示，以倒角圆弧为修剪边界，修剪直线 h4、h5，结果如图 3.29（b）所示。

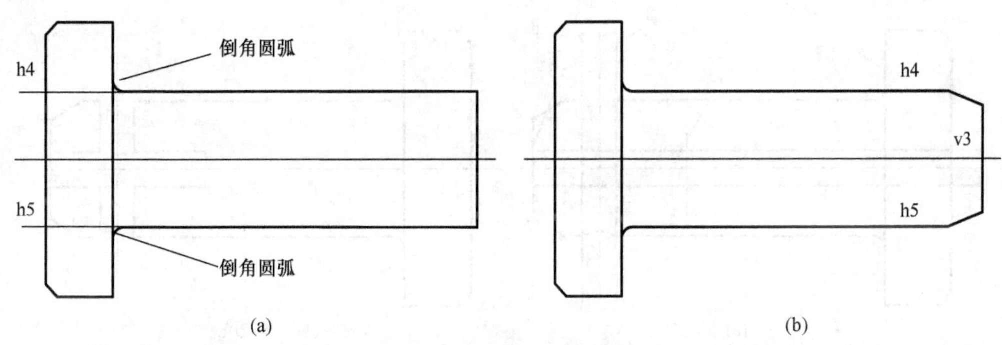

图 3.29　修改尺寸数值

4）已知角度倒方角。

命令：_chamfer
（“修剪”模式）当前倒角距离 1=0.0000，距离 2=0.0000
选择第一条直线或［放弃（U）/多段线（P）/距离（D）/角度（A）/修剪（T）/方式（E）/多个（M)]：a（选择选项 a，表示已知角度和距离倒角）
指定第一条直线的倒角长度<0.0000>：15
指定第一条直线的倒角角度<0>：30（与第一条倒角边的夹角为 30°）
选择第一条直线或［放弃（U）/多段线（P）/距离（D）/角度（A）/修剪（T）/方式（E）/多个（M)]：(单击选中直线 h4，注意必须先点取直线 h4）
选择第二条直线，或按住 Shift 键选择要应用角点的直线：(单击选中直线 v3)

重复倒角命令。

命令：chamfer（"修剪"模式）

当前倒角长度=15.0000，角度=30

选择第一条直线或［放弃（U）/多段线（P）/距离（D）/角度（A）/修剪（T）/方式（E）/多个（M）]：（单击选中直线 h5）

选择第二条直线，或按住 Shift 键选择要应用角点的直线：（单击选中直线 v3）

结果如图 3.29（b）所示。

在已知角度和距离倒方角时，距离值是指第一条边的倒角距离，角度是指倒角线与第一条边的夹角。

3. 螺栓右端十字孔绘制

1）利用偏移命令，从水平中心线 h1 出发，以距离 7.5 分别向上和向下偏移得到两条水平直线；从垂直线 v2 出发，向右偏移 130 得到十字小孔的垂直中心线 v4；再从 v4 出发，以距离 7.5 向左右偏移得到小孔的轮廓线；最后从左端面 v3 出发，向左偏移 70 得到十字小孔中水平方向的小孔孔底线。结果如图 3.30（a）所示。

2）反复修剪图形，直至如图 3.30（b）所示。

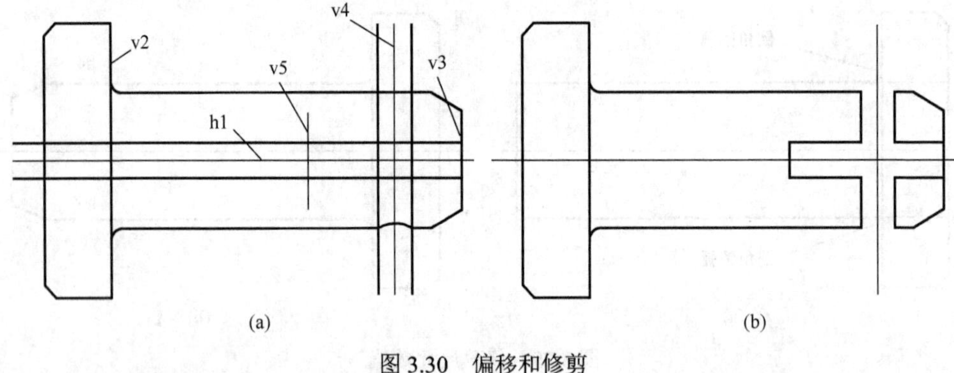

图 3.30　偏移和修剪

3.3.2　完成图形绘制

1. 十字孔相贯线绘制

机械零件上的相贯线是由加工得到的，在图形绘制中可以近似画出。本案例中有两类相贯线：小孔与螺栓相贯为两个不同直径的圆柱相贯，用圆弧来近似代替相贯线，上下各一条；水平小孔与垂直小孔的相贯为两个直径相同的圆柱相贯，在视图中相贯线为两条直线，它们可以直接绘制。

下面介绍圆弧命令的使用。

选择圆弧命令，可以有以下方法。

① 在菜单栏中选择【绘图 | 圆弧】命令。

② 在命令行输入 arc。

③ 在绘图工具栏中单击 按钮。

从图 3.31 看出，圆弧的画法有很多，可以根据已知条件或图形特征，从菜单选择合适的圆弧绘制方式。从命令行输入圆弧命令，则要根据命令行提示灵活选择选项。在本例中，可以根据圆弧的起点、终点和半径进行绘制。操作如下。

```
命令：_arc 指定圆弧的起点或 [圆心（C)]：(单击选中点 p1)
指定圆弧的第二个点或 [圆心（C）/端点（E)]：e（表示要输入圆弧的终点）
指定圆弧的端点：(单击选中点 p2)
指定圆弧的圆心或 [角度（A）/方向（D）/半径（R)]：r
指定圆弧的半径：(移动鼠标确定半径)
```

圆弧绘制是按逆时针进行的，因此，起点必须选 p1 点，接着选择选项 E 表示要输入圆弧终点，选择 p2 作为圆弧终点，然后选择选项 R 输入圆弧半径，半径通过拖动鼠标观察确定，如图 3.32 所示。

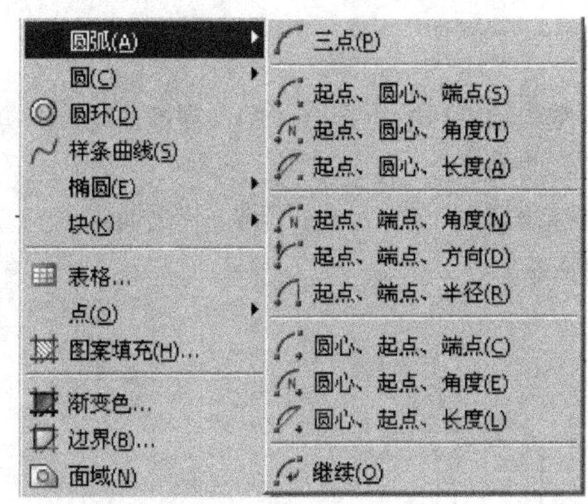

图 3.31　圆弧画法

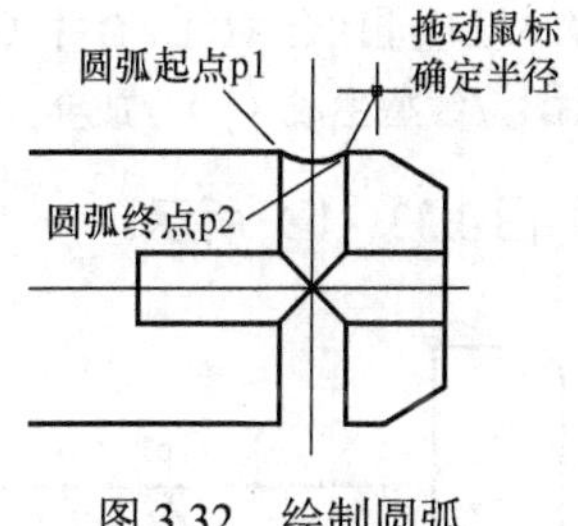

图 3.32　绘制圆弧

通过镜像复制绘制下方的圆弧。

2. 波浪线绘制

在工程图样中经常采用局部剖来表达机体的内部结构，边界往往使用波浪线。波浪线的绘制有许多方法。本案例中，通过绘制多段线，然后编辑多段线得到波浪线。

选择多段线命令，可以有以下方法。

① 在菜单栏中选择【绘图 | 多段线】命令。

② 在命令行输入 pline。

③ 在绘图工具栏中单击 按钮。

首先使用多段线命令绘制折线。如图 3.33（a）所示，操作如下。

```
命令：_pline
指定起点：nea（捕捉线段上的点）
```

到（单击选中点 p1）

当前线宽为 0.0000

指定下一个点或［圆弧（A）/半宽（H）/长度（L）/放弃（U）/宽度（W）]:（单击选中合适的顶点位置）

……（连续点取顶点）

指定下一点或［圆弧（A）/闭合（C）/半宽（H）/长度（L）/放弃（U）/宽度（W）]: nea

到 （单击选中点 p2）

指定下一点或［圆弧（A）/闭合（C）/半宽（H）/长度（L）/放弃（U）/宽度（W）]:（按回车键，结束）

结果如图 3.33 所示。在操作过程中，注意多段线的起点和终点必须落在线段上，所以一定要用“最近点”捕捉方式，否则会影响图案填充的进行。其他折线上的顶点可以在合适位置上单击选中，但要关闭自动捕捉，不然会引起顶点的误选。

完成了折线绘制，就可以用多段线编辑命令 pedit 把它拟合成曲线。操作如下。

命令：pedit

选择多段线或［多条（M）]：选择折线

输入选项［闭合（C）/合并（J）/宽度（W）/编辑顶点（E）/拟合（F）/样条曲线（S）/非曲线化（D）/线型生成（L）/放弃（U）]：s（进行样条曲线拟合）

输入选项［闭合（C）/合并（J）/宽度（W）/编辑顶点（E）/拟合（F）/样条曲线（S）/非曲线化（D）/线型生成（L）/放弃（U）]：（结束编辑命令）

如图 3.33（b）所示。

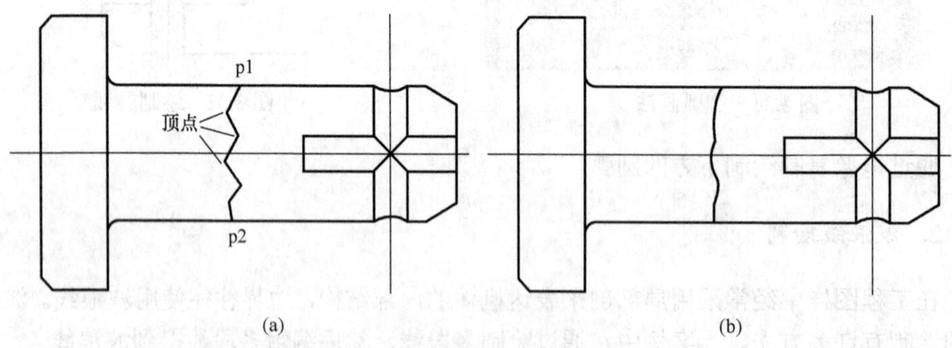

图 3.33　多段线绘制及编辑

3. 绘制孔底

根据国家标准，在工程图样中常用 120° 的锥体母线表示钻孔的底部结构，由此来绘制十字小孔的底部结构。

如图 3.34（a）所示，先绘制线段 p1p2。操作如下。

命令：_line 指定第一点：（单击选中点 p1）

指定下一点或 [放弃（U)]：@20<-120（绘至点 p2）

指定下一点或 [放弃（U)]：（按回车键，结束命令）

确定点 p2，采用了极坐标方式，距离可以设定为任意数值，本案例设定为 20，直线 p1p2 与中心线交于点 p4。若线段 p1p2 太短，未能与中心线相交，则可以使用延伸命令，延长至中心线。本案例操作，需要使用修剪命令，修剪掉线段 p4p2。

最后绘制线段 p3p4。

4. 图案填充

如图 3.35 所示，设定图案填充参数。顺序点选区域 1、区域 2、区域 3 和区域 4，完成图案填充。

调整中心线伸出轮廓线的长度，并改变其线型为 center，结果如图 3.34（b）所示。

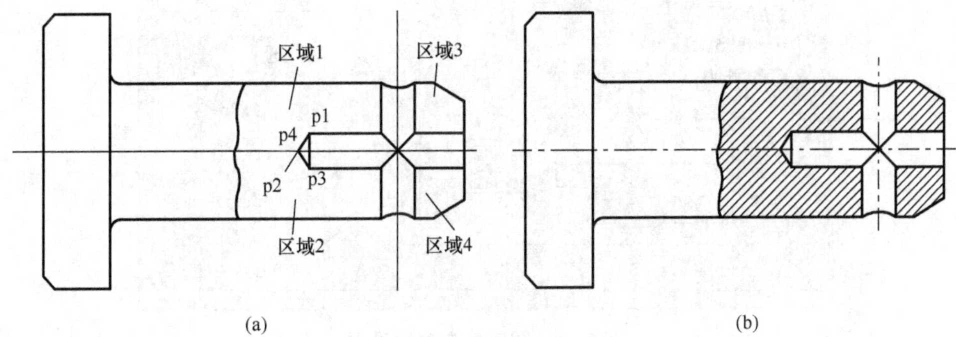

图 3.34 绘制孔底与图案填充

3.3.3 标注尺寸

1. 普通尺寸标注

按照前面介绍的尺寸标注方式，使用线性尺寸标注和半径尺寸标注命令，分别标注如图 3.36 所示的尺寸。

2. 编辑尺寸标注

如图 3.36 所示的尺寸标注，有一些没有标上直径符号，有一些需要加上公差尺寸，有的要换为倒角尺寸。

1）编辑左端直径尺寸 120、右端直径尺寸 60 和小孔直径尺寸 15，分别在尺寸数字前加上直径符号。

2）加注公差。选择尺寸 130，编辑对象特性，在如图 3.37（a）所示的对话框中设定参数，【显示公差】栏选择【极限偏差】选项；上偏差设定为 0，下偏差设定为 0.2；公差文字高度设定为 0.6。

同样方法，选择尺寸 160，编辑对象特性，在如图 3.37（b）所示的对话框中设定参

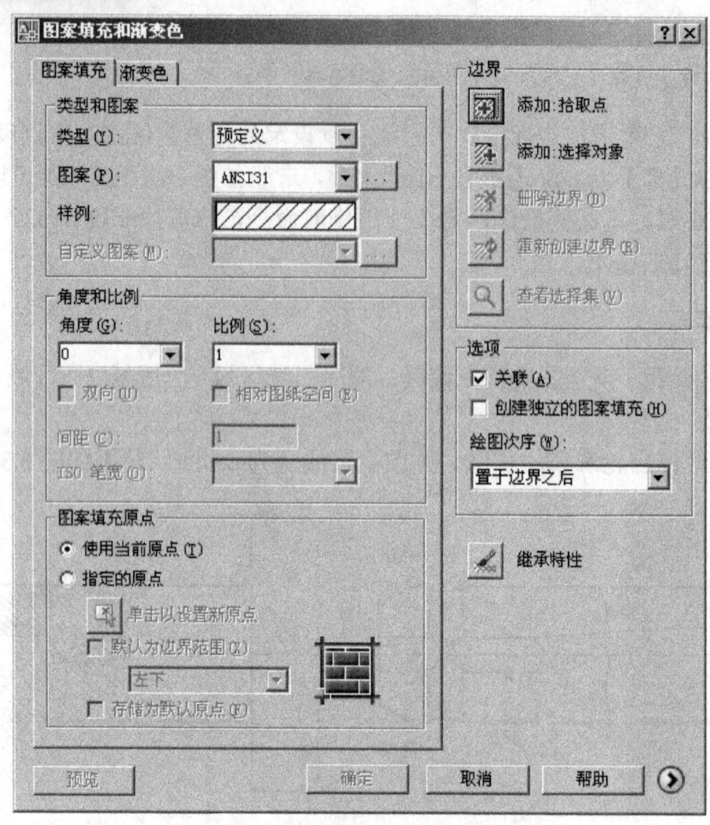

图 3.35　图案填充参数设定

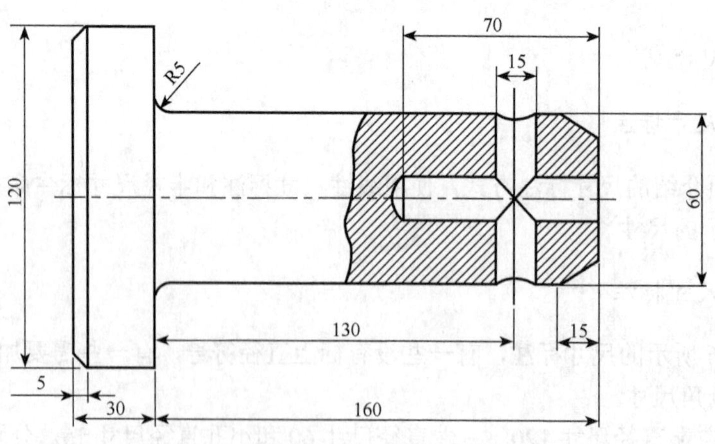

图 3.36　尺寸标注

数，【显示公差】栏选择【极限偏差】选项；上偏差设定为 0.1，下偏差设定为 0.2；公差文字高度为 0.6。

在设定偏差值时，上偏差默认为正值，下偏差默认为负值，因而当下偏差为−0.2 时，在下偏差一栏中只需输入 0.2，不需要加负号。公差显示如图 3.37 所示。

3. 倒角尺寸标注

选择倒角尺寸，编辑对象特性，在如图 3.37（c）所示对话框的【文字替代】栏中，输入 5×45%%d。其中“%%d”表示“度”的符号。

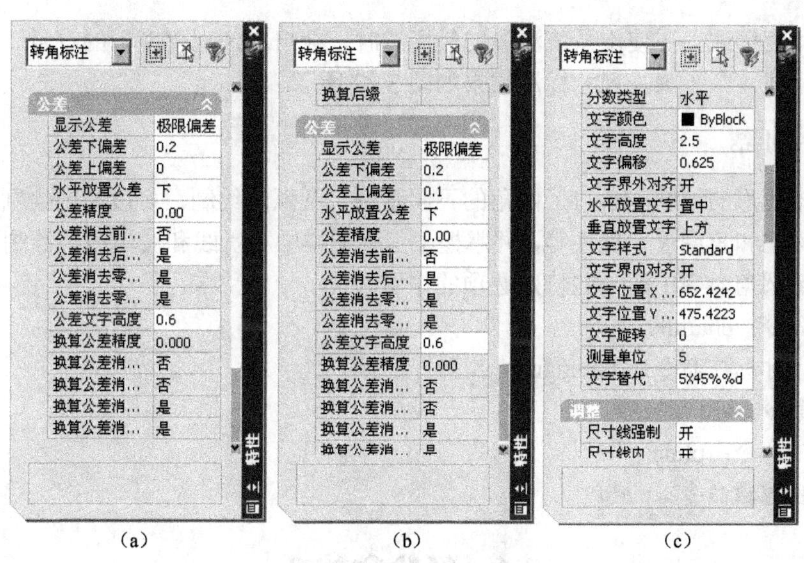

图 3.37　尺寸公差编辑

4. 角度尺寸标注

单击角度标注按钮，如图 3.38 所示进行操作。

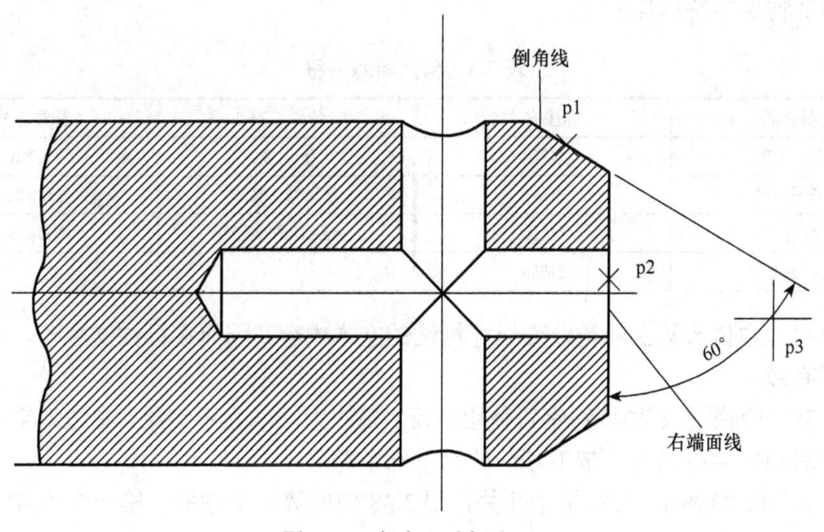

图 3.38　角度尺寸标注

```
命令：_dimangular
选择圆弧、圆、直线或<指定顶点>：（单击选中倒角线 p1 处）
选择第二条直线：（单击选中螺栓右端面直线 p2 处）
指定标注弧线位置或 [多行文字（M）/文字（T）/角度（A）]：（拖动鼠标选择标注位置 p3 处）
标注文字=60
```

完成角度标注。在使用系统测量的值标注时，会自动加上“度”的符号。

完成上述 4 个步骤，尺寸标注结果如图 3.27 所示。

3.3.4　命令小结

通过本图形的绘制，学习了倒角的不同画法、圆弧的绘制、多段线的绘制和编辑、公差尺寸标注和角度尺寸标注等，并掌握了工程图样中相贯线和波浪线的绘制方法，此外了解了倒圆角命令中的一些特殊选项的作用。

倒角命令：chamfer

角度尺寸标注命令：dimangular

圆弧命令：arc

多段线命令：pline

多段线编辑命令：pedit

3.4　经验和技巧

3.4.1　特殊字符

在前面的案例中，对尺寸标注进行编辑、修改时，经常要添加一些特殊的符号，如直径符号ϕ，度符号° 等。标注这些特殊字符往往以“%%+控制字符”表示。表 3.1 列出了常用的特殊字符标注方式。

表 3.1　常用特殊字符

特殊字符	标注方式	特殊字符	标注方式
度符号（°）	%%d	下划线	%%u
公差符号（±）	%%p	百分号（%）	%%%
直径符号（ϕ）	%%c	ASCII 码字符	%%nnn
上划线	%%o		

编辑尺寸数值实际上就是改变尺寸标注的文本内容。因而在标注文字时，这些特殊字符同样有效。

图 3.39 中列举了 6 种特殊字符使用情况。左边为文本显示结果，右边为字符输入情况，其中右边的字符输入中带下划线的为特殊字符。

“%%u”和“%%o”其实是个开关，图 3.38 中的第三个举例，第一个“%%u”表示后续文字都会加上下划线，第二个“%%u”表示下划线结束。

文本显示	字符输入
1. 45℃	45%%dC
2. φ60±0.02	%%c60%%p0.02
3. ABCDEF	%%uABCDEF%%u
4. ABCDEF	%%oABCDEF%%o
5. ABCDEF	%%uAB%%oCD%%uEF%%o
6. ABCD	%%065%%066%%067%%068

图 3.39 特殊字符应用举例

在第五个举例中混合使用“%%u”和“%%o”，标注的文本出现了上划线、下划线交叉的结果。

第六个举例使用了 4 个 ASCII 码表示的字符。

3.4.2 特殊尺寸标注

在工程图样中，长度尺寸一般在水平和垂直方向上标注，但有些时候需要沿轮廓标注尺寸。对于那些用于数控编程的图样，需要采用特殊的坐标标注。有些特殊图形则可以选用适当的尺寸标注命令，使尺寸标注快速、美观。

1. 对齐尺寸标注

如图 3.40 所示，表示轮廓斜线长度的尺寸 60，是按对齐尺寸标注的，操作如下。

单击线性标注按钮。

```
命令：_dimaligned
指定第一条尺寸界线原点或 <选择对象>：(单击选中点 p1，见图 3.41 (a))
指定第二条尺寸界线原点：(单击选中点 p2，见图 3.41 (a))
指定尺寸线位置或 [多行文字 (M) /文字 (T) /角度 (A)]：(确定尺寸线位置)
标注文字=60
```

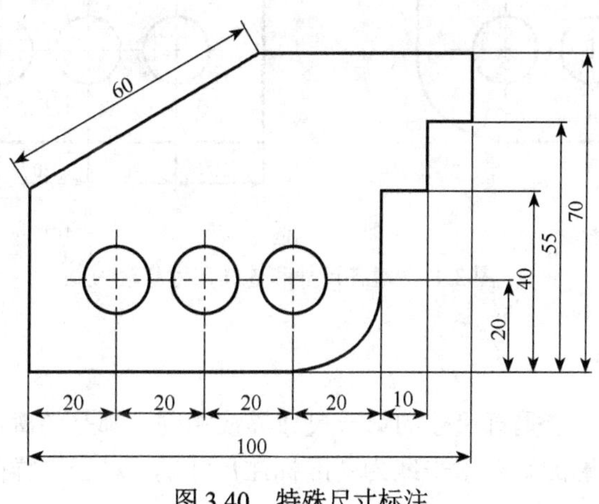

图 3.40 特殊尺寸标注

2. 连续尺寸标注

如图 3.40 所示，在水平尺寸中，除了总长 100 外，其余 5 个尺寸标注首尾相连，可以使用连续尺寸标注。

在使用连续尺寸标注时，必须先有一个基准尺寸，如图 3.41（a）所示，首先标注水平尺寸 20。然后开始连续尺寸标注，操作如下。

单击连续尺寸标注按钮。

```
命令：_dimcontinue
指定第二条尺寸界线原点或［放弃（U）/选择（S）］<选择>：（单击选中点 s1）
标注文字=20
指定第二条尺寸界线原点或［放弃（U）/选择（S）］<选择>：（单击选中点 s2）
标注文字=20
指定第二条尺寸界线原点或［放弃（U）/选择（S）］<选择>：（单击选中点 s3）
标注文字=20
指定第二条尺寸界线原点或［放弃（U）/选择（S）］<选择>：（单击选中点 s4）
标注文字=10
指定第二条尺寸界线原点或［放弃（U）/选择（S）］<选择>：（按回车键，结束连续尺寸标注）
选择连续标注：（按回车键，结束尺寸标注）
```

使用连续尺寸标注，后续尺寸只需指定第二尺寸界线，操作步骤大为减少，而且各个尺寸的尺寸线共线，非常美观，如图 3.41（b）所示。

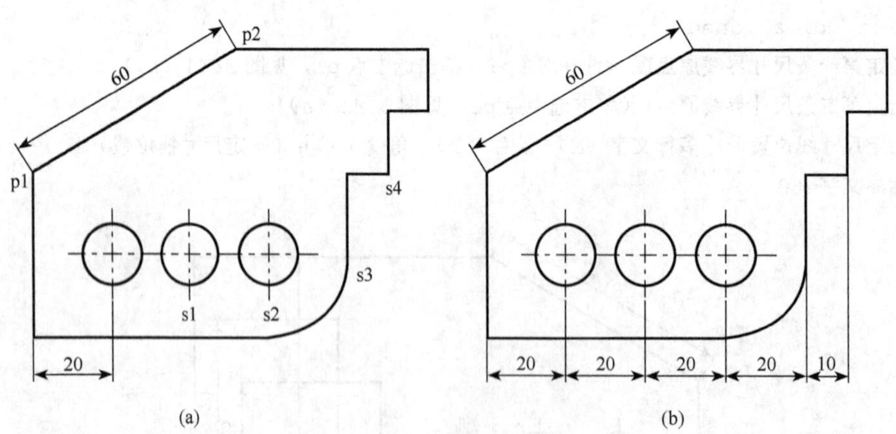

图 3.41 对齐尺寸和连续尺寸标注

3. 基线尺寸标注

如图 3.40 所示，4 个垂直尺寸的第一尺寸界线相同，都是轮廓的底部水平线，也就是说这些尺寸是以轮廓的底部水平线为基准标注尺寸的。对于这样的一系列尺寸可以使用基线尺寸标注。

同前面所述的连续尺寸标注一样，在使用基线尺寸标注前，也要先标注好第一个垂直尺寸 20，如图 3.42（a）所示。

然后开始基线尺寸标注，操作如下。

单击基线尺寸标注 按钮。

```
命令：_dimbaseline
指定第二条尺寸界线原点或［放弃（U）/选择（S）］<选择>：（单击选中点 s1）
标注文字=40
指定第二条尺寸界线原点或［放弃（U）/选择（S）］<选择>：（单击选中点 s2）
标注文字=55
指定第二条尺寸界线原点或［放弃（U）/选择（S）］<选择>：（单击选中点 s3）
标注文字=70
指定第二条尺寸界线原点或［放弃（U）/选择（S）］<选择>：（按回车键，结束基线尺寸标注）
选择基准标注：（按回车键，结束尺寸标注）
```

在基线尺寸标注时，要注意基线间距。如图 3.42（b）所示，两个相邻尺寸的尺寸线之间的距离就是基线间距，本案例中基线间距为 6。基线间距影响尺寸标注的美观，若在完成标注后感觉基线间距太大或太小，可以事先在标注样式中设定合适的基线间距值。

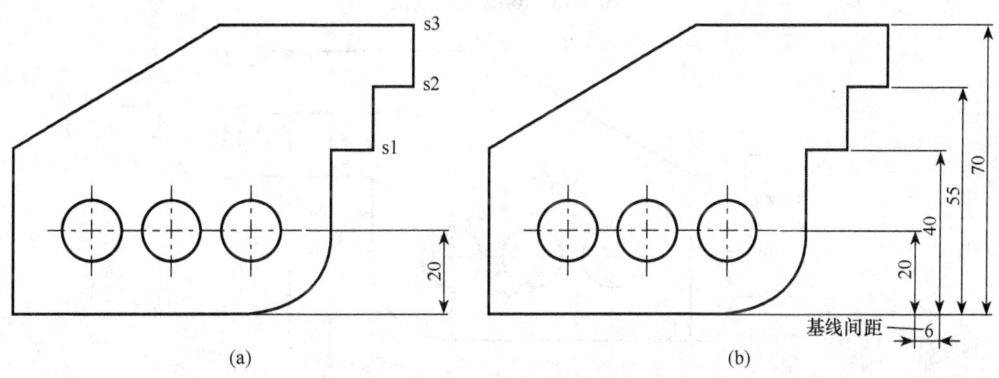

图 3.42 基线尺寸标注

进入【标注样式管理器】对话框，单击【修改】按钮，打开如图 3.43 的对话框。在【基线间距】栏中设定数值为 6，单击【确定】按钮返回。在以后进行的基线尺寸标注中，尺寸线都将按修改后的基线间距绘制。

4. 坐标尺寸标注

在许多用于数控编程的工程图样中常常需要标注如图 3.44 所示的坐标尺寸。AutoCAD 提供了专用的坐标标注命令，用以方便地标注各点的 x、y 坐标。

下面以第一个圆的圆心为例说明坐标尺寸标注的操作过程。

单击坐标尺寸标注 按钮。

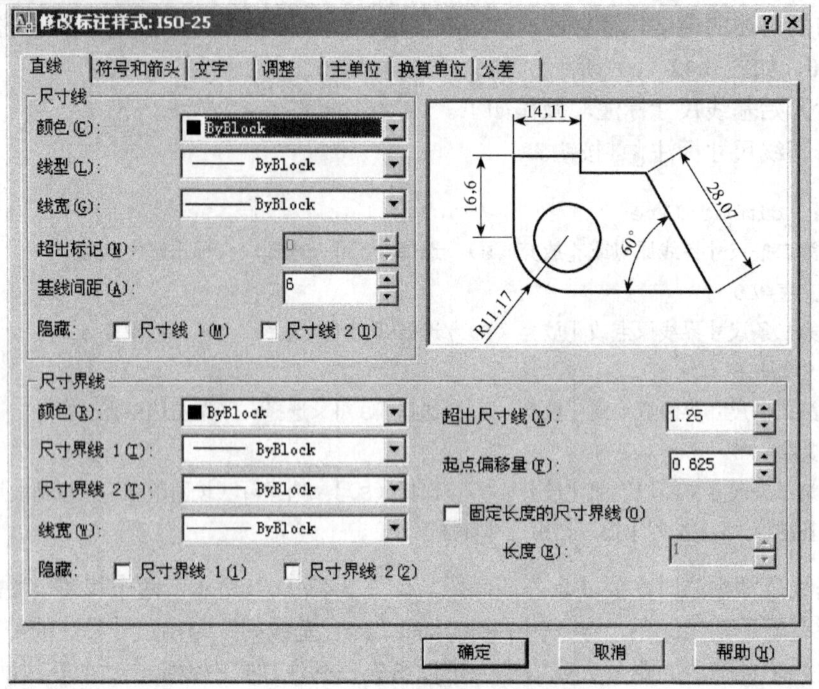

图 3.43　基线间距设定

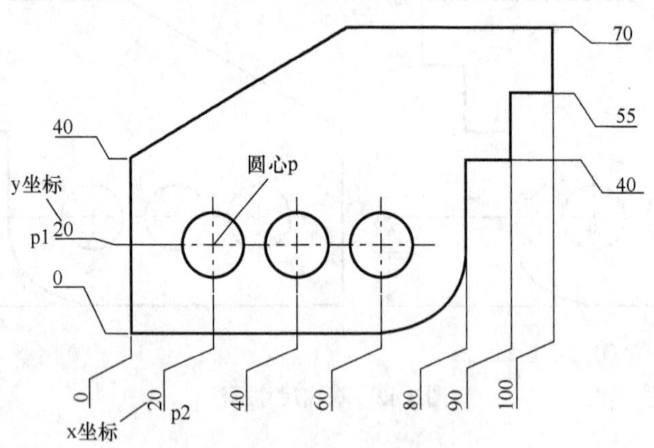

图 3.44　坐标尺寸标注

命令：_dimordinate

指定点坐标：(单击选中圆心 p)

指定引线端点或 [X 基准 (X) /Y 基准 (Y) /多行文字 (M) /文字 (T) /角度 (A)]：(单击选中点 p1)

标注文字=20

完成圆心的 y 坐标尺寸标注。重复执行该命令，标注圆心的 x 坐标。

命令：_dimordinate

指定点坐标：(单击选中圆心 p)

指定引线端点或 [X 基准（X）/Y 基准（Y）/多行文字（M）/文字（T）/角度（A）]：（单击选中点 p2）
标注文字=20

用同样方法完成其余各点的坐标尺寸标注。对于某一点执行坐标尺寸标注，系统根据鼠标移动的位置，自动选择标注 x 坐标或 y 坐标。

3.5　习　　题

1．绘制如图 3.45 所示叶片，并标注尺寸。

2．按尺寸绘制如图 3.46 所示图形，并标注尺寸。

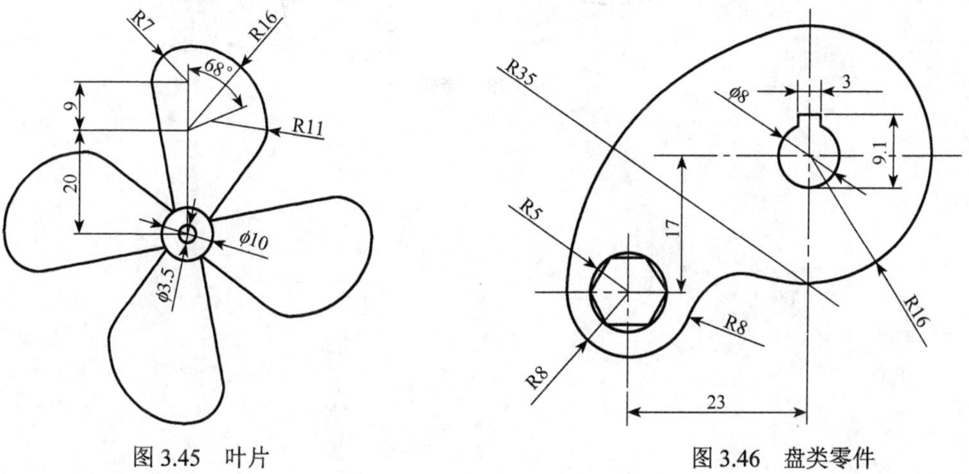

图 3.45　叶片　　　图 3.46　盘类零件

3．绘制如图 3.47 所示轴类零件，并标注尺寸。

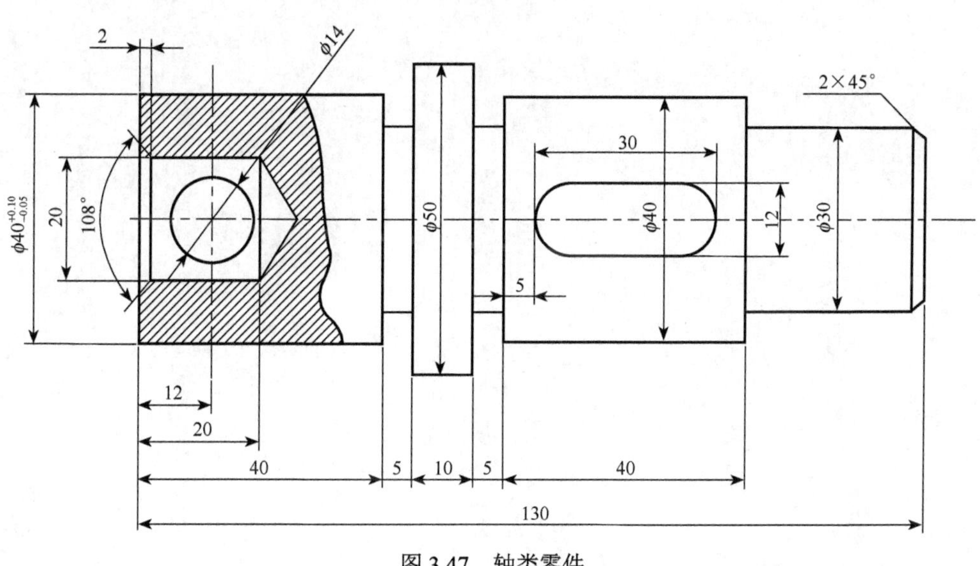

图 3.47　轴类零件

4．如图 3.48 所示，绘制带轮的两个视图，并标注尺寸。

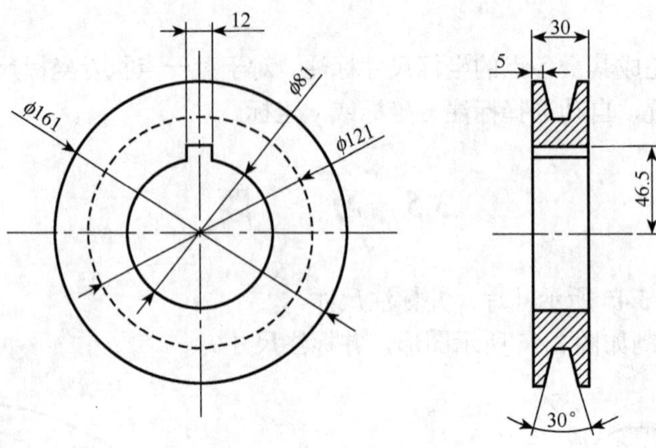

图 3.48　带轮

第 4 章

图块与图层

能力目标：了解图块与图层的作用和应用场合；掌握图块的建立和插入方法；掌握图层的建立和控制方法。此外，还将学习构造线的绘制方法。

4.1 螺母图块的建立和使用

在专业图样的绘制中，经常会有一些重复的结构，如机械图样中的螺钉、螺母等标准件；建筑图样中的门、窗等结构。对于这样的结构，如果尺寸相同可以通过复制得到，但如果尺寸不同，就没有更好的办法绘制了。而图块的概念正好针对这一情况，它可以把一组相关的对象组合成一个整体，并且可以重复调用，尺寸大小也可作出一定的变化，给绘图带来了方便。

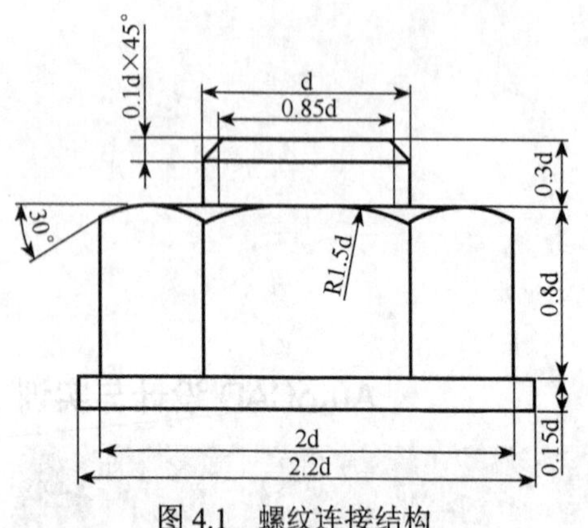

图 4.1 螺纹连接结构

图 4.1 的图形是机械图样中常见的螺纹连接结构。它由螺母、螺栓和垫圈组成，螺纹连接的公称直径为 d，其他的尺寸都可从公称直径算出。螺纹的公称直径有一个系列，如 d 的值可以为 8，10，12，14 等。

利用图块，只需绘制一种尺寸的结构，并把它做成图块，然后可以方便地在图中需要的地方按比例插入就能实现系列尺寸的结构绘制。

4.1.1 绘制图形

1. 绘制基本结构

首先以螺纹公称直径 d=10 绘制主要图形。如图 4.2 所示。在绘制时可以使用偏移命令和修剪命令。

2. 相贯线绘制

如图 4.1 所示，在螺纹连接结构中，有三条相贯线。在本案例中，用三段圆弧来近似代替相贯线。

1）绘制 R15 的大圆弧。该圆弧通过先绘制整圆，然后修剪得到。该圆已知半径，找到圆心就能绘制圆弧。如图 4.3（a）所示，这段圆弧和水平线 h1 相切，并且圆心在中心线上，所以先从水平线 h1 出发，以距离 15 偏移得到辅助水平线 h2。中心线和水平线 h2 有一个虚

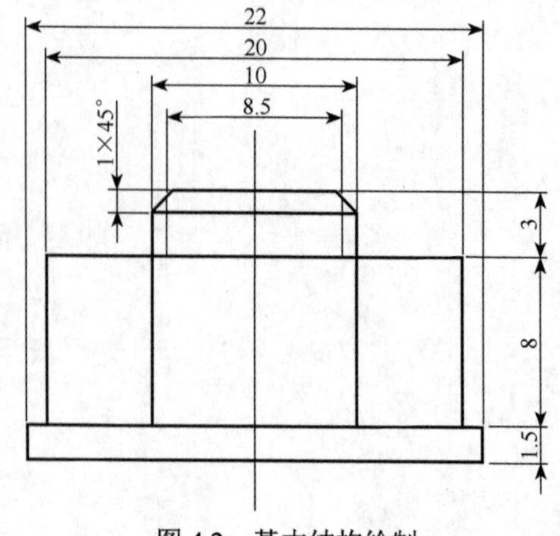

图 4.2 基本结构绘制

交点，这就是圆弧的圆心。绘制整圆的操作如下。

```
命令：_circle 指定圆的圆心或 [三点（3P）/两点（2P）/相切、相切、半径（T）]：app
于（单击选中中心线）
和（单击选中水平线 h2）
指定圆的半径或 [直径（D）] <4.0717>：15
```

app 是特征点中的“虚交点”捕捉方式。

接着修剪整圆，得到如图 4.3（b）所示的圆弧。

2）绘制小圆弧。如图 4.3（b）所示，从点 p1 出发绘制一条水平线 h2，水平线 h2 与垂直线 v2 的交点为 p3。从垂直线 v2 出发以距离 2.5 偏移得到垂直线 v3，它与水平线 h1 的交点为 p2。小圆弧与水平线 h1 相切，并通过点 p1 和点 p3，点 p2 其实就是切点。小圆弧通过 p1、p2、p3 这三点。利用三点画圆方式，绘制出小圆并修剪得到小圆弧。删除辅助线 h2 和 v3。

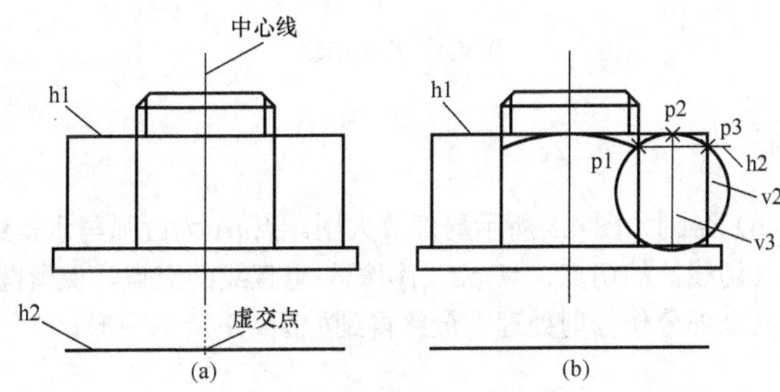

图 4.3 相贯线构绘制

3. 使用构造线绘制切线

如图 4.1 所示，在小圆弧尾部有角度为 30° 的切线。通过分析可知，如图 4.4（a）所示，该切线的切点能由几何作图得到，从小圆弧圆心 O 出发，以极坐标方式画直线交圆弧于 p 点，该点就是切点，所画直线为过圆弧上 p 点的法线，过 p 点并与圆弧相切的切线与法线垂直。

找到了切点，就可用构造先命令绘制切线了。

选择构造线命令，可以有以下方法。

① 在菜单栏中选择【绘图 | 构造线】命令。

② 在命令行输入 xline。

③ 在绘图工具栏中单击 按钮。

有了切点和法线，就可以根据构造线命令中的“角度”选项来绘制切线。操作如下。

```
命令：xline
指定点或 [水平（H）/垂直（V）/角度（A）/二等分（B）/偏移（O）]：a
输入构造线的角度（0）或 [参照（R）]：r（表示输入相对于某线段的夹角）
```

选择直线对象（单击选中法线）
输入构造线的角度 <0>：90（切线与法线垂直）
指定通过点：（单击选中交点 p）
指定通过点：（按回车键，结束命令）

结果如图 4.4（b）所示，构造线是两个方向无限延伸的直线。

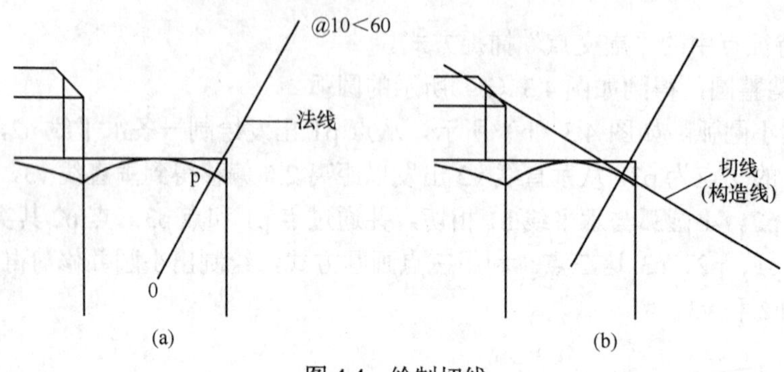

图 4.4 绘制切线

4. 修剪图形

放大图 4.4（b）得到如图 4.5 所示局部放大图。点 p1 为圆弧与水平线的切点，点 p 为圆弧与构造线（切线）的切点，点 p2 为切线与垂直线的交点。保留圆弧的 pp1 段和切线的 pp2 段，其余部分作修剪处理。最终得到如图 4.1 所示图形。

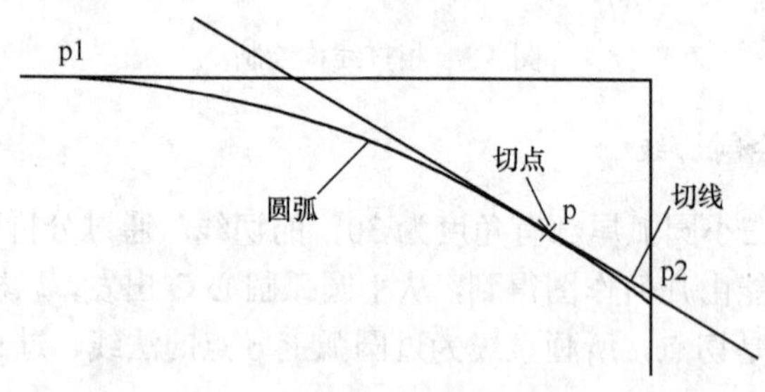

图 4.5 修剪图形

4.1.2 建立图块

1. 块定义

把一组对象做成图块，先要对图块进行定义，包括块的名称、组成的对象和基准点等。选择创建块命令，可以有以下方法。

① 在菜单栏中选择【绘图 | 块 | 创建】命令。
② 在命令行输入 block。
③ 在绘图工具栏中单击 按钮。

通过下面的操作，把图 4.6 的图形做成图块。

在绘图工具栏中单击【创建块】按钮，打开【块定义】对话框。在对话框的【名称】下拉列表框中输入 thread，把所建图块命名为 thread。

图块的基点用于确定图块插入到图中时的位置。对于对称或回转图形，一般选择图形的中心，如十字中心线的交点或圆的圆心等；对于一般图形可选择图形的特征点或角点。基点选择的好坏直接影响图块插入时，位置的准确性。可以直接在对话框的【基点】选项区域中输入基点的坐标，也可以单击【拾取点】按钮，转入绘图状态，在图中直接点取基点。在本案例中，单击【拾取点】按钮，然后在图形中点取底线的中点 p 作为图块的基点。返回对话框后，所选基点的坐标显示在对话框中。

在对话框的【对象】选项区域中单击【选择对象】按钮，转入绘图状态，选择如图 4.6 所示的图形，回到对话框后单击【确定】按钮，图块建立完成。绘图区中选择的图形消失。

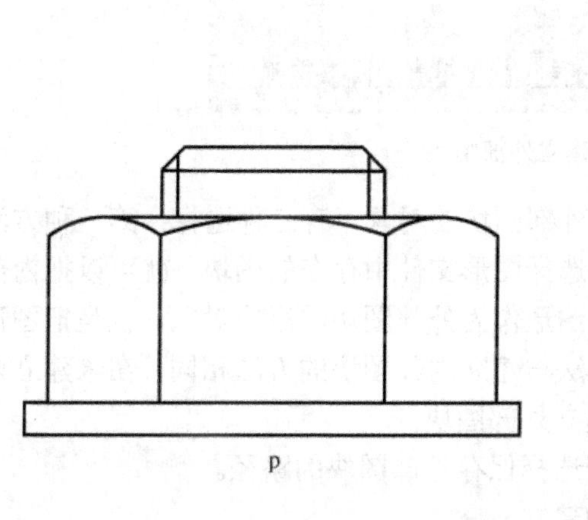

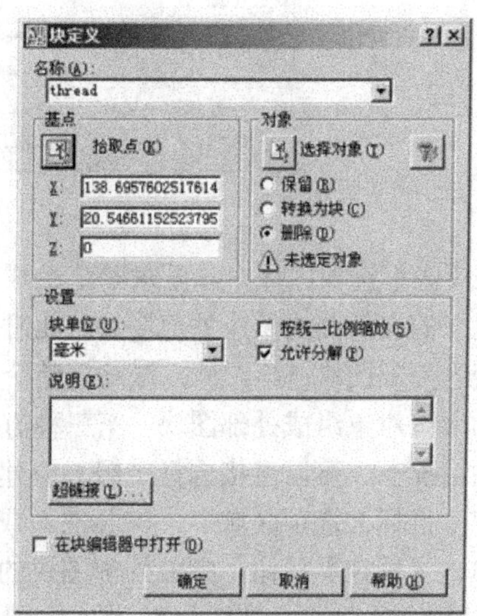

图 4.6　建立图块

2. 外部图块的建立

以上建立的图块，在本图形文件中可以任意使用，但其他的图形文件不能使用这个图块，因为图块的信息只保留在建立图块的那个图形文件中，所以通过 block 命令建立的图块又叫"内部图块"。

内部图块不能被其他图形文件调用，在实际使用中很不方便。为此，AutoCAD 提供了建立外部图块的方法，以解决这一问题。

建立外部图块的命令为 wblock，意思为 write block，就是把图块写入到磁盘保存起来，这样其他图形文件也可以调用它了。

建立外部图块的操作如下。

在命令行输入 wblock，打开如图 4.7 所示的【写块】对话框。

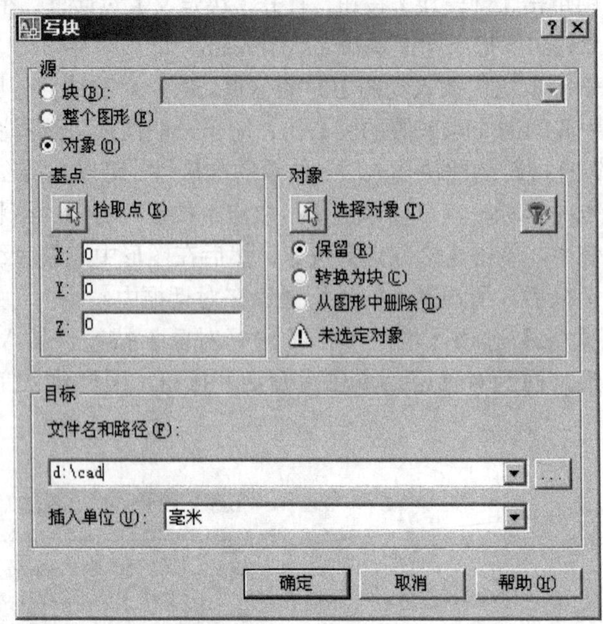

图 4.7　建立外部图块

在【源】选项区域中，要求确定组成外部图块的对象，有三种选择：第一种方法是把已建立的内部图块做成外部图块，此时选择图形文件中存在的图块，就可以把内部图块转变为外部图块；第二种方法是把整个图形作为外部图块的组成对象，就是把图形文件中的所有对象组成外部图块；第三种方法与建立内部图块的方法相同，在未建立内部图块的情况下，可以直接选择一组对象建立外部图块。

在【目标】选项区域中，需要输入或选择保存外部图块的路径。

单击【确定】按钮，完成外部图块的建立。

若由已建立的内部图块转为外部图块，它们的名称相同，本案例中有内部图块 thread，同时还有一个外部图块 thread，它们互不干涉，因为外部图块实际上是以图形文件的形式保存在磁盘中的。

从内部图块建立外部图块时，也可以取新的图块名。如图 4.8 所示，在【源】选项区域中单击【块】单选按钮，并在列表框内选择一个内部图块 thread，在【目标】选项区域中修改文件名为 w-thread，单击【确定】按钮，完成由内部图块 thread 建立外部图块 w-thread 的过程。由此可以看出，外部图块实际上就是一个图形文件。

3. 图块的分解

图块插入到图中以后，是一个整体，也就是说图块是一个对象。不论图块如何复杂，在选择集中只能算作一个对象。因此，对插入的图块只能作整体的移动、删除、复制等操作，对图块中包含的对象不能作编辑和修改。

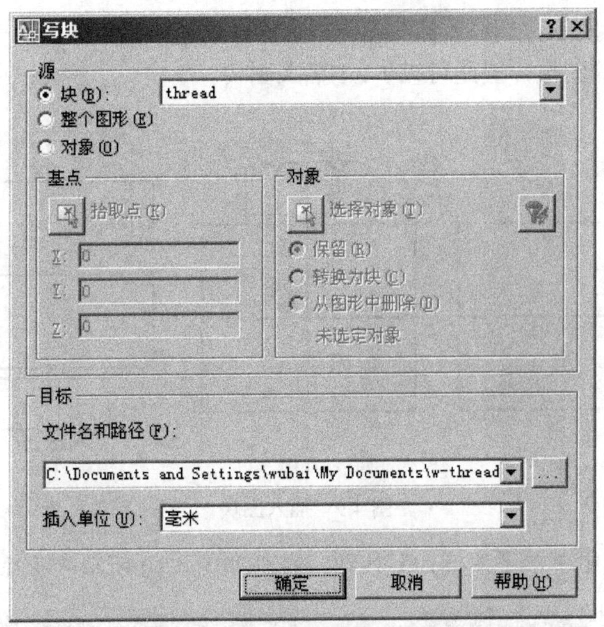

图 4.8 由内部图块建立外部图块

如果在实际绘图中需要修改图块中的对象，应该使用“分解”命令把插入的图块“炸开”，“炸开”后的图块不再是一个整体对象，它分解为一组独立的对象，可以对它们进行编辑和修改。

选择分解命令，可以有以下方法。

① 在菜单栏中选择【修改 | 分解】命令。

② 在命令行输入 explode。

③ 在修改工具栏中单击 按钮。

分解命令除了能分解图块外，还能分解多段线，把多段线从各顶点分成一段段的直线段和圆弧段。矩形命令和正多边形命令绘制的图形也是多段线，所以它们也能分解成多条直线段。

4.1.3 插入图块

完成的图块的建立，接着就可以使用图块了。

选择插入块命令，可以有以下方法。

① 在菜单栏中选择【插入 | 块】命令。

② 在命令行输入 insert。

③ 在绘图工具栏中单击 按钮。

1. 比例 1∶1 插入图块

图 4.9（a）为需要螺纹连接的两个零件，在螺纹连接位置已绘制中心线，插入基点为点 p。

如图 4.9（b）所示，用公称直径 d 为 10 的螺纹连接两零件，由于建立图块时是按公称直径 10 绘制的图形，因此可以 1∶1 插入图块。

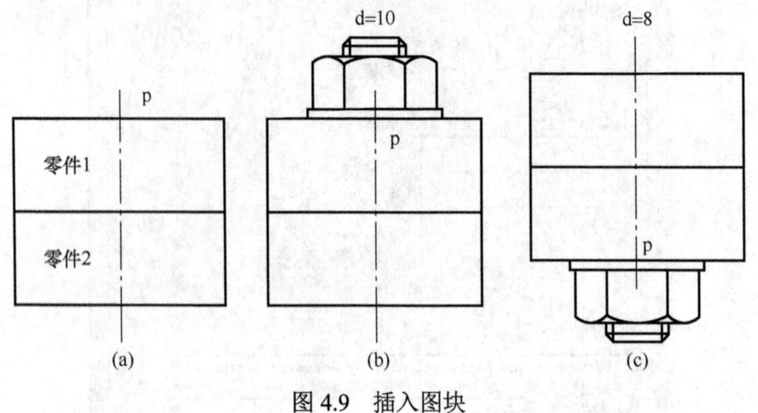

图 4.9　插入图块

在绘图工具栏中单击【块插入】按钮，打开如图 4.10 所示的【插入】对话框。

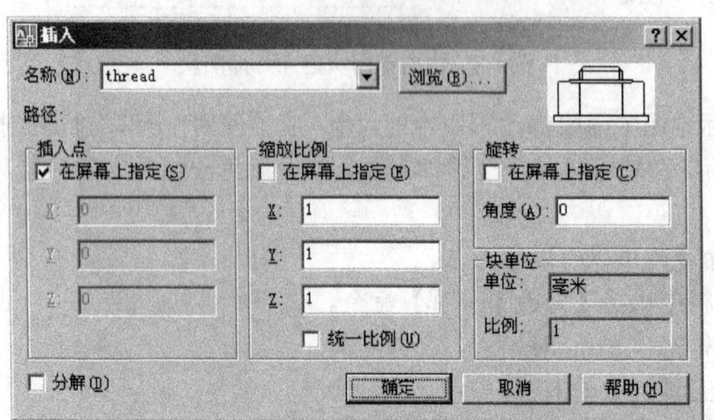

图 4.10　插入对话框

在对话框的【名称】下拉列表框中输入图块名称 thread，当同一绘图文件中有多个图块时，可在下拉列表框中选择。在对话框右上角会显示所选图块的图形。在【插入点】选项区域中选中【在屏幕上指定】复选框，表示在绘图区选定插入点，一般情况下，插入点都会在屏幕上指定。在【缩放比例】和【旋转】等选项区域中使用默认值。

单击【确定】按钮，如图 4.9（b）所示，选定插入点 p，图块就按要求插入图中。

在【插入】对话框的左下角有一个【分解】复选框，选中该复选框时，插入图中的图块会自动分解成独立的对象。

2. 不同比例和角度插入图块

插入图块时，可以改变图块的大小和插入角度，这是图块的一个重要特点。如图 4.9（c）所示，用公称直径 d=8，从下方连接零件，同样能通过插入图块直接绘制。

如图 4.11 所示，在【缩放比例】选项区域中，选中【统一比例】复选框，使 x、y、z 同步放大或缩小。设定 x 方向的比例系数为 0.8。在【旋转】选项区域中设定角度为 180°。单击【确定】按钮完成图块插入。

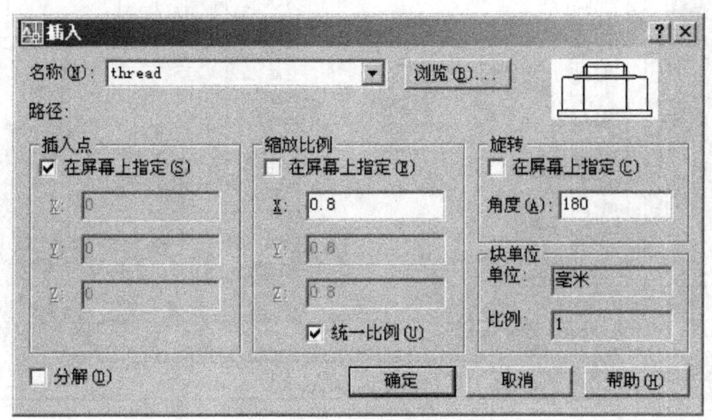

图 4.11 插入对话框

用同样的方法完成如图 4.12 所示的两种图块插入。插入时设定参数如下。

图 4.12（a）中，连接螺纹的公称直径为 12，插入角度 90°。

图 4.12（b）中，连接螺纹的公称直径为 14，插入角度−90°。

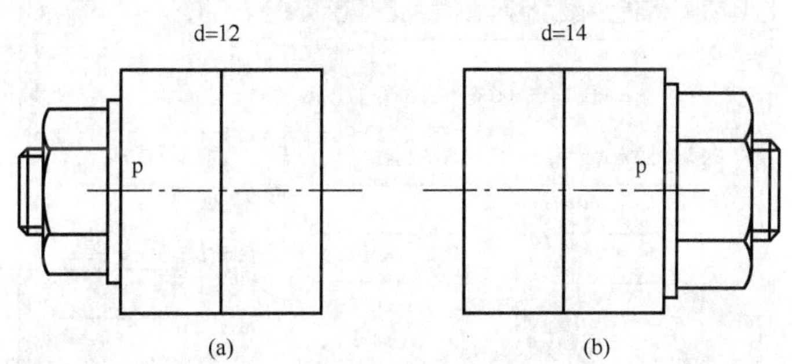

图 4.12 不同比例和角度插入图块

通过本案例的学习，可以发现图块的应用对于需要重复、多次绘制的图形非常有用。

3. 外部图块的插入

插入外部图块的命令与插入内部图块相同。执行图块插入后，打开如图 4.11 的对话框，若要插入外部图块，在输入图块名称时必须单击【浏览】按钮，随后打开如图 4.13 所示的【选择图形文件】对话框，按路径在磁盘中寻找和选择所需的外部图块，注意外部图块与图形文件没有区别。

找到并选择 w-thread 文件（即外部图块），然后单击【打开】按钮，返回【插入】对话框。

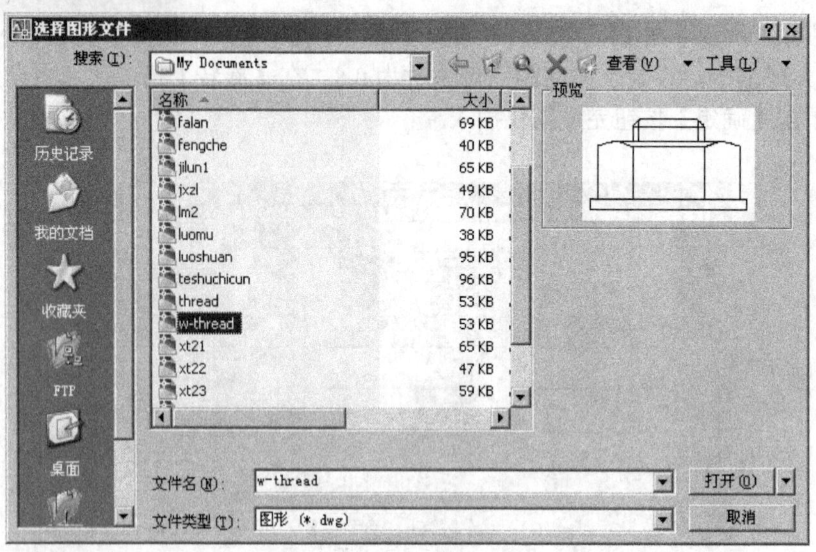

图 4.13　选择外部图块

如图 4.14 所示，在对话框的【名称】下拉列表框中显示了外部图块名 w-thread。这样，外部图块就输入到本图形文件中，然后就可以像内部图块一样操作了。一旦某个外部图块通过上述方法输入到图形文件，它就会成为该图形文件的一个同名的内部图块。

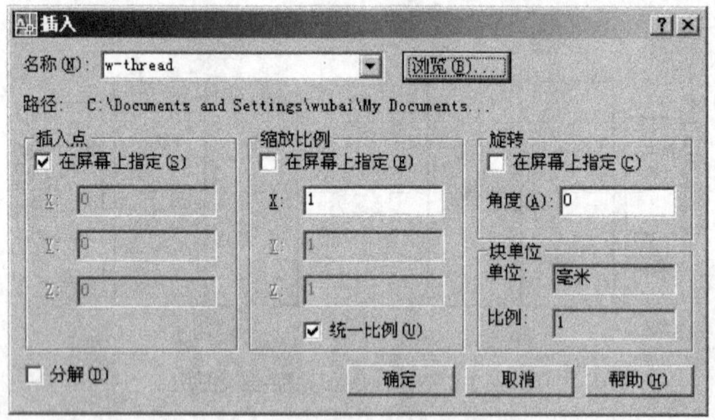

图 4.14　外部图块输入到本图形文件

4.1.4　命令小结

通过本案例图形的绘制，学习了图块、外部图块的建立和插入方法，了解了图块是一个整体，但可以通过分解命令把图块还原为对象的组合。此外，学习了功能强大的构造线命令。

创建块命令：block

插入块命令：insert

外部块命令：wblock

构造线命令：xline
分解命令：explode

4.2　图层的建立和使用

在 AutoCAD 中图层是一个很重要的概念，图层相当于图纸绘图中使用的重叠图纸，是透明而没有厚度的薄片。 图层是图形中使用的主要组织工具。 可以使用图层将信息按功能编组，以及执行线型、颜色及其他标准。

通过创建图层，可以将类型相似的对象指定给同一个图层使其相关联。

如图 4.15 所示，在建筑图样的绘制中，常常把墙体结构绘制在一起，同处一个图层；把电气布局绘制在另外一个图层；把家具等单独放在一个图层中，最终把三个图层重叠在一起，组成一张总图。每个图层都有各自的图层名，可以控制每个图层的可见与不可见。用于建筑施工时，关闭家具和电气两个图层，使它们处于不可见状态，以便于施工；当布置电气线路时，又可以关闭墙和家具图层，只显示电气线路，使布线方便。

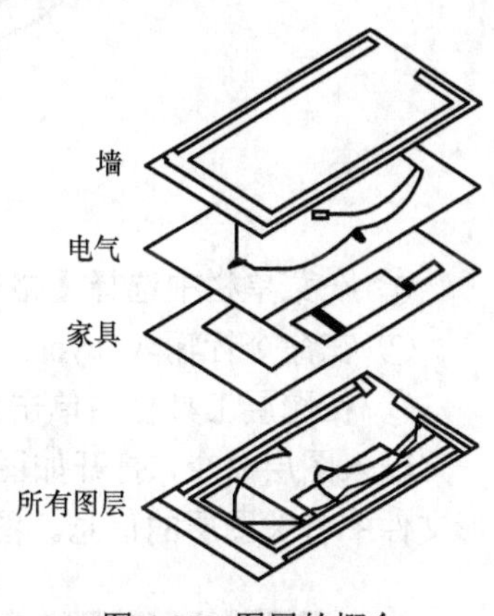

图 4.15　图层的概念

在机械图样中，往往把可见轮廓线、不可见轮廓线、中心线和尺寸标注分别设置在不同图层，以便于根据需要观察图形。也可以将构造线、文字、标注和标题栏置于不同的图层上。

一般情况下，同一图层上的对象具有相同的属性，如颜色、线型和线宽等。为了保护重要的图形不被修改，还可以控制图层处于不可见、冻结、锁定等状态。

事实上，每个图形都包括名为“0”的图层，原先的图形绘制都在这一图层上进行。图层 0 是 AutoCAD 自带的默认图层，不能删除或重命名。

在专业工程图样绘制中，建议创建几个新图层来组织图形，而不是将整个图形均创建在图层 0 上。

4.2.1　操纵杆绘制

绘制如图 4.16 所示的操纵杆，一般工程图样的绘制方法是，先建立图层，设置图层属性，然后在相应的图层中绘制有关图形。

1. 建立新图层

在本案例中，需要新建两个图层：一个是“中心线”图层，颜色设定为绿色，线型为点划线 center，这一图层专门用于绘制中心线；另一个是“尺寸标注”图层，把颜色设定蓝色，用于尺寸标注。

选择图层命令，可以有以下方法。

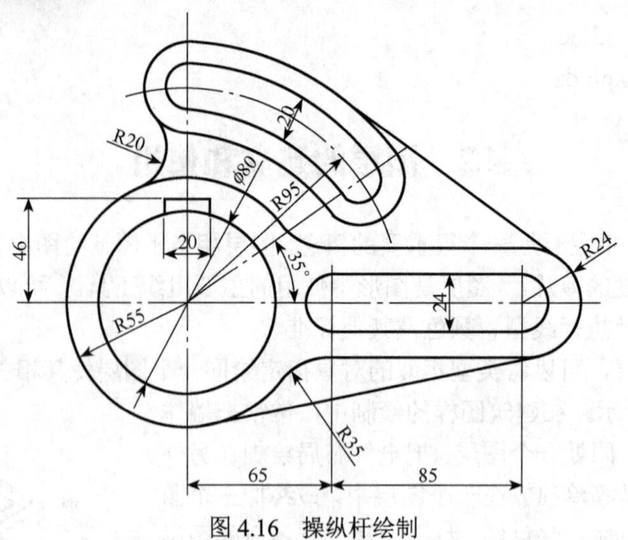

图 4.16　操纵杆绘制

① 在菜单栏中选择【格式｜图层】命令。

② 在命令行输入 layer。

③ 在图层工具栏中单击 按钮。

输入图层命令，打开如图 4.17 所示【图层特性管理器】对话框。从中可以看到本图形文件中有关图层的信息。图中只有一个默认图层 0，图层特性处于默认状态。

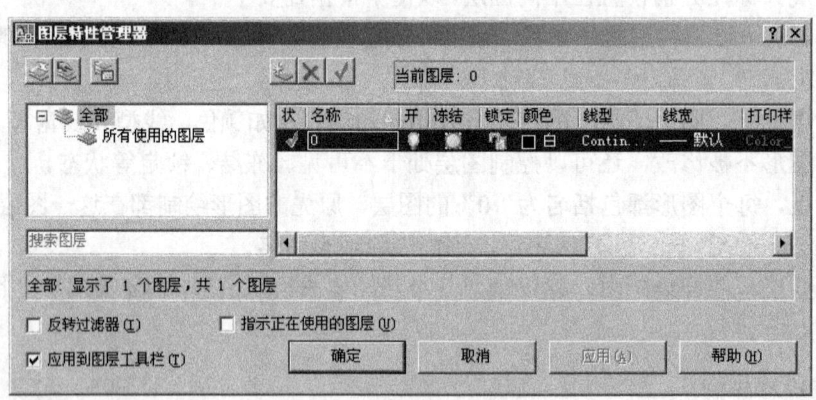

图 4.17　　图层特性管理器

单击“新建图层” 按钮，在对话框中显示了一个名为“图层 1”的图层。此时，图中有了两个图层，如图 4.18 所示。由于绘图操作只能在一个图层上进行，所以系统设定一个图层为当前层，绘图工作在当前图层上进行。默认的当前图层是 0 图层，在它的左侧有“打勾”标志，说明它是当前图层。

把新建的图层改名为“中心线”，颜色设定为绿色，线型设定为 center。同样方法新建一个名为“尺寸标注”的图层，颜色设定为蓝色，线型取默认值。结果如图 4.19 所示。单击【确定】按钮，完成新图层的建立。

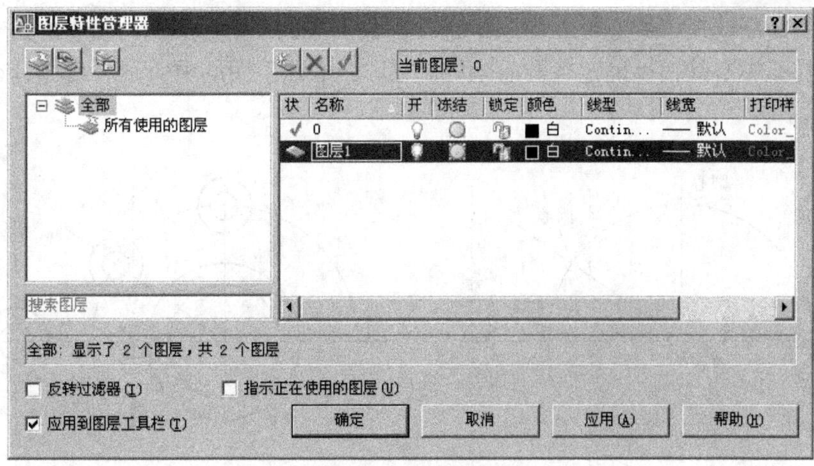

图 4.18　建立新图层

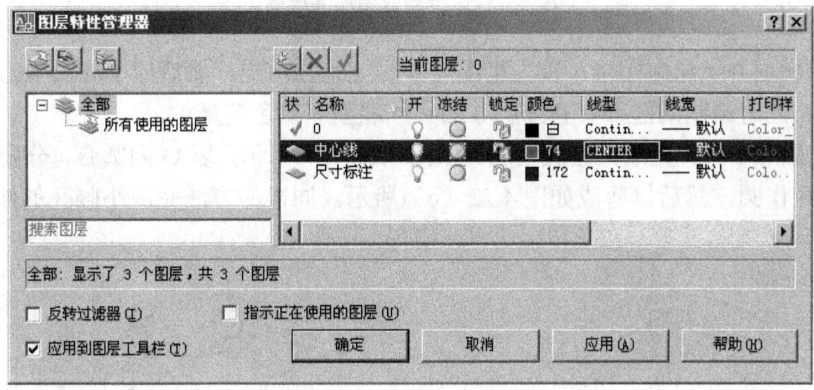

图 4.19　设置图层属性

2. 在指定图层上绘图

一张图中可以有多个图层，但绘图只能在一个图层中进行，这个图层称为当前层。因此，在绘图前先要确保要绘图的图层为当前层。

1）在“中心线”图层上进行各中心线的绘制。如图 4.20 所示，在图层工具栏中单击下三角按钮，在列出的图层中选取“中心线”图层，“中心线”图层就被设定为当前图层。

图 4.20　设定当前图层

随后的绘图就在“中心线”图层中进行。如图 4.21（a）所示，绘制 5 条直线中心线和一段圆弧中心线，以确定各圆心坐标。在“中心线”图层中所画的线都具有绿色和 center 线型。

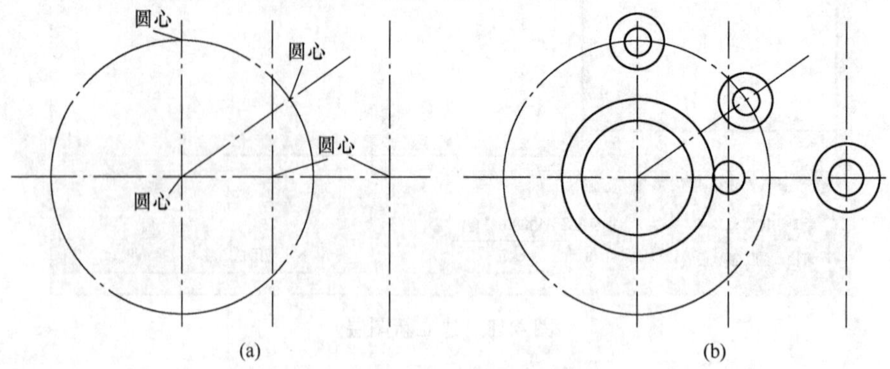

图 4.21　设定当前图层并绘图

2）在图层 0 上绘制图形。首先把图层 0 设定为当前层，然后绘制如图 4.21（b）所示的各圆。此时绘制的圆都具有图层 0 的实线线型和黑色等属性。

3）在图层 0 中，完成大腰孔绘制。如图 4.22（a）所示，以 O 为圆心，分别以 Op1、Op2 为半径作圆，然后修剪成如图 4.22（b）所示。同样的方法完成小腰孔的绘制。

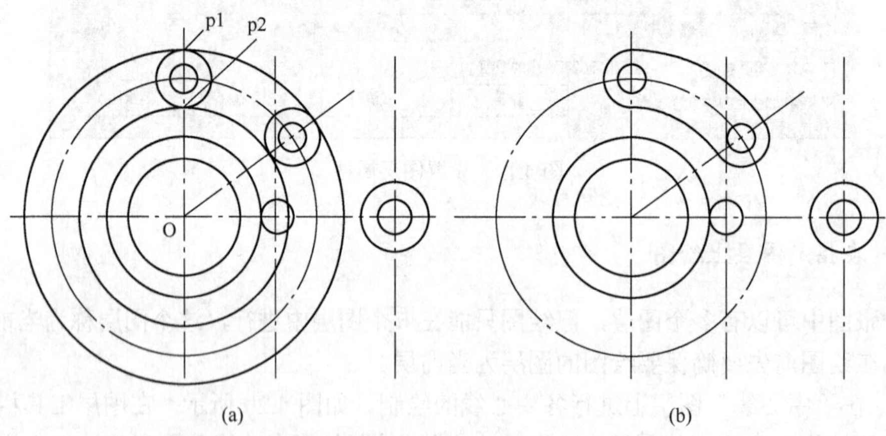

图 4.22　腰孔的绘制

4）在图层 0 中完成长孔的绘制。如图 4.23（a）所示，绘制 4 条直线，然后修剪成如图 4.23（b）所示的图形。

5）在图层 0 中使用“切点”捕捉方式，完成两条切线的绘制；利用圆角命令中的“不修剪”选项，完成三处圆弧连接，如图 4.24（a）所示；最后完成键槽孔的绘制，并调整各中心线的长度，结果如图 4.24（b）所示。

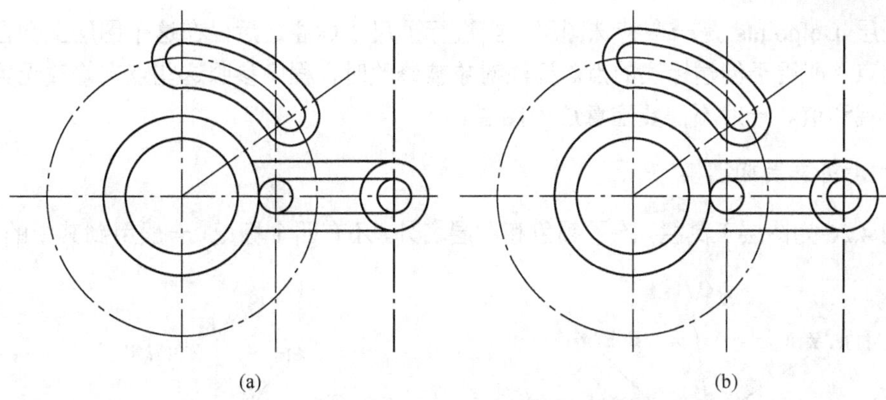

图 4.23 长孔的绘制

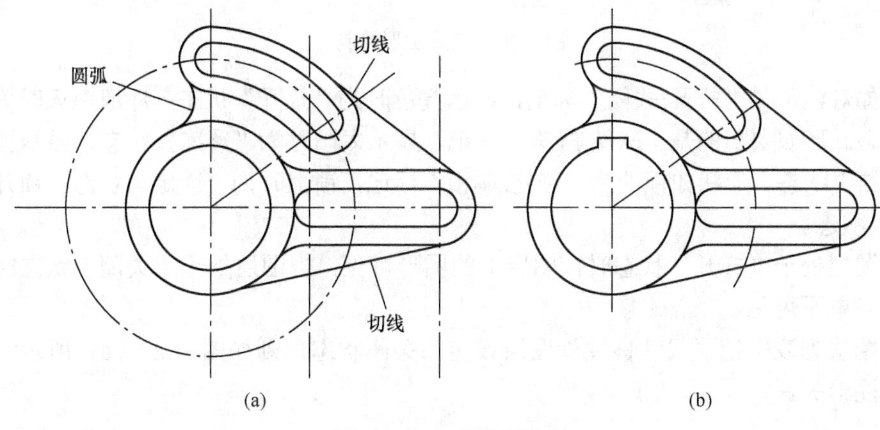

图 4.24 完成图形绘制

3. 尺寸标注

把“尺寸标注”图层设定为当前层，完成所有的尺寸标注。最终结果如图 4.16 所示。

4.2.2 图层操作

打开图层列表，如图 4.25 所示，当前层为图层 0。列表中共有 4 个图层，其中图层 0 为系统自带图层，“中心线”图层和“尺寸标注”图层为新建的图层，还有一个名为 Defpoints 的图层。

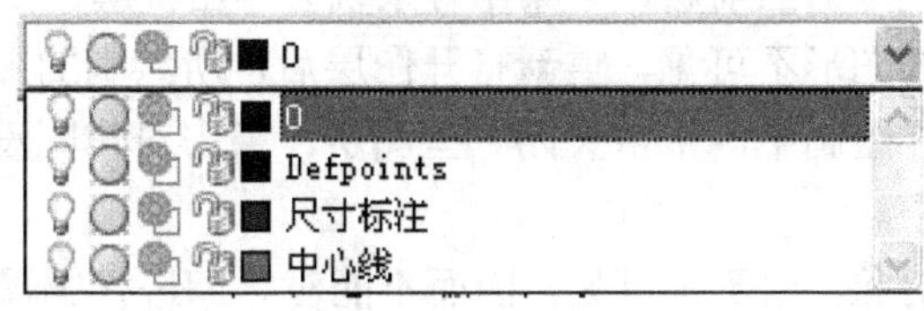

图 4.25 完成图形绘制

图层 Defpoints 是一个特殊图层，当进行了尺寸标注之后，在这个图层上会自动存储定义点，即用于创建标注的点。标注对象被修改时，程序参照这些点来修改无关联标注的外观和值。一般不需要注意这个图层。

1. 打开和关闭图层

图 4.26 为图层工具栏，除了颜色和图层名外，还有四个标记，一般用到其中的三个。

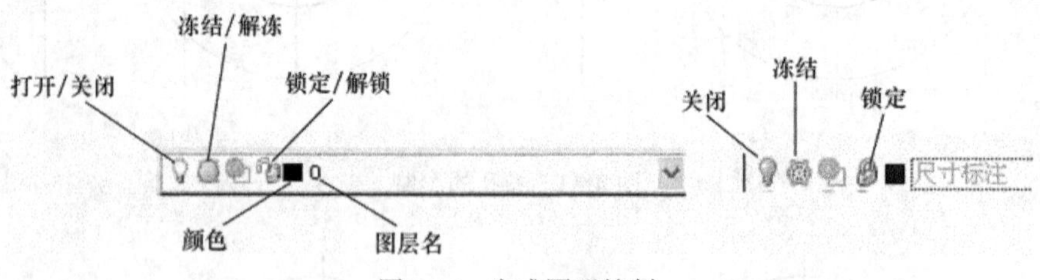

图 4.26　完成图形绘制

形如灯泡的是“打开/关闭”标记，显示黄色时为“打开”状态，灯泡熄灭时为“关闭”状态。形如太阳的是“冻结/解冻”标记，显示太阳时为“解冻”状态，显示雪花时为“冻结”状态。形状如锁的为“锁定/解锁”标记，锁上时为“锁定”状态，锁开时为“解锁”状态。

当图层处于“打开”状态时，图层上的图形可见，当图层处于“关闭”状态时，图层上的对象不可见。

在图层列表中把“尺寸标注”图层设定为关闭状态，则如图 4.27（a）所示，图中尺寸标注消失。

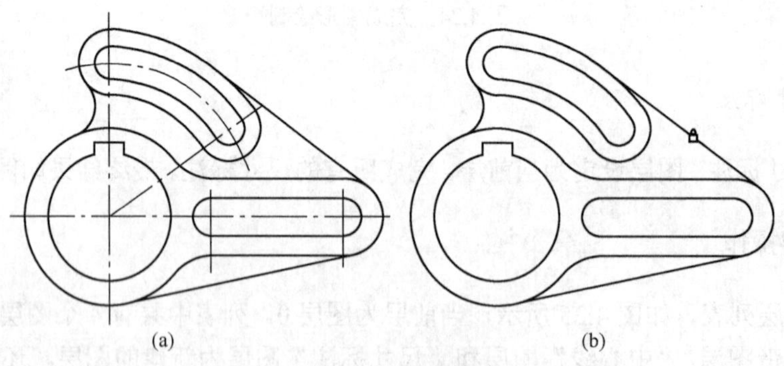

图 4.27　图层操作

关闭的图层可以设定为当前层，但操作时系统会作出提醒。在关闭的当前层中能进行绘图操作，但绘制的图形不可见，重新打开图层后，所绘制的图形将显示出来。

在复杂的工程图样绘制中，常常关闭一些图层，隐去对作图没有帮助的部分图形，使画面简洁，操作方便。

关闭的图层上的对象，由于不可见，因而不能对它们进行编辑和修改，从而对图形起到一定的保护作用。

2. 冻结和解冻图层

在二维图形绘制中，冻结图层和关闭图层作用相同，冻结图层上的对象不可见。但当前层不能被冻结。

“冻结图层”对图层上的对象的保护力度比“关闭图层”要大，因为冻结的图层不可能被操作。

3. 锁定和解锁图层

如图 4.27（b）所示，关闭“中心线”图层和“尺寸标注”图层，同时锁定图层 0。

锁定的图层上的对象仍然显示在图中，所以锁定图层中的对象是可见的。

当前层可以锁定，这就意味着可以在锁定的图层上进行操作。可以在该图层上绘制图形、增加对象。但是，如图 4.27（b）所示，当要对锁定图层中的对象进行编辑修改时，会显示“锁定”标记，提示该对象已被锁定，不能操作。所以在锁定的图层中只能绘制图形，不能修改、编辑图形。

4.2.3 命令小结

通过本案例图形的绘制，学习了图层的概念和图层的作用，掌握图层建立、属性设置的方法。了解一般绘图过程中图层的使用方法，当前层的概念以及打开/关闭、冻结/解冻和锁定/解锁等常用图层控制方法。

图层命令：layer

4.3 电路图设计

在电路设计中，电气元件都有规定的画法或标准的符号，在 AutoCAD 中进行电路图绘制时，可以利用这个特点，把电气元件做成相应的图块，然后在电路的相应位置插入图块，就能方便地进行电路图的设计。

在本案例中，首先完成开关、电阻、电源等的绘制，并做成图块，然后调用这些图块完成电路图的绘制，如图 4.28 所示。

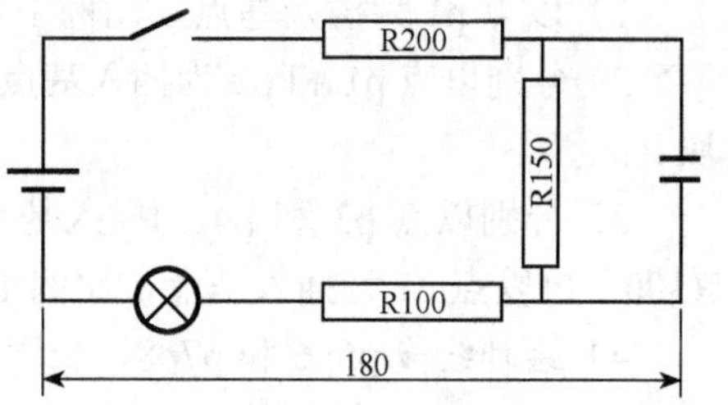

图 4.28 电路图

4.3.1 制作电气元件图块

如图 4.29 所示，完成 7 种电气元件的绘制，并各自建立图块。各图块的基点都为图形的左端点。各电器元件对应的图块名见表 4.1。

4.3.2 绘制电路图

如图 4.30 所示，通过图块插入完成电路图的绘制。

表 4.1　电器元件图块明细表

电器元件	图 块 名	电器元件	图 块 名
电源	pow	电阻 R100	R100
开关	swi	电阻 R150	R150
灯泡	lam	电阻 R200	R200
电容	cap		

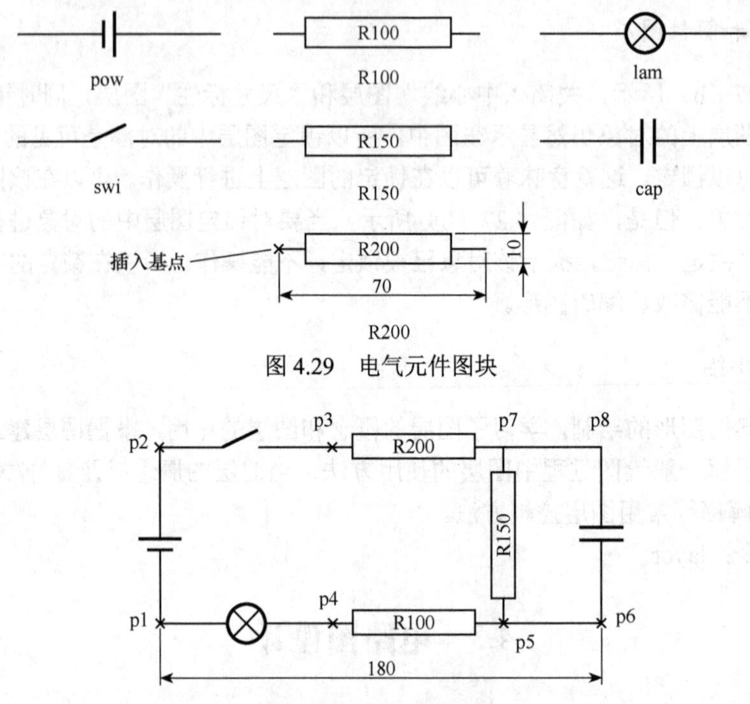

图 4.29　电气元件图块

图 4.30　电气元件图块

1）以点 p1 为插入基点，比例 1∶1，角度 90° 插入电源图块 pow。

2）分别以点 p1 和 p2 为插入基点，比例 1∶1，角度 0° 插入开关图块 swi 和灯泡图块 lam。

3）分别以点 p3 和 p4 为插入基点，比例 1∶1，角度 0° 插入两电阻图块 R200 和 R100。再以点 p5 为插入基点，比例 1∶1，角度 90° 插入电阻图块 R150。

4）绘制线段 p5p6 和 p7p8，长度为 40。

5）以点 p6 为插入基点，比例 1∶1，角度 90° 插入电容图块 cap。

至此，完成了电路图的绘制。对于复杂的电路图，只要先建立了所有电器元件的图块库，电路图的绘制会变得很方便。

4.4　锥形塞绘制

在下面的案例中，将绘制如图 4.31 所示的锥形塞，以综合运用本章学习的图块与图层等知识，同时学习带属性图块的定义方法。

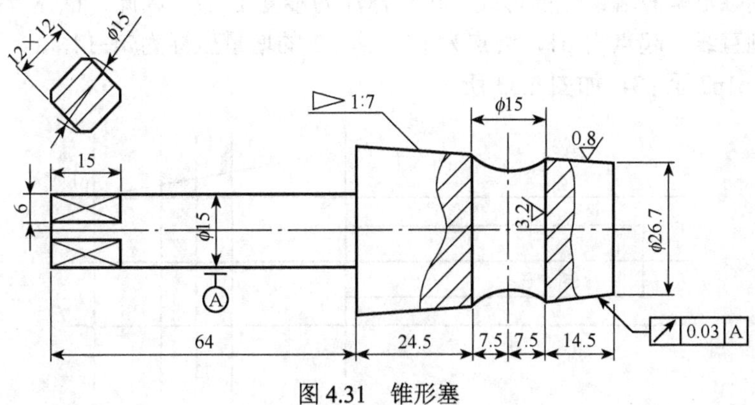

图 4.31 锥形塞

在锥形塞的绘制中，需要标注表面粗糙度、形位公差，还要进行锥度绘制。

4.4.1 绘制图形

1. 建立图层

为了便于后续绘图，建立表 4.2 中的各图层。

表 4.2 图层设置

图层名	线 型	颜 色	作 用
中心线	center	绿色	绘制中心线
尺寸标注	continuous	蓝色	标注尺寸
剖面线	continuous	蓝色	图案填充

2. 轮廓绘制

1）如图 4.32 所示，绘制水平中心线线 h1，左端面垂直线 v1。

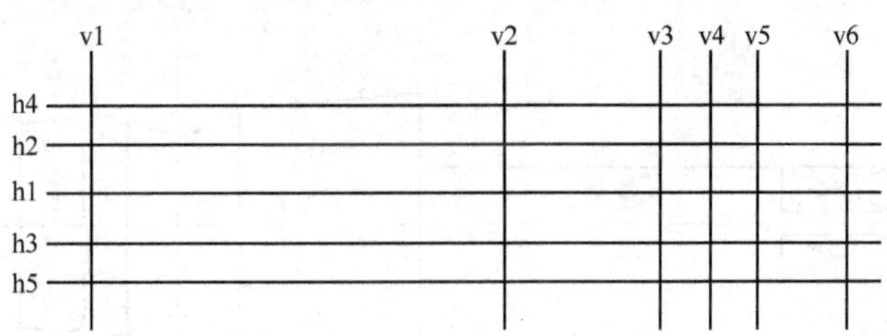

图 4.32 轮廓绘制

2）从直线 v1 出发，利用偏移命令，按尺寸得到直线 v2、v3、v4、v5 和 v6。从水平中心线 h1 出发，按尺寸往上、下偏移得到直线 h2、h3 和 h4、h5，直线 h2 和 h3 是锥形塞左端圆柱的母线，直线 h4 和 h5 决定了锥形塞右端的大小。

3）修剪图形，如图 4.33 所示。

4）绘制锥形塞右端锥体的母线，尺寸标注为锥度 1∶7，因此，锥体母线的斜度是 1∶14。绘制直线，起点为 p1，终点为 p2，点 p2 的增量坐标为@−14，1。利用延伸命令延长直线 p1p2 至 p3，如图 4.33 所示。

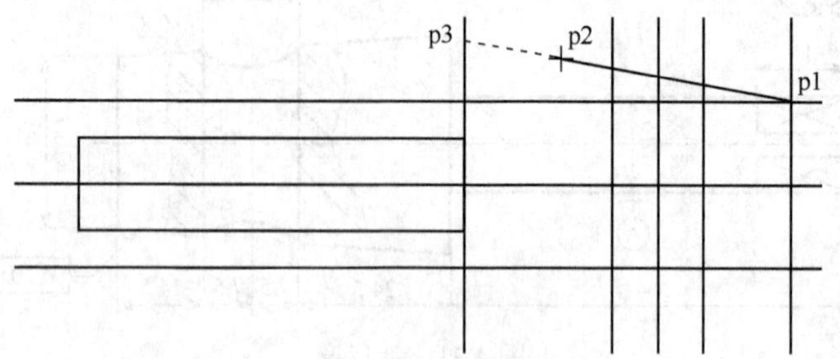

图 4.33　修剪并绘制斜线

5）以水平中心线 h1 为对称线，把直线 p1p3 镜像复制到下方。删除水平线 h4 和 h5，并修剪图形成如图 4.34 所示。

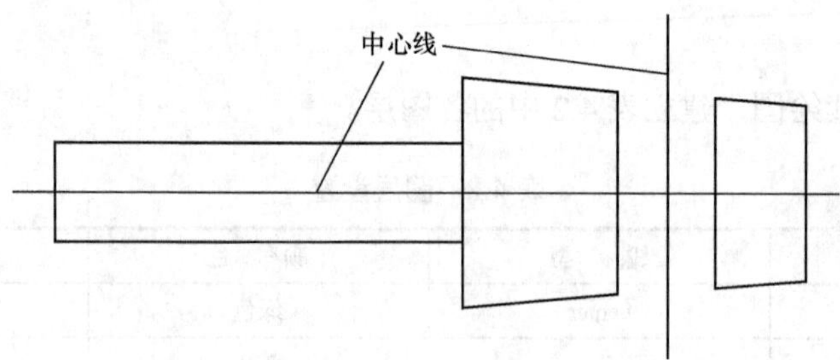

图 4.34　修剪后的图形

6）绘制圆弧近似代替相贯线，用多段线命令绘制波浪线，并完成左端结构的绘制。

调整两条中心线的长度，并改变它们的属性，不必改变颜色和线型，直接改变它们所处的图层，从图层 0 改为图层“中心线”，这样就把两条中心线从 0 图层移到了“中心线”图层。两条中心线显示为绿色的点划线。结果如图 4.35 所示。

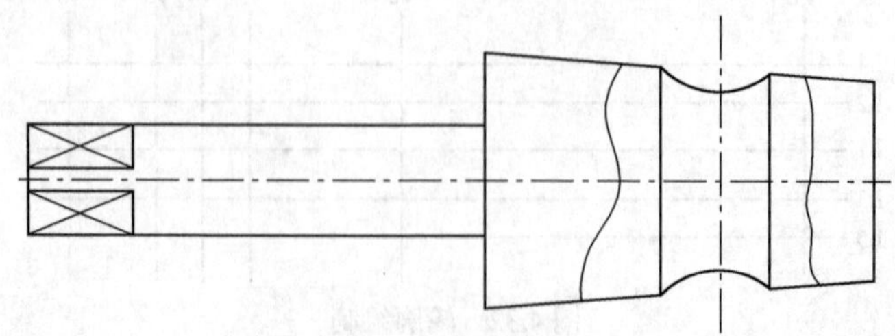

图 4.35　完善图形

这两条中心线之所以不是一开始就画在“中心线”图层上，是因为水平中心线需要被用来作偏移，如果中心线一开始就是绿色的点划线，反而给后续绘图带来麻烦。

3. 剖面图绘制

如图 4.31 所示，为了反映锥形塞的左端结构，用了一个剖面图。绘制这个剖面图，要用到旋转命令。

选择旋转命令，可以有以下方法。

① 在菜单栏中选择【修改 | 旋转】命令。

② 在命令行输入 rotate。

③ 在绘图工具栏中单击 按钮。

1）绘制边长为 12 的正方形，操作如下。

```
命令：_rectang
指定第一个角点或 [倒角（C）/标高（E）/圆角（F）/厚度（T）/宽度（W）]（任单击选中一点）
指定另一个角点或 [面积（A）/尺寸（D）/旋转（R）]：@12，12（增量坐标）
```

2）把如图 4.36（a）所示的正方形旋转 45°，结果如图 4.36（b）所示，操作如下。

```
命令：_rotate
UCS 当前的正角方向：ANGDIR=逆时针  ANGBASE=0
选择对象：找到一个  选择正方形
选择对象：按回车键，结束对象选择
指定基点：大约在正方形中心位置单击选中点 p
指定旋转角度，或 [复制（C）/参照（R）] <0>：45
```

在旋转操作中，基点表示旋转中心，旋转角度按顺时针方向为正，逆时针方向为负。

3）如图 4.36（c）所示，作辅助线 p1p2，并以 p1p2 的中点 o 为圆心，半径 7.5 绘圆。

4）删除辅助线，并作修剪，结果如图 4.36（d）所示。

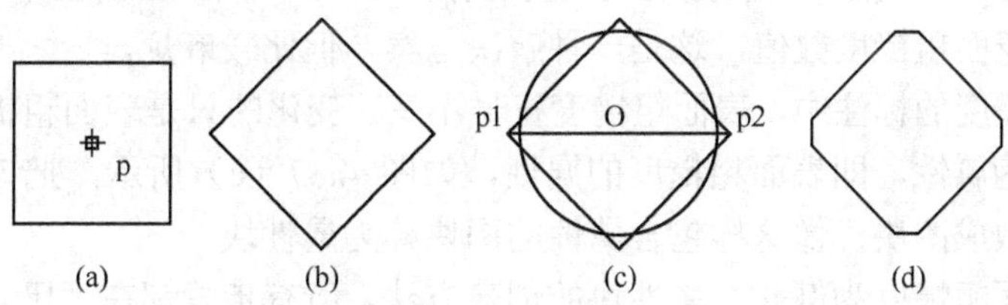

图 4.36 图形旋转

5）设置“剖面线”图层为当前层，对锥形塞右侧的局部剖面进行图案填充。但对剖面图的图案填充要注意剖面线的角度，因为轮廓线与水平方向成 45°，而剖面线一般不能和轮廓线平行，因此，在图案填充时，图案角度参数设定−15°，使实际剖面线与水方向成 30° 角。

4.4.2 标注尺寸

在完成了锥形塞的图形绘制之后，把“尺寸标注”图层设定为当前层，并在该图层上进行尺寸标注。

对几处尺寸的标注作些说明。

对于 5 个水平方向尺寸的标注可以采用连续标注的方法快速完成。

锥形塞左端圆柱的直径尺寸 15 的标注，可用线性尺寸标注完成，在选择第一尺寸界线时使用“最近点”捕捉方式单击选中圆柱的下方母线，第二尺寸界线可使用“垂点”捕捉方式单击选中圆柱的上方母线，这样可使该尺寸的标注比较美观。

对于剖面图中的剖面尺寸 12×12 尺寸标注应该使用对齐尺寸标注方式，而 4 段小圆弧的直径尺寸 15，需要绘制两段圆弧引线以放置尺寸线，如图 4.31 所示。

4.4.3 表面粗糙度标注

在完成了锥形塞的图形绘制和尺寸标注之后，还需进行表面粗糙度、锥度和形位公差等的标注。先介绍表面粗糙度的标注方法。

1. 创建属性块

表面粗糙度的标注由两部分组成，一是表面粗糙度符号，如图 4.37（a）所示，二是表面粗糙度数值，如 0.8。完整的表面粗糙度标注如图 4.37（b）所示。

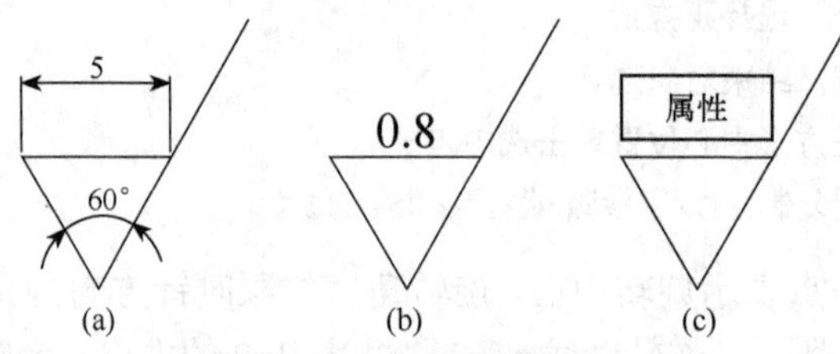

图 4.37 表面粗糙度符号

把如图 4.37（a）所示的表面粗糙度符号做成图块，在标注时先插入该图块，然后注上文字——表面粗糙度数值，这是一种解决方案，但比较麻烦。

在表面粗糙度的标注中，表面粗糙度符号不变，变化的只是表面粗糙度数值，可以把该数值理解为属性，即表面粗糙度的属性，如图 4.37（c）所示，把该属性与表面粗糙度符号一起做成图块，像这样包含属性的图块称为属性块。

下面以表面粗糙度为例介绍属性块的创建方法。所有步骤都在“尺寸标注”图层内进行。

1）完成表面粗糙度符号的绘制，如图 4.37（a）所示。

2）进行属性定义。在菜单栏中选择【绘图｜块｜定义属性】命令，弹出如图 4.38 所示的【属性定义】对话框。

在【属性】选项区域中，【标记】文本框中输入 ccd；【提示】文本框中输入“输入表面粗糙度参数值”，这些文字将在插入属性块时作为提示显示在命令行中；【值】文本框中输入 12.5 作为默认值。

在【文字选项】选项区域中，“对正”下拉列表中选择“正中”选项；“高度”文本框中输入 2.5，与尺寸标注文字一致。

单击对话框中的【确定】按钮后，在命令行提示如下。

命令：ATTDEF。

指定起点：单击选中点 p1，如图 4.39（a）所示（属性的插入点）。

结果如图 4.39（b）所示。至此完成属性定义。

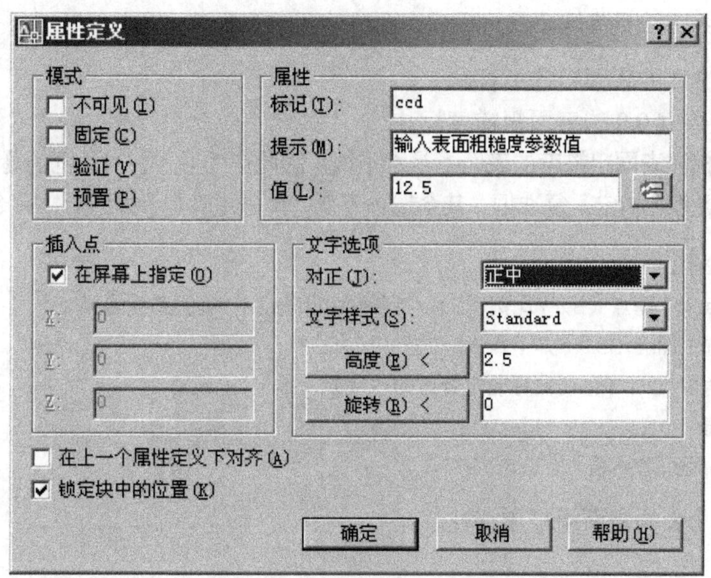

图 4.38　属性定义对话框

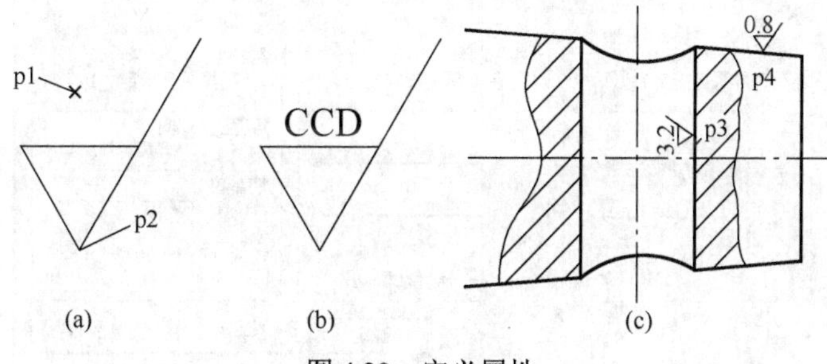

图 4.39　定义属性

3）创建属性块。创建属性块的方法与一般新建图块方式一样。在本案例中，取图块名为 ccd，图块插入点为点 p2，选择表面粗糙度符号和属性标记 CCD 作为图块的组成对象。至此，完成属性块的创建。

2. 插入属性块

通过插入属性块来完成表面粗糙度的标注。

首先完成数值 3.2 的表面粗糙度标注。

执行“插入图块”命令，如图 4.40 所示，在打开的【插入】对话框中选择图块 ccd，旋转角度设定为 90°，单击【确定】按钮，命令行提示如下。

```
命令：_insert
指定插入点或［基点（B）/比例（S）/旋转（R）]：nea（捕捉最近点）
到　（单击选中图 4.39（c）中点 p3 位置）
输入属性值
输入表面粗糙度参数值 <12.5>：3.2（输入表面粗糙度数值）
```

完成数值 3.2 的表面粗糙度标注。

接着完成数值 0.8 的表面粗糙度标注。

由于需要标注表面粗糙度的表面不是水平线，因此在【插入】对话框的【旋转】选项区域中选中【在屏幕上指定】复选框。其余选项不变，单击【确定】按钮后，命令行提示如下。

```
命令：_insert
指定插入点或［基点（B）/比例（S）/旋转（R）]：nea（捕捉最近点）
到（单击选中图 4.39（c）中点 p4 位置）
指定旋转角度<0>：（移动鼠标确定合适的角度）
输入属性值
输入表面粗糙度参数值 <12.5>：0.8
```

完成数值 0.8 的表面粗糙度标注。

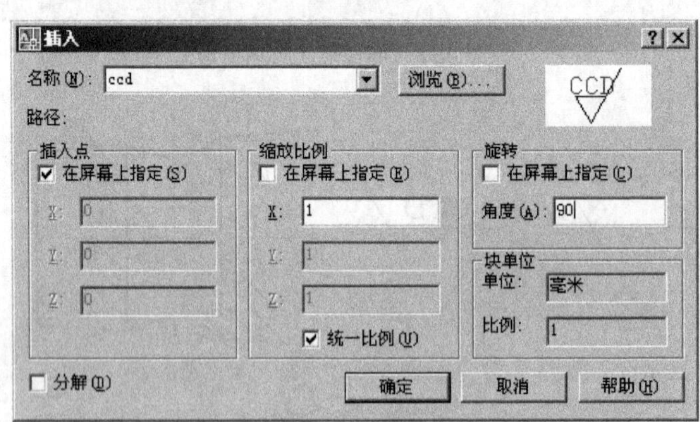

图 4.40　插入属性块

4.4.4 形位公差标注

形位公差的标注分为形位公差符号和基准符号两部分。AutoCAD 提供了各种形位公差的标注符号，但基准符号需要自行绘制。

1. 形位公差基准符号的绘制

与表面粗糙度标注一样，把形位公差的基准符号定义为属性块。

1）完成基准符号绘制，如图 4.41（a）所示。

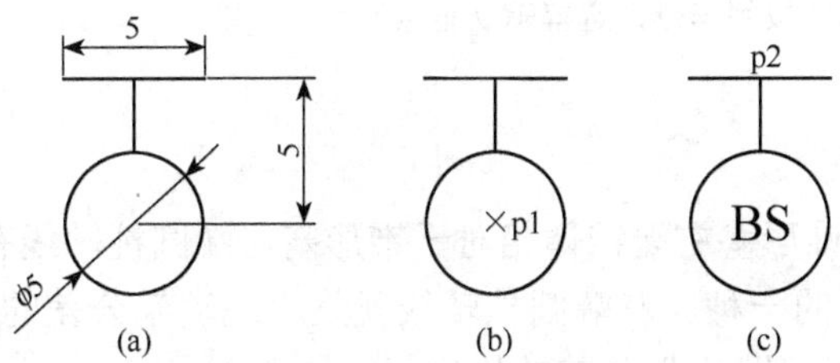

图 4.41　基准符号属性块

2）创建基准符号属性块 bs。执行“属性定义”命令，打开【属性定义】对话框。

如图 4.42 所示，在【属性】选项区域中，【标记】文本框中输入 bs；【提示】文本框中输入“输入基准符号”，【值】文本框中输入 A 作为默认值。

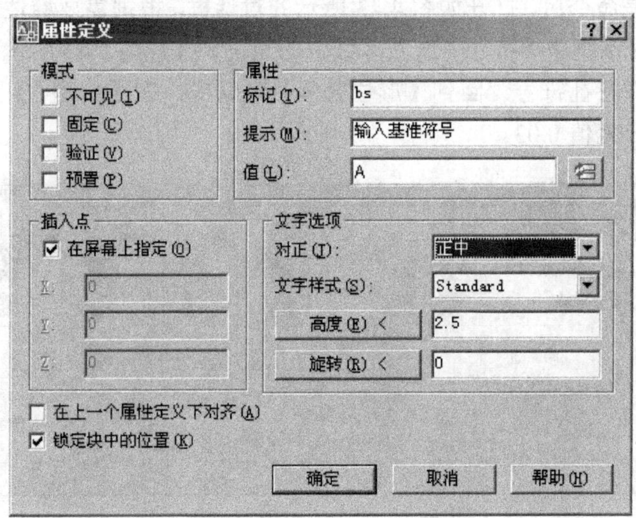

图 4.42　创建 bs 属性块

在【文字选项】选项区域中，【对正】下拉列表中选择“正中”选项；【高度】文本框中输入 2.5。

单击对话框中的【确定】按钮后，在命令行提示如下。

```
命令：ATTDEF
指定起点：（单击选中点 p1，如图 4.41（b）所示，属性的插入点）
```

结果如图 4.41（c）所示。至此完成属性定义。

3）创建属性块。取图块名为 bs，插入基点为点 p2，如图 4.41（c）所示。

4）插入属性块。操作如下。

```
命令：_insert
指定插入点或［基点（B）/比例（S）/旋转（R）］：（插入到ϕ15 尺寸标注下方，如图 4.31 所示）
```

输入属性值

输入基准符号 <A>：（按回车键，选择默认值 A）

2. 形位公差标注

如图 4.31 所示，锥形塞右端锥体相对于锥形塞左端圆柱轴线有“跳动”公差要求，“跳动”是形位公差中的一种。左端圆柱轴线就是“跳动”公差的基准，这一基准已用属性块插入。下面进行“跳动”公差的标注。

选择形位公差命令，可以有以下方法。

① 在菜单栏中选择【标注 | 公差】命令。

② 在命令行输入 tolerance。

③ 在绘图工具栏中单击 按钮。

选择形位公差命令后，打开如图 4.43 所示的对话框，根据需要标注的形位公差选择特征符号。单击对话框中【符号】选项区域中的黑框，打开图 4.44 所示的特征符号选择框，选择“跳动”特征符号，回到【形位公差】对话框。在【公差 1】选项区域的第一个文本框中输入公差值 0.03。

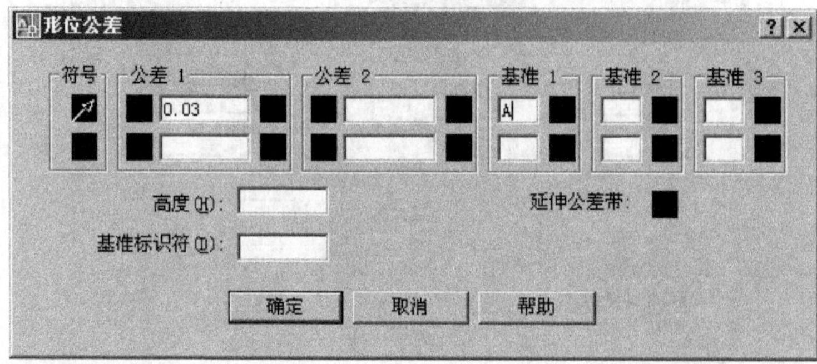

图 4.43 形位公差设定

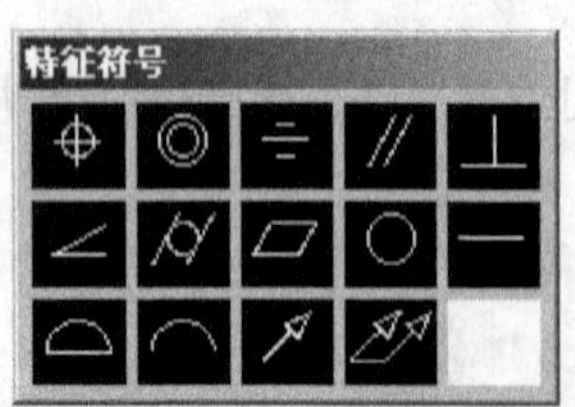

图 4.44 形位公差特征符号

公差值的前、后各都有一个黑框，单击前面的黑框，框内会交替显示直径符号，对于有些形位公差，如“同轴度”等，需要在标注时添加直径符号，本案例中不需要加直径符号；后面的黑框中加注公差原则，本案例中不加注。

在【基准 1】选项区域的第一个文本框中输入 A，表示该形位公差的基准是图中标有基准符号 A 的地方。

单击【确定】按钮，然后把形位公差插入到图中合适的地方。

3. 引线绘制

但在插入形位公差之前，为了方便起见，应该先绘制好引线，再插入形位公差。如图 4.31 所示，在形位公差和轮廓线之间还需引线连接，可以用 AutoCAD 中的“引线”

命令完成。

选择引线命令，可以有以下方法。

① 在菜单栏中选择【标注 | 引线】命令。

② 在命令行输入 qleader。

③ 在绘图工具栏中单击 按钮。

选择引线命令后，后续操作如下。

```
命令：_qleader
指定第一个引线点或［设置（S）］<设置>：nea（捕捉到轮廓线上一点）
到 （单击选中轮廓线上点 p1）
指定下一点：（单击选中点 p2）
指定下一点：（单击选中点 p3）
指定文字宽度<0>：（按回车键）
输入注释文字的第一行<多行文字（M）>：（按回车键）
```

如图 4.45 所示，在引线标注中，从轮廓线上的点 p1 出发，引到点 p2，然后打开正交开关，水平方向引导点 p3。连着按两次回车键结束命令。

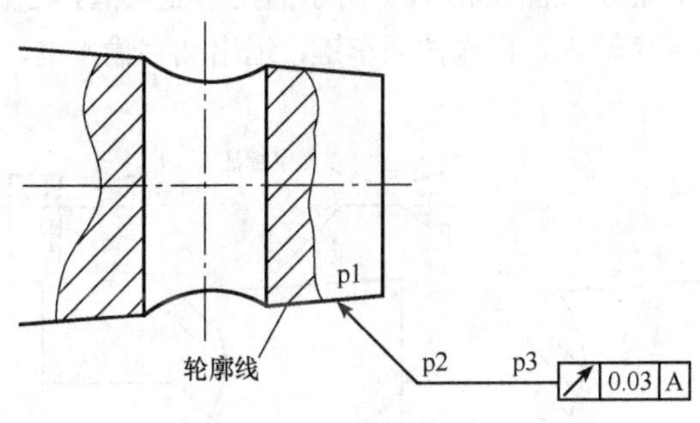

图 4.45 引线标注

在引线标注时可以加注文字信息，本案例中只需绘制引线，所以在回答“指定文字宽度”和“输入注释文字的第一行”时，直接按回车键即可。

绘制完引线后，就可以把“跳动”形位公差插入到点 p3 处结果如图 4.45 所示。

4.4.5 锥度标注与创建文字

在锥形塞的绘制中，还差一个锥度标注。与锥度类似的有斜度标注，这些标注也可以通过建立属性块完成，但它们不常用。因此，在本案例中直接进行锥度标注。

1. 锥度标记和引线绘制

1）如图 4.46（a）所示，从轮廓线上一点 q1 开始，画直线至点 q2，打开“正交”开关，画水平线至点 q3。

2）绘制直线 p1p2，镜像复制得到直线 p2p3，连接 p1p3。完成锥度标记和引线的绘制。

2. 文字标注

文字标注在工程图样的绘制中很常用。锥度数值 1∶7 在此要作为文字来标注。

选择单行文字命令，可以有以下方法。

① 在菜单栏中选择【绘图 | 文字 | 单行文字】命令。

② 在命令行输入 text。

如图 4.46（b）所示，标注锥度数值 1∶7 的操作如下。

```
命令：text
当前文字样式：Standard
当前文字高度：0.0000
指定文字的起点或［对正（J）/样式（S）］：单击选中点 p
指定高度<2.8204>：2.5（设定文字高度与尺寸文字一致）
指定文字的旋转角度<0>：按回车键
```

在回答角度参数后，显示如图 4.46（c）所示的文字输入框。在输入框内输入 1∶7，然后按回车键，另起一行文字输入，再次按回车键，退出文字输入框，并结束单行文字命令。

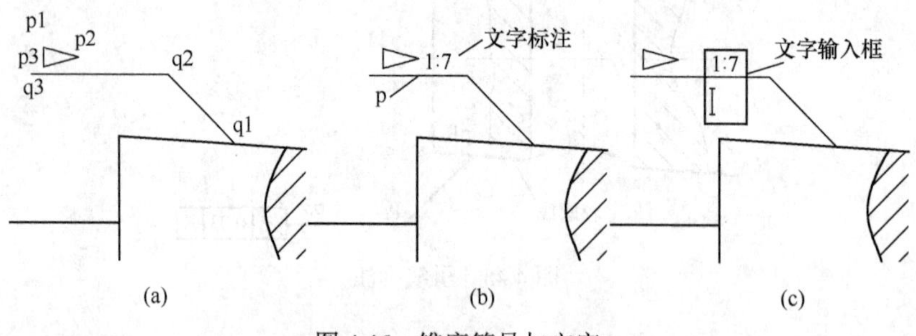

图 4.46　锥度符号与文字

4.4.6　命令小结

通过本案例图形的绘制，学习了带有属性的图块的建立和使用方法，掌握使用属性块建立表面粗糙度等特殊标记的方法。学习了形位公差的标注命令，以及引线标注方法。同时学习了在图中标注文字的方法。

公差命令：tolerance

属性定义命令：attdef

旋转命令：rotate

引线命令：qleader

单行文字命令：text

4.5 经验和技巧

文字标注是工程图样绘制中必不可少的，除了单行文字命令外，还有多行文字命令。下面介绍文字标注中要注意的一些问题。

4.5.1 文字对齐方式

使用单行文字创建一行或多行文字，通过按回车键来结束每一行。 每行文字都是独立的对象，可以重新定位、调整格式或进行其他修改。

创建单行文字时，一般需要回答插入点（文字位置）、文字高度和文字角度等。此外，可以指定文字样式并设置对齐方式。文字样式设置文字对象的默认特征，默认文字样式为 Standard。

对齐决定字符的哪一部分与插入点对齐。选择文字对齐方式的操作如下。

```
命令：TEXT
当前文字样式：Standard
当前文字高度：99.7230
指定文字的起点或 [对正（J）/样式（S）]：j（选择对齐方式）
输入选项 [对齐（A）/调整（F）/中心（C）/中间（M）/右（R）/左上（TL）/中上（TC）/右上（TR）/左中（ML）/正中（MC）/右中（MR）/左下（BL）/中下（BC）/右下（BR）]：（此处选择对齐方式）
```

常用的文字对齐方式见表 4.3。

表 4.3 文字对齐方式

选　项	对齐方式	选　项	对齐方式
默认	左对齐	M	中间对齐
R	右对齐	A	两点对齐
C	中心对齐	F	两点调整

图 4.47 为标注文字的对齐方式。

选项 A 为两点对齐方式。执行单行文字命令，选择对齐方式 A，系统提示如下。

```
指定文字基线的第一个端点：（单击选中点 p1）
指定文字基线的第二个端点：（单击选中点 p2）
```

然后输入所需文字。

如图 4.48（a）所示，比较①、②两种情况发现，p1p2 的距离不同，造成了文字的大小不同，但文字的高度与宽度的比例不变。p1p2 的方向决定了文字的角度，如情形③所示。采用 A 对齐方式，不需要输入文字的高度和角度，它们由 p1p2 的距离和位置决定。

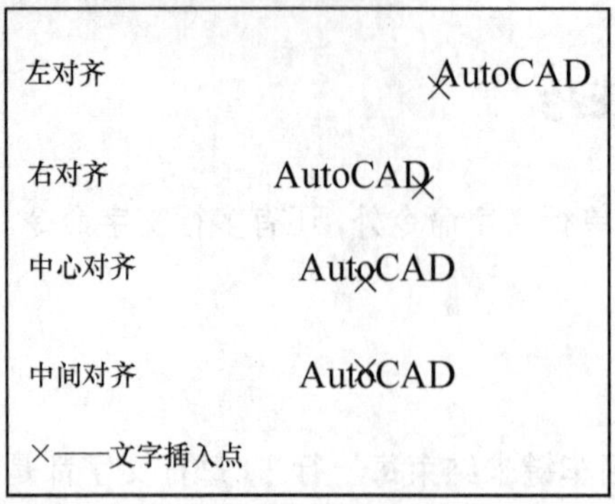

左对齐 AutoCAD

右对齐 AutoCAD

中心对齐 AutoCAD

中间对齐 AutoCAD

×——文字插入点

图 4.47　文字对齐方式

选项 F 为两点调整方式。执行单行文字命令，选择对齐方式 F，系统提示如下。

指定文字基线的第一个端点：单击选中点 p1。

指定文字基线的第二个端点：单击选中点 p2。

指定高度<60.0000>：按回车键（选择默认字高）。

然后输入所需文字。

与用 A 两点对齐方式相比，还需输入文字的高度，文字角度 p1p2 的位置决定。文字的高度始终不变，当 p1p2 距离变大时，文字的宽度变大，如图 4.48（b）所示。

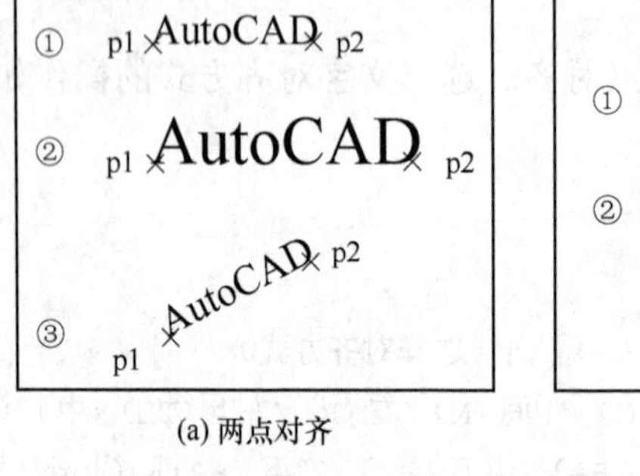

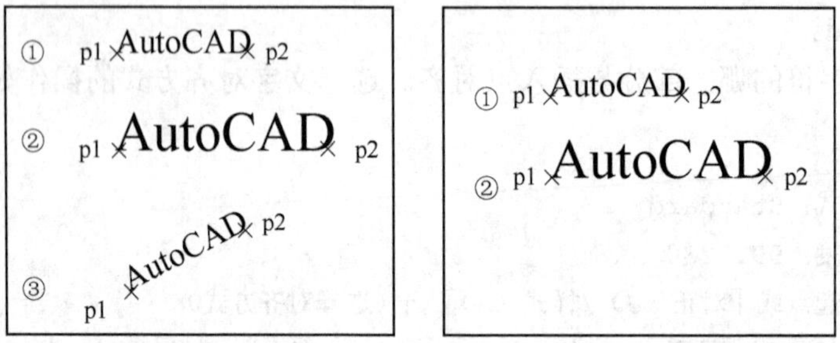

(a) 两点对齐

① p1 AutoCAD p2

② p1 AutoCAD p2

(b) 两点调整

图 4.48　两点对齐与两点调整方式

4.5.2　中文标注

执行单行文字命令，当要求输入文字时，打开中文输入状态，就能输入中文，默认的中文字体为长仿宋体。

选择不同的文字样式可以改变中文字体。

选择【格式｜文字样式】命令，打开如图 4.49 所示的【文字样式】对话框。在【样式名】选项区域中保持默认值；在【字体】选项区域中可以任意选择一种中文字体，单击【应用】按钮，接着单击【关闭】按钮，完成字体设定。以后就以设定的文字样式和字体标注文字。

4.5.3　多行文字

用多行文字命令标注文字，会提供一个在位文字编辑器，可以像 Microsoft Word 一样进行文字处理。方便地选择文字样式和字体、输入文字、编辑文字、改变字体、字号等。

选择多行文字命令，可以有如下方法。

① 在菜单栏中选择【绘图｜文字｜多行文字】命令。

② 在命令行输入 mtext。

③ 在绘图工具栏中单击 A 按钮。

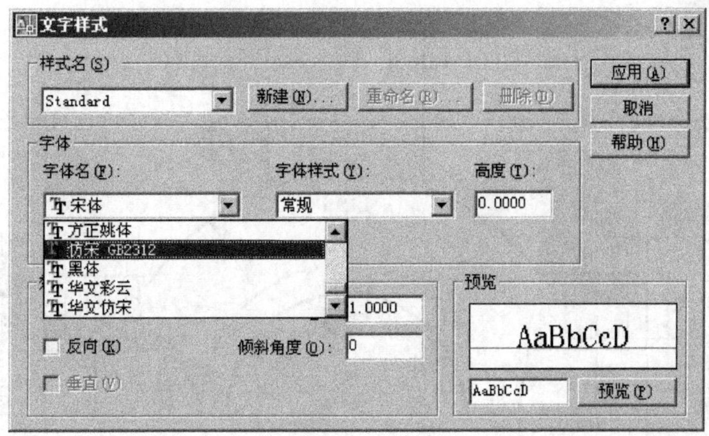

图 4.49　文字样式

执行该命令后，先指定边框的对角点以定义多行文字对象的宽度。然后将显示在位文字编辑器，如图 4.50 所示。在文字编辑区内输入文字，完成后单击【确定】按钮。

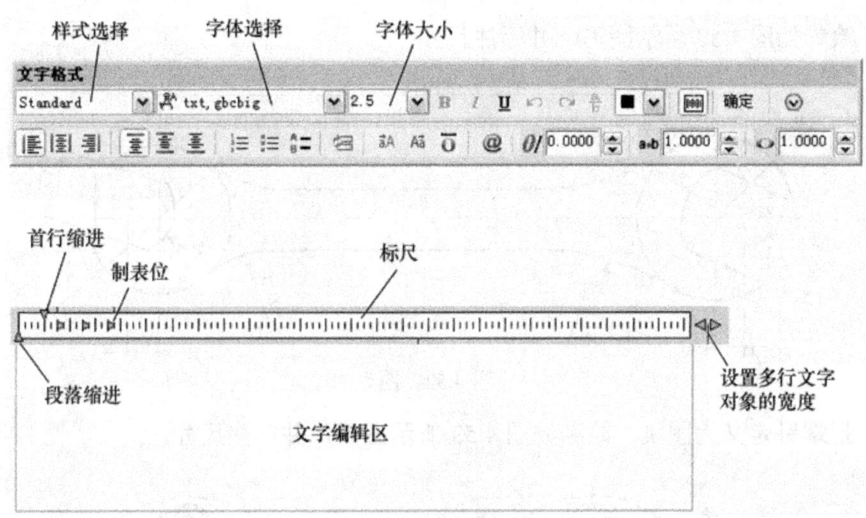

图 4.50　在位文字编辑器

4.5.4　命令小结

在本节中，学习了标注文字时的对齐方式，中文的标注方法和多行文字命令。了解了文字的样式、字体等选择，以及在位文字编辑器编辑工具。

多行文字命令：mtext

4.6　习　　题

1．绘制如图 4.51 所示图形，并标注尺寸。

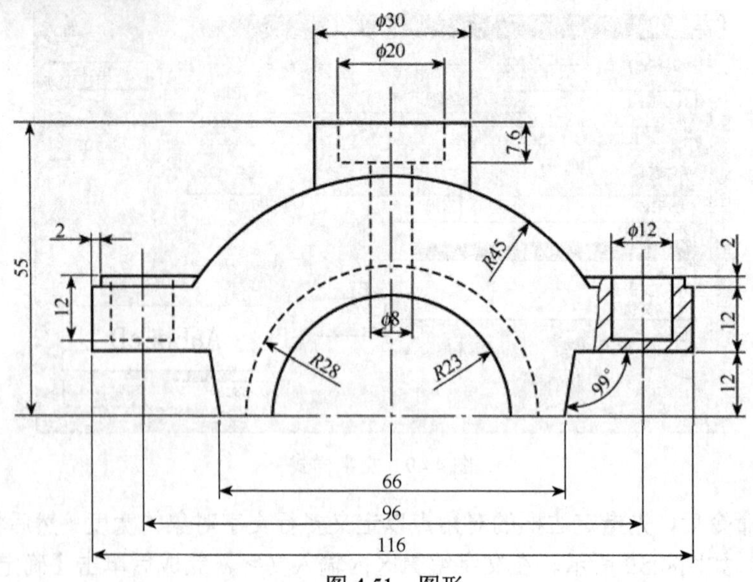

图 4.51　图形一

2．绘制如图 4.52 所示图形，并标注尺寸。

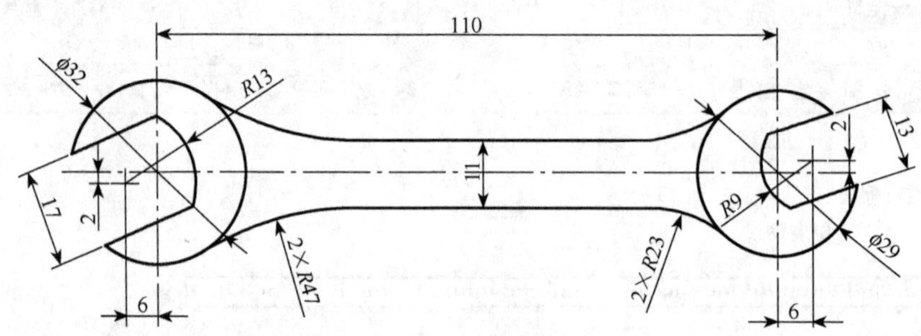

图 4.52　图形二

3．把螺钉定义为图块，绘制如图 4.53 所示图形，并标注尺寸。

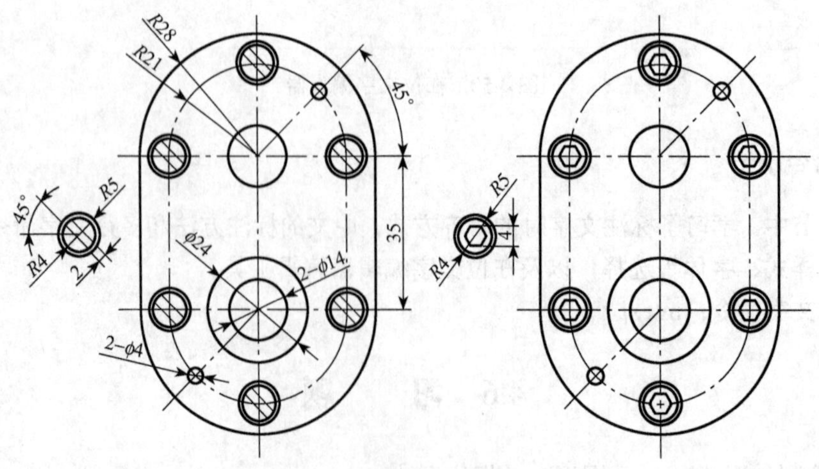

图 4.53　图形三

4．把辊子定义为图块，绘制如图 4.54 所示图形，并标注尺寸。

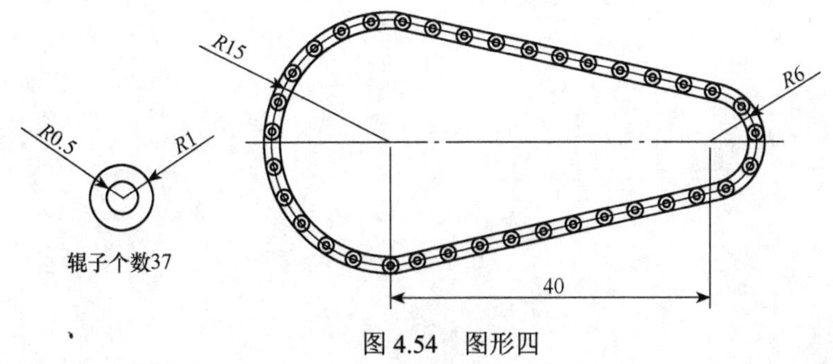

图 4.54　图形四

本章习题都需按表 4.4 要求建立图层并设置图层属性。

表 4.4　图层与属性

图 层 名	用　　途	线　　型	颜　　色
0	可见轮廓线	continuous	黑/白
center	中心线	center	黄色
hidden	虚线	hidden	红色
dim	尺寸标注、文字	continuous	蓝色
hatch	剖面线	continuous	绿色

第 5 章

平面图案设计

能力目标：通过典型图案、符号等的绘制，学会合理选择绘图、编辑命令，加深对 AutoCAD 命令的理解。重点掌握多段线命令、多段线编辑命令在图案设计中的深入应用。

5.1　二极管符号绘制

如图 5.1（a）所示的二极管符号，一般会先绘制整个轮廓，然后进行图案填充，最终完成绘制。如果对多段线命令有一定的了解，就可以用多段线命令快速完成绘制。

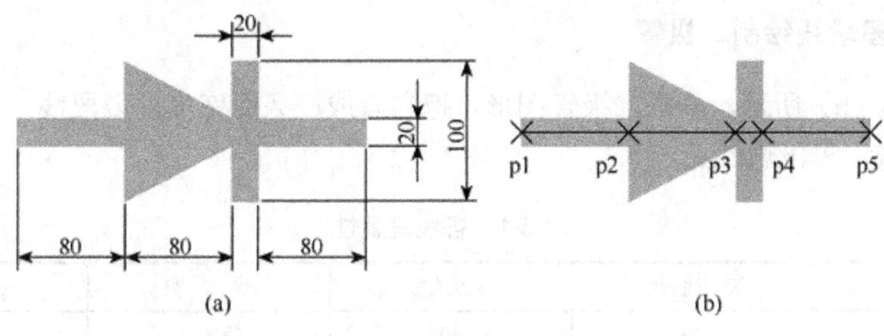

图 5.1　二极管符号绘制

为了介绍绘图命令的用法，本案例中二极管符号的画法没有按照新的国家标准。

5.1.1　深入了解多段线

多段线是作为单个对象创建的相互连接的序列线段。 可以创建直线段、弧线段或两者的组合线段。前面学习了使用多段线绘制波浪线的方法，多段线还有许多选项。执行多段线命令，回答起点后，系统提示如下。

```
命令：_pline
指定起点：指定起点
当前线宽为 0.0000
指定下一个点或 [圆弧（A）/半宽（H）/长度（L）/放弃（U）/宽度（W)]:
```

“圆弧（A）”选项用于创建圆弧多段线。绘制多段线的弧线段时，圆弧的起点就是前一条线段的端点。可以指定圆弧的角度、圆心、方向或半径。通过指定一个中间点和一个端点也可以完成圆弧的绘制。如图 5.2 所示的多段线由两段直线和一段圆弧组成。

图 5.2　各种多段线

“半宽（H）”和“宽度（W）”用来决定多段线的宽度。使用“宽度”和“半宽”选项可以绘制各种宽度的多段线。可以依次设置每条线段的宽度，也可使它们从一个宽度到另一宽度逐渐递减。使用“宽度”和“半宽”选项可以设置要绘制的下一条多段线的宽度。零宽度生成细线。大于零的宽度生成宽线，如果“填充”模式打开，则填充该宽线，如果关闭，则只画出轮廓。“半宽”选项通过指定宽多段线的中心到外边缘的距离来设置宽度。

可以通过绘制闭合的多段线来创建多边形。要使多段线闭合，需指定对象最后一条边的起点，输入 c（闭合），并按回车键。

5.1.2 利用多段线绘制二极管

如图 5.1（b）所示，分析二极管图形，把它看成一条变宽度的多段线，由 5 个顶点 4 段直线组成，每段属性见表 5.1。

表 5.1 各线段属性

线　段	起点线宽	终点线宽	线　宽	长　度
p1p2	20	20	等宽度	80
p2p3	100	20	变宽度	80
p3p4	100	100	等宽度	20
p4p5	20	20	等宽度	80

通过上述分析，按如下步骤就可以直接绘制二极管符号。

命令：_pline

指定起点：单击选中点 p1

当前线宽为 0.0000（显示当前线宽）

指定下一个点或［圆弧（A）/半宽（H）/长度（L）/放弃（U）/宽度（W）]：w（改变线宽）

指定起点宽度<0.0000>：20（设定线宽）

指定端点宽度<20.0000>：（按回车键，表示等宽）

指定下一个点或［圆弧（A）/半宽（H）/长度（L）/放弃（U）/宽度（W）]：@80，0（点 p2）

指定下一点或［圆弧（A）/闭合（C）/半宽（H）/长度（L）/放弃（U）/宽度（W）]：w

指定起点宽度<20.0000>：100（改变线宽）

指定端点宽度<100.0000>：20（改变线宽，绘制变宽度线）

指定下一点或［圆弧（A）/闭合（C）/半宽（H）/长度（L）/放弃（U）/宽度（W）]：@80，0（点 p3）

指定下一点或［圆弧（A）/闭合（C）/半宽（H）/长度（L）/放弃（U）/宽度（W）]：w

指定起点宽度<20.0000>：100

指定端点宽度<100.0000>：（按回车键）

指定下一点或［圆弧（A）/闭合（C）/半宽（H）/长度（L）/放弃（U）/宽度（W）]：@20，0（点 p4）

指定下一点或 [圆弧（A）/闭合（C）/半宽（H）/长度（L）/放弃（U）/宽度（W）]：w

指定起点宽度<100.0000>：20

指定端点宽度<20.0000>：（按回车键）

指定下一点或 [圆弧（A）/闭合（C）/半宽（H）/长度（L）/放弃（U）/宽度（W）]：@80，0（点 p5）

指定下一点或 [圆弧（A）/闭合（C）/半宽（H）/长度（L）/放弃（U）/宽度（W）]：（按回车键）

绘制完毕。

5.1.3 利用多段线编辑命令绘制二极管

把二极管图形看成一条宽度为零的多段线，由 5 个顶点 4 段直线组成，再通过 pedit 命令中的顶点编辑功能改变每段的宽度，如图 5.3 所示。

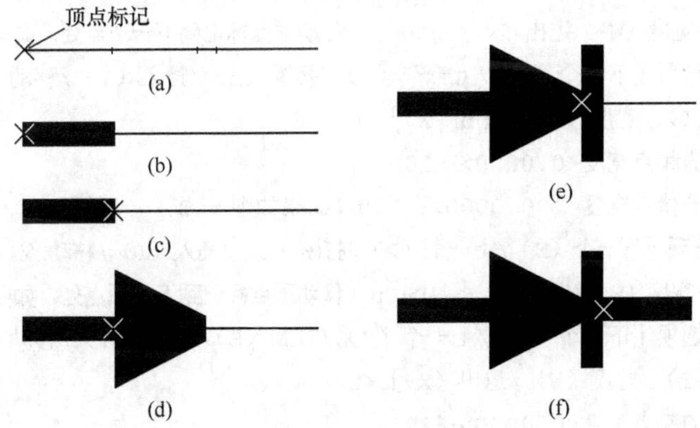

图 5.3 编辑多段线

1）绘制宽度为零的多段线，如图 5.3（a）所示。

命令：_pline

指定起点：（单击选中点 p1，同时打开正交开关）

当前线宽为 0.0000

指定下一个点或 [圆弧（A）/半宽（H）/长度（L）/放弃（U）/宽度（W）]：80

指定下一点或 [圆弧（A）/闭合（C）/半宽（H）/长度（L）/放弃（U）/宽度（W）]：80

指定下一点或 [圆弧（A）/闭合（C）/半宽（H）/长度（L）/放弃（U）/宽度（W）]：20

指定下一点或 [圆弧（A）/闭合（C）/半宽（H）/长度（L）/放弃（U）/宽度（W）]：80

指定下一点或 [圆弧（A）/闭合（C）/半宽（H）/长度（L）/放弃（U）/宽度（W）]：按回车键。

2）编辑多段线，操作如下。

命令：pedit

选择多段线或 [多条（M）]：（选中多段线）

输入选项 [闭合（C）/合并（J）/宽度（W）/编辑顶点（E）/拟合（F）/样条曲线（S）/非曲线化（D）/线型生成（L）/放弃（U）]：e，按回车键（进入顶点编辑状态）

输入顶点编辑选项（多段线上显示一个顶点标记，如图 5.3（a）所示）

[下一个（N）/上一个（P）/打断（B）/插入（I）/移动（M）/重生成（R）/拉直（S）/切向（T）/宽度（W）/退出（X）] <N>：w，按回车键（改变所标记顶点后一段直线的宽度）

指定下一线段的起点宽度<0.0000>：20

指定下一线段的端点宽度<20.0000>：（按回车键，结果如图 5.3（b）所示）

输入顶点编辑选项 [下一个（N）/上一个（P）/打断（B）/插入（I）/移动（M）/重生成（R）/拉直（S）/切向（T）/宽度（W）/退出（X）] <N>：n（移动顶点标记到下一顶点处，如图 5.3（c）所示）

输入顶点编辑选项 [下一个（N）/上一个（P）/打断（B）/插入（I）/移动（M）/重生成（R）/拉直（S）/切向（T）/宽度（W）/退出（X）] <N>：w

指定下一线段的起点宽度<0.0000>：100

指定下一线段的端点宽度<100.0000>：20（结果如图 5.3（d）所示）

输入顶点编辑选项 [下一个（N）/上一个（P）/打断（B）/插入（I）/移动（M）/重生成（R）/拉直（S）/切向（T）/宽度（W）/退出（X）] <N>：n（移动顶点标记到下一顶点处，如图 5.3（e）所示）

输入顶点编辑选项 [下一个（N）/上一个（P）/打断（B）/插入（I）/移动（M）/重生成（R）/拉直（S）/切向（T）/宽度（W）/退出（X）] <N>：w

指定下一线段的起点宽度<0.0000>：100

指定下一线段的端点宽度<100.0000>：100（结果如图 5.3（e）所示）

输入顶点编辑选项 [下一个（N）/上一个（P）/打断（B）/插入（I）/移动（M）/重生成（R）/拉直（S）/切向（T）/宽度（W）/退出（X）] <N>：n（移动顶点标记到下一顶点处，如图 5.3（f）所示）。

输入顶点编辑选项 [下一个（N）/上一个（P）/打断（B）/插入（I）/移动（M）/重生成（R）/拉直（S）/切向（T）/宽度（W）/退出（X）] <N>：w

指定下一线段的起点宽度<0.0000>：20

指定下一线段的端点宽度<20.0000>：20（结果如图 5.3（f）所示）

输入顶点编辑选项 [下一个（N）/上一个（P）/打断（B）/插入（I）/移动（M）/重生成（R）/拉直（S）/切向（T）/宽度（W）/退出（X）] <N>：x（退出顶点编辑状态）

输入选项 [闭合（C）/合并（J）/宽度（W）/编辑顶点（E）/拟合（F）/样条曲线（S）/非曲线化（D）/线型生成（L）/放弃（U）]：（按回车键，退出 pedit 命令）

5.2 禁烟标志

如图 5.4 所示的禁烟标志，由圆环、粗线、波浪线、矩形和文字等组成，图形没有标出尺寸，只要求比例合适。

禁烟标志

图 5.4 禁烟标志

图中粗线和波浪线可以用多段线绘制，香烟用矩形命令绘制，圆环则可用多种方法绘制。

5.2.1 绘制圆环

最容易想到的绘制圆环的方法是画出两个同心圆，然后在两个圆之间进行图案填充。但这种方法步骤较多。

1. 圆环命令

在 AutoCAD 中有专门的绘制圆环命令：donut。

选择圆环命令，可以有以下两种方法。

① 在菜单栏中选择【绘图 | 圆环】命令。

② 在命令行输入 donut。

圆环是填充环或实体填充圆，即带有宽度的闭合多段线。

要创建圆环，先指定它的内外直径和圆心。然后通过指定不同的中心点，可以连续创建具有相同直径的多个圆环。将内径值指定为 0，就能创建实体填充圆。

绘制圆环的操作如下。

```
命令：_donut。
指定圆环的内径<0.5000>：240
指定圆环的外径<1.0000>：300
指定圆环的中心点或<退出>：(确定圆环中心)
指定圆环的中心点或<退出>：(退出命令)
```

结果如图 5.5（a）所示。

2. 用多段线绘制圆环

用多段线命令也能方便画出圆环。步骤是先绘制一段已知半径和线宽的圆弧，然后封闭这段圆弧成为整个圆环，操作如下。

```
命令：_pline
指定起点：(如图 5.5（b）所示，单击选中点 p1)
当前线宽为 0.0000
指定下一个点或 [圆弧（A）/半宽（H）/长度（L）/放弃（U）/宽度（W）]：w
指定起点宽度<0.0000>：30（设定线宽）
指定端点宽度<0.0000>：(按回车键)。
指定下一个点或 [圆弧（A）/半宽（H）/长度（L）/放弃（U）/宽度（W）]：a（转入圆弧状态）
指定圆弧的端点或 [角度（A）/圆心（CE）/方向（D）/半宽（H）/直线（L）/半径（R）/…/放弃（U）/宽度（W）]：r
指定圆弧的半径：135
指定圆弧的端点或 [角度（A）]：(如图 5.5（b）所示，拖动鼠标至点 p2 处)
指定圆弧的端点或 [角度（A）/圆心（CE）/闭合（CL）/方向（D）/半宽（H）/直线（L）/…/放弃（U）/宽度（W）]：cl
```

绘制完毕。最后的 cl 选项是封闭圆弧，成为完整圆环，如图 5.5（c）所示。从本案例可以看出多段线的作用很大，尤其在图案绘制中。

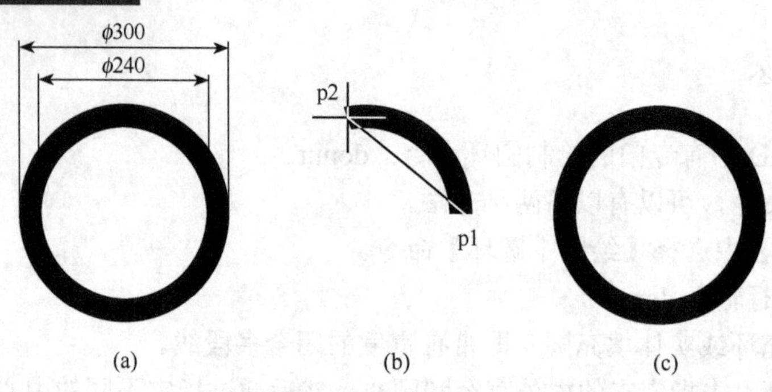

图 5.5　绘制圆环的两种方法

5.2.2　完成图形绘制

1）绘制 45° 粗线。如图 5.6（a）所示，从圆环中心出发画一条宽度为 30、角度 45°、长度任意的多段线。操作如下。

```
命令：_pline
指定起点：
当前线宽为 30.0000
指定下一个点或［圆弧（A）/半宽（H）/长度（L）/放弃（U）/宽度（W）]：@200<45
指定下一点或［圆弧（A）/闭合（C）/半宽（H）/长度（L）/放弃（U）/宽度（W）]：(按回车键)
```

2）修剪粗线的一端，延伸粗线的另一端，结果如图 5.6（b）所示。

3）绘制一矩形，长度略小于圆环的内径，宽度约为 30，如图 5.6（c）所示。旋转矩形至合适的位置，如图 5.7（a）所示。

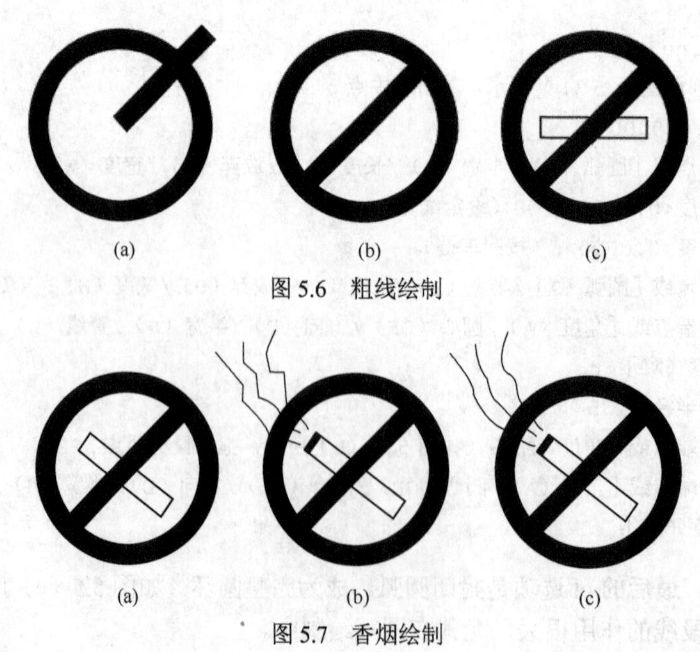

图 5.6　粗线绘制

(a)　(b)　(c)

图 5.7　香烟绘制

4）绘制烟头和烟雾。烟头用宽度约为10、长度等于矩形宽度的多段线绘制。烟雾用三条多段线表示，形状如图5.7（b）所示。然后用pedit命令把三条多段线拟合为样条曲线。

5.2.3 标注文字

选择多行文字命令，系统提示在绘图区划定矩形框以输入文字。如图5.8（a）所示，拖动鼠标确定文字输入区大小，然后打开在位文字编辑器，包括文字格式工具栏和带有标尺的文字输入区。在如图5.8（b）所示的文字区输入“禁烟标志”。选中文字，如图5.8（c）所示，在文字格式工具栏中设定字体为“仿宋_GB2312”、字号为45、粗体。最后排版文字如图5.8（d）所示。单击文字格式工具栏上的【确定】按钮完成文字的标注。

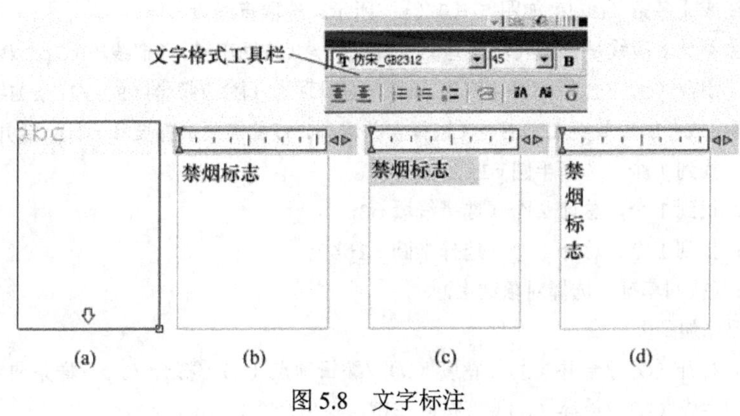

图5.8 文字标注

多行文字命令使得在AutoCAD中输入、编辑文字像MicroSoft Word一样方便。

5.3 绳结图案

在图案设计中，有许多类似图5.9中绳结的图案。这样的图案看起来比较复杂，但仔细一分析，就能找出图形的特点，并以此来决定绘制的方法。

下面分别用三种方法绘制此图案，比较和体会它们的优缺点。

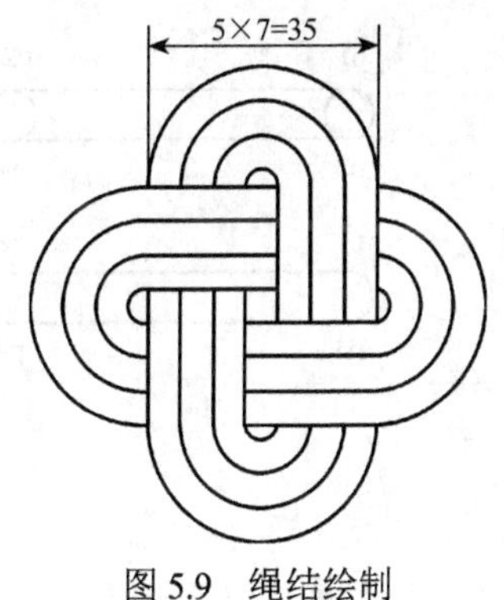

图5.9 绳结绘制

5.3.1 修剪法

把绳结图案分解成水平、垂直放置的两个环形组，它们互相重叠，修剪掉相应的重叠部分就能得到图形。

1. 绘制环形组

1）如图 5.10（a）所示，绘制一条长度为 35 的水平线，然后以距离 5 偏移。

2）在等距线的两端以“两点”方式画圆，即以 p1 和 p3 为圆直径的两个端点画圆。同样再以 p2 和 p4 为直径的两个端点画圆。

3）以线段 p1p2 和 p3p4 为修剪边，修剪图形得到一个环形。这个环形是最里面的小环形，由它以距离 5 依次向外作偏移，可以得到如图 5.10（b）所示的环形组。

但是小环形由直线 p1p2、p3p4 和半圆 p1p3 和 p2p4 4 段组成，偏移操作会很麻烦，因此需要把这 4 段线段合并成一个对象。这个操作可由 pedit 命令完成。

4）合并对象。操作如下。

命令：pedit

选择多段线或 [多条（M）]：如图 5.10（a）所示，选取直线段 p1p2

选定的对象不是多段线是否将其转换为多段线？<Y>（按回车键）（把线段 p1p2 转变为多段线）

输入选项 [闭合（C）/合并（J）/宽度（W）/编辑顶点（E）/拟合（F）/样条曲线（S）/非曲线化（D）/线型生成（L）/放弃（U）]：j（选择合并选项，接着需要选择要和 p1p2 合并的各个对象）

选择对象：找到 1 个（选择半圆 p1p3）

选择对象：找到 1 个，总计 2 个（选择线段 p3p4）

选择对象：找到 1 个，总计 3 个（选择半圆 p2p4）

选择对象：（按回车键，选择对象结束）

3 条线段已添加到多段线

输入选项 [打开（O）/合并（J）/宽度（W）/编辑顶点（E）/拟合（F）/样条曲线（S）/非曲线化（D）/线型生成（L）/放弃（U）]：（按回车键，退出命令）

至此，小环形转变为一条封闭的多段线。

5）从该小环形出发，以距离 5 依次向外作偏移，可以得到如图 5.10（b）所示的环形组。

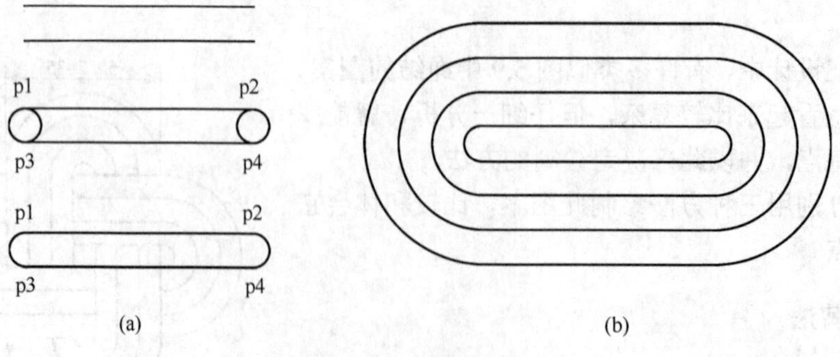

图 5.10 绘制环形组

2. 绘制垂直环形组

1）复制一个环形组，并把它旋转 90°。

2）在每个环形组中，以小环形的两个圆心为端点各作一条辅助线，如图 5.11（a）和（b）所示。

3）移动垂直环形组与水平环形组重叠。以垂直环形组中辅助线的中点为基点，水平环形组中辅助线的中点为目标点，把垂直环形组移动到水平环形组上。删除辅助线，结果如图 5.11（c）所示。

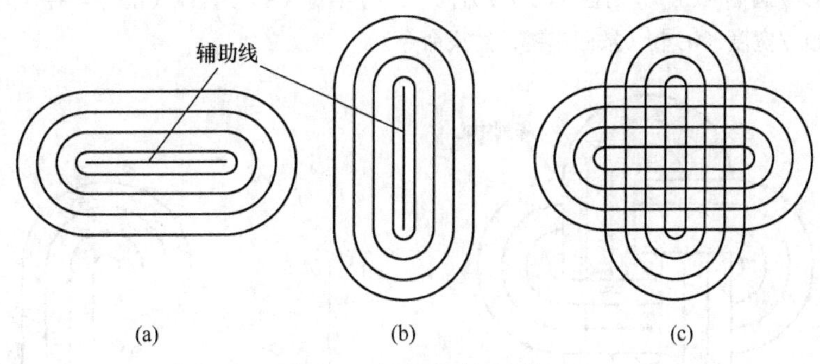

图 5.11　绘制垂直环形组

3. 修剪图形

如图 5.12 所示，逐步把重叠的环形组修剪成绳结图案。

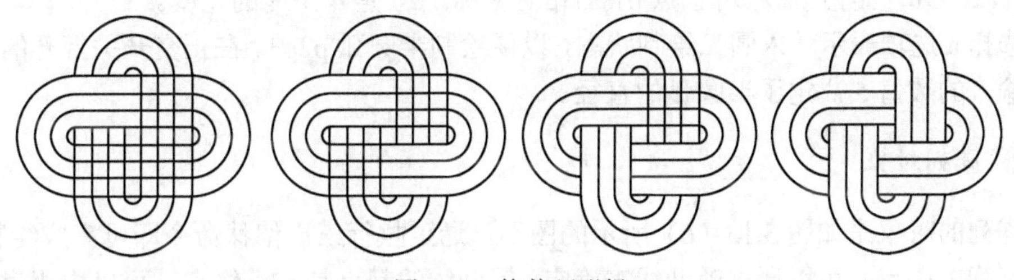

图 5.12　修剪环形组

5.3.2 阵列法

如图 5.13（a）所示，分析绳结图案，发现图形可以由图中着色部分以点 o 作为中心经过圆形阵列得到。因此只需绘制出着色部分，然后进行圆形阵列，就能得到绳结图案。

1. 绘制基本线条

首先绘制如图 5.13（b）所示的基本线条，它由一段直线和一段半圆弧组成，所以可以用多段线命令直接画出。操作如下。

```
命令：_pline
指定起点：(如图 5.13（b）所示，单击选中点 p1)
当前线宽为 0.0000
指定下一个点或 [圆弧（A）/半宽（H）/长度（L）/放弃（U）/宽度（W）]：@20<90
```

指定下一点或［圆弧（A）/闭合（C）/半宽（H）/长度（L）/放弃（U）/宽度（W）]：a

指定圆弧的端点或

［角度（A）/圆心（CE）/闭合（CL）/方向（D）/半宽（H）/直线（L）/半径（R）/第二个点（S）/放弃（U）/宽度（W）]：5（先打开正交开关，此时输入 5 就是半圆的直径）

指定圆弧的端点或

［角度（A）/圆心（CE）/闭合（CL）/方向（D）/半宽（H）/直线（L）/半径（R）/第二个点（S）/放弃（U）/宽度（W）]：（按回车键，结束命令）

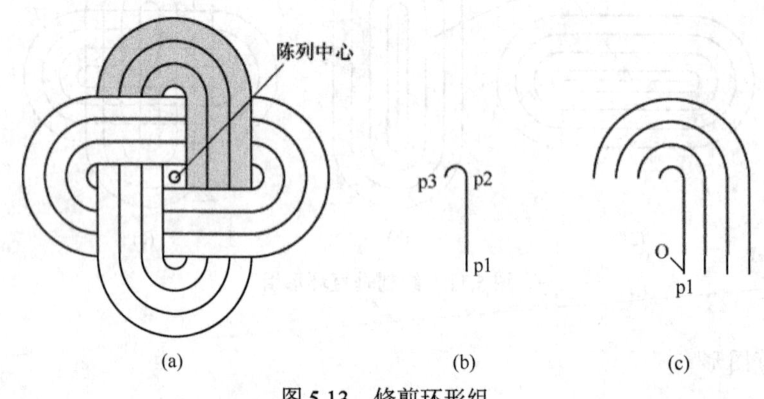

图 5.13　修剪环形组

“@20<90”是点 p2 相对于点 p1 的相对坐标，20 是 4 条绳的宽度。

选择 a 选项表示转入圆弧绘制状态，以便绘制半圆弧 p2p3。在正交开关打开的情况下，输入的数值 5 决定了半圆弧的直径。

2. 阵列对象

阵列的对象是如图 5.13（c）所示的图形，通过执行三次偏移命令即可完成绘制。

阵列中心点 o 可以通过辅助线来确定。辅助线的起点是 p1，终点 o 可以由相对坐标“@2.5<135”得到。

阵列类型为圆形阵列，数量为 4。阵列结果如图 5.9 所示。最后删除辅助线。

阵列法绘制绳结图案的步骤要比修剪法简单，但使用阵列法的前提是能把图形分析透彻。

5.3.3　光栅点捕捉法

光栅点捕捉法充分利用了 AutoCAD 的辅助工具光栅点和捕捉。在设定绘图界限时已经用到光栅点，通过显示光栅点观察绘图界限。还能设定光栅点的间距，并结合捕捉命令实现快速绘图。

1. 光栅点操作

栅格是点或线的矩阵，遍布指定为栅格界限的整个区域。使用栅格类似于在图形下放置一张坐标纸。利用栅格可以对齐对象并直观显示对象之间的距离。图形输出时不打印栅格。一般情况下通过显示光栅点表示栅格。

```
通过栅格命令 grid 可以进行光栅点的操作。
命令：grid
指定栅格间距（X）或 [开（ON）/关（OFF）/捕捉（S）/主（M）/自适应（D）/界限（L）/
跟随（F）/纵横向间距（A）] <10.0000>:
```

打开或关闭栅格对应显示光栅点或隐去光栅点，这一功能可以由功能键 F7 实现，也可以在状态栏单击【栅格】按钮实现。

根据绳结图案的尺寸，设定光栅点间距为 5，操作如下。

```
命令：grid
指定栅格间距（X）或 [开（ON）/关（OFF）/捕捉（S）/主（M）/自适应（D）/界限（L）/
跟随（F）/纵横向间距（A）] <10.0000>: a
指定水平间距（X）<10.0000>: 5
指定垂直间距（Y）<10.0000>: 5
```

选择选项"A"，分别设定光栅点之间的水平和垂直间距。

2. 光栅点捕捉

要提高绘图的速度和效率，可以显示并捕捉光栅点。按 F9 键可以转入捕捉模式。捕捉模式用于限制十字光标，使其按照设定的间距移动。

在一般的绘图中，往往把捕捉的间距设定为栅格的间距，同时显示光栅点。当捕捉模式打开时，光标只能在光栅点上移动，以便快速绘制出图形。

通过捕捉命令 snap 可以打开或关闭捕捉模式、设定捕捉间距等。

```
命令：snap
指定捕捉间距或 [开（ON）/关（OFF）/纵横向间距（A）/样式（S）/类型（T）] <10.0000>: 5
```

系统默认的捕捉间距为 10，现把它设定为 5。

光栅点和捕捉往往结合使用，除了执行 grid 和 snap 命令外，还能通过对话框进行设定。

在菜单栏中选择【工具 | 草图设置】命令，弹出【草图设置】对话框，单击【捕捉和栅格】标签，并进行各项设定，如图 5.14 所示。

3. 图形绘制

确认显示栅格，并处于光栅点捕捉模式。栅格间距和捕捉间距设定为 5。

1）如图 5.15（a）所示，从光栅点 p1 出发绘制多段线至光栅点 p2，p1 与 p2 之间隔了三个光栅点，因此相距 20。然后转入多段线命令中的圆弧绘制模式，捕捉光栅点 p3 就可完成图形绘制。

2）执行三次偏移命令，偏移距离为 5，得到如图 5.15（b）所示图形。

草图设置

捕捉和栅格 | 极轴追踪 | 对象捕捉 | 动态输入

☑ 启用捕捉 (F9)(S)　　☑ 启用栅格 (F7)(G)

捕捉间距
捕捉 X 轴间距(P): 5
捕捉 Y 轴间距(C): 5
☑ X 和 Y 间距相等(X)

栅格间距
栅格 X 轴间距(N): 5
栅格 Y 轴间距(I): 5
每条主线的栅格数(J): 5

极轴间距
极轴距离(D): 0

栅格行为
☑ 自适应栅格(A)
☐ 允许以小于栅格间距的间距再拆分(B)
☑ 显示超出界限的栅格(L)
☐ 跟随动态 UCS(U)

捕捉类型
◉ 栅格捕捉(R)
◉ 矩形捕捉(E)
○ 等轴测捕捉(M)
○ 极轴捕捉(O)

选项(T)...　　确定　　取消　　帮助(H)

图 5.14　栅格间距与捕捉间距设定

3）设置栅格间距为 2.5，捕捉间距也设置为 2.5，如图 5.15（c）所示，这样光栅点 o 正好就是圆形阵列的中心。

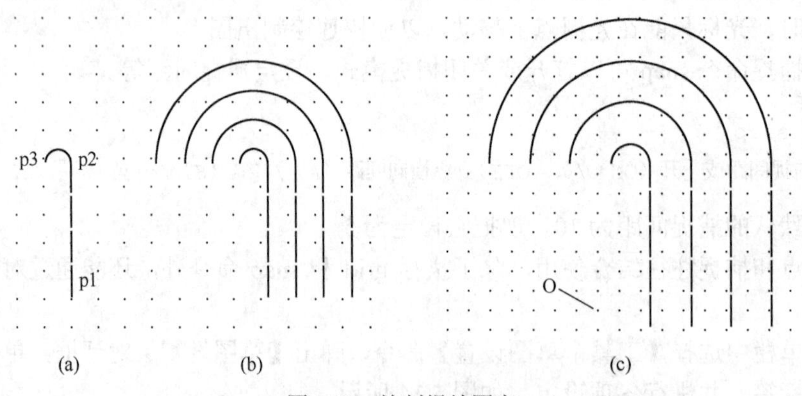

图 5.15　绘制绳结图案

4）执行环形阵列命令，完成绳结图案的绘制。

熟悉栅格和捕捉工具，能使绘图更加简捷。

5.4 拼 木 地 板

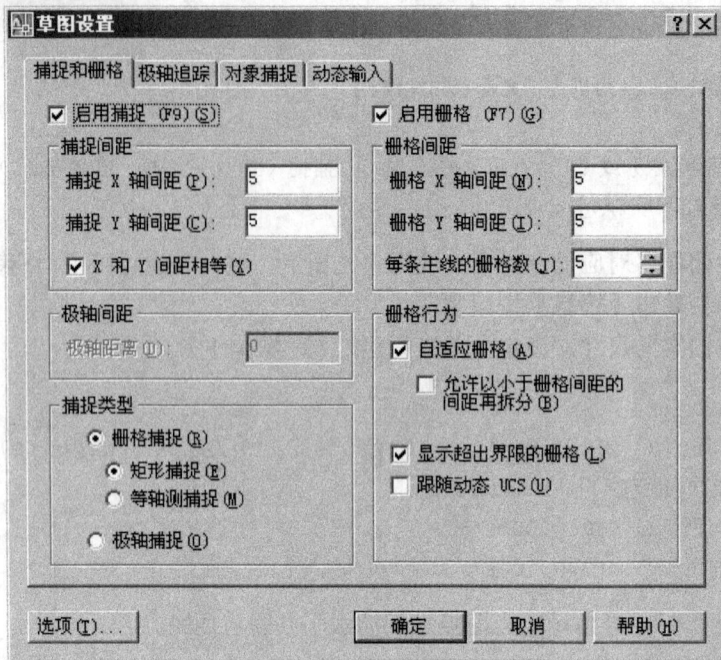

如图 5.16 所示的地板由若干块 5×25 的小木条拼接而成，其中由 5 块小木条组成

25×25 的方形地板，再由方形地板按一定规律拼成 475×475 的地板。

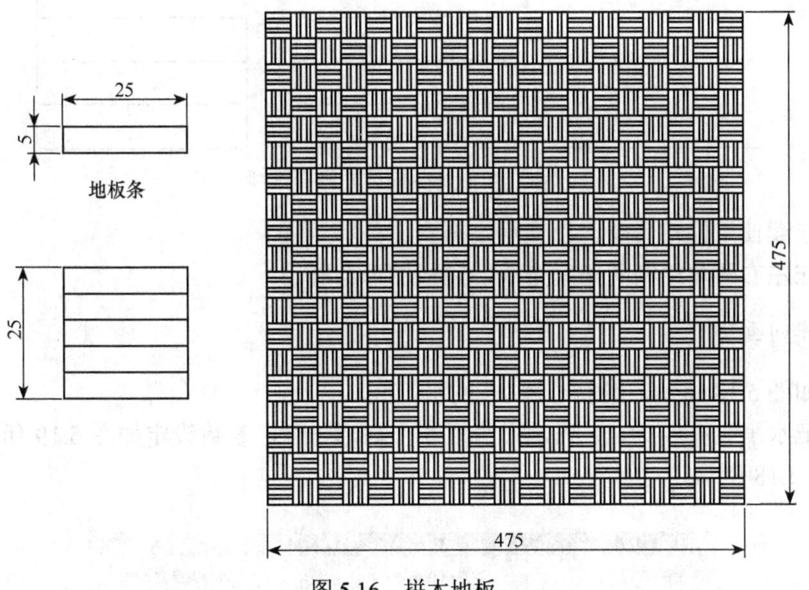

图 5.16 拼木地板

5.4.1 绘制 25×25 方形地板

1. 等分画法

1）绘制 25×25 的矩形，并用分解命令把矩形从一条封闭的多段线变为 4 段直线。

2）利用等分命令，把矩形的两条垂直边 5 等分。

3）改变点的样式，显示等分点，如图 5.17（a）所示。并用节点捕捉方式绘制 4 条水平线，如图 5.17（b）所示。

4）还原点的样式为默认状态，完成方形地板绘制，如图 5.17（c）所示。

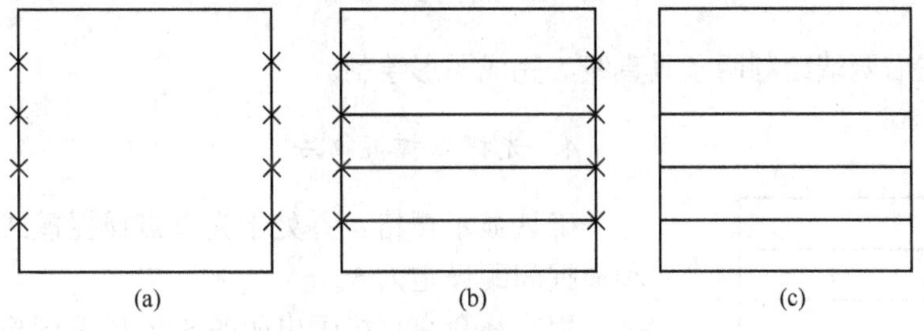

图 5.17 等分法绘制方形地板

2. 偏移画法

1）如图 5.18 所示，绘制长度 25 的水平线。

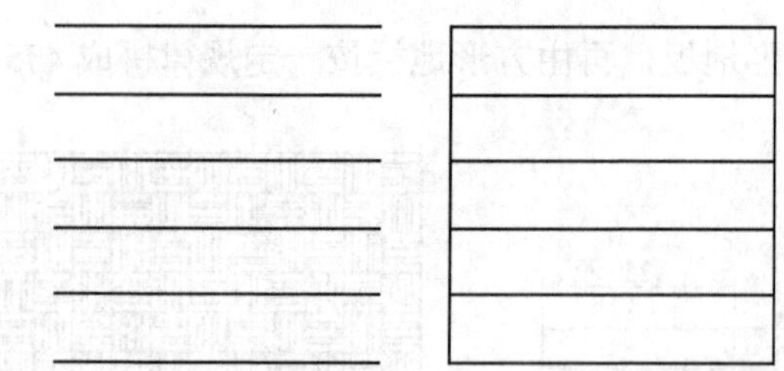

图 5.18　偏移画法和阵列画法

2）连续使用偏移命令，以偏距 5 得到 5 条等距线。

3）在左右两端绘制两条垂直线，完成图形绘制。

3. 阵列画法

1）如图 5.18 所示，绘制长度 25 的水平线。

2）把水平线以 6 行、1 列，行偏距 5 作矩形阵列，参数设定如图 5.19 所示。阵列结果如图 5.18 所示。

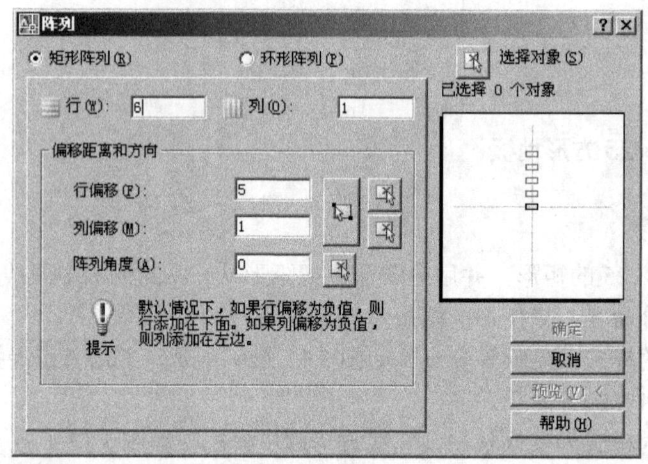

图 5.19　阵列参数设置

3）在左右两端绘制两条垂直线，完成图形绘制。

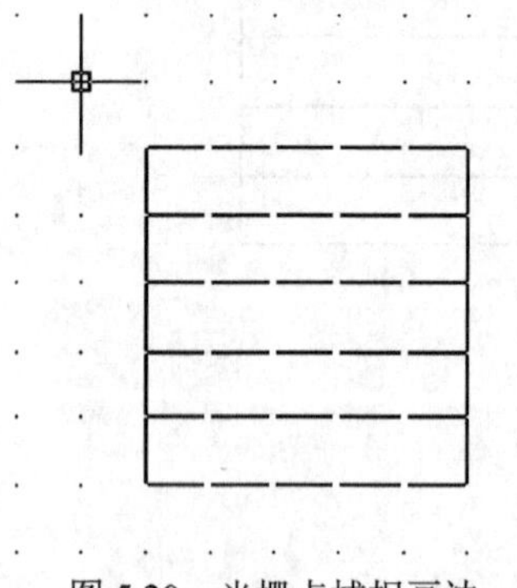

图 5.20　光栅点捕捉画法

4. 光栅点捕捉画法

确认显示栅格，并处于光栅点捕捉模式。栅格间距和捕捉间距设定为 5。

用直线命令直接画出如图 5.20 所示图形。

本案例中用 4 种不同方法绘制了方形地板，由此可见 AutoCAD 的绘图和修改命令非常丰富，并且非常灵活，只要多练习，积累经验，就能掌握 AutoCAD 这一绘图工具，提高绘图效率。

5.4.2　用 25×25 方形地板拼成 475×475 的地板

1．矩形阵列之一

以绘制好的 25×25 方形地板一为基准作矩形阵列。阵列参数如图 5.21 所示。共有 10 行 10 列，行偏移和列偏移都为 50。结果如图 5.22 所示。

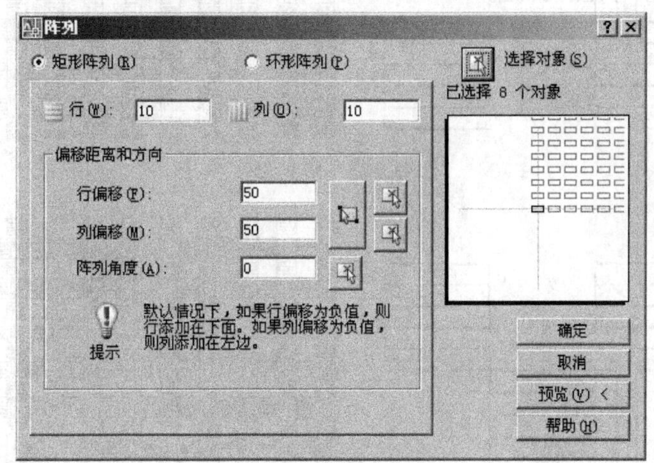

图 5.21　阵列参数设置

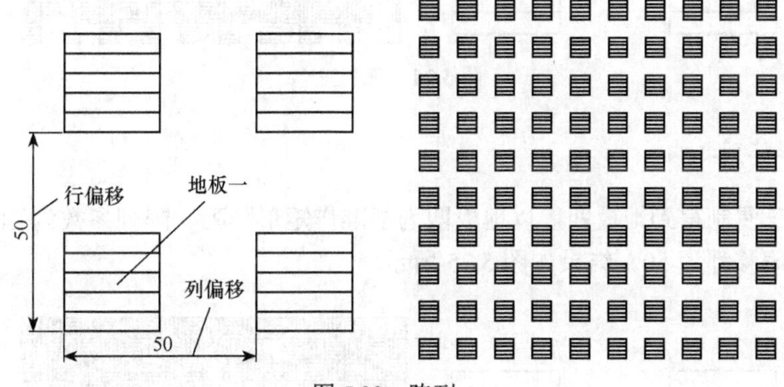

图 5.22　阵列一

2．矩形阵列之二

由地板一复制得到地板二，以地板二为基准作矩形阵列。阵列参数为 9 行 9 列，行偏移和列偏移都为 50。结果如图 5.23 所示。

3．矩形阵列之三

由地板一复制得到地板三，并把地板三旋转 90°，即把地板垂直放置。再以地板三为基准作矩形阵列。阵列参数为 9 行 10 列，行偏移和列偏移都为 50。结果如图 5.24 所示。

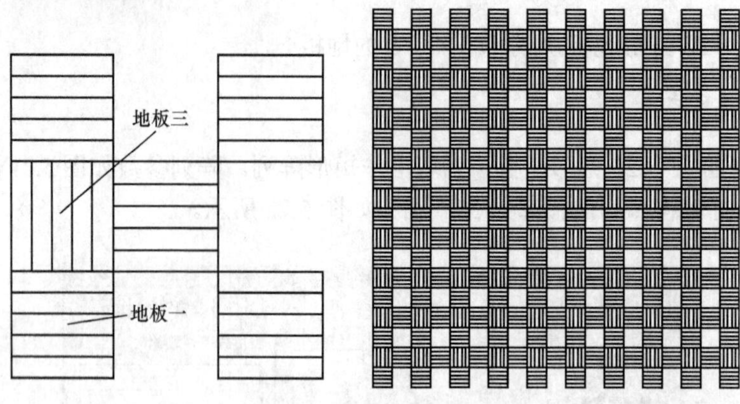

图 5.23　阵列二

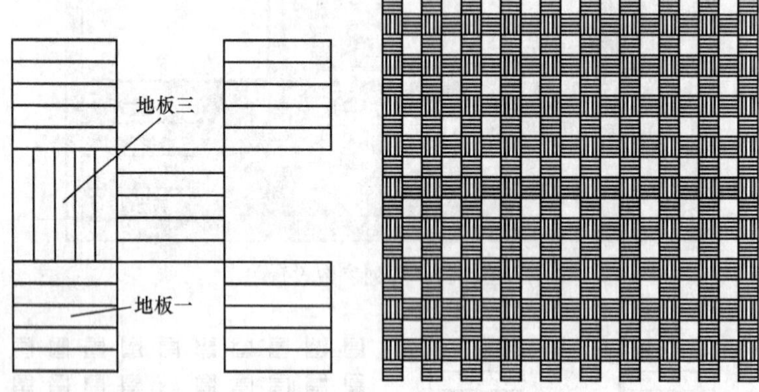

图 5.24　阵列三

4. 矩形阵列之四

由地板三复制得到地板四，以地板四为基准作矩形阵列。阵列参数为 10 行 9 列，行偏移和列偏移都为 50。结果如图 5.25 所示。

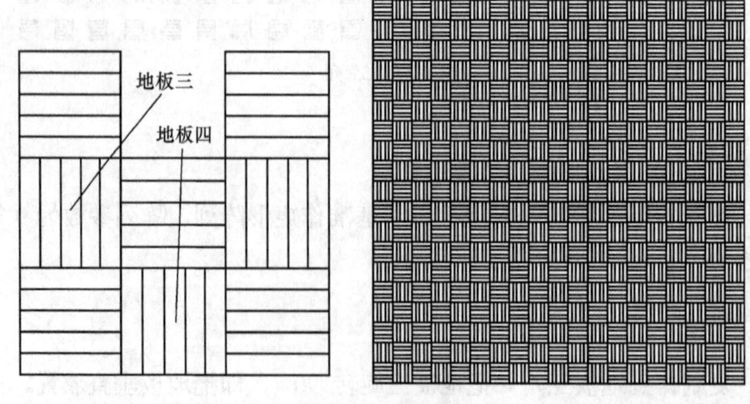

图 5.25　阵列四

5.5 习　　题

1．如图 5.26 所示，绘制太极图案。
2．绘制如图 5.27 所示图形。
3．按尺寸绘制如图 5.28 所示图形。
4．绘制如图 5.29 所示图案。

图 5.26　图形一

图 5.27　图形二

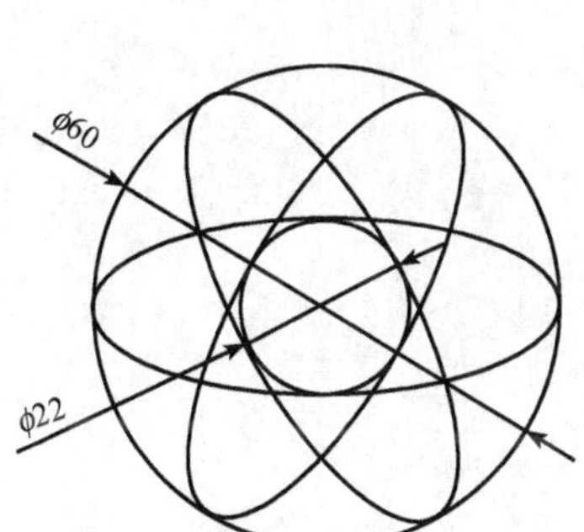

图 5.28　图形三

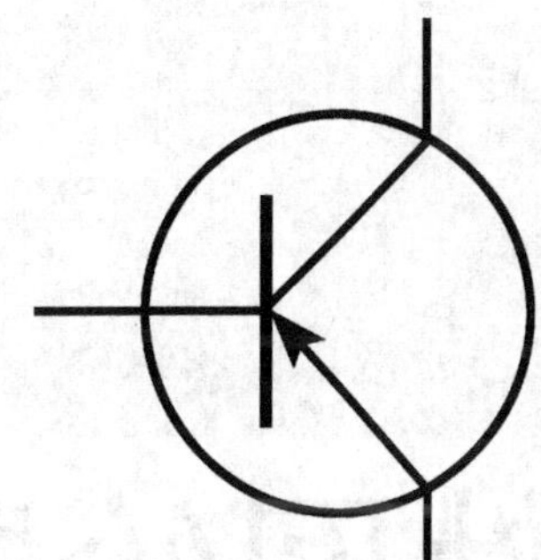
图 5.29　图形四

第 6 章

零件图绘制

能力目标：了解零件图绘制的一般步骤；学习图形样板的作用及建立和使用方法；掌握标题栏的建立和插入方法；掌握图形打印输出方法。同时，学习根据零件图建立零件图块，以利于零件图的绘制。

6.1 图 形 样 板

零件图绘制与零件绘制不同。如图 6.1 所示，零件图绘制除了绘制零件、标注尺寸等外，还包括图框和标题栏。为了方便绘图，应该建立好图形样板，例如在样板中设置好图幅、图框、标题栏、图层，以及一些常用的图块等。有了图形样板，每次绘制零件图时只需绘制零件，而无须每次都绘制图框与标题栏。

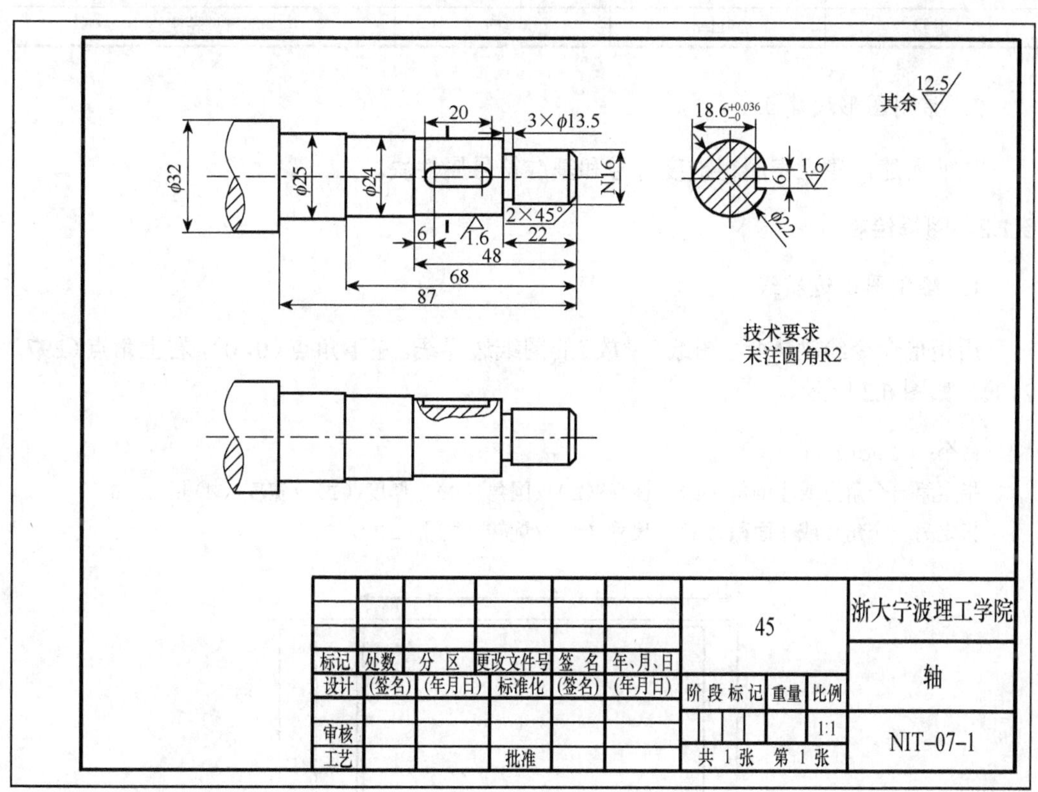

图 6.1 零件图

国家标准规定了图纸幅面为 A0、A1、A2、A3 和 A4 等 5 种，每一号图纸有横和竖两种，应建立 10 个图形样板，本案例中以 A4 图纸为例介绍。

6.1.1 图形样板基本设置

1．绘图界限

绘图界线设定为左下角点（0，0），右上角点（297，210），与国家标准的图纸幅面一致。

2. 图层设置

除了标准图层 0 外，建立表 6.1 图层，并设定属性。

表 6.1 图形样板图层设置

图层	线型	颜色	对象
0	continuous	黑/白	可见轮廓线
中心线	center	绿	中心线
尺寸标注	continuous	蓝	标注尺寸、文字等
剖面线	continuous	深蓝	剖面符号（图案填充）
虚线	hidden	红	不可见轮廓线

3. 常用图形块建立

如前所述，建立表面粗糙度符号和基准符号属性块。

6.1.2 图框绘制

1. 绘制图纸边界线

用矩形命令绘制 A4 号图纸（横放）的图纸边界线。左下角点（0，0），右上角点（297，210），如图 6.2 所示。

```
命令：_rectang
指定第一个角点或 [倒角（C）/标高（E）/圆角（F）/厚度（T）/宽度（W）]：0，0
指定另一个角点或 [面积（A）/尺寸（D）/旋转（R）]：297，210
```

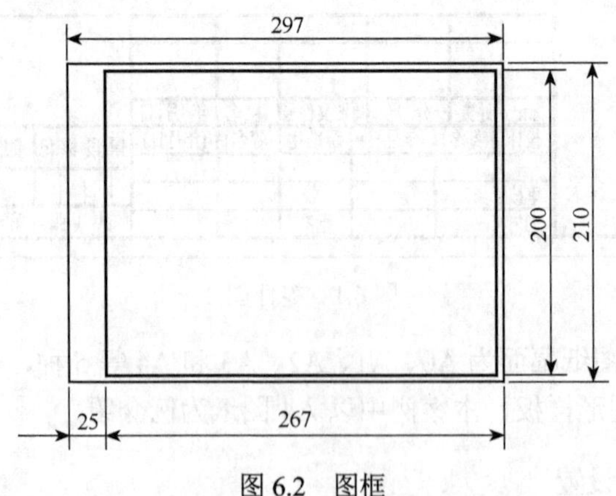

图 6.2 图框

2. 绘制图框线

1）继续使用矩形命令，按国家标准绘制图框线。

命令：_rectang

指定第一个角点或 [倒角（C）/标高（E）/圆角（F）/厚度（T）/宽度（W）]：25，5（按回车键）

指定另一个角点或 [面积（A）/尺寸（D）/旋转（R）]：292，205（按回车键）

2）加粗图框线，设置线宽为1。

命令：pedit

选择多段线或 [多条（M）]：单击选中图框线

输入选项 [打开（O）/合并（J）/宽度（W）/编辑顶点（E）/拟合（F）/样条曲线（S）/非曲线化（D）/线型生成（L）/放弃（U）]：w

指定所有线段的新宽度：1

输入选项 [打开（O）/合并（J）/宽度（W）/编辑顶点（E）/拟合（F）/样条曲线（S）/非曲线化（D）/线型生成（L）/放弃（U）]：（按回车键，结束命令）

6.1.3 标题栏绘制

1. 绘制标题栏

绘制如图6.3所示标题栏，粗线线宽为1。用单行文字命令标注其中的固定文字。标题栏中的××1，…，××8等文字内容是变化的，不能事先标注好。

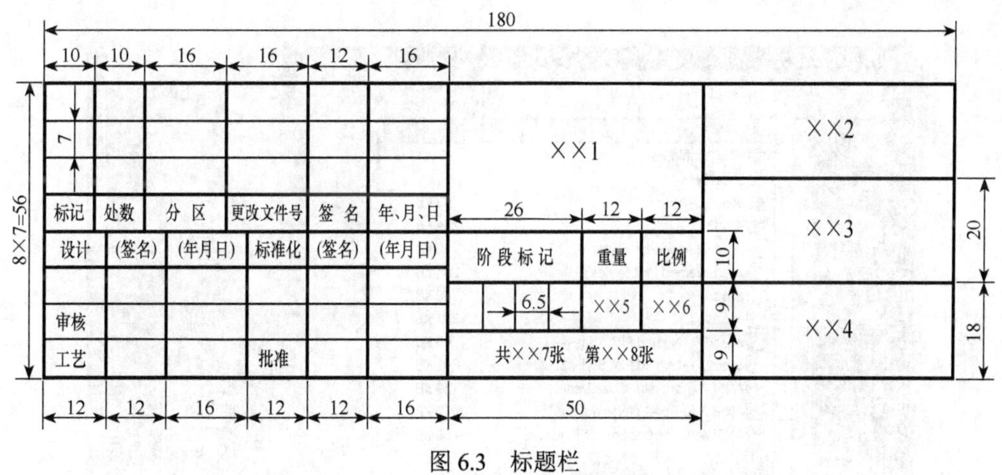

图6.3 标题栏

2. 建立属性

××1，…，××8等为标题栏中需要输入的内容，见表6.2，把它们定义成属性。

3. 建立标题栏属性块

完成属性的建立后，把属性和绘制的标题栏一起建立为图块，图块名为btl。然后把图块插入到图框中，各属性值都取默认值，如图6.1所示。

表 6.2　标题栏属性列表

属性名称	提　示	默 认 值	含　义
××1	材料标记	xx1	输入材料标记、符号等
××2	单位名称	xx2	输入单位的名称
××3	图样名称	xx3	输入图样（零件）的名称
××4	图样代号	xx4	输入图样（零件）的代号
××5	重量	xx5	输入零件的重量
××6	比例	xx6	输入绘图比例
××7	共几张	xx7	输入图纸的总张数
××8	第几张	xx8	输入本图纸的序号

6.1.4　图形样板的建立和使用

1. 建立图形样板

用视图缩放命令使绘制好的图框和标题栏充满整个绘图区。选择【文件 | 另存为】命令，弹出如图 6.4 所示的对话框，文件名取“A4（横）样板”，文件类型设置为“AutoCAD 图形样板”，单击【保存】按钮。在随后弹出的【样板说明】对话框中输入说明文字，如图 6.5 所示，单击【确定】完成操作。

图 6.4　保存为图形样板

以后就能像 AutoCAD 自带的标准图形样板一样使用自定义的图像样板。

该自定义图形样板包含了图层（见表 6.1）、图块（表面粗糙度符号、基准符号、标题栏）、标题栏和图框。

用同样的方法可以完成其他型号图纸的样板，以备需要时调用。

2. 使用图形样板

在以前的图形绘制中，都在使用 AutoCAD 自带的标准图形样板。使用自己定义的图形样板的方法与使用标准图形样板一样。

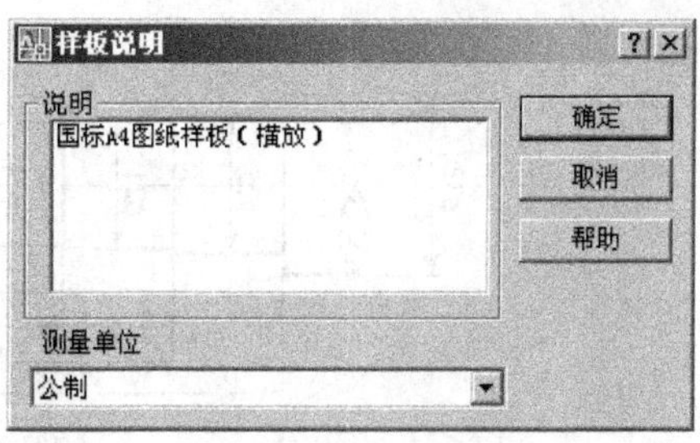

图 6.5 样板说明

在菜单栏中选择【文件 | 新建】命令，弹出【选择样板】对话框，如图 6.6 所示。在对话框中选择自定义的样板“A4（横）样板”，单击【打开】按钮。新建了一个图形文件，其中包含了样板中的所有信息。结果如图 6.1 所示。

图 6.6 样板说明

6.2 零件图绘制

6.2.1 轴的绘制

零件图绘制的一般步骤是：选择图形样板，绘制视图并标注，建立零件块，填写标题栏等。

1. 轴的绘制

以“A4（横）样板”为样板新建图形文件。在图框中适当位置绘制轴的两个视图和一个截面图，如图 6.7 所示。

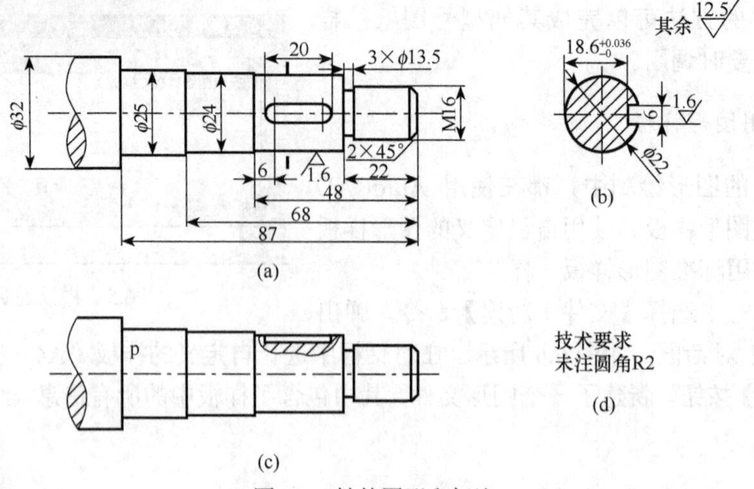

图 6.7 轴的图形和标注

在各自的图层中完成图形绘制、尺寸标注、文字标注和表面粗糙度标注。

2. 建立轴图块

为了以后绘制装配图，需要把零件图的特定视图做成图块。在本案例中，把图 6.7 中轴的俯视图（除去中心线）做成内部图块，取图块名为“轴”，插入基准点为点 p。然后把内部图块转为外部图块。

3. 填写标题栏

在标题栏中有 8 处内容需要填写，它们先前已分别定义了属性。当前显示的是默认值。

双击图中的标题栏，弹出【增强属性编辑器】对话框，如图 6.8 所示。单击【属性】标签，在列表框中选择 XX1 选项，修改属性值为 45，单击【应用】按钮，表示轴的材料是 45#钢。同样的步骤改变其他属性的值，见表 6.3。其中重量这一属性的值设定为空。

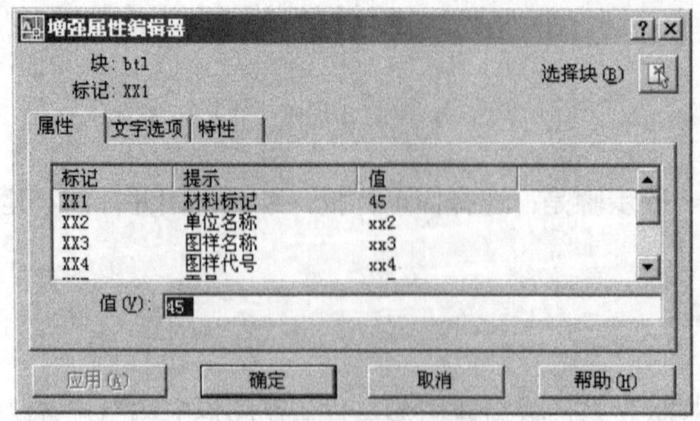

图 6.8 增强属性编辑器

表 6.3 标题栏属性值

属性名称	提　示	默 认 值	填 写 值
××1	材料标记	xx1	45
××2	单位名称	xx2	浙大宁波理工学院
××3	图样名称	xx3	轴
××4	图样代号	xx4	NIT-07-1
××5	重量	xx5	空白
××6	比例	xx6	1：1
××7	共几张	xx7	1
××8	第几张	xx8	1

当所有属性值填写完毕后，单击【确定】按钮。标题栏填写结果如图 6.9 所示。保存图形，完成轴零件图的绘制。

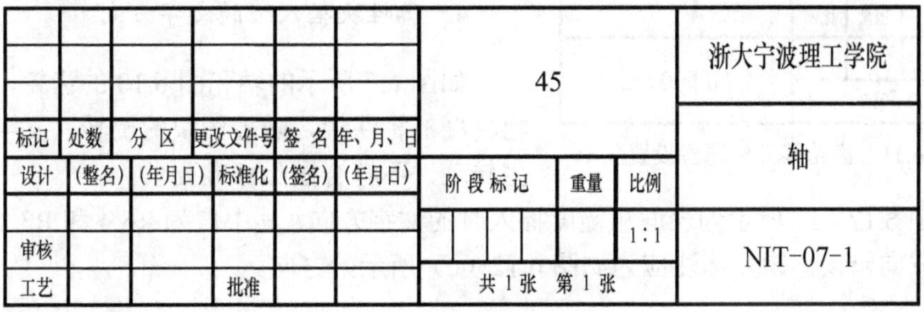

图 6.9 填写标题栏

6.2.2 齿轮的绘制

1. 齿轮的绘制

按图 6.10 中的尺寸绘制齿轮的两个视图，并完成各类标注。

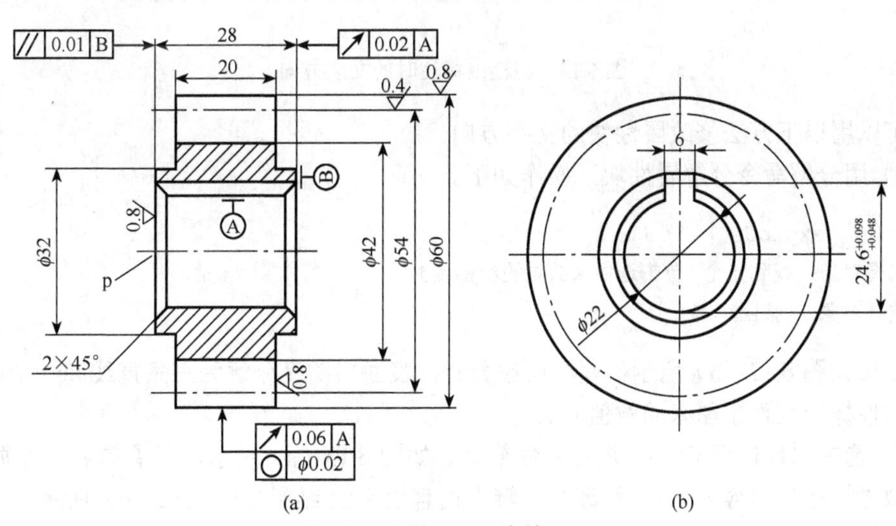

图 6.10 齿轮

2. 建立齿轮图块

把齿轮的主视图建立为图块。建立齿轮图块时，只选择图形对象，而不能把标注等内容包含进去。为了方便图形对象选择，进行如下操作。

1）确认当前图层为 0 层，冻结其他的图层，绘图区只显示图形对象。

2）建立名为“齿轮”的图块，选择齿轮的主视图对象，插入基准点为点 p，可用 mid 中点捕捉方式捕捉齿轮左端面线段的中点得到。

3）然后把内部图块转为外部图块，图块名称不变。

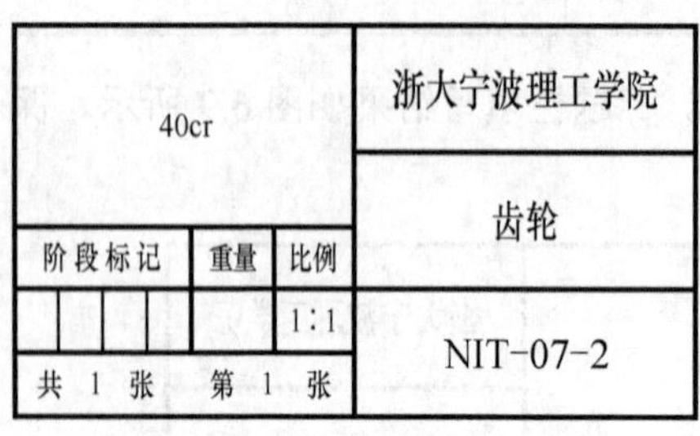

40cr
浙大宁波理工学院
齿轮
阶段标记
重量
比例
1:1
NIT-07-2
共 1 张
第 1 张

图 6.11　齿轮零件标题栏设置

3. 填写标题栏

填写标题栏，如图 6.11 所示。

4. 属性块插入时的文字方向

如图 6.7 所示的轴和图 6.10 的齿轮，在表面粗糙度的标注中，随着图块的旋转，文字随之发生转动，不符合国际标准要求。

如图 6.12（a）所示为表面粗糙度插入时的文字方向，其中值为 R6.4 和 R3.2 的粗糙度文字方向错误，国家标注应为如图 6.12（c）所示的方向。

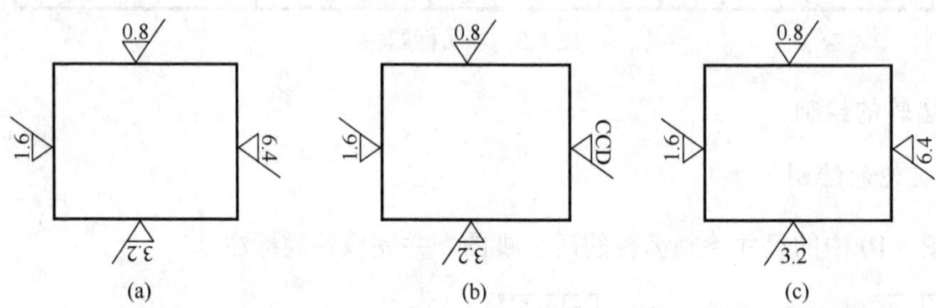

图 6.12　粗糙度标注时的文字方向

可以用以下方法修改属性块的文字方向。

1）用分解命令分解属性块，操作如下。

```
命令：_explode
选择对象：找到一个（单击选中 R6.4 的粗糙度）
选择对象：（按回车键）
```

结果如图 6.12（b）所示，属性块被分解，表面粗糙度分解为三条直线和一个属性，并由属性标记代替了原来的数值 6.4。

2）选中属性标记 CCD，进行特性编辑，如图 6.13（a）所示，在【文字】选项区域下修改“标记”内容为 6.4，修改“旋转”内容为 90，结果如图 6.12（c）所示。

3）如图 6.12（a）所示，分解 R3.2 粗糙度，再选中属性标记 CCD，进行特性编辑，如图 6.13（b）所示，在【文字】选项区域下修改“标记”内容为 3.2，修改“旋转”内容为 0，结果如图 6.12（c）所示。

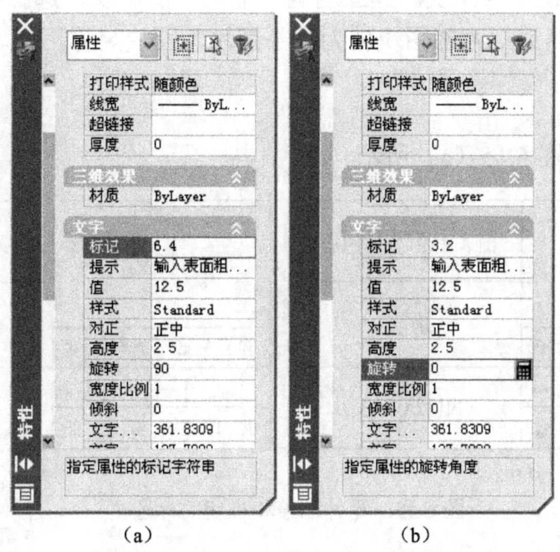

（a）　　　　（b）

图 6.13　粗糙度标注时的文字方向

在其他属性块的插入中，如果文字方向不符合要求，可以用同样的方法进行处理。

6.2.3　端盖的绘制

1. 端盖的绘制

按图 6.14 的尺寸绘制端盖的两个视图，并完成各类标注。

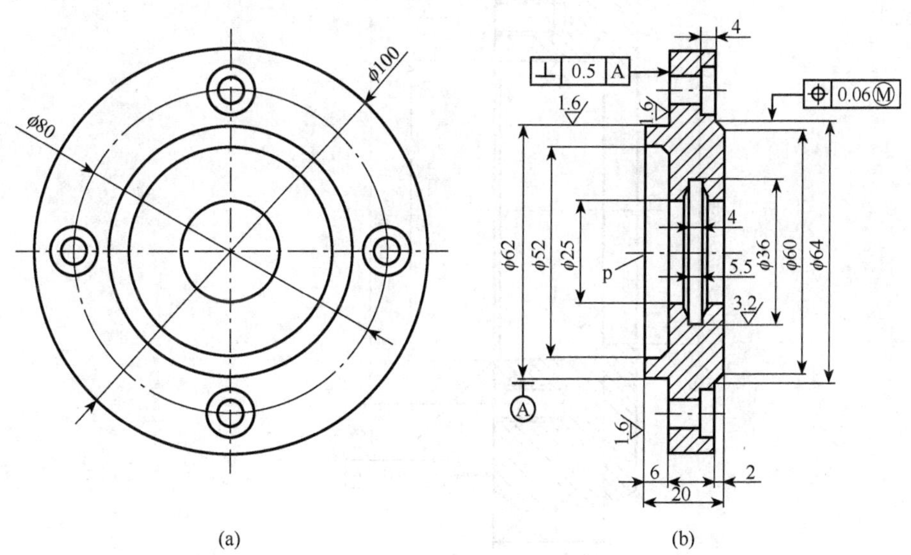

(a)　　　　(b)

图 6.14　端盖

2. 建立端盖图块

把端盖的左视图建立为图块。建立名为“端盖”的图块，选择端盖的左视图对象，插入基准点为点 p。然后把内部图块转为外部图块，图块名称不变。

3. 填写标题栏

填写标题栏，如图 6.15（a）所示。

45			浙大宁波理工学院
			端盖
阶段标记	重量	比例	
		1∶1	NIT-07-3
共 1 张　第 1 张			

(a)

HT250			浙大宁波理工学院
			机座
阶段标记	重量	比例	
		1∶1	NIT-07-4
共 1 张　第 1 张			

(b)

图 6.15　零件端盖和机座的标题栏

6.2.4　机座的绘制

1. 机座的绘制

按图 6.16 的尺寸绘制端盖的两个视图，并完成各类标注。

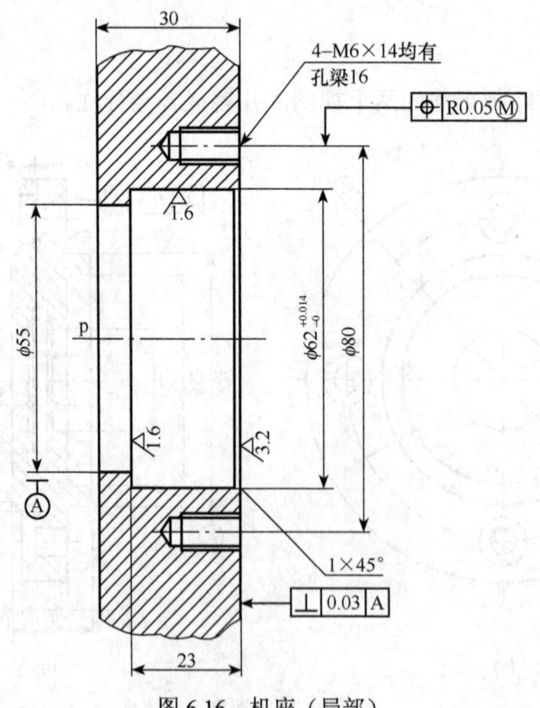

图 6.16　机座（局部）

2. 建立机座图块

把机座建立为图块。建立名为“机座”的图块，选择机座的图形对象，插入基准点为点p。然后把内部图块转为外部图块，图块名称不变。

3. 填写标题栏

填写标题栏，如图6.15（b）所示。

6.2.5 标准件绘制

1. 标准件的绘制

按图6.17的尺寸绘制螺母、垫圈、螺钉和轴承。因为标准件不需要绘制零件图，所以不进行各类标注。

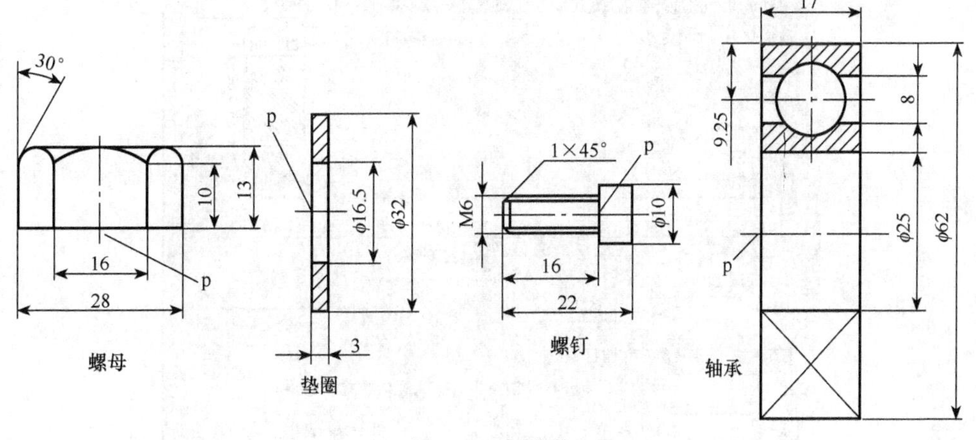

图6.17 标准件

2. 标准件图块的建立

分别建立“螺母”、“垫圈”、“螺钉”和“轴承”等图块，插入基准点分别为图6.17中的点p。

6.3 输出零件图

计算机绘制的图形可以通过绘图仪和打印机输出，本案例中以如图6.1所示的轴为例介绍如何打印输出零件图。

6.3.1 图形打印命令

选择图形打印命令，可以有以下方法。

① 在菜单栏中选择【文件 | 打印】命令。

② 在命令行输入 plot。

③ 在标准工具栏中单击 按钮。

执行打印命令，弹出【打印-模型】对话框，如图 6.18 所示。在【打印机/绘图仪】选项区域下，从【名称】下拉列表中选择一种绘图仪。选择 Windows 系统打印机。在【图纸尺寸】选项区域，选择图纸尺寸为 A4。在【打印区域】选项区域中，【打印范围】下拉列表中选“窗选”方式，然后单击右边的【窗口】按钮，切换到绘图区窗选图形中要打印的部分。本案例窗选图纸边界线。在【打印比例】选项区域，选中【布满图纸】复选框。

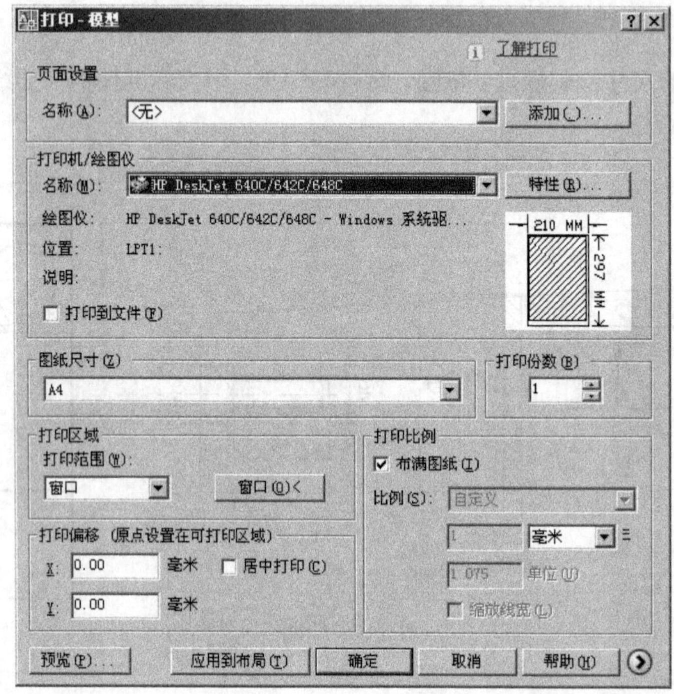

图 6.18　打印对话框

单击【预览】按钮观察打印效果，如图 6.19 所示。单击【确定】按钮即可打印。

6.3.2　精确打印图形

1. 比例 1∶1 打印图形

如图 6.19 所示的图形打印效果，虽然美观但不准确，图框、标题栏和图形的尺寸都缩小了。实际绘图输出时，并不需要打印出图纸边界线，因此准确打印输出图纸时，图形、边框和标题栏都要求 1∶1 输出，即一个绘图单位表示 1mm 或 1ft。

如图 6.20 所示，在【打印比例】选项区域中，取消【布满图纸】复选框，而比例选择 1∶1，对于机械图样，一般是一个绘图单位等于 1mm。打印范围选“窗口”方式，单击右边的【窗口】按钮，切换到绘图区窗选择图框，就是图纸边界线内的图框（粗线）。

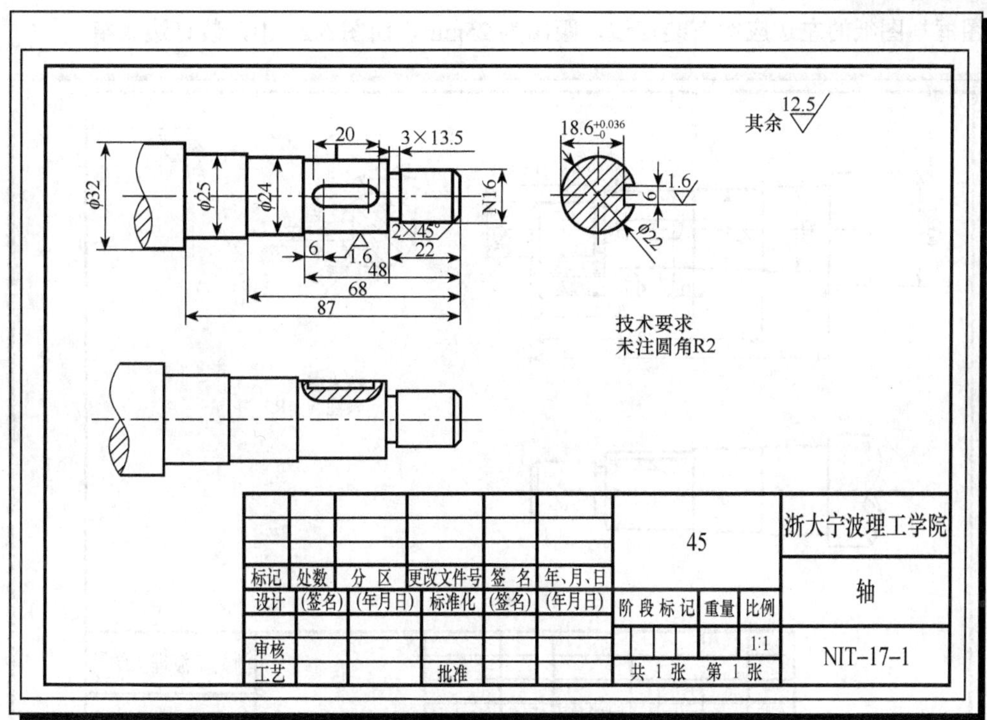

图 6.19 打印预览

打印-模型
了解打印
页面设置
名称(A): <无> 添加(.)...
打印机/绘图仪
名称(M): HP DeskJet 640C/642C/648C 特性(R)...
绘图仪: HP DeskJet 640C/642C/648C - Windows 系统驱...
位置: LPT1:
说明:
210 MM
297 MM
打印到文件(F)
图纸尺寸(Z)
A4
打印份数(B)
1
打印区域
打印范围(W):
窗口
窗口(O)<
打印比例
布满图纸(I)
比例(S): 1:1
1 毫米 =
1 单位(U)
缩放线宽(L)
打印偏移 (原点设置在可打印区域)
X: 0.00 毫米 居中打印(C)
Y: 0.00 毫米
预览(P)... 应用到布局(T) 确定 取消 帮助(H)

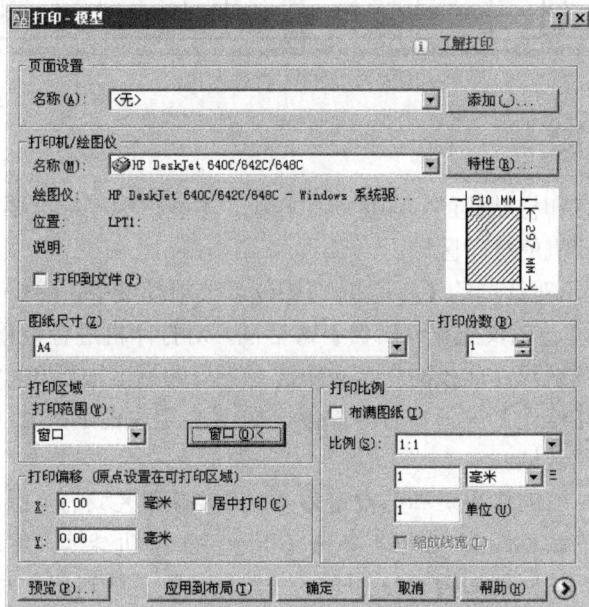

图 6.20 1∶1 打印图形

单击【预览】按钮观察打印效果，如图 6.21 所示。这样可以打印出精确的 1∶1 图形，但与国家标准要求相比，图框在图纸中的位置不正确。如图 6.2 所示，国家标准要求图框与图纸的左边应留有装订边，距离为25mm，而图6.21中，装订边太窄。

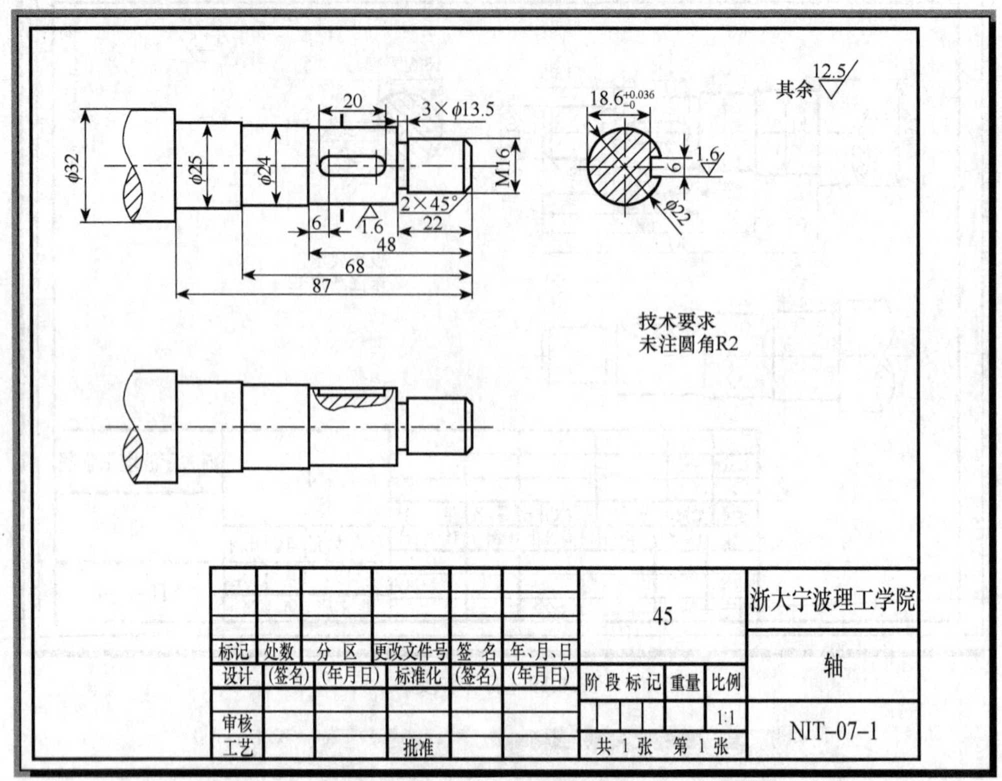

图6.21 1∶1打印图形

2. 设定打印区域

Windows系统打印机默认的打印区域比较小，不能按国家标准要求加宽打印边，因此需要重新设定打印机的打印区域。

在如图6.20所示对话框的【打印机/绘图仪】选项区域中，单击【特性】按钮，打开如图6.22所示的【绘图仪配置编辑器】对话框，对打印机进行设置。

在“用户定义图纸尺寸和校准”目录中选择“修改标准图纸尺寸”项，并选择A4图纸，单击右边的【修改】按钮，打开如图6.23【自定义图纸尺寸-可打印区域】对话框，在这里设定打印区域。

把上、下、左、右的边界距离都设定为4，扩大打印区域的范围，即打印区域与图纸的上、下、左、右边都距离4mm。单击【下一步】按钮继续，然后在打开的对话框中单击【完成】按钮，回到如图6.22所示的【绘图仪配置编辑器】对话框。

在【绘图仪配置编辑器】对话框中单击【确定】按钮，打开如图6.24所示的对话框，单击【确定】按钮，完成打印区域的设置。

从对话框中可知，打印机打印区域的设置可以仅用于本次打印工作，也可以保存设置供其他打印工作使用。

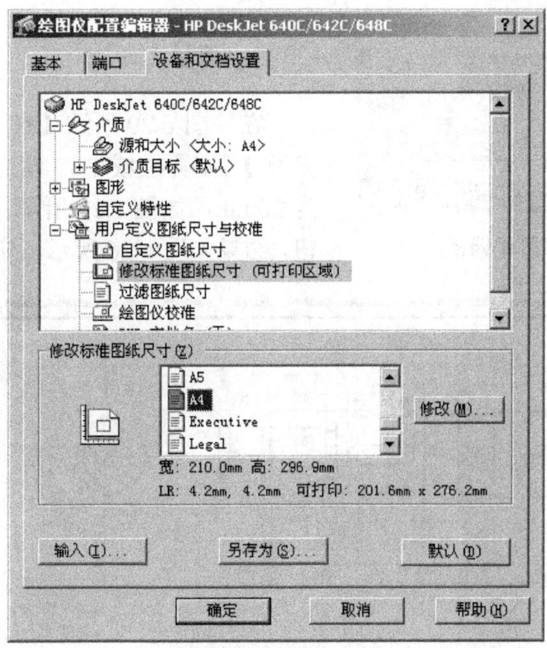

图 6.22 打印区域设置

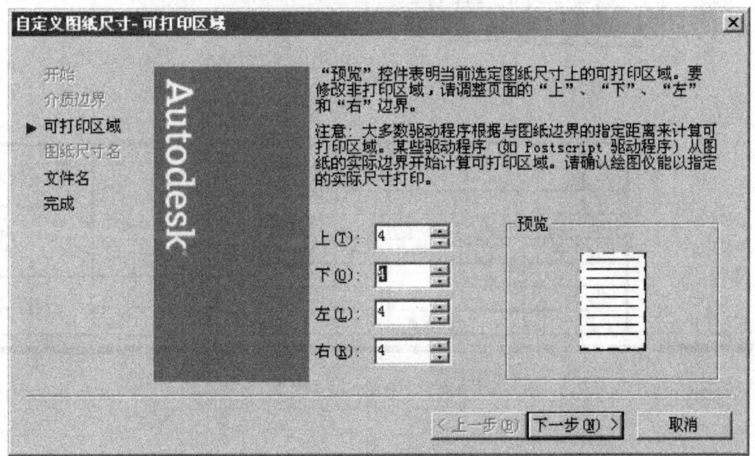

图 6.23 可打印区域

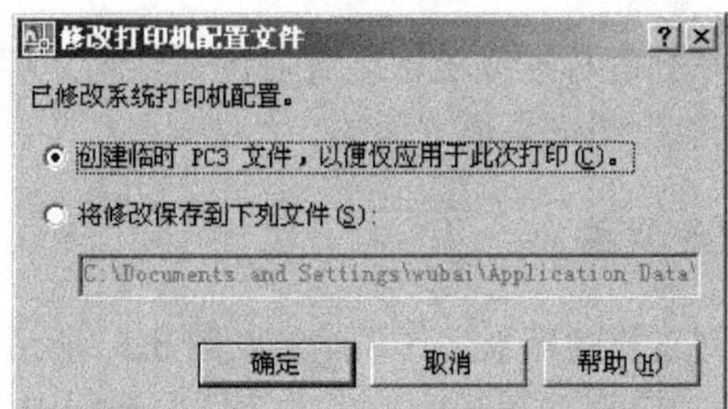

图 6.24 修改打印机配置文件

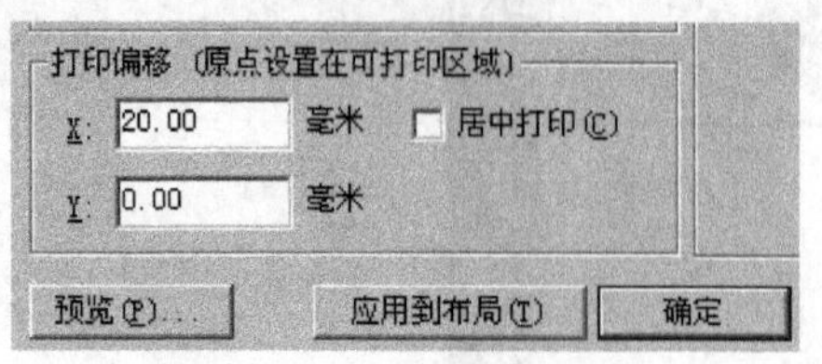

图 6.25　设定打印偏移

3. 调整装订边

在如图 6.20 所示【打印】对话框的【打印偏移】选项区域中，设定 x 方向的偏移值为 20mm，如图 6.25 所示。再单击【预览】按钮，结果如图 6.26 所示，符合国家标准的要求。

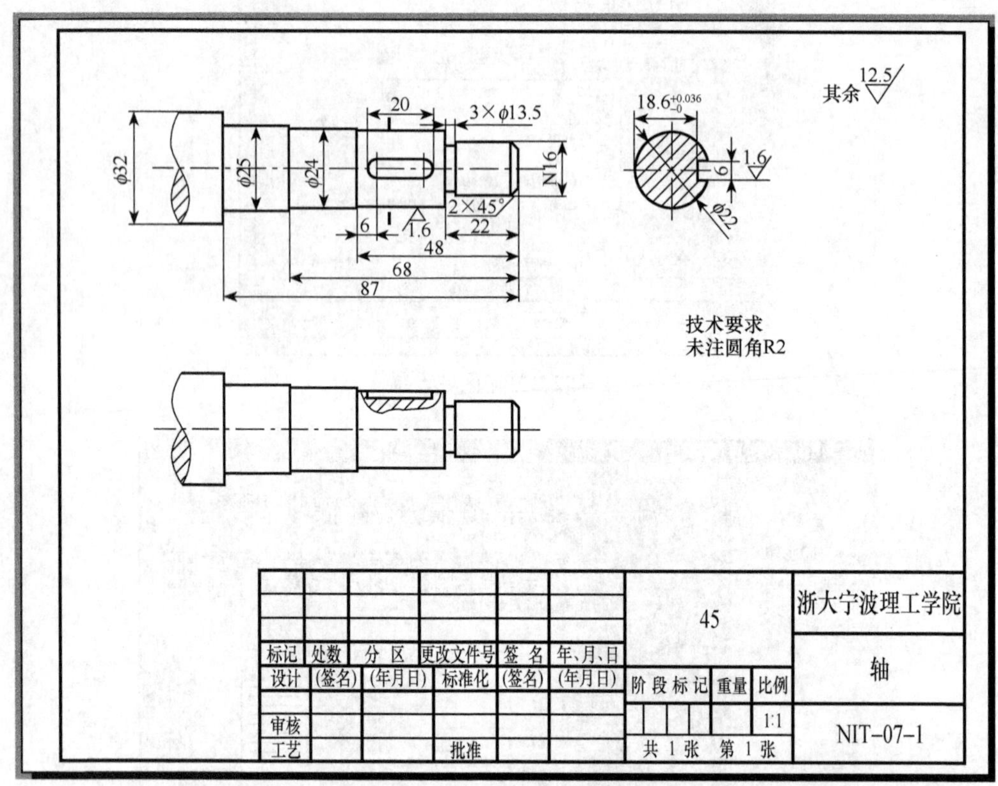

图 6.26　精确打印图形

6.4　使用标准样板

AutoCAD 提供了一系列的标准样板，以方便图形绘制。标准样板虽然没有自定义图形样板功能多，但用来输出图形是很方便的。

6.4.1　由标准样板建立图形文件

选择【新建】命令，创建新的图形文件，弹出如图 6.27 所示的【选择样板】对话框。其中列出了各种标准、各个国家的图纸标准，本案例中选择国家标准的 GB_a4-Named Plot Styles 图纸形式，单击【打开】按钮。打开的系统画面如图 6.28 所示。

图 6.27　样板选择

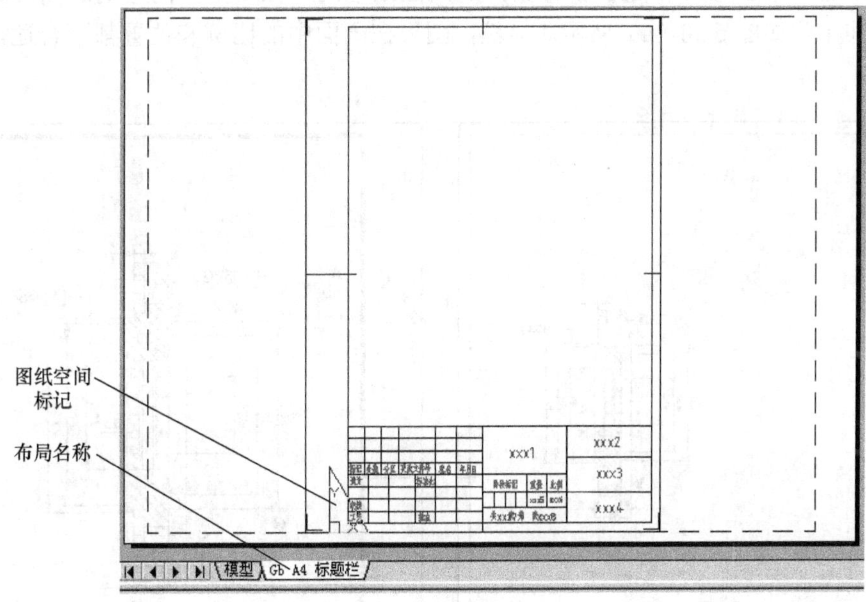

图 6.28　GB A4 样板

1. 模型空间和图纸空间

如图 6.28 所示的界面与以前使用的不同，注意到图下方的标签【Gb A4 标题栏】选中，而原先的绘图工作都在“模型”状态进行。标签【模型】选中，AutoCAD 称之为模型空间，选中“G6A4 标题栏”，与之对应的是图纸空间，即图 6.28 的状态。

模型空间主要用于图形绘制和模型建立。模型空间的坐标标记如图 6.29（a）所示；

“图纸空间”主要用于视图布局和输出，如图 6.28 所示，“GB A4 标题栏”就是一个布局名称，它一定处于图纸空间，图纸空间的坐标标记如图 6.29（b）所示。

图 6.29　模型空间、图纸空间切换

2. 在模型空间绘图

单击选中【模型】标签，在模型空间中绘制如图 6.14 所示端盖的左视图。

3. 在图纸空间调整视图

单击选中【GB A4 标题栏】标签，进入图纸空间，在模型空间绘制的图形显示在图纸空间中，如图 6.30（a）所示。显然，图形在画面中的比例和位置都不合适，需要调整。

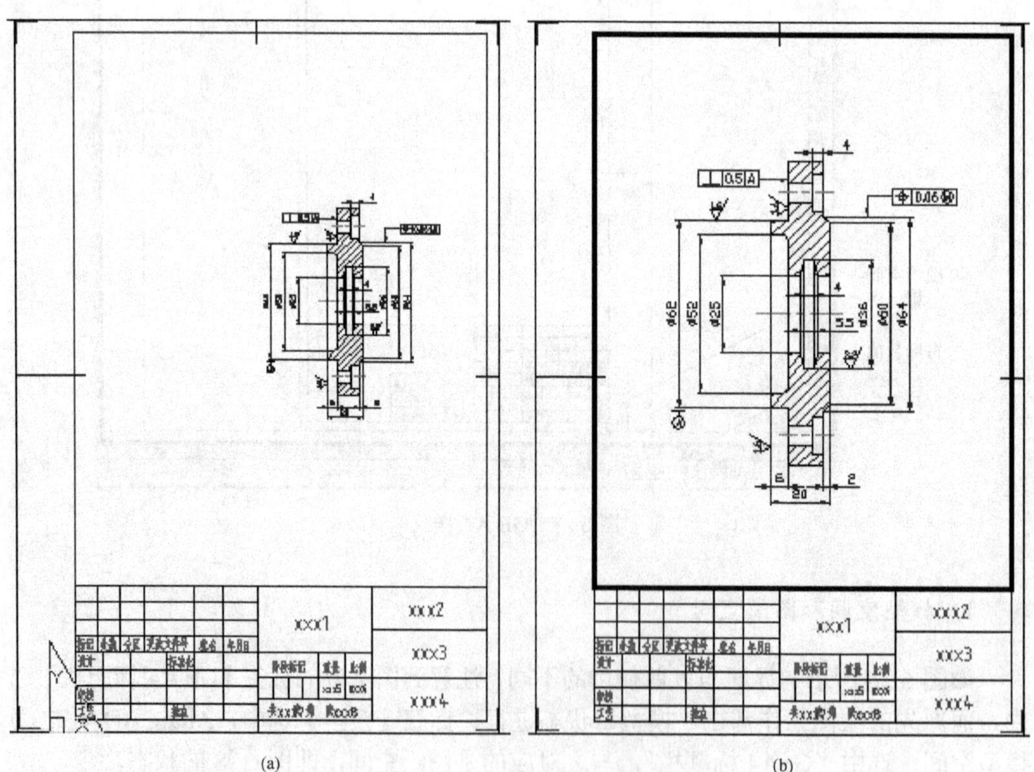

图 6.30　图纸空间的两种模式

图纸空间本身有“模型”和“图纸”两种方式，即可以使图纸空间中的视图处于“模型”方式。如图 6.29（c）所示，在系统界面的最下方有一条状态栏，找到【模型/图纸】切换按钮，该按钮在“模型”和“图纸”两种方式之间转换，单击【图纸】按钮，转变为“模型”方式，再次单击该按钮，又转回到“图纸”方式。

确认图纸空间处于“模型”方式，此时界面如图 6.30（b）所示。图框变粗，图纸空间标记消失。当鼠标处于图框范围内时，变为与模型空间下一样的十字光标。在图纸空间的“模型”方式下，可以像在模型空间那样执行绘图、编辑、视窗缩放等命令。

通过视图缩放把端盖图形调整到如图 6.30（b）所示的大小和位置。

6.4.2 从图纸空间输出图形

1. 填写标题栏

标准样板中标题栏的各项需要填写的内容都定义为属性，按照以前的方法填写好各项内容，如图 6.31 所示。

									浙大宁波理工学院
						45			
标记	处数	分 区	更改文件号	签 名	年、月、日				端盖
设计			标准化			阶 段 标 记	重量	比例	
审核								1∶1	NIT-07-3
工艺			批准			共 1 张 第 1 张			

图 6.31 填写标准样板的标题栏

2. 输出图形

如图 6.28 所示，A4 图纸横放，而图框竖放，需要进行页面设置，使 A4 图纸竖放。在菜单栏中选择【文件 | 页面设置管理器】命令，弹出如图 6.32 的对话框。

从对话框可以看出，当前布局为“GB A4 标题栏”，在这一布局中还没有页面设置。单击【新建】按钮，打开【新建页面设置】对话框，如图 6.33 所示。取新页面设置名为“设置 1”，单击【确定】按钮，进入【页面设置】对话框，如图 6.34 所示。

选择 Windows 系统打印机，并单击右侧的【特性】按钮，如前所述设置好打印区域。

选择图形方向为纵向，使图纸与图框一致。打印比例选择 1∶1。在图纸空间利用布局输出图形，打印范围应选“布局”。为了使图框在图纸中处于一个合适的位置，设定打印偏移为 X 方向−5，Y 方向也为−5。单击【预览】按钮，显示结果如图 6.35（a）所示。执行打印命令就能准确输出图形。经页面设置后，回到图纸空间，系统绘图界面由如图 6.28 所示变为如图 6.35（b）所示。

页面设置管理器
当前布局: Gb A4 标题栏
了解页面设置管理器
页面设置(P)
当前页面设置: <无>
Gb A4 标题栏
置为当前(S)
新建(N)...
修改(M)...
输入(I)...
选定页面设置的详细信息
设备名: 无
绘图仪: 无
打印大小: 210.04 x 296.90 毫米 (横向)
位置: 不可用
说明: 在选择新的绘图仪配置名称之前，不能打印该布局。
创建新布局时显示
关闭(C)
帮助(H)

图 6.32 页面设置管理器

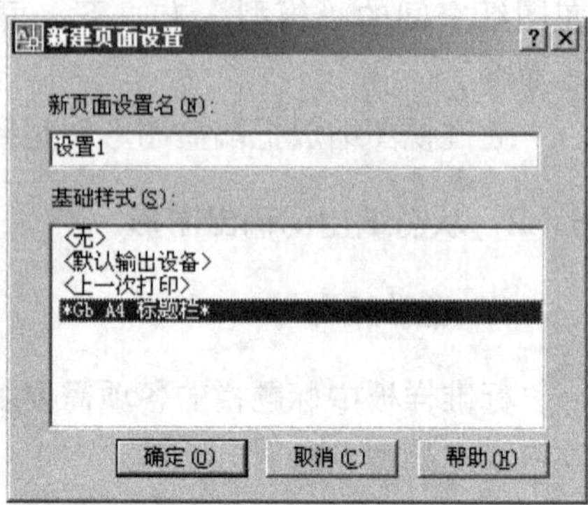

图 6.33 新建页面设置

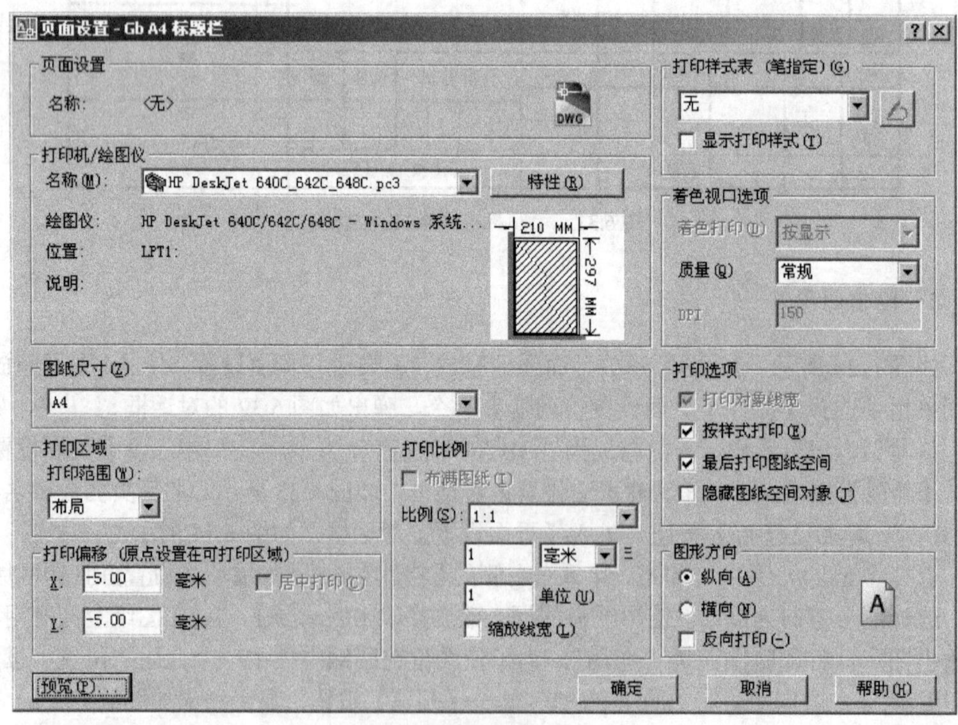

图 6.34 页面设置

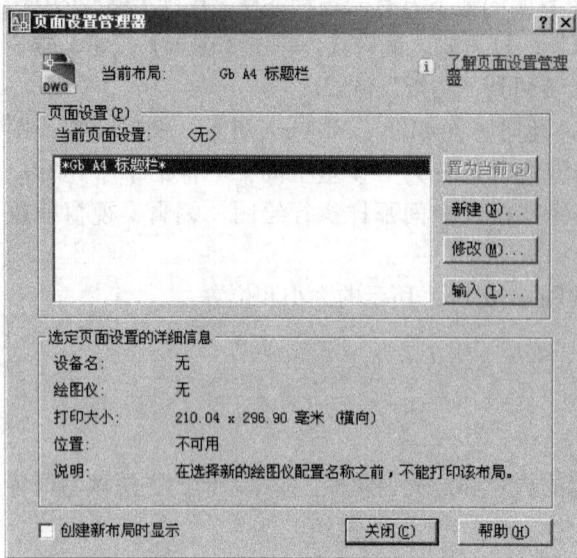

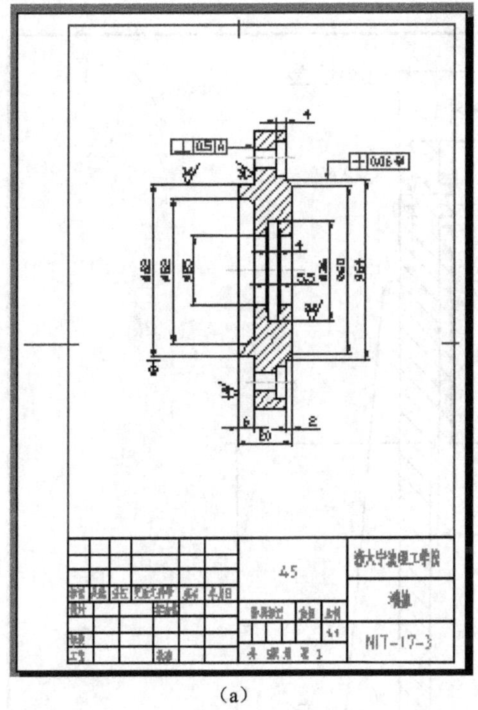
(a)

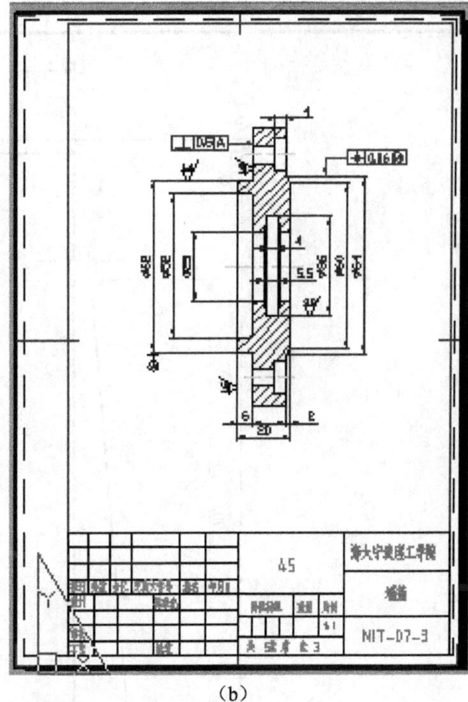
(b)

图 6.35　页面设置

6.5　习　　题

1．绘制如图 6.36 所示零件图，并建立零件图块。

2．绘制如图 6.37 所示零件图，并建立零件图块。本图包含两个零件。

3．绘制如图 6.38 所示零件图，并建立零件图块。本图包含两个零件。

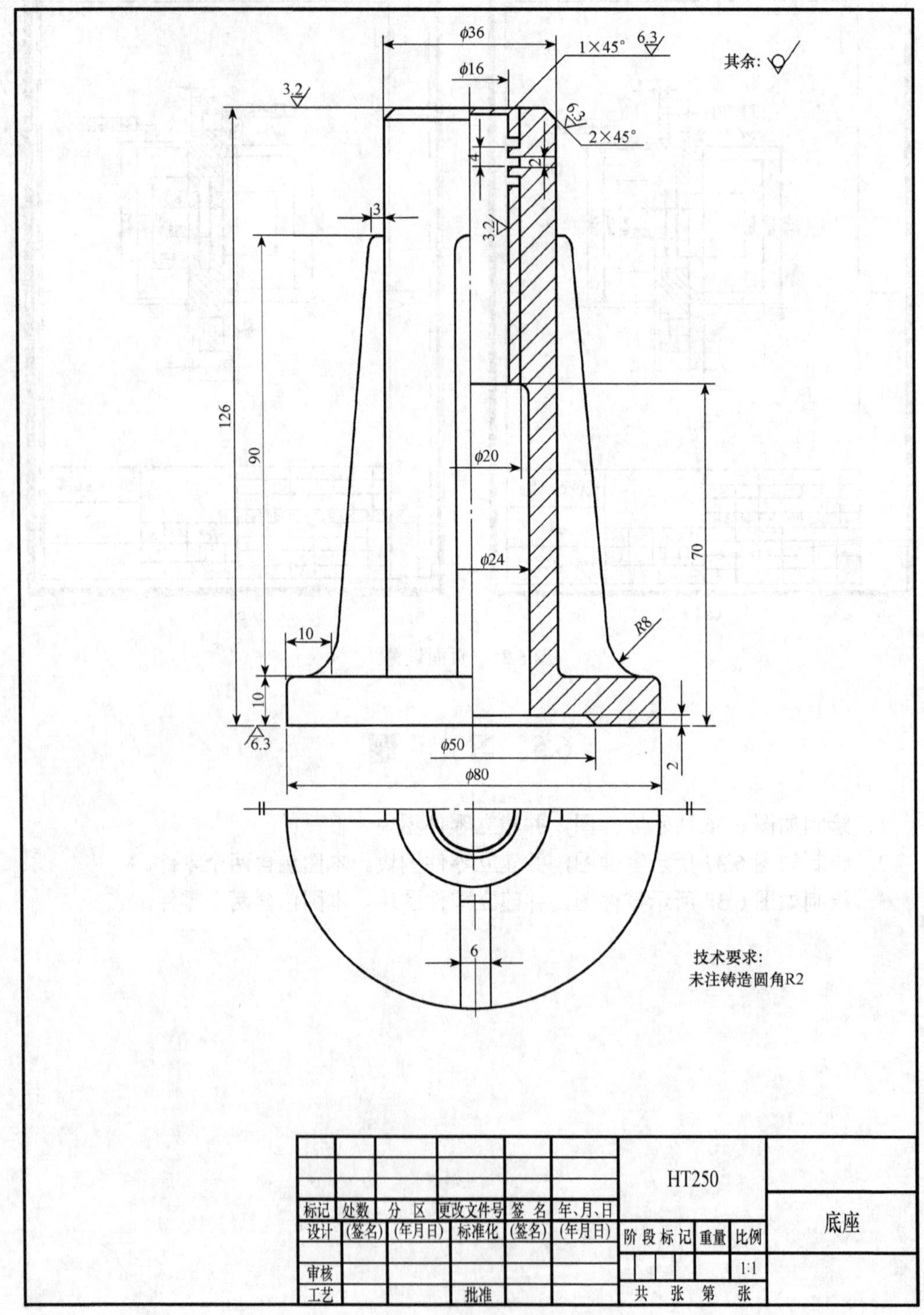
φ36
1×45°
6.3
其余:
φ16
3.2
6.3
2×45°
4
2
3
3.2
126
90
φ20
70
φ24
R8
10
10
6.3
φ50
2
φ80
6
技术要求:
未注铸造圆角R2
HT250
标记 处数 分 区 更改文件号 签 名 年、月、日
设计 (签名) (年月日) 标准化 (签名) (年月日)
阶 段 标 记 重量 比例
底座
1:1
审核
工艺
批准
共 张 第 张

图 6.36 图形一

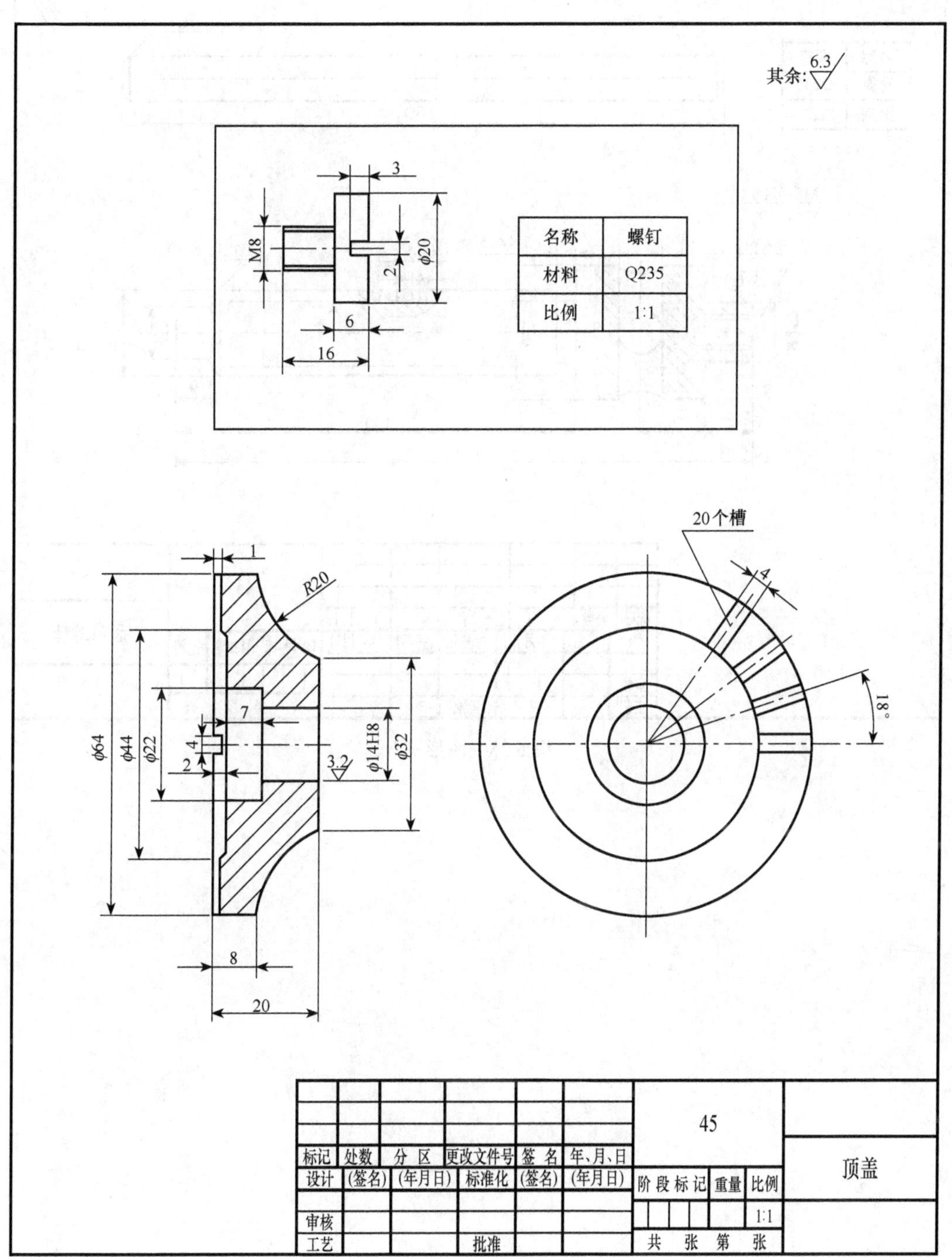
其余: 6.3
3
M8
2
φ20
6
16
名称
螺钉
材料
Q235
比例
1:1
20个槽
1
R20
4
18°
7
φ64
φ44
φ22
4
2
3.2
φ14H8
φ32
8
20
45
标记
处数
分 区
更改文件号
签 名
年、月、日
设计
(签名)
(年月日)
标准化
(签名)
(年月日)
阶 段 标 记
重量
比例
顶盖
1:1
审核
工艺
批准
共 张 第 张

图 6.37 图形二

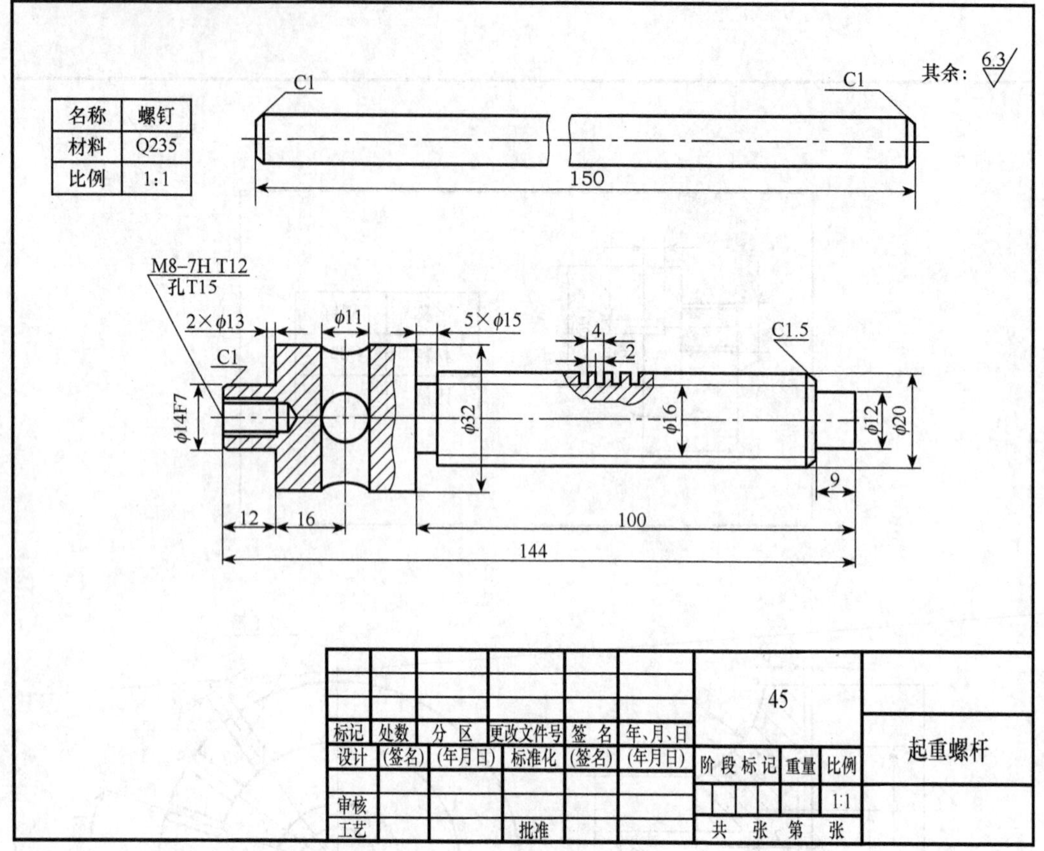
其余: 6.3
C1
C1
名称 螺钉
材料 Q235
比例 1:1
150
M8-7H T12
孔T15
2×ϕ13
ϕ11
5×ϕ15
4
2
C1.5
C1
ϕ14F7
ϕ32
ϕ16
ϕ12
ϕ20
9
12
16
100
144
45
标记 处数 分 区 更改文件号 签 名 年、月、日
设计 (签名) (年月日) 标准化 (签名) (年月日)
阶 段 标 记 重量 比例
1:1
审核
工艺 批准
共 张 第 张
起重螺杆

图 6.38 图形三

第 7 章

装配图绘制

能力目标：了解装配图绘制的一般步骤；掌握零件明细表的建立方法；掌握零件序号的标注方法。学习根据零件图块拼装成装配图的方法；同时，了解 AutoCAD 设计中心的使用。

7.1 零 件 装 配

上一章中绘制了 8 个零件的零件图，并建立了各自的零件图块，本案例中要利用这些零件图块完成装配图的绘制，如图 7.1 所示。

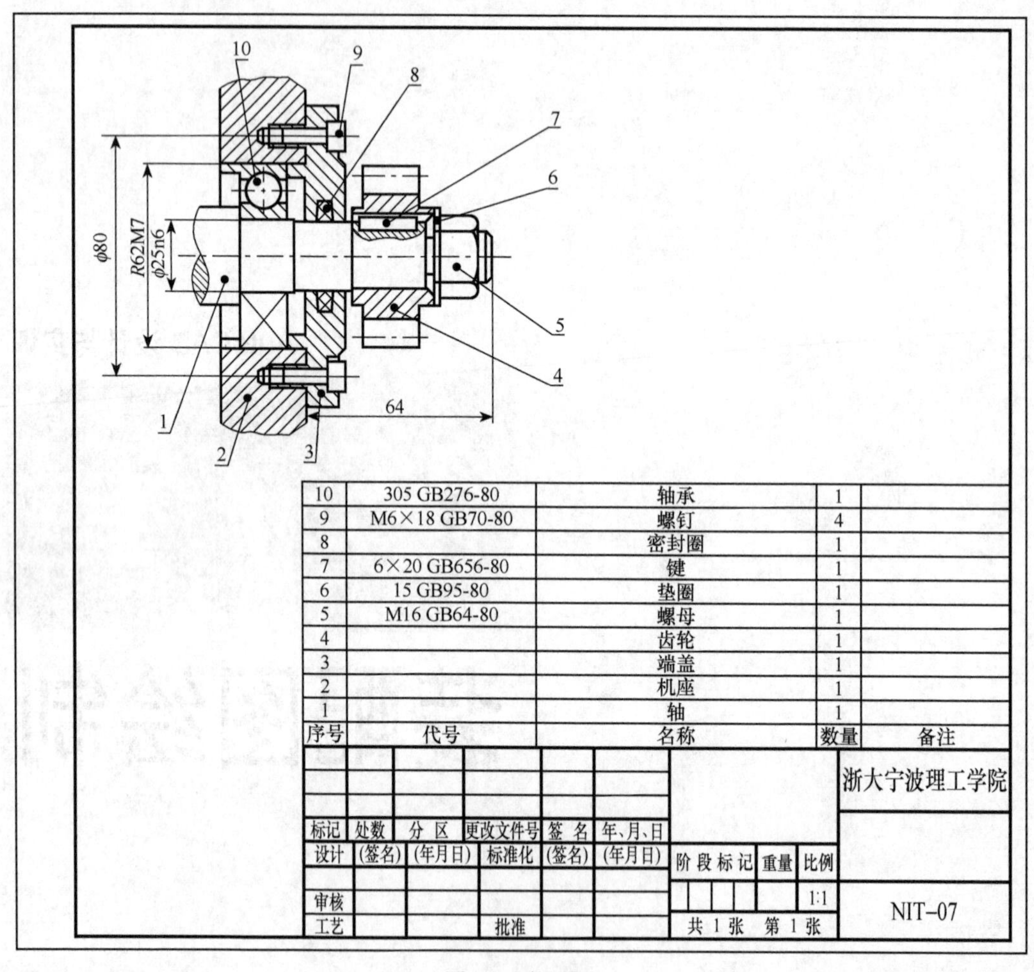

序号	代号	名称	数量	备注
10	305 GB276-80	轴承	1	
9	M6×18 GB70-80	螺钉	4	
8		密封圈	1	
7	6×20 GB656-80	键	1	
6	15 GB95-80	垫圈	1	
5	M16 GB64-80	螺母	1	
4		齿轮	1	
3		端盖	1	
2		机座	1	
1		轴	1	

图 7.1 装配图

7.1.1 选择图纸

1．绘图界限

由于装配图的内容较多，使用的图纸型号不能与零件图一样。根据装配图的内容，本案例选用国标 A3 图纸，绘图界线设定为左下角点（0，0），右上角点（420，297）。

如果已经自行制作了所有国家标准图号的样板文件，可以直接调用国标 A3（横放）的图形样板。

也可以在上一章制作的 A4（横）图形样板的基础上，重新绘制图纸边界线和图框、标题栏完成国标 A3（横）样板的制作。图框尺寸如图 7.2 所示。

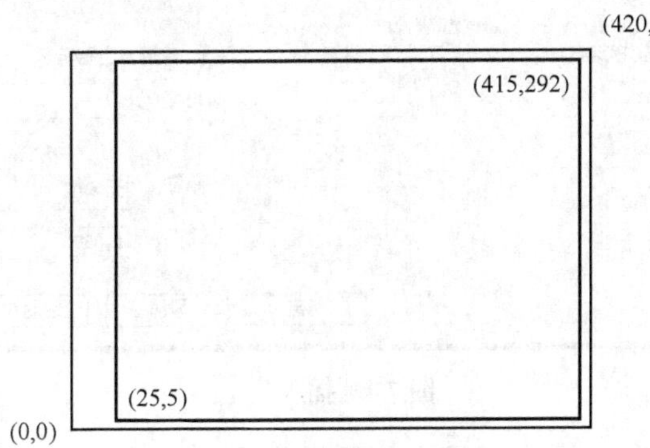

图 7.2 国标 A3 图纸的图框尺寸

2. 插入标题栏

装配图的标题栏可以借用零件图的标题栏。插入标题栏图块，并填写各项内容，结果如图 7.3 所示。

									浙大宁波理工学院
标记	处数	分 区	更改文件号	签 名	年、月、日				局部装配图
设计	(签名)	(年月日)	标准化	(签名)	(年月日)	阶 段 标 记	重量	比例	
审核								1∶1	NIT-07
工艺			批准			共 1 张 第 1 张			

图 7.3 装配图标题栏

7.1.2 插入机座图块

根据装配关系，其他零件的安装都围绕着轴进行，但轴需要安装在机座孔内。因此，先调用机座轴图块并将其插入到图纸中。

1. 绘制装配轴线

设置“中心线”图层为当前层，在图中适当位置绘制轴线，这就是装配轴线。轴、端盖、机座上的孔、齿轮等大部分零件的轴线都与这条轴线重合。

2. 插入机座

选择【插入】命令，弹出如图 7.4 所示的【插入】对话框，在对话框中单击【浏览】

按钮，选择外部图块。如图 7.5 所示，找到外部图块——机座，单击【打开】按钮。

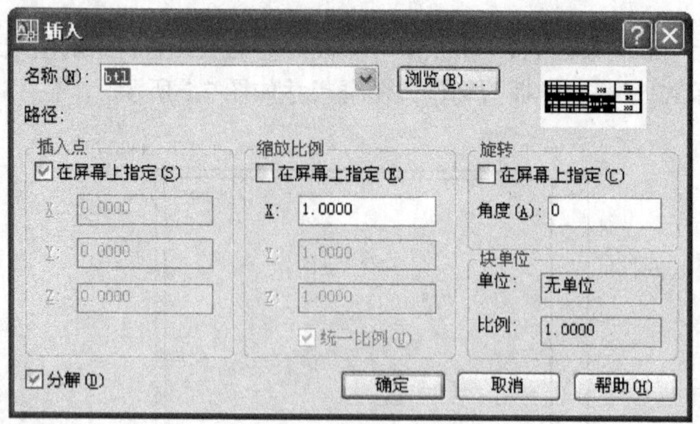

图 7.4　插入

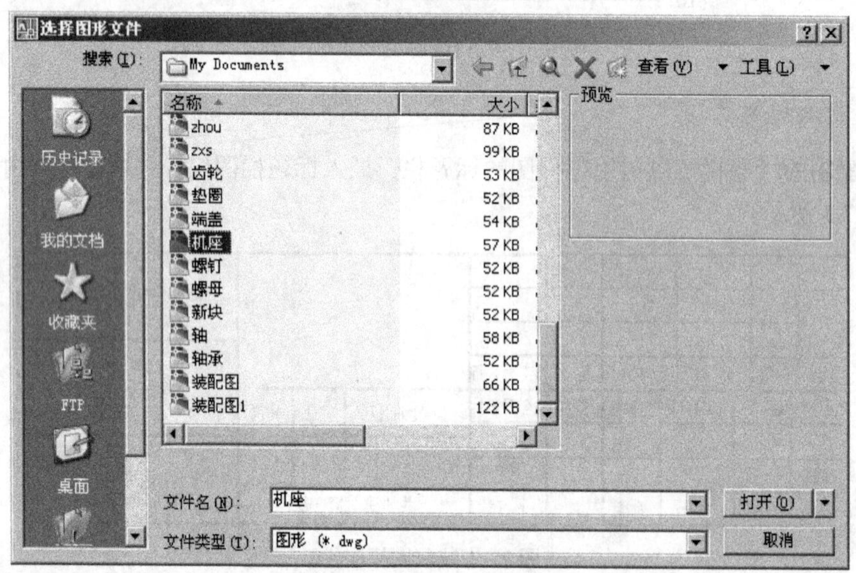

图 7.5　选择外部图块

回到【插入】对话框，按图 7.4 设定参数，选中【分解】复选框，然后单击【确定】按钮。使用 nea 最近点捕捉方式，确保把机座图块的插入点置于中心线上，如图 7.6（a）所示。

7.1.3　插入其他零件图块

1. 插入轴

插入轴图块，插入基准点如图 7.6（b）所示。

2. 插入轴承

插入轴承图块，插入基准点如图 7.7（a）所示。

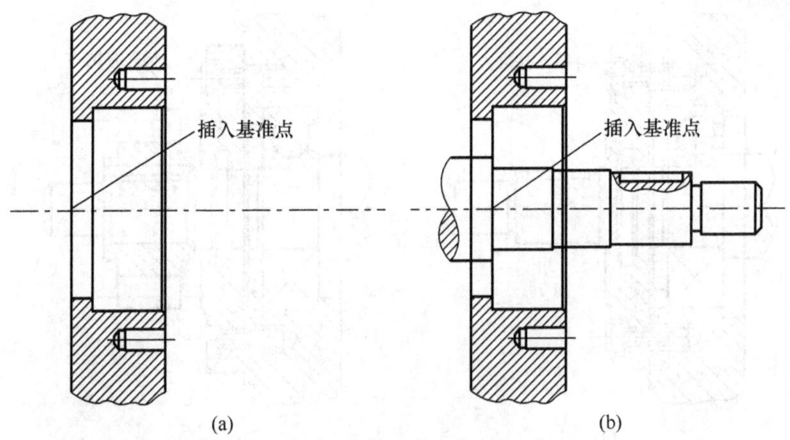

图 7.6 插入机座和轴

3. 插入端盖

插入端盖图块，插入基准点如图 7.7（b）所示。

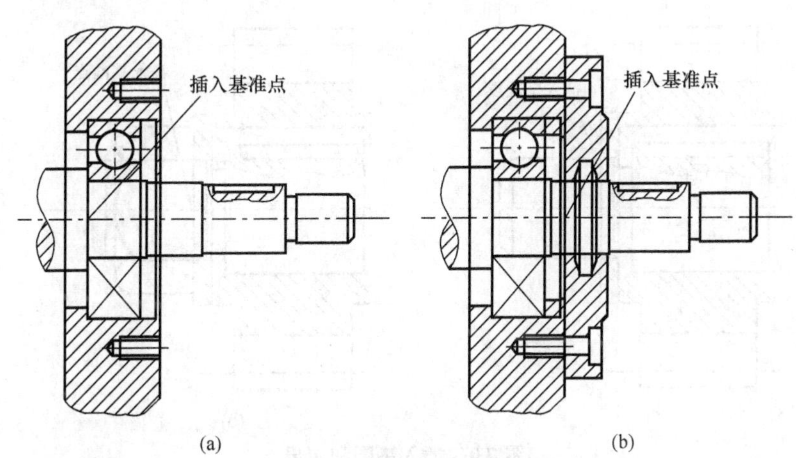

图 7.7 插入轴承和端盖

4. 插入螺钉

插入上下两个螺钉图块，插入基准点如图 7.8（a）所示。由于机座上螺钉孔的中心线不够长，如图 7.7（b）所示，因此，需要延长这两条中心线，使中心线超出端盖的右端以确定螺钉的插入基点。

5. 插入齿轮

插入齿轮图块，插入基准点如图 7.8（b）所示。

6. 插入垫圈

插入垫圈图块，插入基准点如图 7.9（a）所示。

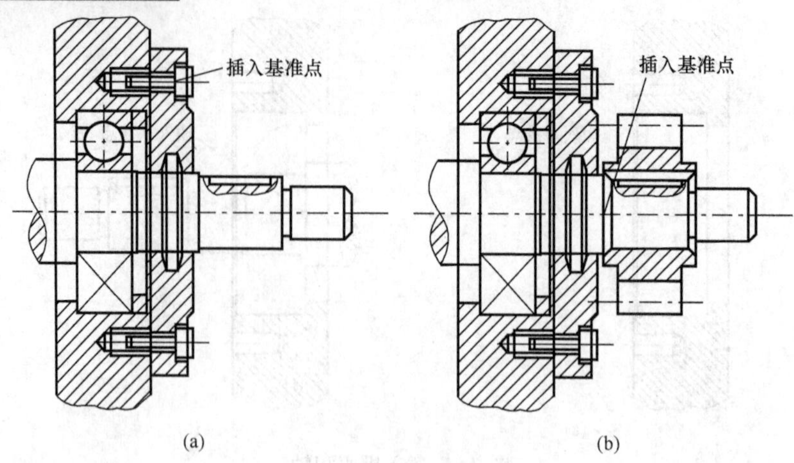

图 7.8　插入螺钉和齿轮

7. 插入螺母

插入螺母图块，插入基准点如图 7.9（b）所示。注意图块插入时角度为 270°。

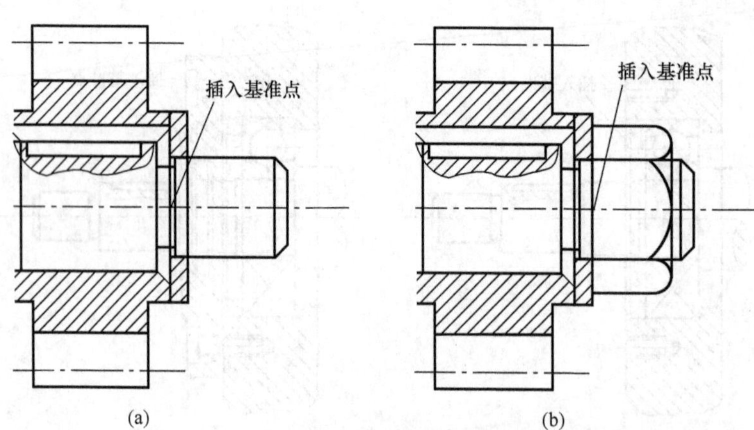

图 7.9　插入垫圈和螺母

至此，所有零件装配完毕，结果如图 7.10 所示。

7.1.4　修整装配图

如图 7.10 所示的总装配图仅仅把各零件图块叠加起来。在剖视图中，由于轴类零件不剖，所以轴零件会把其他零件的轮廓线挡住，因此需要作修剪等处理。

1. 修剪处理

由于在插入各零件图块时选中了【分解】复选框，所以插入的零件图块已被分解，可以直接进行修剪处理。

如果插入零件图块时未选中【分解】复选框，则在修剪处理前应该用 explode 命令把各个零件图块分解处理。

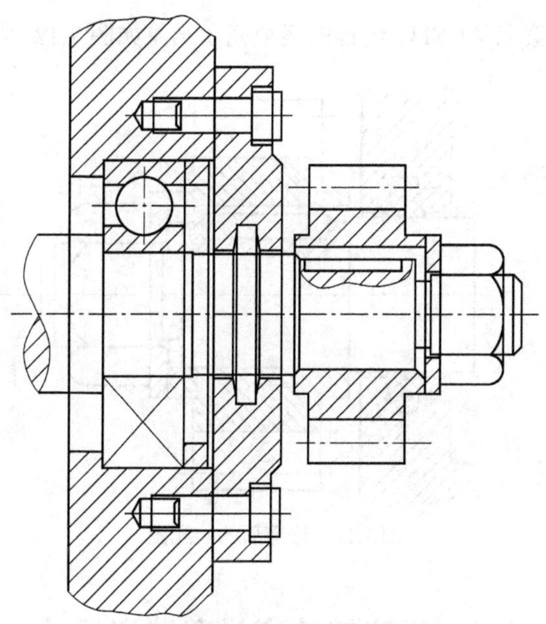

图 7.10　零件装配总图

对装配图中的重叠部分进行修剪或删除处理，结果如图 7.11 所示。

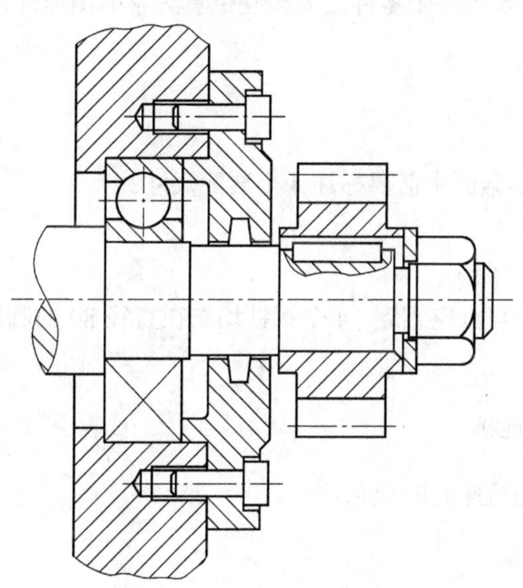

图 7.11　修剪后的装配图

2. 添加零件——键

齿轮与轴之间需要键连接。如图 7.12 所示，在轴的键槽中绘制键。

3. 绘制密封圈

机座与轴之间需要通过橡胶密封圈防止机油泄漏，用网状线表示橡胶材料，可以在密封圈的区域内用图案名 ANSI37 进行图案填充。结果如图 7.12 所示。

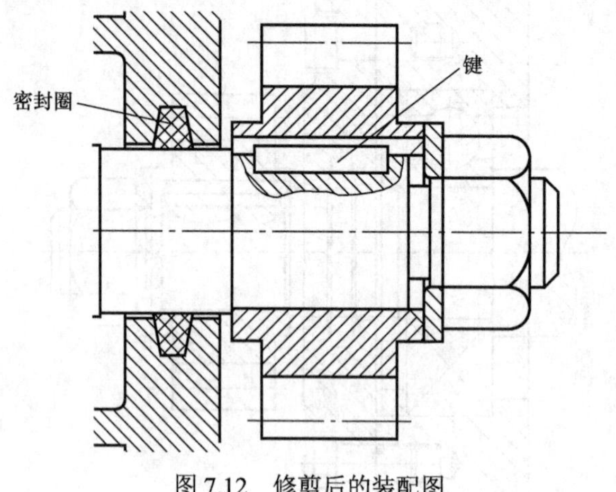

图 7.12 修剪后的装配图

7.2 标注零件序号和装配尺寸

在装配图中，除了表示各个零件之间相互位置关系的图形外，还需要标注装配尺寸和零件序号。

7.2.1 标注装配尺寸

如图 7.13 所示，本案例中需要标注 4 个装配尺寸。

1. 螺钉连接

端盖通过 4 个螺钉与机座相连。4 个螺钉均布在直径 80 的圆周上，因此，需要标注直径 80 这个尺寸。

2. 轴承与机座的连接

标注轴承的外圈与机座孔的配合尺寸。

3. 轴与轴承的连接

标注轴与轴承内圈的配合尺寸。由于轴承是标准件，配合尺寸只需标注与它配合零件的公差尺寸。本案例中，轴承外圈与机座孔、轴与轴承内圈等的配合尺寸都属于这种情况。

4. 轴与机座的装配尺寸

标注轴右端面到机座内壁的距离。

7.2.2　标注零件序号

在装配图中必须标出各个零件的序号，如图 7.13 所示。利用引线命令能够完成零件序号的标注。

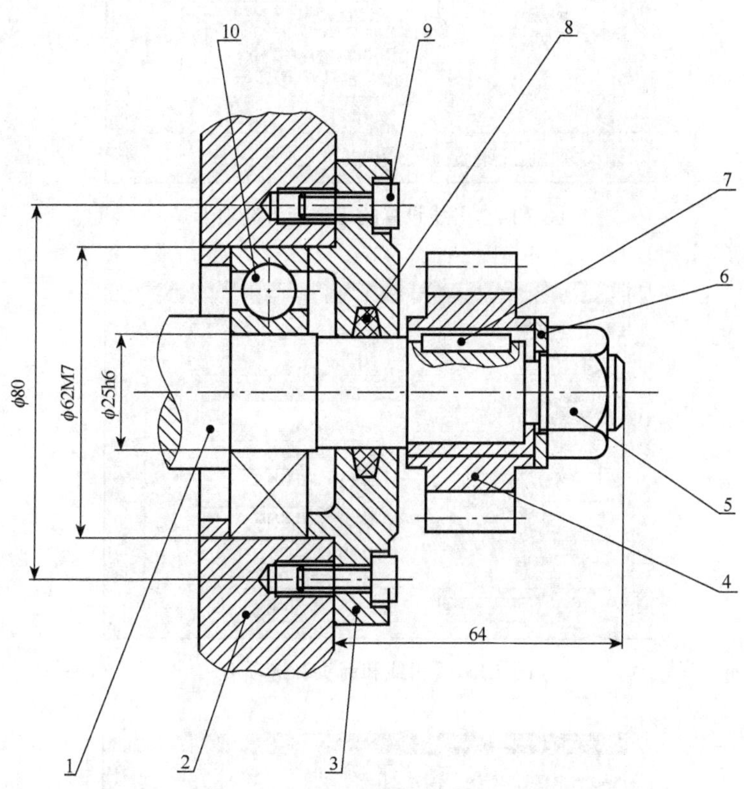

图 7.13　标注装配尺寸和零件序号

1. 引线设置

用引线命令进行零件序号标注，必须对引线进行设置，操作步骤如下。

命令：_qleader。
指定第一个引线点或［设置（S）］<设置>：按回车键。

在执行引线命令后直接按回车键。就会进入引线设置阶段，弹出【引线设置】对话框，如图 7.14 所示。

1）在【注释】选项卡中选择注释类型为多行文字。

2）单击【引线和箭头】标签，选择箭头类型为小圆点，设定引线点数为 3，如图 7.15 所示。

3）单击【附着】标签，选中【最后一行加下划线】复选框，如图 7.15 所示。

然后可以开始标注。

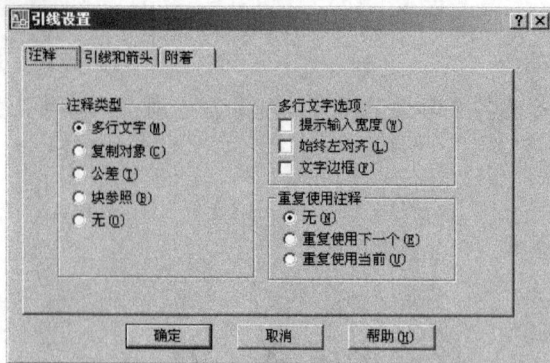

图 7.14　引线设置的【注释】选项卡

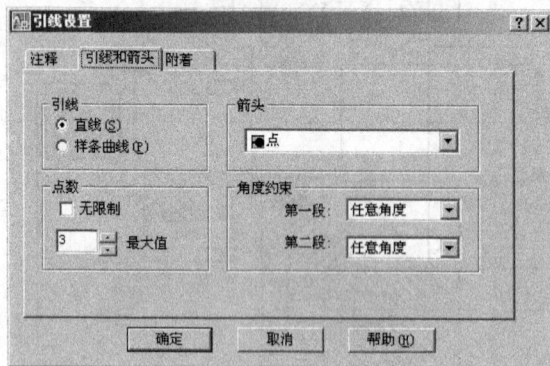

图 7.15　【引线和箭头】选项卡

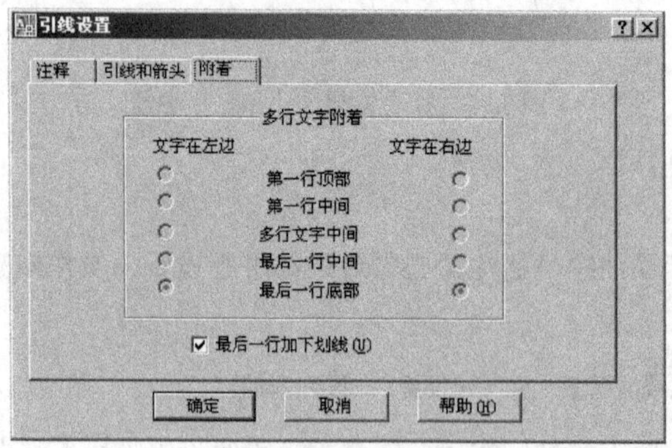

图 7.16　【附着】选项卡

2．引线标注

在【引线设置】对话框中单击【确定】按钮，完成引线设置，接着提示后续的引线标注。由于设定了引线点数为 3，因此需要回答引线的三个顶点。以螺母为例，继续操作如下。

指定第一个引线点或［设置（S）］<设置>：（单击选中螺母内一点 p1）

指定下一点：（单击选中点 p2）

指定下一点：0.1（确定第三点）

输入注释文字的第一行 <多行文字（M）>：5

输入注释文字的下一行：（按回车键，结束命令）

引线标注结果如图 7.17（a）所示。

按照国家标准，零件序号标注应如图 7.17（a）所示，而不是如图 7.17（b）所示，这就要求点 p3 与点 p2 非常接近，但不能重合。因此，在指定第三点时，输入了数字 0.1，能使点 p3 与点 p2 非常接近，注意不能输入数值 0。

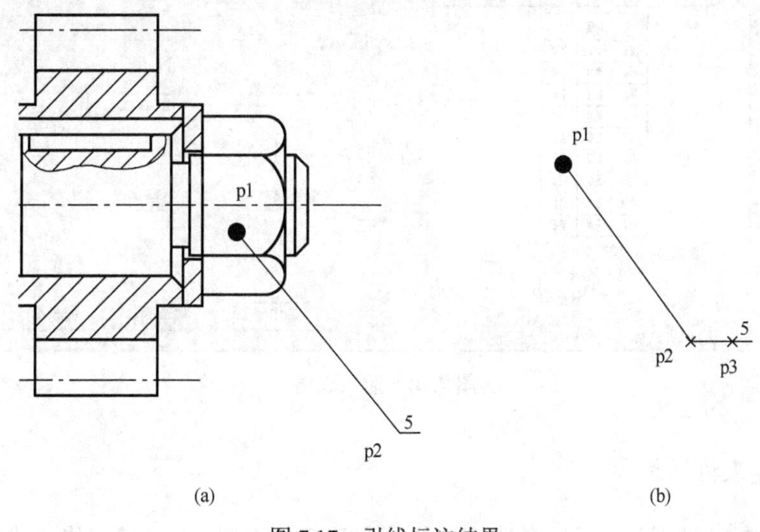

图 7.17 引线标注结果

3. 完成所有零件序号的标注

如图 7.13 所示，完成 10 个零件的序号标注，注意零件序号要按顺序排列，同时应该使标注的零件序号在同一水平线和垂直线上。

7.3 零件明细表绘制

在装配图中还要包含一张反映所有装配零件信息的明细表。使用表格命令能方便地插入零件明细表。

7.3.1 插入表格

1. 表格命令

选择表格命令，可以有以下方法。

① 在菜单栏中选择【绘图 | 表格】命令。

② 在命令行输入 table。

③ 在绘图工具栏中单击 按钮。

执行表格命令后弹出【插入表格】对话框，如图 7.18 所示。系统只有一种 Standard 表格样式，绘制零件明细表需要建立新的表格样式。

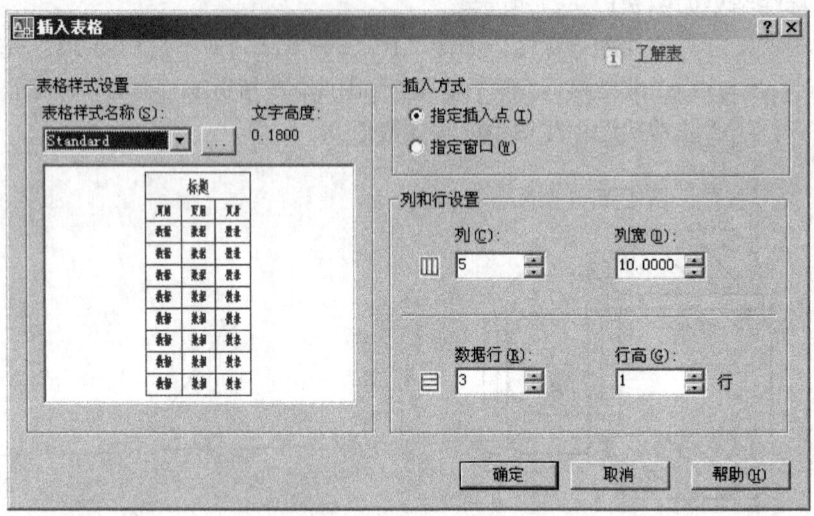

图 7.18 插入表格

2. 新建表格样式

在如图 7.18 的对话框中，单击表格样式名称后的按钮，进入【表格样式】对话框如图 7.19 所示。单击【新建】按钮，新建表格样式。

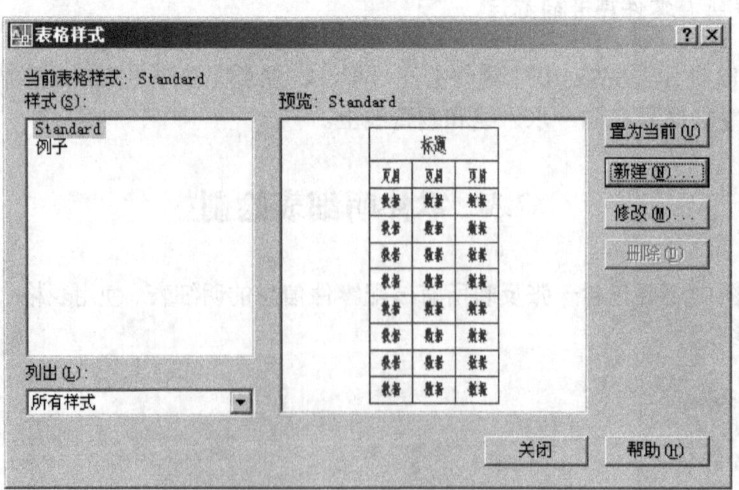

图 7.19 表格样式

在打开的如图 7.20 所示的对话框中输入新样式名“明细表”，选择基础样式为 Standard，单击【继续】按钮。

图 7.20　新建表格样式

在弹出的【新建表格样式：明细表】对话框中有三张选项卡。

首先单击【数据】标签，如图 7.21 所示。按图示内容设定各项参数。

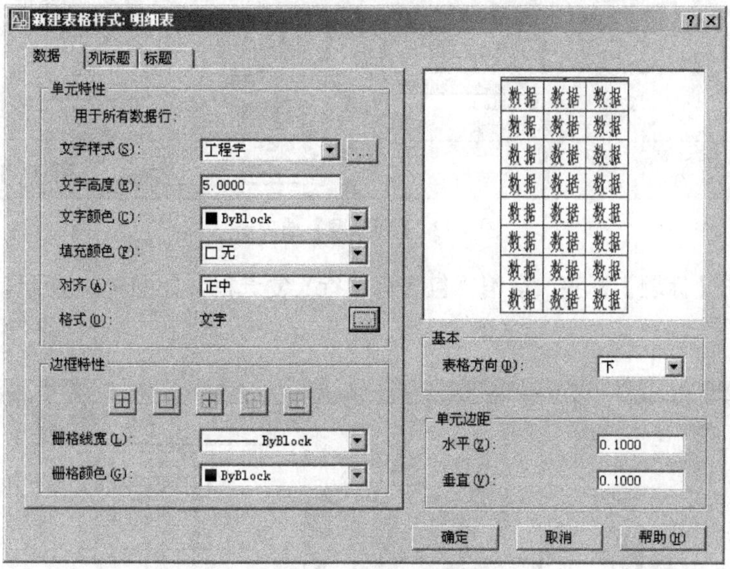

图 7.21　【数据】选项卡

在【单元特性】选项区域的【格式】右侧有一选择按钮，单击该按钮，在打开的对话框中选择数据类型为“文字”，如图 7.22 所示，单击【确定】按钮返回。

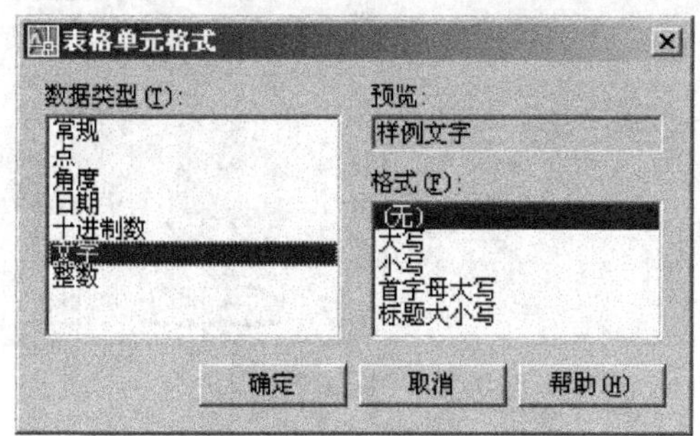

图 7.22　选择数据类型

然后单击【列标题】标签，如图 7.23 所示设定各项内容。

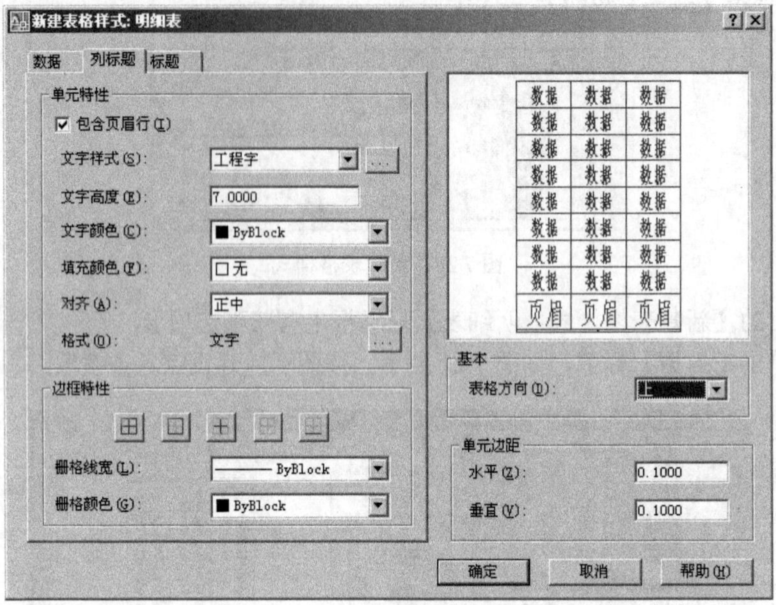

图 7.23 【列标题】选项卡

最后单击【标题】标签，取消“包含标题行”复选框，如图 7.24 所示，表示不包含标题行。

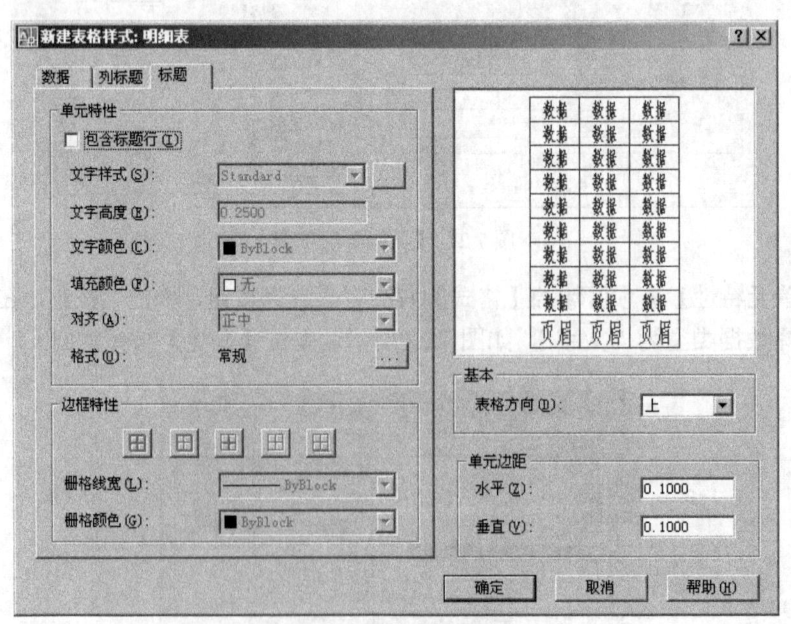

图 7.24 【标题】选项卡

单击【确定】按钮完成“明细表”表格样式的新建，同时返回到【表格样式】对话框，如图 7.25 所示的。把“明细表”列为当前样式。单击【关闭】按钮。

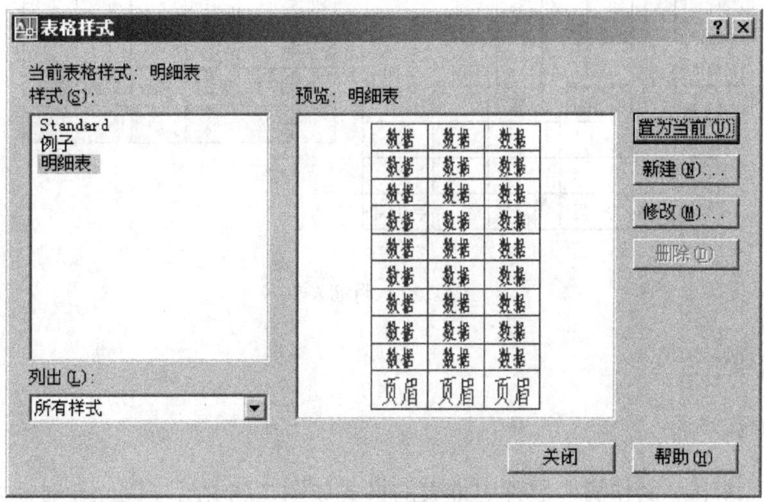

图 7.25 “明细表”表格样式

3. 插入明细表

在新建好“明细表”表格样式并设为当前表格样式后，退回到如图 7.26 所示的【插入表格】对话框，选择表格样式为“明细表”，列数和行数分别为 5 和 3。单击【确定】按钮，把表格插入到图中的标题栏上方。

表格的左下角点为插入基准点，把基准点对准标题栏的左上角点，明细表插入后的结果如图 7.27（a）所示。在 3 行 5 列的表格外分别列出行号和列标，类似 Microsoft Excel 电子表格，同时显示文字格式工具栏以方便文字编辑。

光标的起始位置在第一行、第 A 列，输入序号，然后把光标移动到第一行、第 B 列，依次输入各项内容，如图 7.27（b）所示。

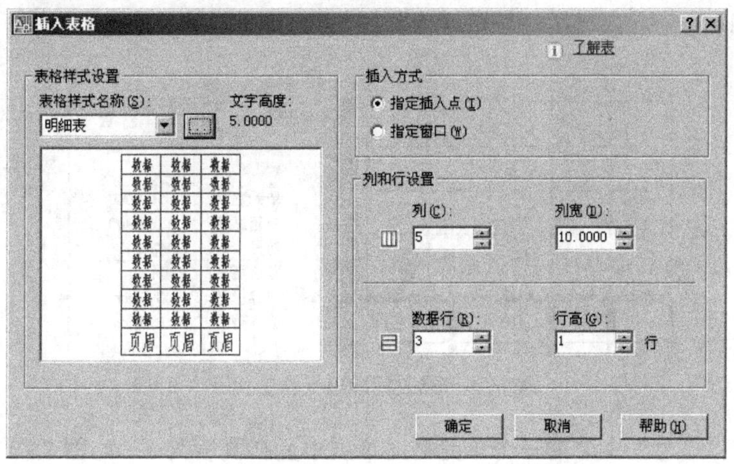

图 7.26 插入明细表

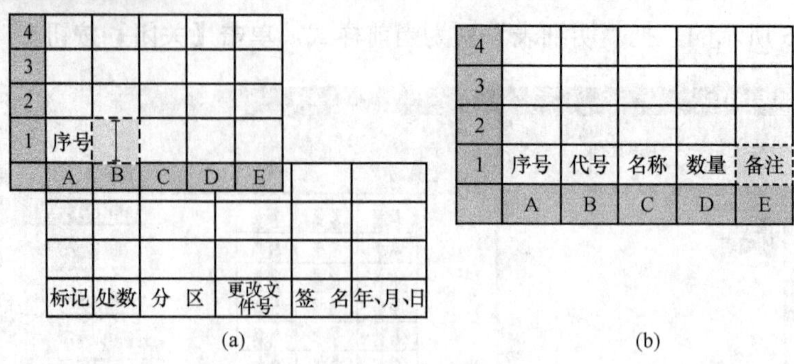

图 7.27 明细表

7.3.2 编辑明细表

1. 明细表格式

参考国家标准，制作简明零件明细表的格式如图 7.28 所示。因此要对插入的明细表的行高和列宽进行修改。

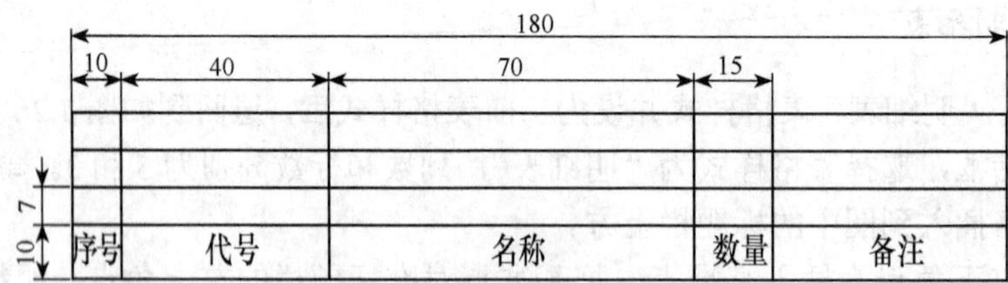

图 7.28 简明零件明细表

2. 编辑明细表

1）如图 7.29 所示，选中“序号”单元格，对它进行特性编辑，设置单元格的高度和宽度都为 10。

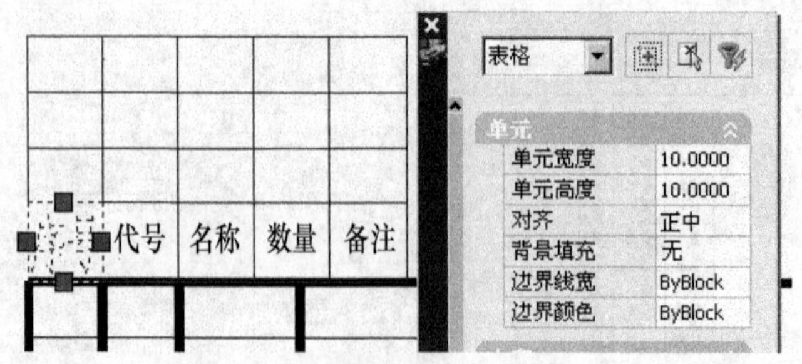

图 7.29 修改标题单元格的尺寸

2）选中“序号”上方的三个单元格，设置单元格高度为 7。如图 7.30 所示。

3）如图 7.31 所示，选择“代号”这一列，根据国家标准设置单元格宽度为 40。

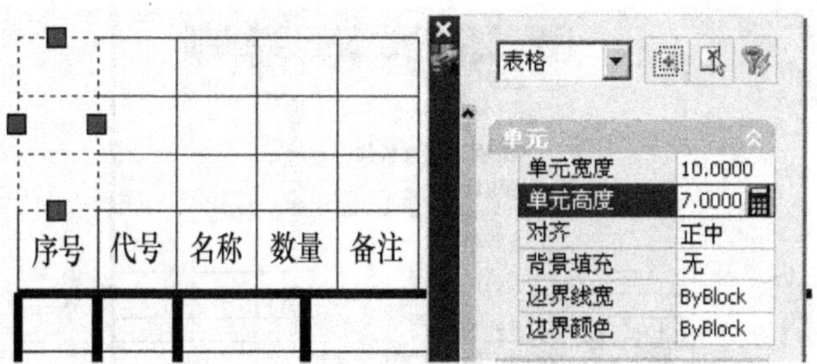

图 7.30　修改单元格的尺寸

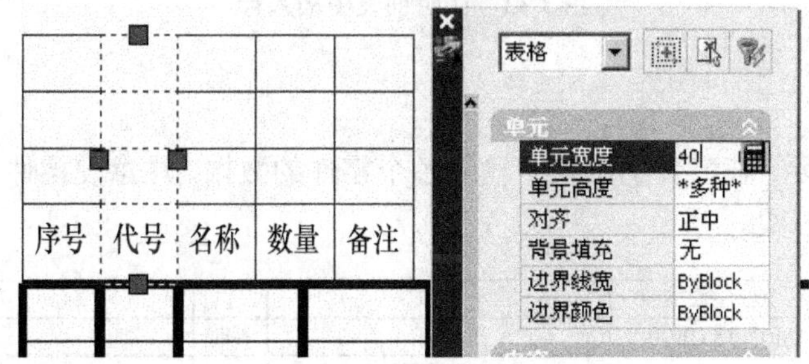

图 7.31　修改单元格的尺寸

4）按图 7.27 的明细表尺寸，设置好其他各列的单元格宽度。

最终结果如图 7.32 所示。

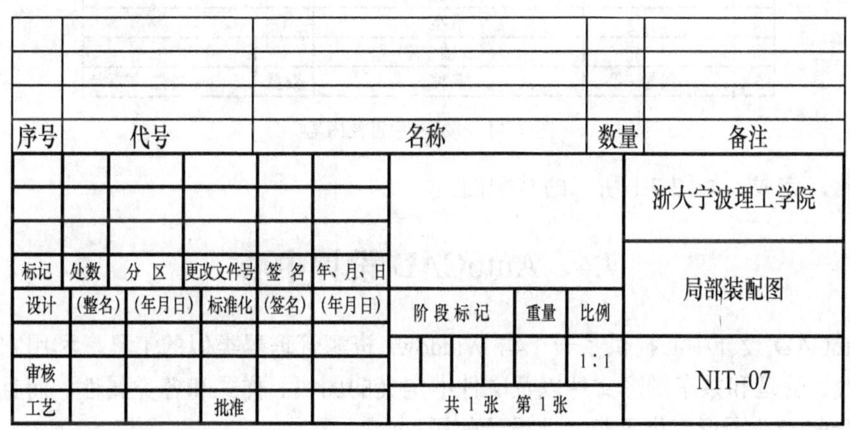

序号
代号
名称
数量
备注
浙大宁波理工学院
标记
处数
分 区
更改文件号
签 名
年、月、日
设计
(签名)
(年月日)
标准化
(签名)
(年月日)
阶 段 标 记
重量
比例
局部装配图
1∶1
审核
NIT–07
工艺
批准
共 1 张　第 1 张

图 7.32　简明明细表

3. 插入行

零件明细表要把装配图中的所有零件数据列出，因此需要增加明细表的行数。

选中明细表中任一个单元格，右击，弹出快捷菜单，如图 7.33 所示。在菜单中选择【插入行 | 上方】命令，即可像 Microsoft Word 中的表格一样插入一行。

重复插入行的操作，使明细表中能输入 10 个零件的数据。

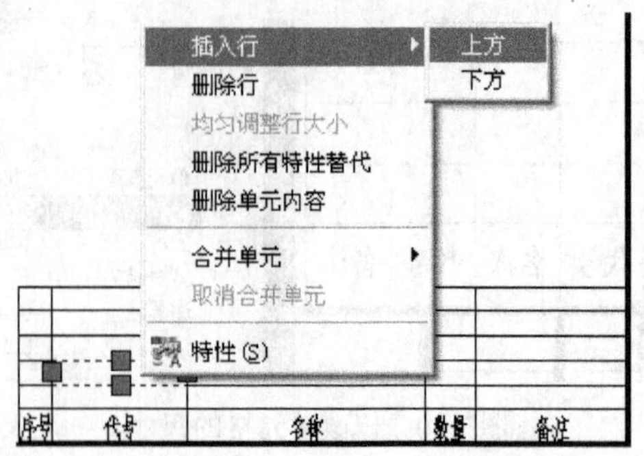

图 7.33　在明细表中插入行

4. 输入内容

如图 7.34 所示，在零件明细表中输入各个零件的数据，注意使零件序号与装配图中标注的零件序号一致。

序号	代号	名称	数量	备注
10	305 GB276-80	轴承	1	
9	M6×18 GB70-80	螺钉	4	
8		密封圈	1	
7	6×20GB1565-80	键	1	
6	15 GB95-80	垫圈	1	
5	M16 GB54-80	螺母	1	
4		齿轮	1	
3		端盖	1	
2		机座	1	
1		轴	1	

图 7.34　填写明细表内容

至此，完成了如图 7.1 所示的装配图。

7.4　AutoCAD 设计中心

AutoCAD 设计中心提供了一个与 Windows 资源管理器类似的工具，利用它可以浏览、查找、管理和共享图形文件以及文件中定义的图块、样式和各类属性，而且设计中心带有一些专业图形库供各类专业设计使用。

7.4.1　打开设计中心

打开设计中心，可以有以下方法。

① 在菜单栏中选择【工具 | 选项板 | 设计中心】命令。

② 在命令行输入 adcenter。

③ 在标准工具栏中单击 ▦ 按钮。

执行设计中心命令，弹出设计中心窗口，如图 7.35 所示。

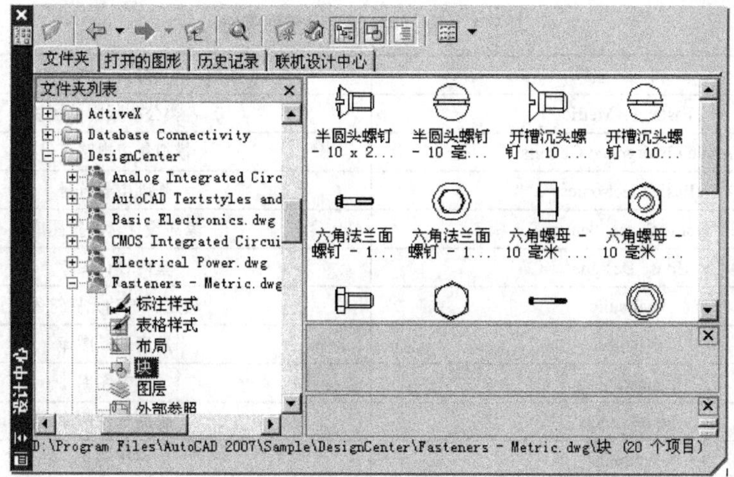

图 7.35 设计中心

7.4.2 调用设计中心的资源

如图 7.35 所示，在设计中心窗口左边的【文件夹列表】窗格中找到 DesignCenter\Fasteners 目录，单击【块】项，在右边显示了该文件中的所有紧固件图块。这些图块可以直接插入到图纸中。

如图 7.36 所示，单击选中“半圆头螺钉”图块，在下方的窗口中显示该图块的放大图，右击弹出快捷菜单，选择【插入】命令，就能把该图块插入到图中。

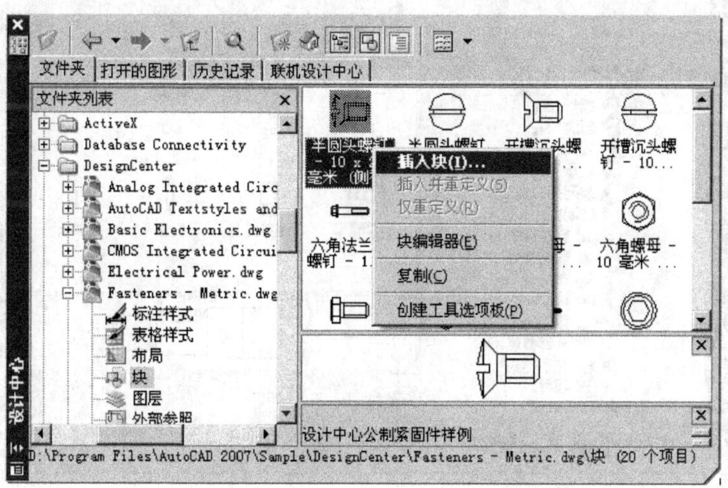

图 7.36 调用设计中心的图块

7.4.3 设计中心的资源说明

表 7.1 列举了 DesignCenter 目录下的几个实用的专业设计图库。

在 Dynamic Blocks 目录下也有许多专业图块库，在此不一一列举。

表 7.1 设计中心常用资源列表

目　录	内　容
Fasteners-Metric	各类公制紧固件图块
Analog Intergrated Circuits	模拟集成电路符号
Basic Electronics	基础电子符号
Home-Space Planner	家居设计、布置图库
House Designer	室内设计图库
Hydraulic	液压、气动元件符号
Kitchen	厨房用具图库
Landscaping	园艺图库
Pipe Fittings	管路配件图库
Welding	焊接符号

7.4.4 使用图形文件的资源

在前面已经绘制了一些零件图，建立了许多图块，通过设计中心能方便地找到这些资源并加以利用。

如图 7.37 所示，在文件夹列表中找到绘制好的图形文件“装配图 1.dwg”，并选中【块】项，在右边的窗口中列出了该图中建立的所有图块。这些图块就能方便地插入到当前的图中。

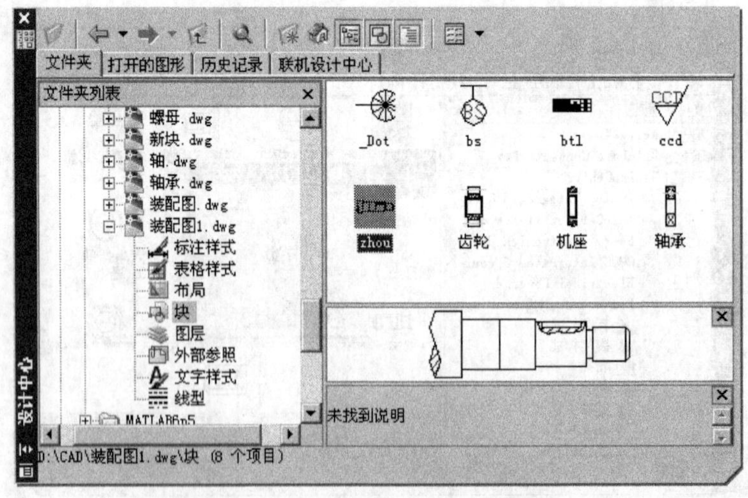

图 7.37 调用已有图形文件中的图块

还可以使用打开的图形文件中的图块。如图 7.38 所示，单击【打开的图形】标签，左边窗格中显示了打开的文件 dqtu.dwg，选中【块】项，右边窗口中列出了本图形文件中的所有图块以供调用。

AutoCAD 设计中心提供了许多资源，给专业设计工作带来了许多方便。

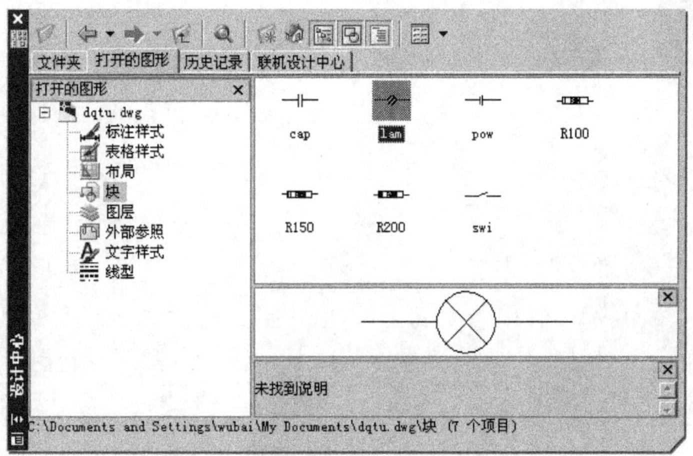

图 7.38 调用打开的图形文件中的图块

7.5 习　题

利用上一章建立的零件图块，绘制如图 7.39 所示装配图。

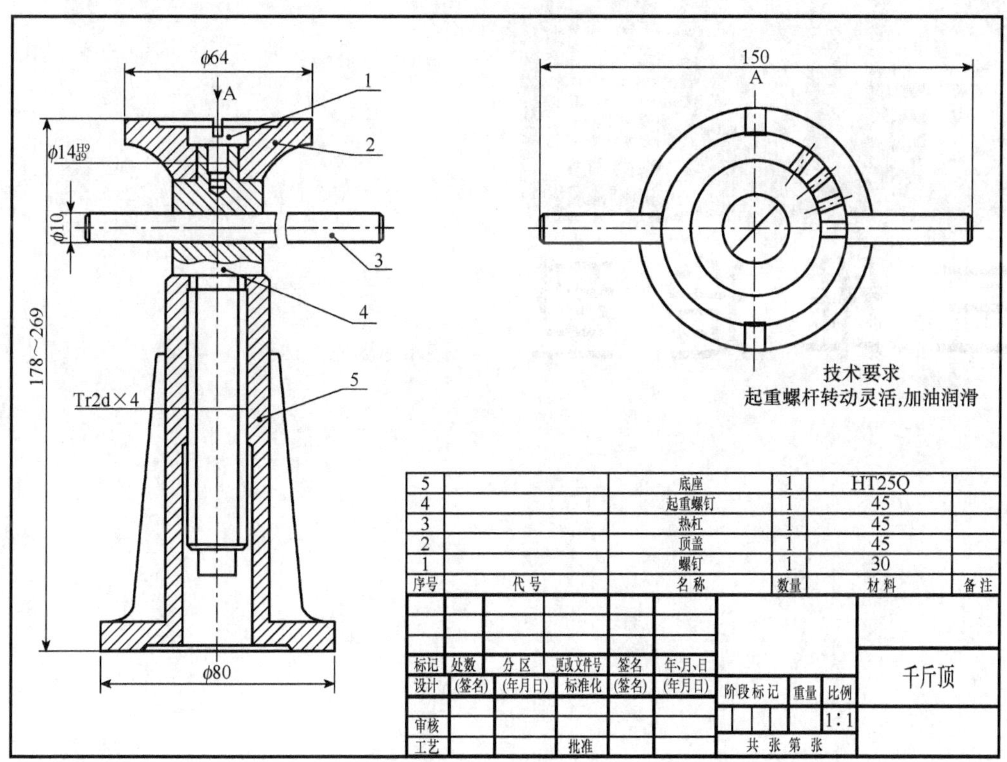

序号	代号	名称	数量	材料	备注
5		底座	1	HT25Q	
4		起重螺钉	1	45	
3		热杠	1	45	
2		顶盖	1	45	
1		螺钉	1	30	

标记	处数	分区	更改文件号	签名	年、月、日	阶段标记	重量	比例
设计	(签名)	(年月日)	标准化	(签名)	(年月日)			1:1
审核								
工艺			批准			共 张 第 张		

图 7.39 装配图绘制

第 8 章

三 维 造 型

能力目标：了解模型空间和图纸空间的概念；掌握建立实体和编辑实体的基本方法；掌握各类视点、视图的控制方法；掌握面域的概念以及面域、实体的布尔运算。此外，还需掌握用户坐标系的建立和变换方法，以方便实体的构造和编辑。

8.1 创建圆锥台

8.1.1 在三维建模工作空间建立实体

1. 打开三维建模工作空间

启动 AutoCAD 后，在打开的【工作空间】对话框中选择【三维建模】选项，如图 8.1 所示，单击【确定】按钮。AutoCAD 的三维建模工作空间如图 8.2 所示。

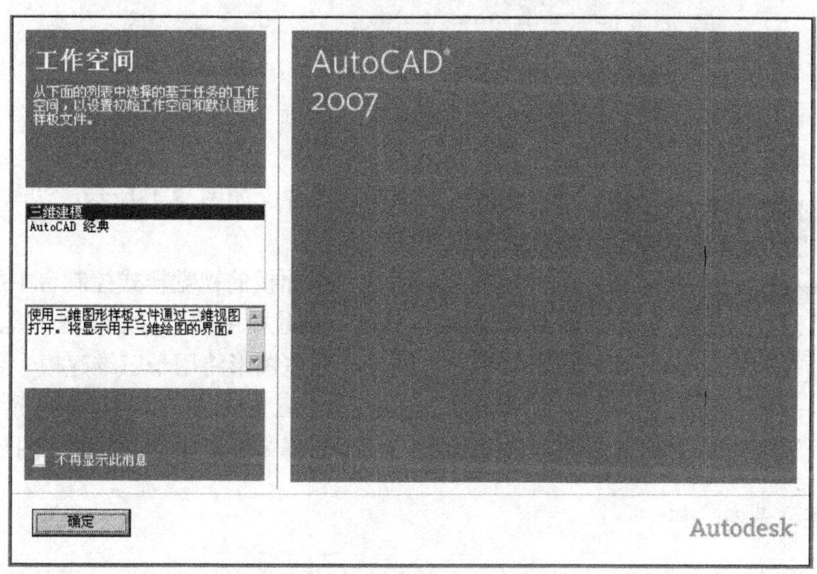

图 8.1 选择三维建模工作空间

AutoCAD 的三维建模工作空间包含了面板和工具选项板。面板中有三维建模中常用的三维制作控制台和三维导航控制台等常用工具，用于三维建模和三维观察。工具选项板用于各类专业设计，如机械、建筑等。

2. 从“AutoCAD 经典”工作空间转到“三维建模”工作空间

“三维建模”和“AutoCAD 经典”这两个空间可以相互切换。如果打开 AutoCAD 后进入了“AutoCAD 经典”工作空间，可以通过两种方法转换到“三维建模”工作空间。

1）在如图 8.3 所示的工作空间工具栏中选择【三维建模】命令。

2）在菜单栏中选择【工具 | 工作空间 | 三维建模】命令。

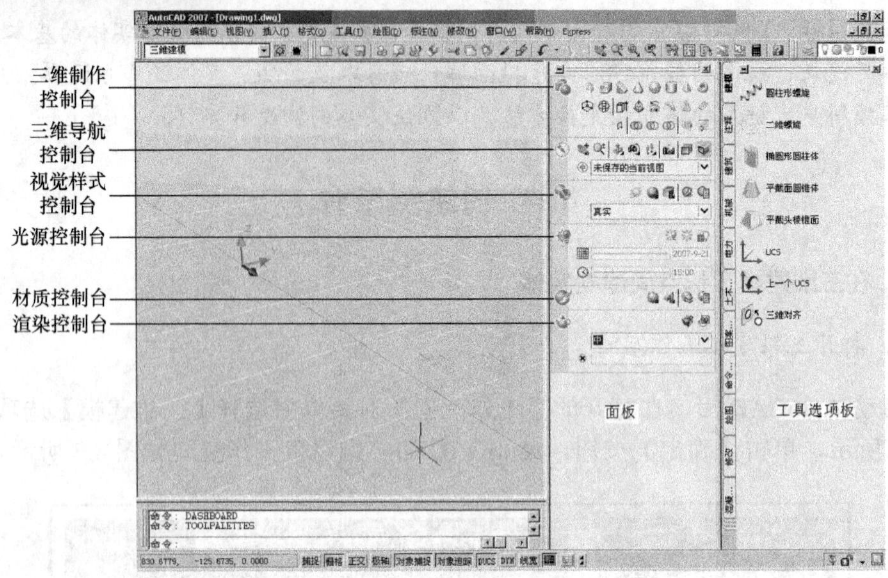

图 8.2 三维建模工作空间

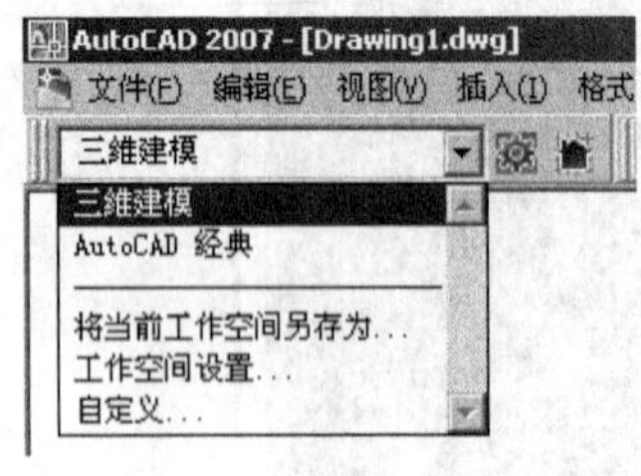

图 8.3 工作空间工具栏

切换工作空间后的界面如图 8.4 所示，这与如图 8.2 所示的界面不同。

如图 8.4 所示，在面板的视觉样式控制台中显示“二维线框”，表示处于三维建模中的“二维线框”模式，主要用来绘制二维图形，这些图形将用于三维建模。

单击【二维线框】下三角按钮，打开如图 8.5 所示的选择框，选择最后一个“真实”模式。此时，界面如图 8.2 所示。

3. 建立基本实体

从三维制作控制台可以创建基本实体造型，包括长方体、圆锥体、圆柱体、球体、圆环体、楔体和棱锥体。这些造型称为实体图元。

也可以从菜单栏选择建模命令，如图 8.6 所示。在本案例中，选择【圆锥体】命令来创建一个圆锥台。如图 8.7 所示，在三维制作控制台单击圆锥按钮，后续操作如下。

```
命令：_cone
指定底面的中心点或 [三点（3P）/两点（2P）/相切、相切、半径（T）/椭圆（E）]：（任选一点）
指定底面半径或 [直径（D）] <0.0000>：300
指定高度或 [两点（2P）/轴端点（A）/顶面半径（T）] <0.0000>：t（设定顶面半径）
指定顶面半径 <0.0000>：80（数值为 0 则创建圆锥）
指定高度或 [两点（2P）/轴端点（A）] <0.0000>：300（圆锥台的高度）
```

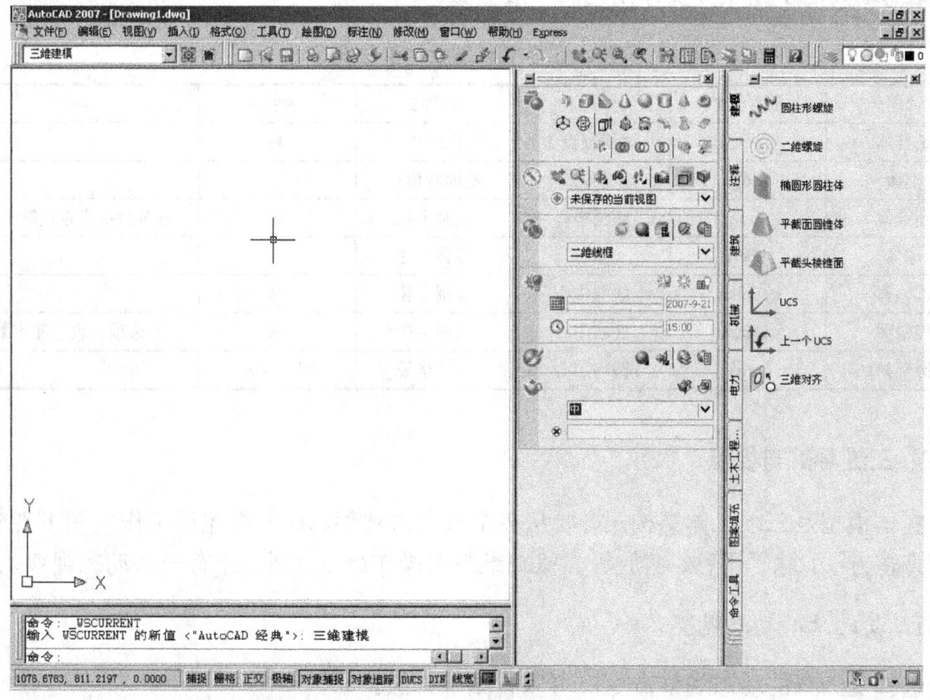

图 8.4 二维线框模式

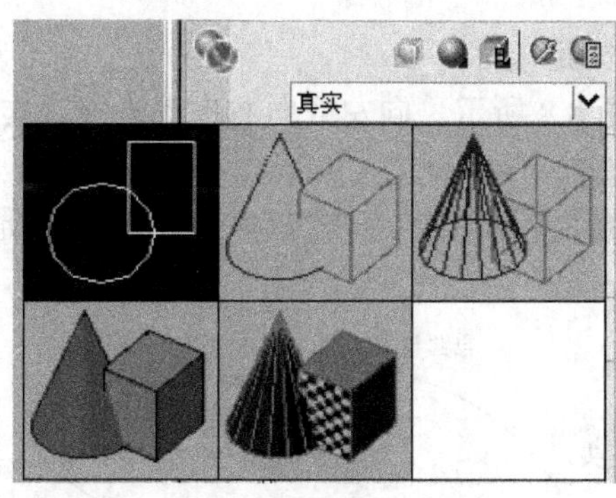

图 8.5 视觉模式选择

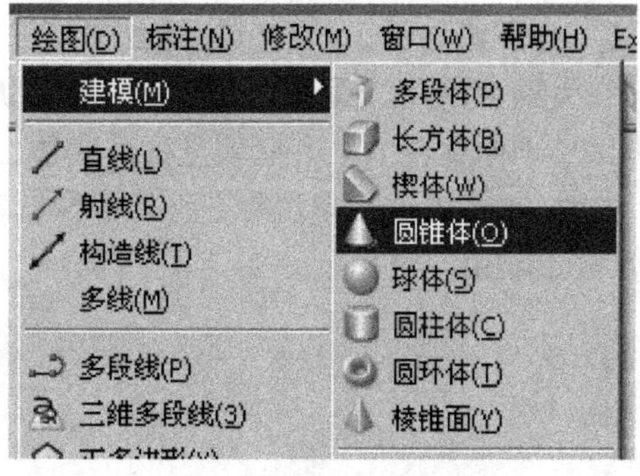

图 8.6 从菜单选择建模命令

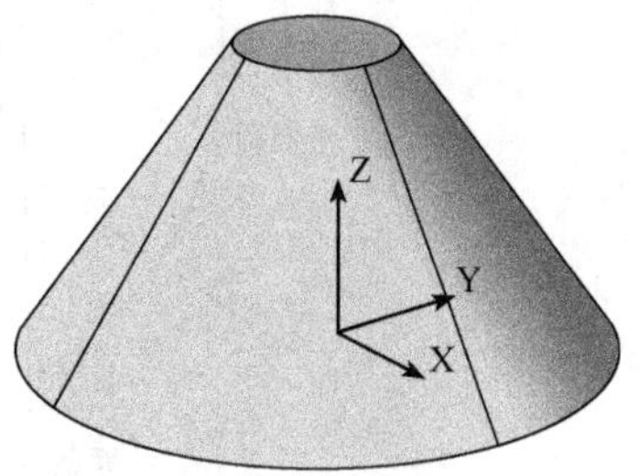

图 8.7 圆锥台

表 8.1 列出了建立各实体图元的一般参数。

表 8.1　各实体图元的参数设定

实体图元	命令名称	参数 1	参数 2	参数 3	备注
长方体	box	底面顶点 1	底面对角点	高	
楔体	wedge	底面顶点 1	底面对角点	高	
圆锥体	cone	底圆中心	底圆半径	高	圆锥台：设定顶圆半径
球体	sphere	球心	球体半径		
圆柱体	cylinder	底圆中心	底圆半径	高	
棱锥体	pyramid	底面中心	底面半径	高	S 选项：设定棱锥数
圆环体	torus	圆环中心	圆环半径	圆管半径	

8.1.2　三维导航与视点

实体模型是三维立体结构，需要从多个方向来观察。在三维建模工作空间下观察实体有许多方法，除了平移、缩放等类似二维视窗操作命令之外，还有一些动态观察工具。

1. 受约束的动态观察

选择受约束的动态观察命令，可以有如下方法。

① 在菜单栏中选择【视图 | 动态观察 | 受约束的动态观察】命令。

② 在命令行输入 3dorbit。

③ 在三维导航工具栏或控制台中单击按钮。

在受约束的动态观察状态，光标的形状如图 8.8 所示。向左或向右拖动光标，实体在内 XY 平面旋转；上下拖动光标，实体上下翻转。

按住 Shift 键并拖动鼠标。将显示导航球，如图 8.9 所示。也可以使用三维自由动态观察（3dforbit）交互。

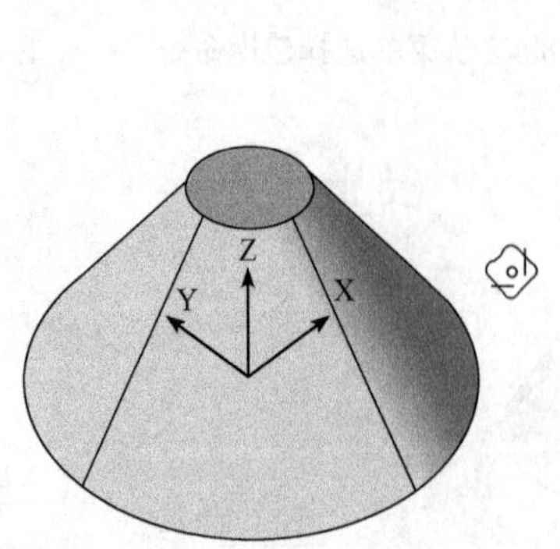

图 8.8　动态观察状态下的光标

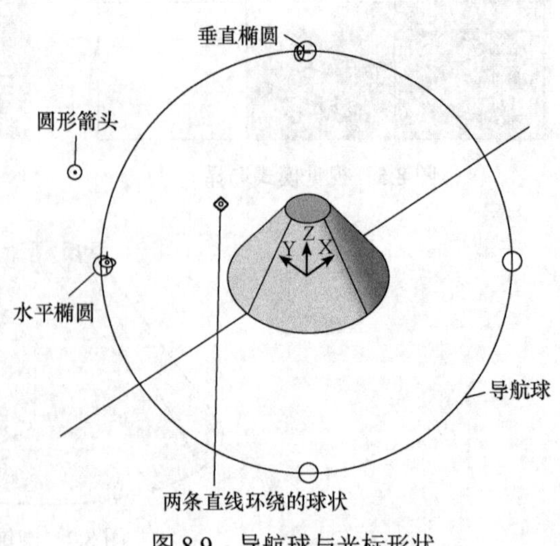

图 8.9　导航球与光标形状

当该命令处于活动状态时，无法编辑对象，可以通过在绘图区域中右击弹出快捷菜单，或单击三维导航工具栏上的按钮，来访问其他 3dorbit 选项和模式。

2. 自由动态观察

选择自由动态观察命令，可以有如下方法。

① 在菜单栏中选择【视图 | 动态观察 | 自由动态观察】命令。

② 在命令行输入 3dforbit。

③ 在三维导航工具栏或控制台中单击按钮。

在自由观察状态，会显示一个导航球，如图 8.9 所示。根据光标相对于导航球的位置，会在 4 种形状之间变化：两条直线环绕的球状、圆形箭头、水平椭圆和垂直椭圆。

在导航球中移动光时，光标的形状变为外面环绕两条直线的小球状。如果在绘图区域中单击并拖动鼠标，则可围绕对象自由移动。就像光标抓住环绕对象的球体并围绕目标点对其进行拖动一样。用此方法可以在水平、垂直或对角方向上拖动，与受约束的动态观察类似。

在导航球外部移动光标时，光标的形状变为圆形箭头。在导航球外部单击并围绕导航球拖动鼠标，将使视图围绕延长线通过导航球的中心并垂直于屏幕的轴旋转。

当光标在导航球左右两边的小圆上移动时，光标的形状变为水平椭圆。从这些点开始单击并移动光标将使视图围绕通过导航球中心的垂直轴或 Y 轴旋转。

当光标在导航球上下两边的小圆上移动时，光标的形状变为垂直椭圆。从这些点开始单击并移动光标将使视图围绕通过导航球中心的水平轴或 X 轴旋转。

3. 三维视图

AutoCAD 预设了 6 个标准视图和 4 个轴测图，如图 8.10 所示，可以根据需要任意设置为其中一种视图以观察实体。如图 8.9 所示为西南等轴测视图。选择各种三维视图，可以有以下三种方法。

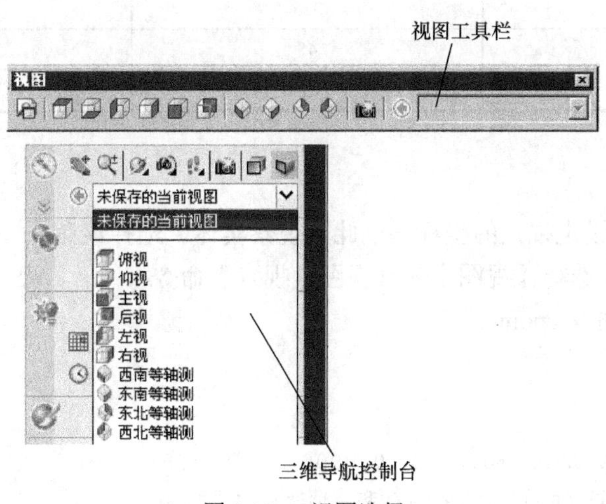

图 8.10　视图选择

① 在菜单栏中选择【视图 | 三维视图】命令。

② 在视图工具栏或三维导航控制台中单击相应视图的按钮。

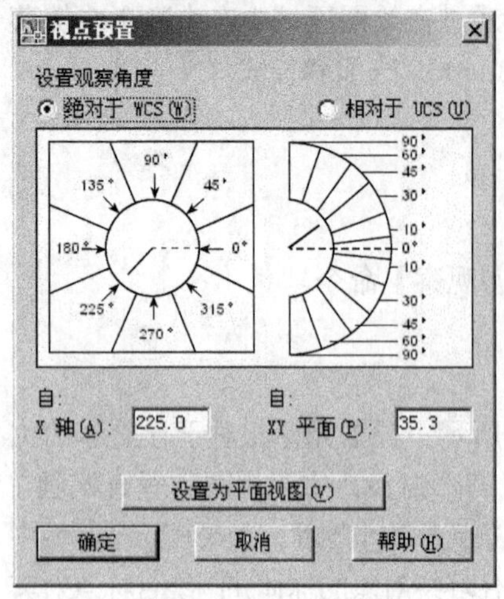

图 8.11　视点预置

4. 视点预置

观察实体可以通过视点预置进行。选择该命令，可以有以下方法。

① 在菜单栏中选择【视图 | 三维视图 | 视点预置】命令。

② 在命令行输入 ddvpoint。

打开如图 8.11 所示的对话框。假设实体位于坐标原点，视点就是眼睛所在位置，视点与坐标原点的连线即视角方向，左边的图形表示水平面内视角方向与 X 轴正方向的夹角，右边的图形表示视角与水平面（XY 平面）的夹角。可以在图中单击选中视点位置，也可以在图形下方的数据框中直接输入数值。表 8.2 为基本视图的视点参数。

表 8.2　标准视图的视点

视图名称	X 轴角度	XY 平面角度
俯视图	270	90
仰视图	270	-90
主视图	270	0
后视图	90	0
左视图	180	0
右视图	0	0
西南等轴测	225	35.3
东南等轴测	315	35.3
东北等轴测	45	35.3
西北等轴测	135	35.3

5. 视点命令

通过视点命令设定视点的坐标，以此来观察实体。选择该命令，可以有以下方法。

① 在菜单栏中选择【视图 | 三维视图 | 视点】命令。

② 在命令行输入 vpoint。

操作如下。

```
命令：vpoint
当前视图方向：VIEWDIR=0.0000，0.0000，1545.5392
指定视点或 [旋转（R）] <显示坐标球和三轴架>：1，1，1
```

回答视点坐标时只需输入视点坐标的单位长度。1，1，1 相当于“东北等轴测”视图。表 8.3 表示了标准视图的视点坐标。

表 8.3 标准视图的视点坐标

视图名称	视点坐标	视图名称	视点坐标
俯视图	0，0，1	仰视图	0，0，−1
主视图	0，1，0	后视图	0，−1，0
左视图	−1，0，0	右视图	1，0，0
西南等轴测	−1，−1，1	东南等轴测	1，−1，1
东北等轴测	1，1，1	西北等轴测	−1，1，1

在回答视点坐标时，不输入坐标值，直接按回车键，图中会显示坐标球和三轴架，如图 8.12 所示。三轴架表示三个坐标轴；坐标球类似罗盘，用来确定视点。

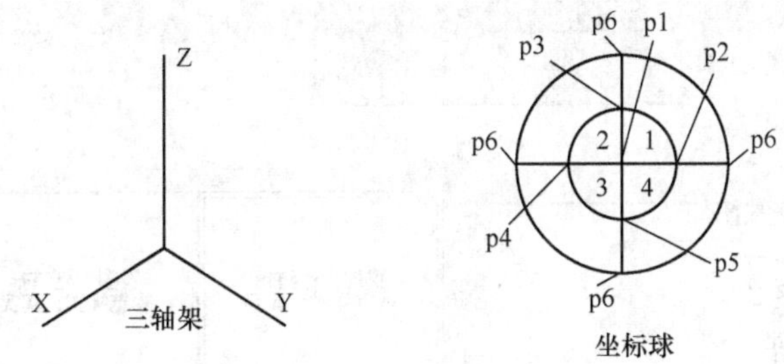

图 8.12 三轴架与坐标球

坐标球实际上是把球面展开后得到的平面图。坐标球中心 p1 相对于北极，小圆就是赤道，大圆为南极。

十字线把小圆分成 4 个区域，当十字光标处在不同区域时，将得到近似的各种等轴测视图，具体见表 8.4。

表 8.4 标准视图与坐标球的视点位置

视图名称	视点位置	视图名称	视点坐标	视图名称	视点坐标
东北等轴测	区域 1	俯视图	p1	左视图	p4
西北等轴测	区域 2	右视图	p2	主视图	p5
西南等轴测	区域 3	后视图	p3	仰视图	p6
东南等轴测	区域 4				

坐标球中十字线与大圆相交得到的 4 个交点在球体上是同一点，用 p6 表示，为南极点。

坐标球中十字线与小大圆相交得到的 4 个交点，分别为 p2，p3，p4 和 p5。

如果光标位置正好在以上的 6 个点上，将能得到 6 个标准视图，见表 8.4。

8.1.3 建立实体的三视图

对于三维实体模型，一般用三视图来表达实体的形状。本案例中建立 4 个视口（视图窗口），分别对应三视图和一个等轴测图。

1. 创建视口

选择视口命令，可以有以下方法。

① 在菜单栏中选择【视图 | 视口 | 命名视口】命令。

② 在命令行输入 vports。

③ 在布局工具栏单击 按钮。

选择视口命令，打开如图 8.13 所示的对话框。单击【新建视口】标签，在【标准视口】列表框中选择【四个：相等】选项，单击【确定】按钮后，图中出现了 4 个视口，如图 8.14 所示。

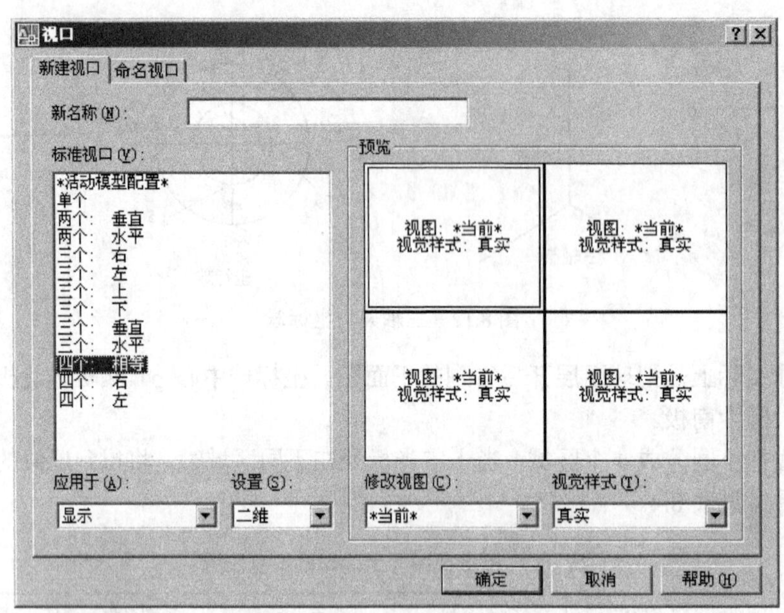

图 8.13 视口

可以在下拉菜单中直接设定 4 个视口。如图 8.15 所示，选择【视图 | 视口 | 四个视口】命令，则直接打开了如图 8.14 的界面。

2. 设定各视口的视点

在如图 8.14 所示的 4 个视口中，只有一个视口是激活的，即处于当前状态，这个视口的边框是黑色的。

激活左上角的视口，设定为主视图。同样的步骤设定右上角视口为左视图，左下角视口为俯视图，右下角视口为西南等轴测视图。结果如图 8.16 所示，得到一个标准的三视图。

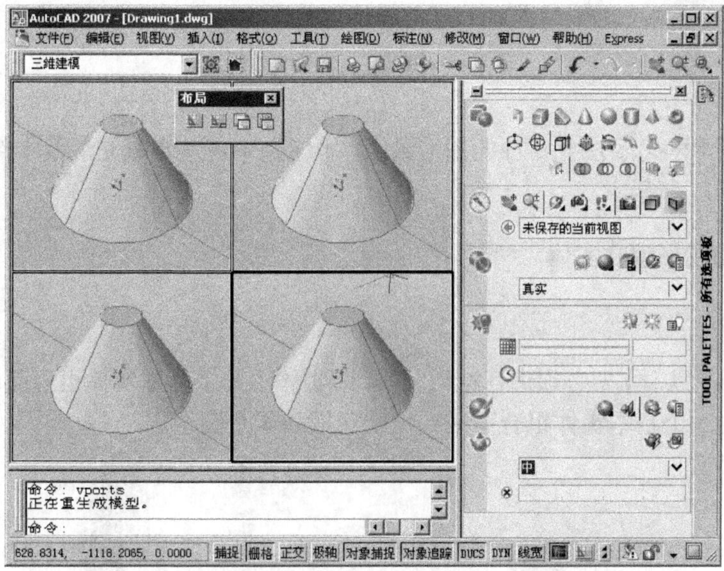

图 8.14　4 个视口

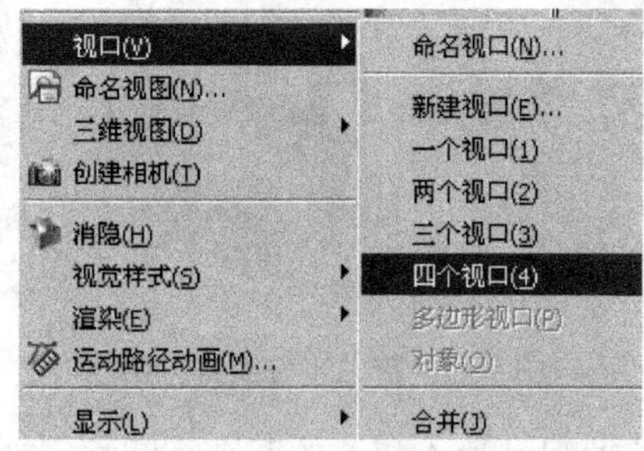

图 8.15　从菜单选择【四个视口】命令

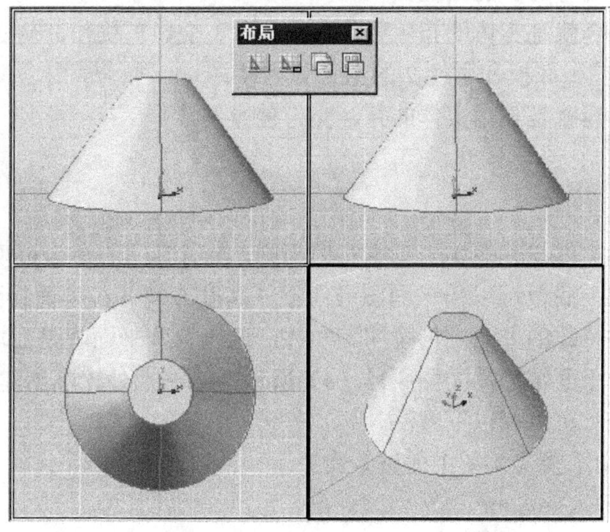

图 8.16　标准三视图

8.2 创建法兰实体

在第 3 章中学习了法兰零件的图形绘制，本案例中进一步建立法兰零件的三维实体模型，如图 8.17 所示。

8.2.1 由平面图形建立实体

1. 实体分析

要建立一个实体，先必须进行结构分析，即实体由几个基本实体组合而成。如图 8.17 所示，法兰由 5 个基本实体组合而成：一个底板和 4 个圆柱。

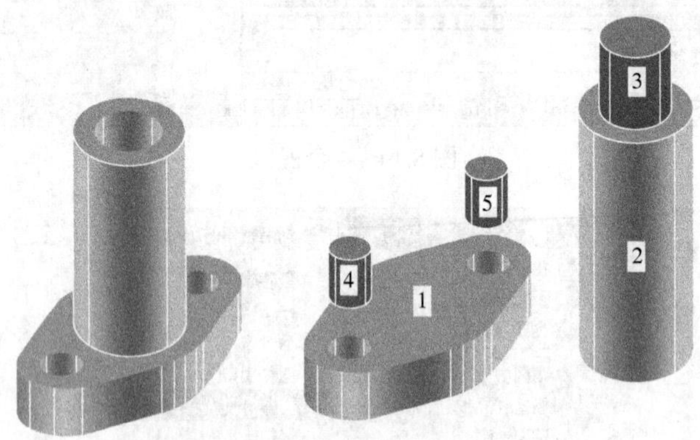

图 8.17 法兰零件及其分解

编号为 1 的底板需要挖掉编号为 4 和 5 的两个小圆柱，然后与编号为 2 的圆柱组合为一体，最后挖掉编号为 3 的圆柱。

基本实体的组合就是实体的布尔操作，也称并、交、差操作。从底板 1 中挖掉圆柱 4 和 5 的操作就是差；底板和圆柱 2 的组合称为并。

复杂实体的创建就是基本实体的并、交、差操作。

2. 创建面域

底板这一基本实体与其他 4 个基本实体不同，没有专门的命令可以直接建立底板实体。通过观察可知，底板可以由平面图形向上（高度方向）拉伸而得到。AutoCAD 中的拉伸命令可以将特殊的平面图形拉伸为实体，这一特殊平面就是面域。

绘制好底板的平面图形，如图 8.18（a）所示。接着把外轮廓创建为面域。

选择面域命令，可以有以下方法。

① 在菜单栏中选择【绘图 | 面域】命令。

② 在命令行输入 region。

③ 在绘图工具栏单击 按钮。

选择面域命令，后续操作如下。

命令：_region。
选择对象：选择外轮廓。
选择对象：按回车键。
已提取一个环。

结果在面域范围内填上颜色，面域创建成功，如图 8.18（b）所示。

然后把两个小圆创建为面域，它们和外轮廓的面域重叠，为了区分这三个不同面域，需要设定当前颜色为蓝色。如图 8.19 所示，在特性工具栏中设定当前颜色为“蓝色”。

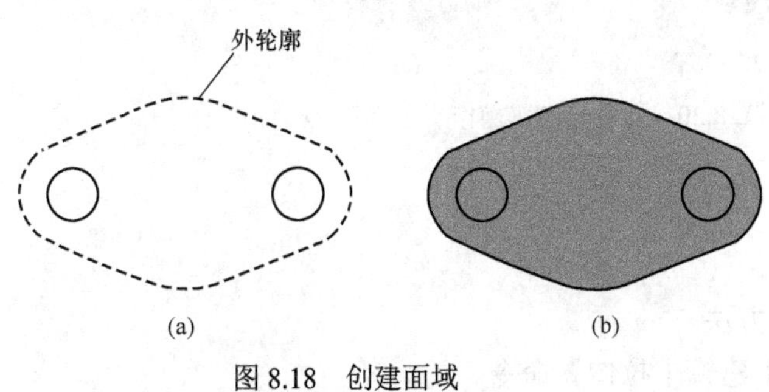

图 8.18 创建面域

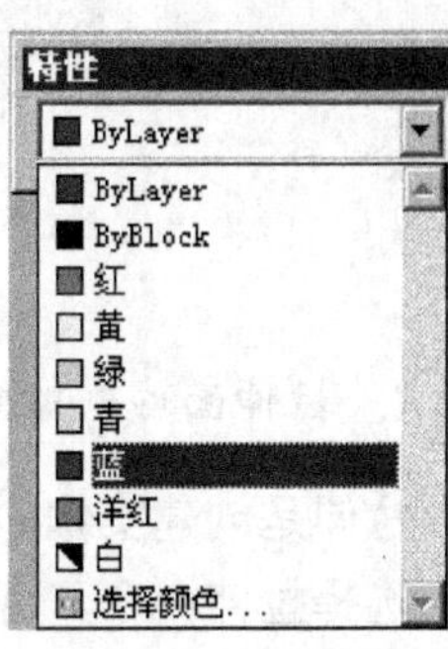

图 8.19 设定颜色

再次执行面域命令。

命令：_region。
选择对象：找到一个（选择小圆）。
选择对象：找到一个，总计两个（选择另一小圆）。
选择对象：按回车键。
已提取两个环。
已创建两个面域。

结果如图 8.20（a）所示。

3. 面域的布尔操作

要在底板外轮廓的面域中挖掉两个圆面域，可以使用布尔操作中的差集命令。

选择差集命令，可以有以下方法。

① 在菜单栏中选择【修改｜实体编辑｜差集】命令。

② 在命令行输入 subtract。

③ 在建模工具栏或三维制作控制台中单击 按钮。

选择差集命令，后续操作如下。

命令：_subtract 选择要从中减去的实体或面域……

选择对象：找到一个（选择外轮廓）。
选择对象：按回车键（结束面域选择）。
选择要减去的实体或面域……
选择对象：找到一个（选择小圆面域）。
选择对象：找到一个，总计两个（选择另一小圆面域）。
选择对象：按回车键 （结束面域选择）。

结果如图 8.20（b）所示。三个面域经过布尔操作变成了一个中空的整体面域。

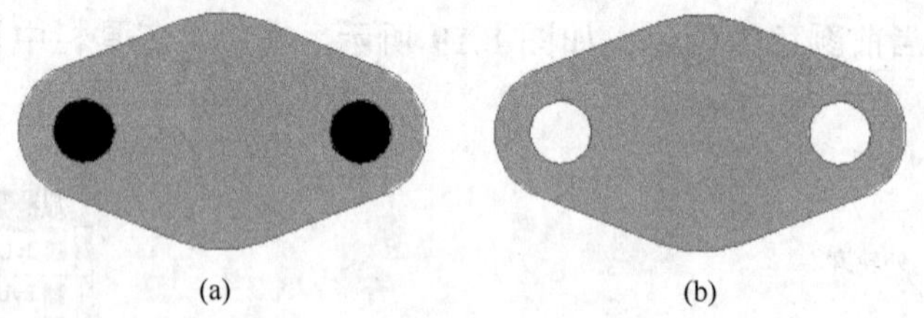

(a) (b)

图 8.20 面域与布尔操作

4. 拉伸面域创建实体

拉伸是创建实体的常用操作。

选择拉伸命令，可以有以下方法。

① 在菜单栏中选择【绘图 | 建模 | 拉伸】命令。

② 在命令行输入 extrude。

③ 在建模工具栏或三维制作控制台中单击按钮。

选择拉伸命令，后续操作如下。

命令：_extrude
当前线框密度：ISOLINES=4
选择要拉伸的对象：找到 1 个（选择面域）
选择要拉伸的对象：（按回车键，结束对象选择）
指定拉伸的高度或 [方向（D）/路径（P）/倾斜角（T）] <30.8129>：20（按回车键）（底板高度 20）。

结果如图 8.21（c）所示。

5. 实体的布尔操作

实体的创建可以有不同的方法和步骤。在下面的操作中，先把三个面域分别拉伸为实体，然后进行实体之间的差集命令，同样能得到底板实体。

1）拉伸两个小圆面域，高度为 25，如图 8.21（a）所示。注意拉伸高度最好略大于底板高度，这样可以保证把底板的小孔穿通。先拉伸底板会把两个小圆面域挡住，操作不方便。

2）拉伸底板，高度为 20，如图 8.21（b）所示。

3）执行差集命令，从底板中去除两个圆柱，得到带孔的底板，结果如图 8.21（c）所示。

可以根据经验和习惯选择实体创建的方法和步骤。

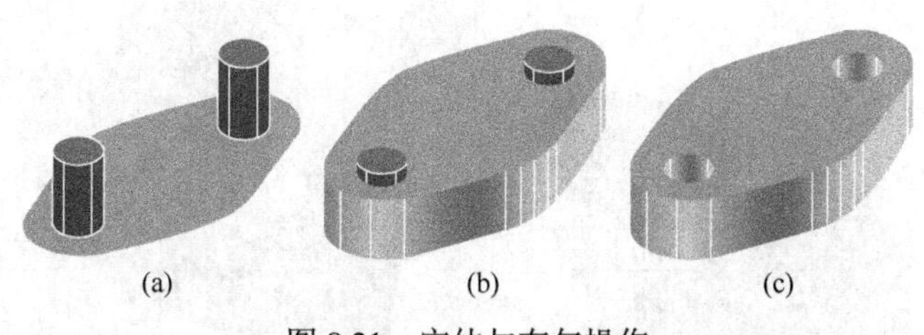

(a)　　(b)　　(c)

图 8.21　实体与布尔操作

8.2.2　完成法兰实体

1. 在底板上建立圆柱

要在底板的顶面建立一个高度为 80 的圆柱，可以直接创建基本立体——圆柱。操作如下。

在三维制作控制台中单击按钮。

```
命令：_cylinder
指定底面的中心点或 [三点（3P）/两点（2P）/相切、相切、半径（T）/椭圆（E）]：（选择顶面的圆心特征点，如图 8.22（a）所示）
指定底面半径或 [直径（D）] <12.5000>：20
指定高度或 [两点（2P）/轴端点（A）] <20.0000>：80
```

2. 组合底板和圆柱

现在要把底板和圆柱组合成一体。可以使用布尔操作中的并集命令。

选择差集命令，可以有以下方法。

① 在菜单栏中选择【修改 | 实体编辑 | 并集】命令。

② 在命令行输入 union。

③ 在建模工具栏或三维制作控制台中单击按钮。

选择并集命令，后续操作如下。

```
命令：_union
选择对象：找到 1 个（选择圆柱）
选择对象：找到 1 个，总计 2 个（选择底板）
选择对象：（按回车键）
```

原先的两个实体合为一个实体对象。结果如图 8.22（b）所示。

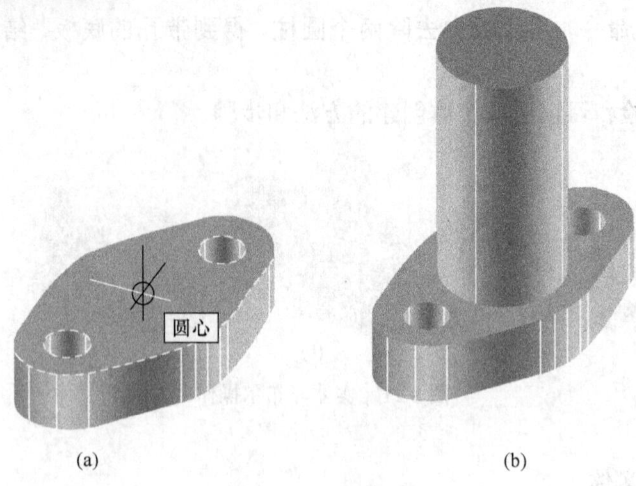

图 8.22　创建圆柱

3. 挖去法兰孔

1）建立圆柱，如图 8.23（a）所示，操作如下。

命令：_cylinder

指定底面的中心点或 [三点（3P）/两点（2P）/相切、相切、半径（T）/椭圆（E）]：（选择法兰顶面的圆心特征点，如图 8.23（a）所示）

指定底面半径或 [直径（D）] <20.0000>：12.5

指定高度或 [两点（2P）/轴端点（A）] <80.0000>：-150

在指定圆柱高度时，若取负值，则表示向下创建圆柱。另外数值必须比法兰的总体高度大一些，以确保孔能贯通。

2）利用差集命令，把法兰中间的孔挖去，结果如图 8.23（b）所示。

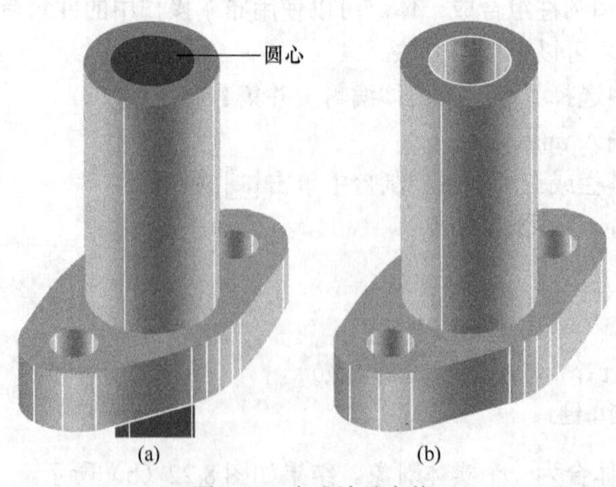

图 8.23　完成法兰实体

8.3 创建滑座

在法兰的创建中，各圆柱的轴线和平面图形拉伸方向一致，而且是沿着 Z 轴，因此创建实体相对简单。

本案例中的组合体为一个滑座，如图 8.24 所示，孔的轴线和平面图形拉伸的方向分别沿 X 轴、Y 轴、Z 轴，创建的过程就要复杂一些。

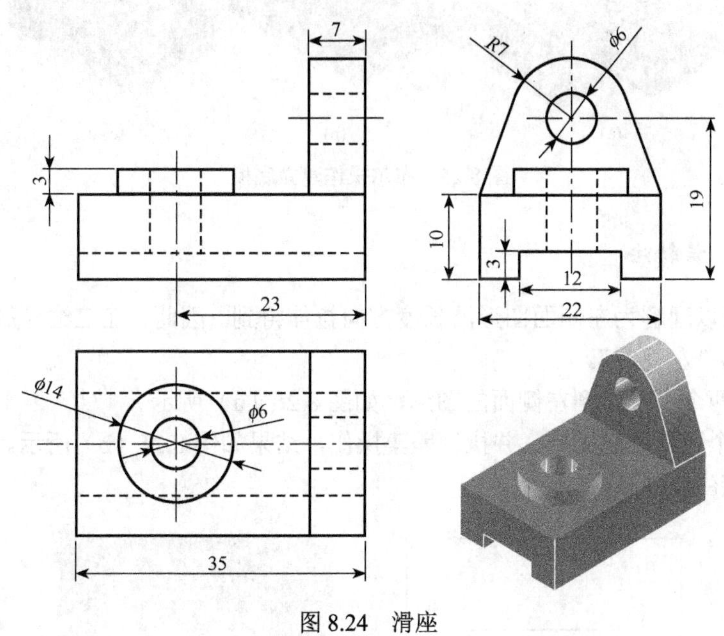

图 8.24　滑座

8.3.1 建立底板的三种不同方法

1. 布尔操作法

把底板看成一个长方体，长方体的底部再挖去一个小长方体，如图 8.25 所示。

1）建立长为 35、宽为 22、高为 10 的长方体。

选择长方体命令，可以有以下方法。

① 在菜单栏中选择【绘图｜建模｜长方体】命令。

② 在命令行输入 box。

③ 在建模工具栏或三维制作控制台中单击 按钮。

长方体命令的执行步骤如下。

```
命令：_box
指定第一个角点或 [中心（C）]：(任选一点作为长方体的一个角点)
指定其他角点或 [立方体（C）/长度（L）]：@35，22 按回车键（确定长方体的另一个角点）
指定高度或 [两点（2P）] <10.0000>：10
```

同样方法建立长为35、宽为12、高为3的长方体，如图8.25（a）所示。

2）通过捕捉大小长方体底部左侧端线的中点，把小长方体移动到大长方体的底部，如图8.25（b）所示。

3）通过差集命令，从大长方体中挖去小长方体，结果如图8.25（c）所示。

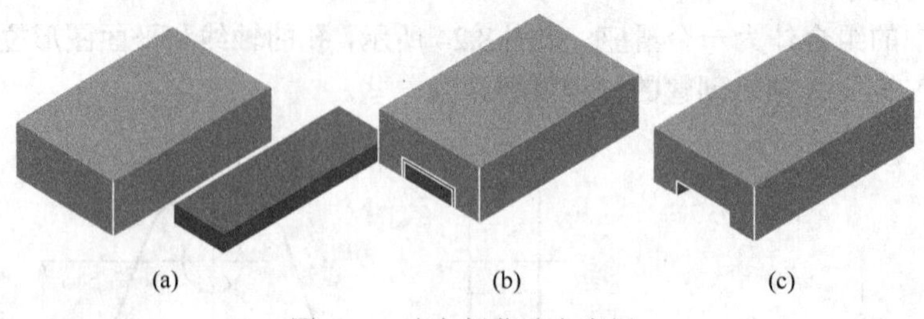

图8.25　布尔操作建立底板

2. 拉伸、旋转法

底板也可以理解为左侧面图形沿长度方向拉伸得到。因此，在三维导航控制台中设定当前视图为“左视图”。

1）绘制两个矩形得到左侧面的图形，如图8.26（a）所示。

2）把两个矩形做成面域，并执行差集操作，结果如图8.26（b）所示。也可以绘制出轮廓，直接生成面域。

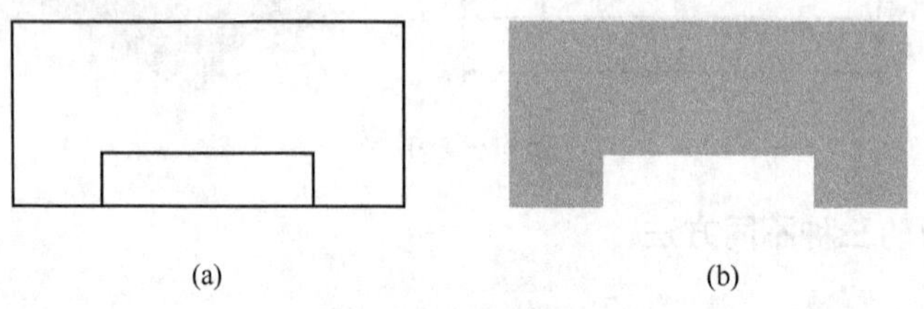

图8.26　完成左侧面面域

3）以高度值35拉伸该面域得到底板。以东南等轴测视图观察，结果如图8.27（a）所示。

4）旋转实体。把如图8.27（a）所示的实体旋转成如图8.27（b）所示。

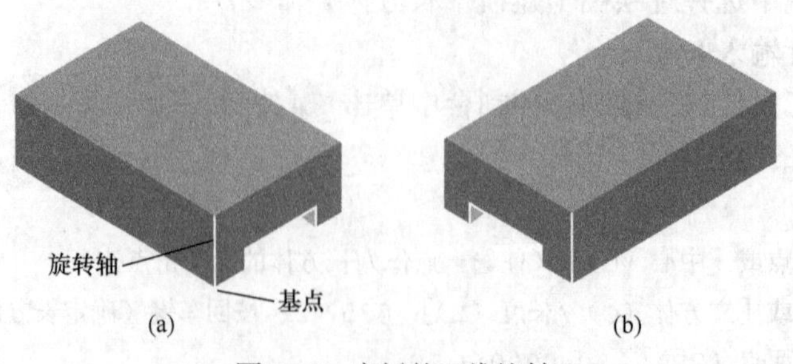

图8.27　底板的三维旋转

选择三维旋转命令，可以有以下方法。

① 在菜单栏中选择【修改 | 三维操作 | 三维旋转】命令。

② 在命令行输入 3drotate。

③ 在建模工具栏或三维制作控制台中单击 按钮。

三维旋转命令操作如下。

```
命令：_3drotate
UCS 当前的正角方向：ANGDIR=逆时针  ANGBASE=0
选择对象：找到 1 个 （选择底板）
选择对象：（按回车键）
指定基点：（选择如图 8.27（a）所示的基点）
拾取旋转轴：选择如图 8.27（a）所示的线段作为旋转轴
指定角的起点：90
```

结果如图 8.27（b）所示。

在三维旋转操作过程中，光标形状变为如图 8.28 所示的球形。在选择旋转轴时，当选中作为轴线的线段时会用一条黄色的直线作出提示，如图 8.28 所示。

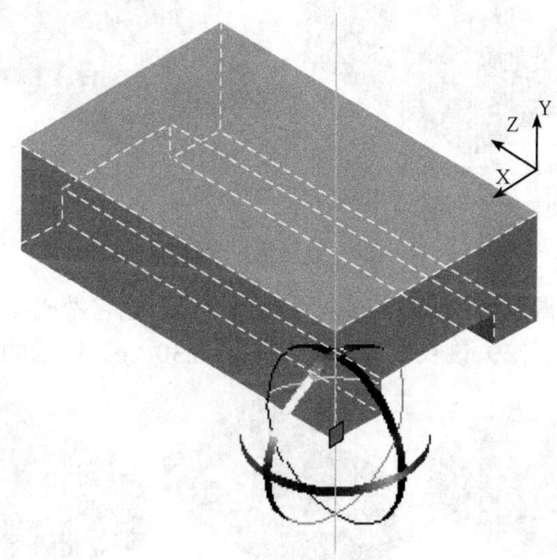

图 8.28　选中旋转轴的情形

3. 用户坐标设定法

通过改变用户坐标系进行建模是一种非常有效的方法。AutoCAD 默认的坐标系称为世界坐标系，可以通过 UCS 命令来设定用户坐标系。二维图形的绘制都在 XY 平面内进行，通过 UCS 命令能够把任意平面设定为 XY 平面，从而在该面上绘制图形。

选择新建 UCS 命令，可以有以下方法。

① 在菜单栏中选择【工具 | 新建 UCS | 原点】命令。

② 在命令行输入 ucs。

③ 在 UCS 工具栏中单击 按钮。

1）建立长方体底板。

2）设定用户坐标系，操作如下。

```
命令：ucs
当前 UCS 名称：*没有名称*
指定 UCS 的原点或[面(F)/命名(NA)/对象(OB)/上一个(P)/视图(V)/世界(W)/X/Y/Z/Z
轴 (ZA)] <世界>:(选择图 8.29 (a) 中的 o 点作为新坐标系原点)
指定 X 轴上的点或<接受>:(单击选中点 p1)
指定 XY 平面上的点或<接受>:(单击选中点 p2)
```

原坐标系标志变为新坐标系标志，如图 8.29（a）所示。左侧面就设定为 XY 平面。

3）如图 8.29（b）所示，在左侧面绘制直线 op1 和它的中垂线 mn，用偏移命令得到与线段 op1 相距 3 的等距线 h1，与线段 mn 相距 6 的两条等距线 v1 和 v2。

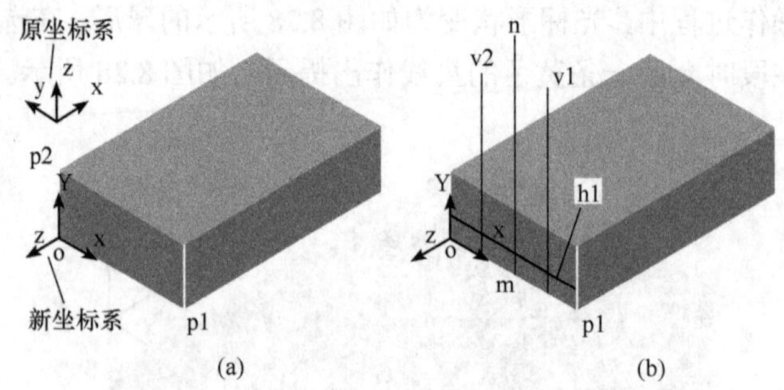

图 8.29　设定用户坐标系

4）通过修剪命令得到如图 8.30（a）所示的矩形。把它做成面域，并拉伸，结果如图 8.30（b）所示。最后挖去该长方体，得到如图 8.30（c）所示的底板。

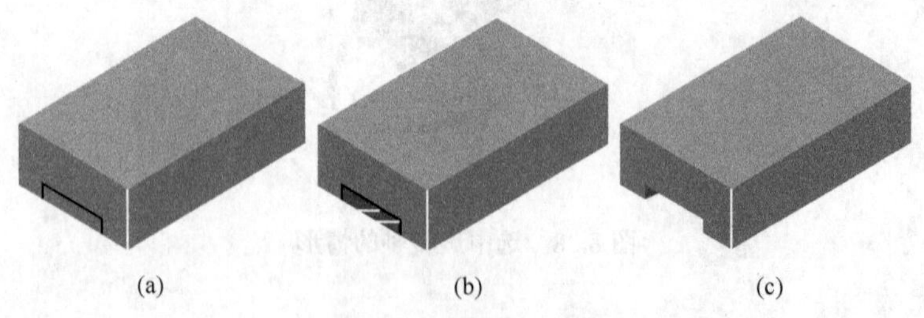

图 8.30　完成底板的建立

8.3.2　建立支架

立在底板上的支架可以通过平面图形拉伸得到。一般采用两种方法，一种是设定用户坐标系，把滑座的右侧面设定为作图平面，即 XY 平面，然后绘制二维图形、制作面域、拉伸。另一种是在当前坐标系建立好支架，然后通过三维操作命令把支架安放到底板上。

1. 用户坐标设定法

1）如图 8.31（a）所示设定用户坐标系，坐标原点选点 o，op1 为 X 轴方向，op2 为 Y 轴方向。其实只要确定 XY 平面在右侧面，坐标原点位置和 Z 轴方向都不重要。

2）绘制二维图形。绘制直线 op1 和它的等距线 h1，偏移距离为 9。以 h1 的中点为圆心绘制半径分别为 3 和 7 的两个圆，过点 o 和点 p1 向大圆作切线。结果如图 8.31（b）所示。

3）删除直线 h1，并修剪圆弧，然后创建两个面域。进行差集操作，得到如图 8.31（c）所示结果。

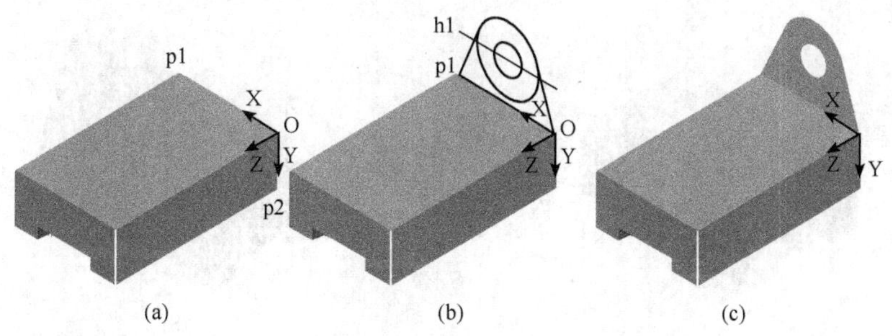

图 8.31 创建支架

4）拉伸面域，完成支架创建。注意 Z 轴的方向和拉伸的方向一致，所以拉伸高度值为 7。若 Z 轴的方向和拉伸的方向不一致，则拉伸高度值应为-7。

5）进行并集操作，把底板和支架合成一体。结果如图 8.32（b）所示。

2. 使用对齐命令在底板上安放支架

1）在水平面，即世界坐标系的 XY 平面上完成支架二维图形的绘制，创建面域并拉伸。如图 8.32（a）所示。

2）使用对齐命令把支架安放到底板上。

选择对齐命令，可以有以下方法。

① 在菜单栏中选择【修改 | 三维操作 | 三维对齐】命令。

② 在命令行输入 3dalign。

③ 在建模工具栏中单击 按钮。

把支架对齐到底板的操作步骤如下。

```
命令：3DALIGN。
选择对象：找到一个 （选择支架）
选择对象：按回车键。
指定源平面和方向……
指定基点或 [复制（C）]：(选取点 1)
指定第二个点或 [继续（C）] <C>：(选取点 2)
指定第三个点或 [继续（C）] <C>：(选取点 3)
指定目标平面和方向……
```

指定第一个目标点：(选取点 4)

指定第二个目标点或 [退出 (X)] <X>：(选取点 5)

指定第三个目标点或 [退出 (X)] <X>：(选取点 6)

如图 8.32（a）所示，点 1、点 2 和点 3 组成源平面，点 4、点 5 和点 6 组成目标平面。源平面中的基点和目标平面中的第一点重合；源平面中的直线 12 将和目标平面中的直线 45 重合；源平面将和目标平面重合。

3）进行并集操作，把底板和支架合成一体。结果如图 8.32（b）所示。

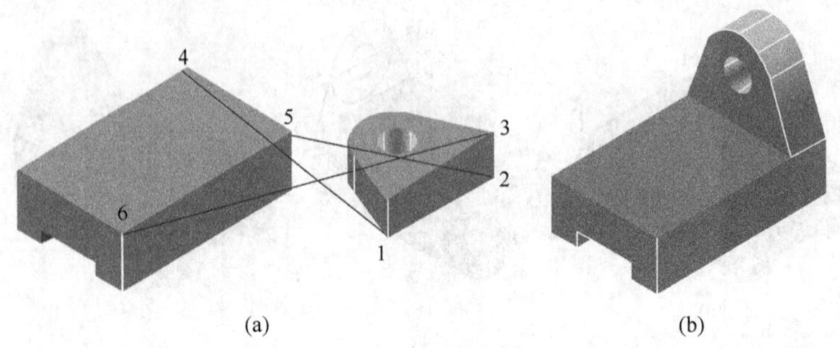

图 8.32　把支架对齐到底板上

8.3.3　建立圆台

1. 设定用户坐标系

1）从用户坐标系恢复到世界坐标系。操作步骤如下。

命令：ucs

当前 UCS 名称：*没有名称*

指定 UCS 的原点或[面(F)/命名(NA)/对象(OB)/上一个(P)/视图(V)/世界(W)/X/Y/Z/Z 轴 (ZA)] <世界>：按回车键

执行 UCS 命令，直接按回车键就可返回到世界坐标系。

2）移动坐标系原点至底板的一个角点。

命令：ucs

当前 UCS 名称：*世界*

指定 UCS 的原点或[面(F)/命名(NA)/对象(OB)/上一个(P)/视图(V)/世界(W)/X/Y/Z/Z 轴 (ZA)] <世界>：n（n 选项表示新建一个坐标系）

指定新 UCS 的原点或 [Z 轴 (ZA) /三点 (3) /对象 (OB) /面 (F) /视图 (V) /X/Y/Z] <0，0，0>：(指定新的坐标系原点)。

UCS 标志如图 8.33（a）所示。

2. 创建圆柱

建立圆柱体的步骤如下。

```
命令：_cylinder
指定底面的中心点或[三点（3P）/两点（2P）/相切、相切、半径（T）/椭圆（E）]：12，11
指定底面半径或[直径（D）]：7
指定高度或[两点（2P）/轴端点（A）]<7.0000>：3
```

由于已确定底板上面的角点为原点（0，0），则圆柱底面的中心坐标就能得出，应该为（12，11）。结果如图8.33（a）所示。

3. 创建小圆柱

1）用同样的方法建立小圆柱，高度取负值。具体操作如下。

```
命令：_cylinder
指定底面的中心点或[三点（3P）/两点（2P）/相切、相切、半径（T）/椭圆（E）]：选取大圆柱顶面中心
指定底面半径或[直径（D）]：3
指定高度或[两点（2P）/轴端点（A）]<7.0000>：-13
```

结果如图8.33（b）所示。圆柱高度数值取大于等于10的值，才能穿通底板，取负值向下创建圆柱。

2）为了保证孔的贯通，可以把小圆柱沿Z轴向上略微移动一段距离。操作如下。

```
命令：move
选择对象：找到1个（选择小圆柱）
选择对象：按回车键
指定基点或[位移（D）]<位移>：0，0，0
指定第二个点或<使用第一个点作为位移>：0，0，3
```

从点（0，0，0）移动到点（0，0，3）是三维移动中常用的方法，把实体沿Z轴移动一个距离。结果如图8.33（c）所示。

3）组合实体。先执行并集操作，把大圆柱与底板合二为一，再执行差集操作，从组合体中挖去小圆柱。最终结果如图8.33（d）所示。

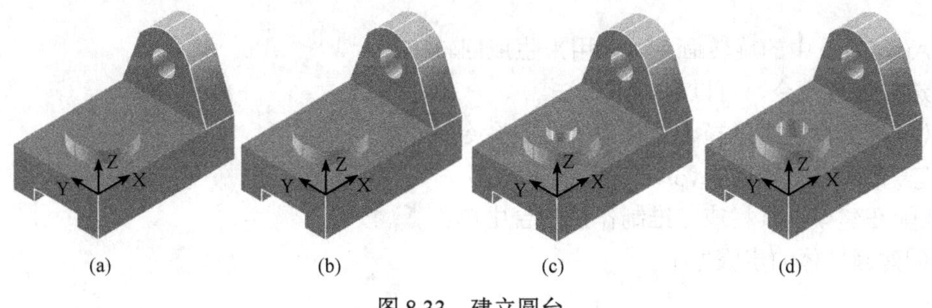

(a) (b) (c) (d)

图8.33 建立圆台

8.4 创建回转体

回转体是一种典型的实体，它由一个面域绕一轴线旋转而成。在 AutoCAD 中，对于这样的实体有专门的创建方法。本案例中以如图 8.34 所示的回转体为例介绍创建方法。

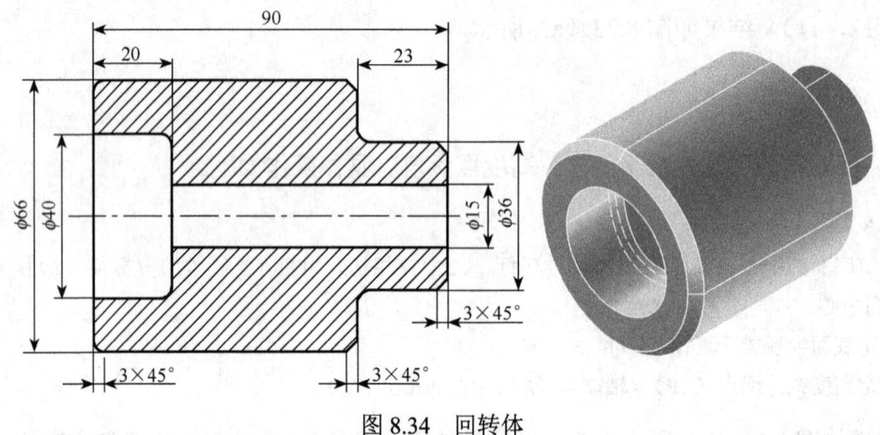

图 8.34　回转体

8.4.1 绘制回转体的剖面形状

1. 绘制剖面轮廓

1）按如图 8.34 所示的尺寸绘制剖面的轮廓，注意要保留轴线，如图 8.35（a）所示。
2）把剖面做成面域，如图 8.35（b）所示。

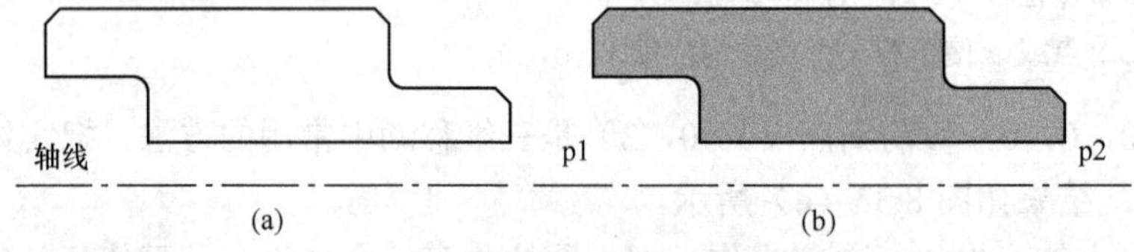

图 8.35　回转体剖面面域创建

2. 生成回转体

AutoCAD 中的旋转命令可以用来生成回转体。
选择旋转命令，可以有以下方法。
① 在菜单栏中选择【建模 | 旋转】命令。
② 在命令行输入 revolve。
③ 在建模工具栏或三维制作控制台中单击 按钮。
创建回转体的步骤如下。

```
命令：_revolve
```

当前线框密度：ISOLINES=4
选择要旋转的对象：找到 1 个 （如图 8.35（b）所示，选择剖面面域）
选择要旋转的对象：按回车键
指定轴起点或根据以下选项之一定义轴 [对象（O）/X/Y/Z] <对象>：（单击选中点 p1）
指定轴端点：（单击选中点 p2）
指定旋转角度或 [起点角度（ST）] <360>：（按回车键）

在等轴测视图中显示结果如图 8.34 所示。

在本案例中选择旋转角度为 360°，说明生成一个封闭的回转体。可以指定任意角度生成部分回转体。

8.4.2 剖切实体

AutoCAD 中的剖切命令可以用来切割实体。

选择剖切命令，可以用以下方法。

① 在菜单栏中选择【修改 | 三维操作 | 剖切】命令。

② 在命令行输入 slice。

③ 在展开后的三维制作控制台中单击按钮。

1. 通过剖切平面切割实体

用不共线的三点确定一个剖切平面，由此来切割实体。如图 8.36 所示，把回转体一分为二，操作如下。

命令：SLICE
选择要剖切的对象：找到 1 个（选择回转体）
选择要剖切的对象：（按回车键）
指定切面的起点或 [平面对象（O）/曲面（S）/Z 轴（Z）/视图（V）/XY/YZ/ZX/三点（3）] <三点>：（按回车键，通过三点确定剖切平面）
指定平面上的第一个点：（捕捉左侧端面的圆心 p1）
指定平面上的第二个点：qua
于（捕捉左侧端面的圆周 4 分点 p2）
指定平面上的第三个点：qua
于（捕捉右侧端面的圆周 4 分点 p3）
在所需的侧面上指定点或 [保留两个侧面（B）] <保留两个侧面>：（单击选中点 p，保留后半侧）

结果如图 8.36（b）所示。为了突出剖面，对剖面进行着色处理，如图 8.36（c）所示。

2. 着色剖面

AutoCAD 中的着色面命令可以用来改变某个面的颜色。

选择着色面命令，可以有以下方法。

① 在菜单栏中选择【修改 | 三维操作 | 着色面】命令。

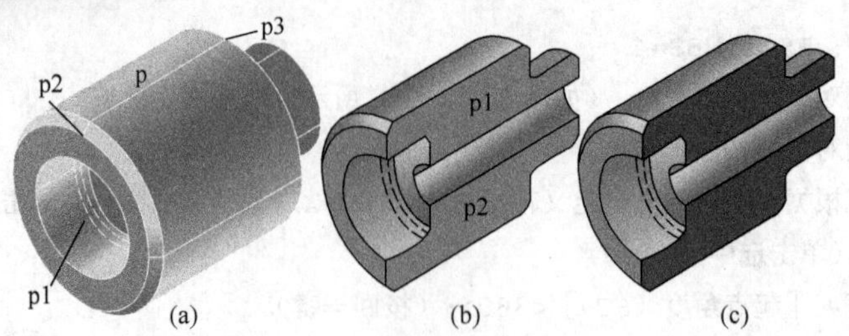

图 8.36　实体剖切和面着色

② 在命令行输入 solidedit。

③ 在实体编辑工具栏中单击 按钮。

命令：_solidedit

实体编辑自动检查：SOLIDCHECK=1

输入实体编辑选项 [面（F）/边（E）/体（B）/放弃（U）/退出（X）] <退出>：_face

输入面编辑选项 [拉伸（E）/移动（M）/旋转（R）/偏移（O）/倾斜（T）/删除（D）/复制（C）/颜色（L）/材质（A）/放弃（U）/退出（X）] <退出>：_color

选择面或 [放弃（U）/删除（R）]：(找到一个面，如图 8.36（b）所示，单击点 p1)

选择面或 [放弃（U）/删除（R）/全部（ALL）]：(找到一个面。如图 8.36（b）所示，单击点 p2)

选择面或 [放弃（U）/删除（R）/全部（ALL）]：(按回车键)

输入面编辑选项 [拉伸（E）/移动（M）/旋转（R）/偏移（O）/倾斜（T）/删除（D）/复制（C）/颜色（L）/材质（A）/放弃（U）/退出（X）] <退出>：按回车键（退出着色面子命令）。

实体编辑自动检查：SOLIDCHECK=1。

输入实体编辑选项 [面（F）/边（E）/体（B）/放弃（U）/退出（X）] <退出>：按回车键（退出命令）。

（在弹出的如图 8.37 所示的【选择颜色】对话框中选红色，并单击【确定】按钮。）

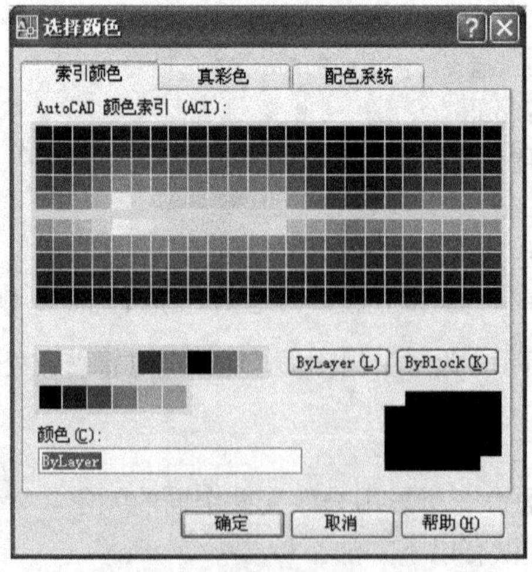

图 8.37　实体剖切和面着色

结果如图 8.36（c）所示。

3. 通过UCS平面剖切实体

如图 8.38 所示，通过一个垂直于回转体轴线的平面剖切回转体。该剖切平面与UCS 中的 YZ 平面平行，可以利用 UCS 的坐标平面：XY、XZ、YZ 确定剖切平面的位置。

1）把 UCS 坐标原点移动到回转体左端面的中心，如图 8.38（a）所示。操作如下。

```
命令：ucs
当前 UCS 名称：*世界*
指定 UCS 的原点或[面(F)/命名(NA)/对象(OB)/上一个(P)/视图(V)/世界(W)/X/Y/Z/Z轴(ZA)] <世界>：n
指定新 UCS 的原点或 [Z 轴（ZA）/三点（3）/对象（OB）/面（F）/视图（V）/X/Y/Z] <0，0，0>：(单击选中图 8.38（a）中的点 p)
```

这样，YZ 平面就和回转体的左端面重合，剖切平面与它平行，并相距 20 个单位。

2）通过与回转体左端面相距 20 的剖切平面切割实体。

```
命令：_slice
选择要剖切的对象：找到 1 个（选择回转体）
选择要剖切的对象：(按回车键)
指定切面的起点或[平面对象(O)/曲面(S)/Z 轴(Z)/视图(V)/XY/YZ/ZX/三点(3)] <三点>：yz
指定 YZ 平面上的点<0,0,0>:20,0,0
在所需的侧面上指定点或 [保留两个侧面 (B)] <保留两个侧面>：(选择回转体的右侧)
```

结果如图 8.38（b）所示。在指定“YZ 平面上的点 <0，0，0>：”时，输入 20，0，0，保证剖切平面与 UCS 的 YZ 平面相距 20。

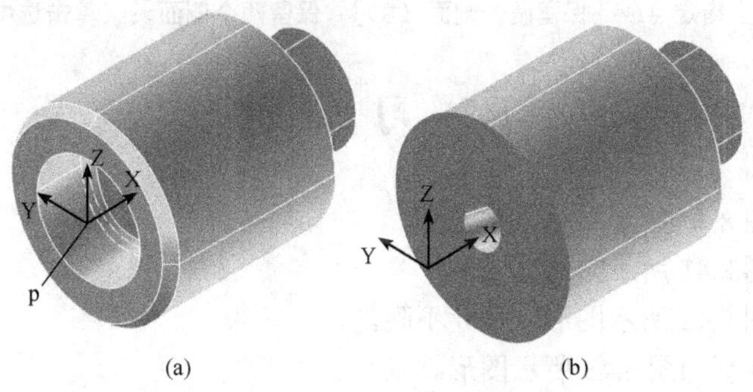

图 8.38 通过 UCS 中的 YZ 平面剖切回转体

4. 通过UCS平面以任意方向剖切实体

如图 8.39（c）所示，该剖切平面与回转体的轴线成 60°。通过旋转 UCS 坐标系就能实现这一操作。

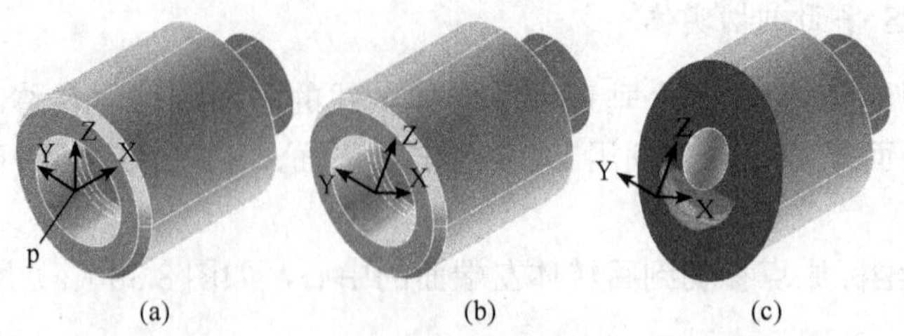

图 8.39 任意方向剖切回转体

1）把 UCS 坐标原点移动到回转体左端面的中心，如图 8.39（a）所示。

2）把 UCS 坐标系绕 Y 轴旋转 30°。正负按照右手法则。操作如下。

命令：ucs

当前 UCS 名称：*没有名称*

指定 UCS 的原点或[面(F)/命名(NA)/对象(OB)/上一个(P)/视图(V)/世界(W)/X/Y/Z/Z 轴（ZA)] <世界>：y（表示绕 Y 轴旋转）

指定绕 Y 轴的旋转角度<90>：30

结果如图 8.39（b）所示。

3）剖切实体。操作如下。

命令：_slice

选择要剖切的对象：找到一个 选择回转体。

选择要剖切的对象：(按回车键)

指定切面的起点或 [平面对象 (O) /曲面 (S) /Z 轴 (Z) /视图 (V) /XY/YZ/ZX/三点 (3)] <三点>：yz

指定 YZ 平面上的点 <0，0，0>：20，0，0

在所需的侧面上指定点或 [保留两个侧面 (B)] <保留两个侧面>：(单击选中回转体右侧)

8.5 习 题

1．完成如图 8.40 所示立体。

2．完成如图 8.41 所示立体。

3．绘制如图 8.42 所示图形，尺寸不限。

4．按尺寸绘制如图 8.43 所示图形。

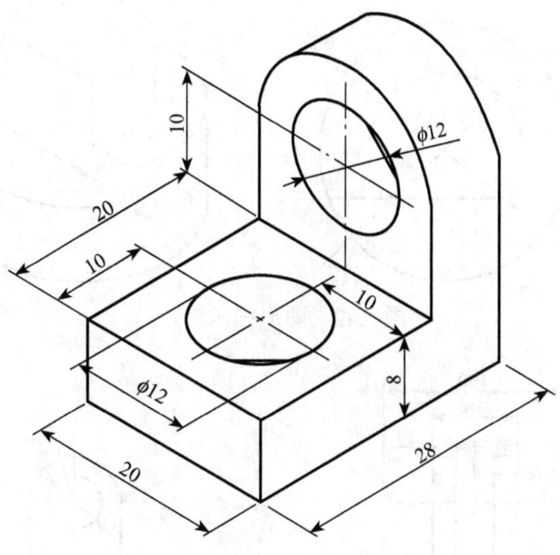

图 8.40　图形一

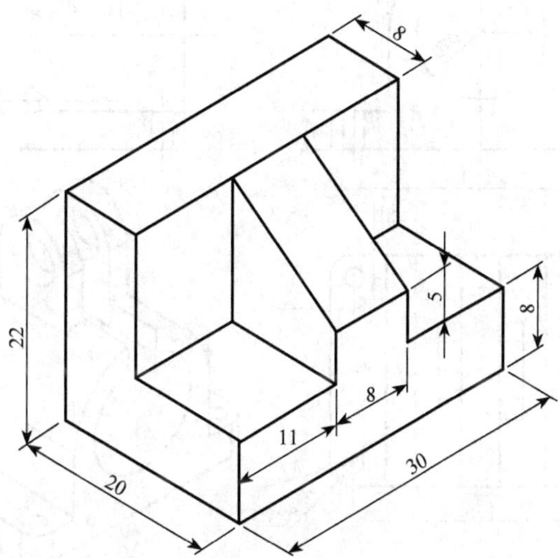

图 8.41　图形二

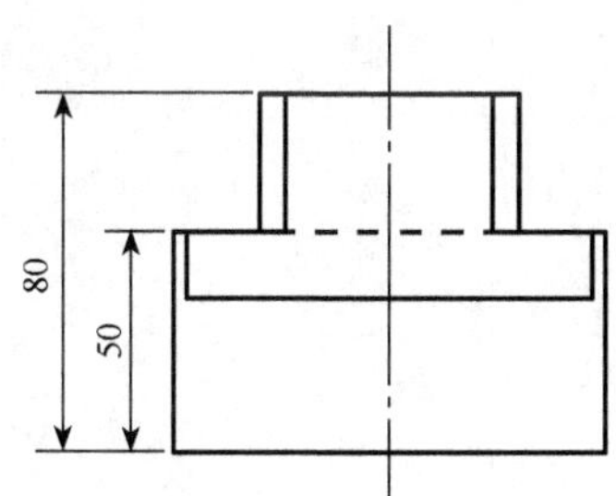

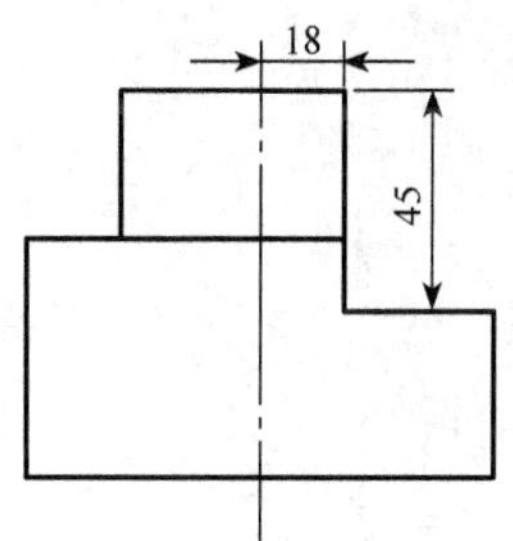

图 8.42　图形三

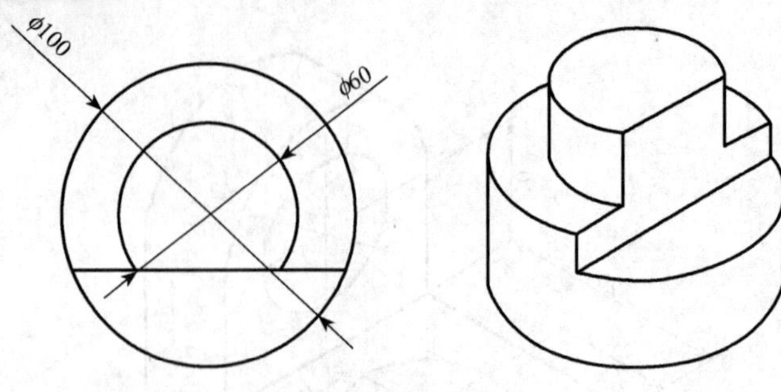

图 8.42　图形三（续）

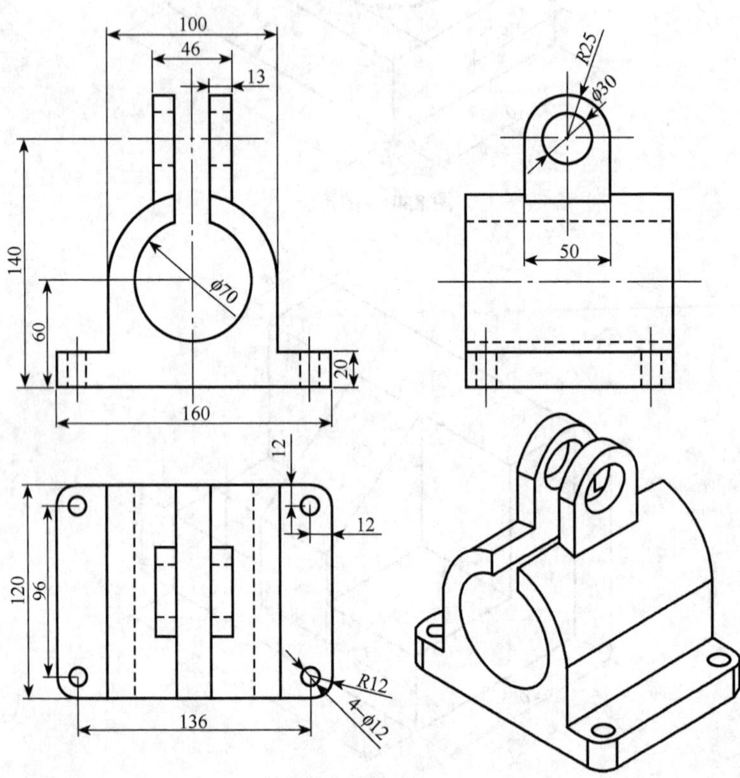

图 8.43　图形四

第 9 章

实体编辑与查询

能力目标：学习并掌握常用的实体编辑命令；学习并掌握坐标、长度、面积和质量特性等图形或实体的数据查询；学习并掌握视口命令、视图命令等，并能使用这些命令从实体模型自动生成各类视图。

9.1 实 体 编 辑

对于已经建立的实体，还有一些针对性的实体编辑命令，通过这些命令实现实体表面的拉伸、边的倒角等操作。下面以图 8.23 的滑座为例，进行实体编辑命令的使用。

9.1.1 加高滑座的圆柱凸台

当建立好实体后，发现局部的尺寸不正确，如滑座的凸台高度应该为 5，但实体中高度只有 3，此时，不需要重新制作滑座，只需使用实体拉伸命令就能把凸台的高度拉高。

选择拉伸面命令，可以有以下方法。

① 在菜单栏中选择【修改 | 实体编辑 | 拉伸面】命令。

② 在命令行输入 solidedit。

③ 在实体编辑工具栏中单击 按钮。

注意不要把拉伸面命令和建模中的拉伸命令混为一谈，两者的按钮形状很接近。

执行拉伸面命令，操作如下。

命令：_solidedit

实体编辑自动检查：SOLIDCHECK=1

输入实体编辑选项 [面（F）/边（E）/体（B）/放弃（U）/退出（X）] <退出>：_face

输入面编辑选项 [拉伸（E）/移动（M）/旋转（R）/偏移（O）/倾斜（T）/删除（D）/复制（C）/颜色（L）/材质（A）/放弃（U）/退出（X）] <退出>：

_extrude

选择面或 [放弃（U）/删除（R）]：（找到一个面，单击选中图 9.1（a）中的 p 点）

选择面或 [放弃（U）/删除（R）/全部（ALL）]：（按回车键）

指定拉伸高度或 [路径（P）]：2

指定拉伸的倾斜角度 <0>：（按回车键）

已开始实体校验

已完成实体校验

输入面编辑选项 [拉伸（E）/移动（M）/旋转（R）/偏移（O）/倾斜（T）/删除（D）/复制（C）/颜色（L）/材质（A）/放弃（U）/退出（X）] <退出>：按回车键（退出面编辑）

实体编辑自动检查：SOLIDCHECK=1

输入实体编辑选项 [面（F）/边（E）/体（B）/放弃（U）/退出（X）] <退出>：按回车键（退出命令）

执行结果如图 9.1（c）所示。

在命令执行过程中，先要选择被编辑实体上的某个面，这里选择了凸台的顶面，被选中的面的轮廓发生变化，如图 9.1（b）所示，面的轮廓变亮。

在输入拉伸高度时，因为由原来的 3 变为 5，所以输入 2。数值的正负取决于 Z 轴的方向。

用同样的方法可以把滑座的支架厚度增加 3。

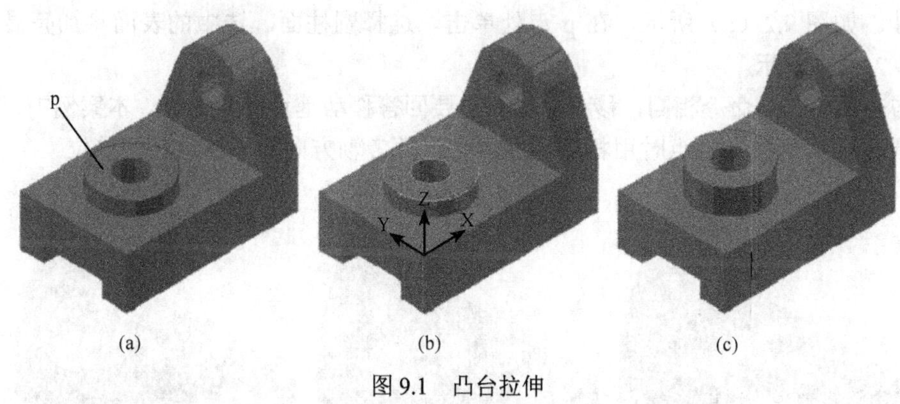

图 9.1　凸台拉伸

9.1.2　改变滑座支架孔的位置

建立好实体后，还可以使用移动面命令调整实体上的面的位置，如滑座的支架上的孔是内圆柱表面，该孔的中心高度原为 19，现把高度降低为 16。

选择移动面命令，可以有以下方法。

① 在菜单栏中选择【修改 | 实体编辑 | 移动面】命令。

② 在命令行输入 solidedit。

③ 在实体编辑工具栏中单击 按钮。

执行移动面命令，具体操作如下。

命令：_solidedit

实体编辑自动检查：SOLIDCHECK=1

输入实体编辑选项 [面（F）/边（E）/体（B）/放弃（U）/退出（X）] <退出>：_face

输入面编辑选项 [拉伸（E）/移动（M）/旋转（R）/偏移（O）/倾斜（T）/删除（D）/复制（C）/颜色（L）/材质（A）/放弃（U）/退出（X）] <退出>：_move

选择面或 [放弃（U）/删除（R）]：（找到一个面，如图 9.2（a）所示，单击选中 p 点，选中圆柱内表面）

选择面或 [放弃（U）/删除（R）/全部（ALL）]：（按回车键）

指定基点或位移：（捕捉圆柱孔前端面的圆心 p1，如图 9.2（b）所示）

指定位移的第二点：@0，0，-3（表示向下移动三个单位）

已开始实体校验

已完成实体校验

输入面编辑选项［拉伸（E）/移动（M）/旋转（R）/偏移（O）/倾斜（T）/删除（D）/复制（C）/颜色（L）/材质（A）/放弃（U）/退出（X）］<退出>:（按回车键）

实体编辑自动检查：SOLIDCHECK=1

输入实体编辑选项［面（F）/边（E）/体（B）/放弃（U）/退出（X）］<退出>:（按回车键）

执行结果如图 9.2（c）所示，圆柱孔向下移动了三个单位。

在圆柱内表面的选择时，尽量把光标移动到圆柱内表面内，而且不要与其他面发生干涉。如图 9.2（a）所示，在 p 点处单击，选择圆柱面。选中的表面将加亮显示，如图 9.2（b）所示。

与普通的移动命令相同，移动面命令也要回答移动基点和第二点。本案例中，基点选择圆心 p1，回答第二点时用相对坐标，表示沿 Z 轴方向向下移动三个单位。

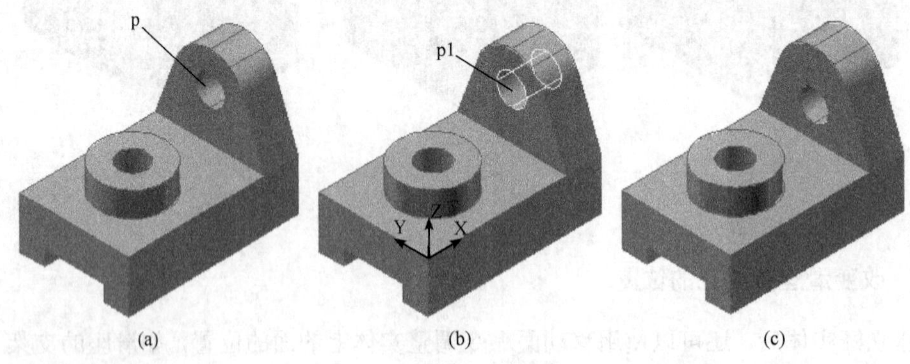

图 9.2　圆柱孔位置的移动

9.1.3　改变滑座凸台中孔的大小

如果要把凸台中的圆孔从直径 6 扩大为直径 8，可以使用偏移面命令。

选择偏移面命令，可以有以下方法。

① 在菜单栏中选择【修改 | 实体编辑 | 偏移面】命令。

② 在命令行输入 solidedit。

③ 在实体编辑工具栏中单击 按钮。

偏移面命令执行情况如下。

命令：_solidedit

实体编辑自动检查：SOLIDCHECK=1

输入实体编辑选项［面（F）/边（E）/体（B）/放弃（U）/退出（X）］<退出>: _face

输入面编辑选项［拉伸（E）/移动（M）/旋转（R）/偏移（O）/倾斜（T）/删除（D）/复制（C）/颜色（L）/材质（A）/放弃（U）/退出（X）］<退出>:

_offset

选择面或［放弃（U）/删除（R）］:（找到一个面，如图 9.3（a）所示，单击选中 p 点，选择凸台孔）

选择面或 [放弃（U）/删除（R）/全部（ALL)]：（按回车键）

指定偏移距离：-1

已开始实体校验

已完成实体校验

输入面编辑选项 [拉伸（E）/移动（M）/旋转（R）/偏移（O）/倾斜（T）/删除（D）/复制（C）/颜色（L）/材质（A）/放弃（U）/退出（X)] <退出>：按回车键。

实体编辑自动检查：SOLIDCHECK=1

输入实体编辑选项 [面（F）/边（E）/体（B）/放弃（U）/退出（X)] <退出>：（按回车键）

执行结果如图 9.3（c）所示。

圆柱面的选择与移动面命令相同，选中的表面加亮显示。在输入偏移值时，正值表示向实体外偏移，负值表示向实体内偏移。本案例中，输入偏移值-1，孔的半径增加 1 个单位。

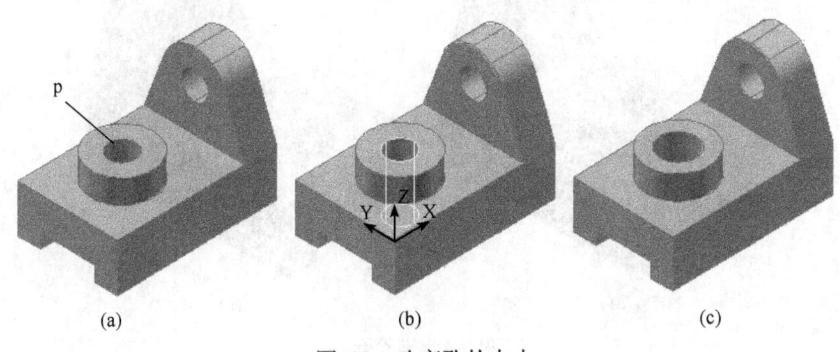

图 9.3 改变孔的大小

9.1.4 删除面

当建立好实体后，还可以使用删除面命令除去不需要的表面。本案例中将删除滑座的支架上的圆柱孔。

选择删除面命令，可以有以下方法。

① 在菜单栏中选择【修改 | 实体编辑 | 删除面】命令。

② 在命令行输入 solidedit。

③ 在实体编辑工具栏中单击 按钮。

删除面命令执行情况如下。

命令：_solidedit

实体编辑自动检查：SOLIDCHECK=1

输入实体编辑选项 [面（F）/边（E）/体（B）/放弃（U）/退出（X)] <退出>：_face

输入面编辑选项 [拉伸（E）/移动（M）/旋转（R）/偏移（O）/倾斜（T）/删除（D）/复制（C）/颜色（L）/材质（A）/放弃（U）/退出（X)] <退出>：

_delete

选择面或 [放弃（U）/删除（R)]：(找到一个面，如图 9.4（a）所示，单击选中 p 点，选择圆柱孔）

选择面或 [放弃（U）/删除（R）/全部（ALL)]：(按回车键）

已开始实体校验

已完成实体校验

输入面编辑选项 [拉伸（E）/移动（M）/旋转（R）/偏移（O）/倾斜（T）/删除（D）/复制（C）/颜色（L）/材质（A）/放弃（U）/退出（X)] <退出>：(按回车键）

实体编辑自动检查：SOLIDCHECK=1

输入实体编辑选项 [面（F）/边（E）/体（B）/放弃（U）/退出（X)] <退出>：(按回车键）

删除面后的结果如图 9.4（b）所示。

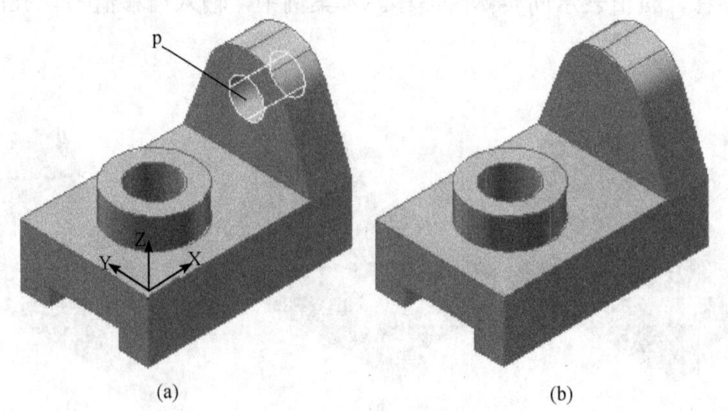

(a) (b)

图 9.4 删除孔

9.1.5 圆角过渡

机械零件由许多基本立体组成，由于制造或装配等原因，在结构上会有一些圆角过渡。倒圆角命令不但可以用于二维绘图，它还可以用于实体的倒圆角。

凸台和底板连接处的倒圆角操作如下。

命令：_fillet

当前设置：模式=修剪，半径=0.0000

选择第一个对象或 [放弃（U）/多段线（P）/半径（R）/修剪（T）/多个（M)]：(选择 p 点）

输入圆角半径：2

选择边或 [链（C）/半径（R)]：(按回车键）

已选定 1 个边用于圆角。

最终结果如图 9.5（b）所示。

进行实体倒圆角，在选择对象时应该单击选中凸台和底板的交线，如图 9.5（a）所示，选中的交线加亮显示。输入圆角半径后按回车键，倒圆角就完成了。

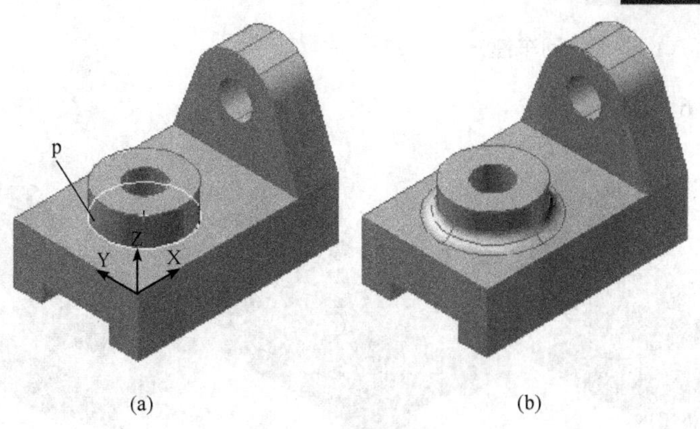

图 9.5　实体倒圆角

9.1.6　倒角

机械零件中还有倒角结构，同样可以用倒方角命令来实现实体的倒角。下面对滑座底板顶面上的一条边和凸台孔进行倒角处理。

先对边进行倒角，操作如下。

命令：_chamfer

（“修剪”模式）当前倒角距离 1=0.0000，距离 2=0.0000

选择第一条直线或 [放弃（U）/多段线（P）/距离（D）/角度（A）/修剪（T）/方式（E）/多个（M）]：（如图 9.6（a）所示，单击选中 p 点，整个底板顶面加亮显示）

基面选择……

输入曲面选择选项 [下一个（N）/当前（OK）] <当前（OK）>：（按回车键）

指定基面的倒角距离：2

指定其他曲面的倒角距离 <2.0000>：（按回车键）

选择边或 [环（L）]：（如图 9.6（a）所示，再次单击选中 p 点，选择要倒角的边）

选择边或 [环（L）]：（按回车键）

结果如图 9.6（b）所示。

对凸台孔倒角，操作如下。

命令：_chamfer

（“修剪”模式）当前倒角距离 1=2.0000，距离 2=2.0000

选择第一条直线或 [放弃（U）/多段线（P）/距离（D）/角度（A）/修剪（T）/方式（E）/多个（M）]：如图 9.6（b）所示，单击选中 p1 点。

基面选择……

输入曲面选择选项 [下一个（N）/当前（OK）] <当前（OK）>：（按回车键）

指定基面的倒角距离 <2.0000>：1

指定其他曲面的倒角距离 <2.0000>：1

选择边或 [环（L）]：（如图 9.6（b）所示，再次单击选中 p1 点）

选择边或 [环 (L)]:(按回车键)

结果如图 9.6 (c) 所示。

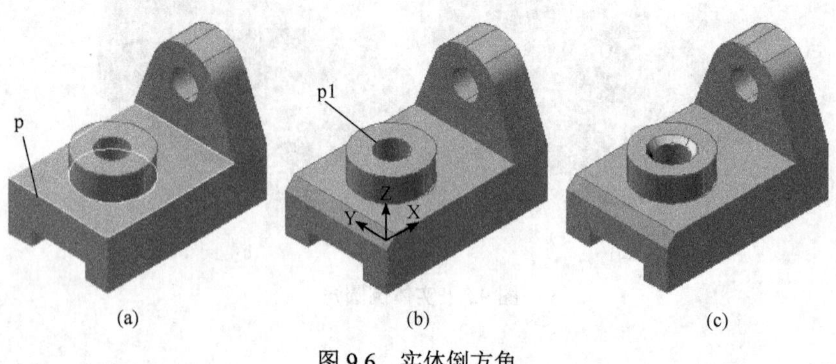

图 9.6 实体倒方角

9.2 查询命令

一旦在 AutoCAD 中建立了图形或实体，有关的数据就会保存起来。可以根据需要，通过一定的查询命令得到图形中点的坐标、线段的距离、封闭图形的面积和实体的质量特性等数据。

9.2.1 坐标查询

利用定位点命令，可以得到指定点的坐标。

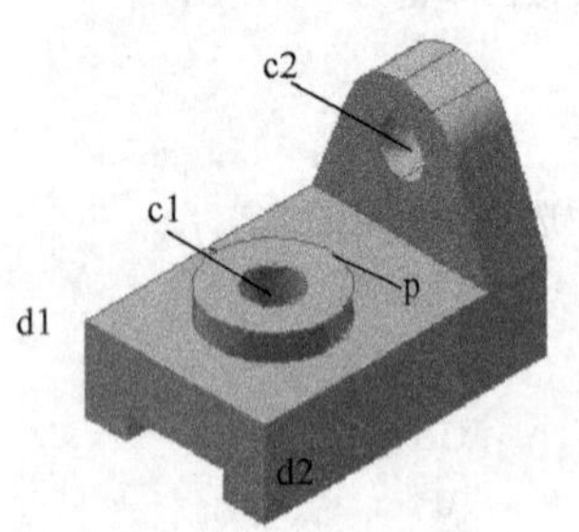

图 9.7 查询命令

选择定位点命令，可以有以下方法。

① 在菜单栏中选择【工具 | 查询 | 点坐标】命令。

② 在命令行输入 id。

③ 在查询工具栏中单击按钮。

如图 9.7 所示，查询圆心 c1 和 c2 的坐标。操作如下。

命令: '_id 指定点: 捕捉圆心 c1

X=-116.7065 Y=-56.3645 Z=3.0000

得到点 c1 的坐标为 (−116.7065, −56.3645, 3.0000)。

命令:(按回车键，重复 id 命令)

ID 指定点:(捕捉圆心 c2: X=-100.7065, Y=-56.3645, Z=9.0000)

得到点 c2 的坐标为 (−100.7065, −56.3645, 9.0000)。

9.2.2 距离查询

利用距离命令，可以得到指定两点间的距离。

选择距离命令，可以有以下方法。

① 在菜单栏中选择【工具 | 查询 | 距离】命令。

② 在命令行输入 dist。

③ 在查询工具栏中单击 按钮。

如图 9.7 所示，查询线段 d1d2 的长度。操作如下。

```
命令：'_dist 指定第一点：捕捉点 d1
指定第二点：(捕捉点 d2：
距离=22.0000，XY 平面中的倾角=270，与 XY 平面的夹角=0
X 增量=0.0000，Y 增量=-22.0000，Z 增量=0.0000)
边 d1d2 的长度为 22 个图形单位
```

如图 9.7 所示，查询凸台的半径 c1p。操作如下。

```
命令：'_dist 指定第一点：(捕捉圆心 c1)
指定第二点：qua
于（捕捉圆的 4 分点 p)：
距离=7.0000，XY 平面中的倾角=0，与 XY 平面的夹角=0
X 增量=7.0000，Y 增量=0.0000，Z 增量=0.0000)
得到凸台的半径为 7 个单位
```

9.2.3 质量特性查询

利用质量特性查询命令，可以得到实体的质量特性。

选择质量特性命令，可以有以下方法。

① 在菜单栏中选择【工具 | 查询 | 面域/质量特性】命令。

② 在命令行输入 massprop。

③ 在查询工具栏中单击 按钮。

执行该命令，操作如下。

```
命令：_massprop
选择对象：找到 1 个（选择滑座）
选择对象：（按回车键，结束对象选择）
 ----------------    实体   ----------------
质量：              8132.0975
体积：              8132.0975
边界框：            X: -93.9691  -- -58.9691
                    Y: -102.1019 -- -80.1019
                    Z: -10.0000  -- 16.0000
质心：              X: -73.9855
                    Y: -91.1019
```

```
                         Z: -2.0766
惯性矩:                  X: 68088408.0393
                         Y: 45688539.3824
                         Z: 113268455.0931
惯性积:                  XY: 54812078.3144
                         YZ: 1538441.6432
                         ZX: 1419444.2437
旋转半径:                X: 91.5030
                         Y: 74.9553
                         Z: 118.0193
主力矩与质心的 X-Y-Z 方向:
                         I: 521522.4604 沿 [0.9746 0.0000 0.2239]
                         J: 1139600.7123 沿 [0.0000 1.0000 0.0000]
                         K: 1300886.2256 沿 [-0.2239 0.0000 0.9746]
是否将分析结果写入文件? [是(Y)/否(N)] <否>:(按回车键)
```

若在最后的选项中选择 Y，则会打开如图 9.8 所示的对话框，输入文件名，并单击【确定】按钮，就可以把质量特性保存到文件中。

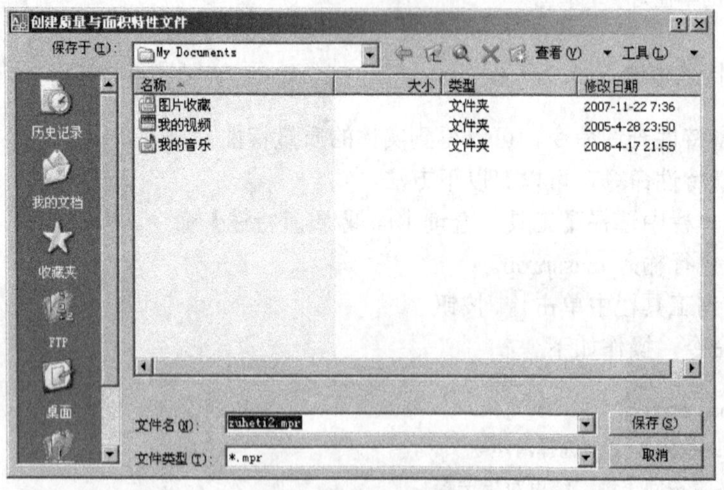

图 9.8　保存质量特性数据

9.2.4　列表显示

利用列表显示命令，可以得到所选对象的图形数据。绘制如图 9.9 所示的垫板，然后列表显示其图形数据。

选择列表显示命令，可以有以下方法。

① 在菜单栏中选择【工具 | 查询 | 列表显示】命令。

② 在命令行输入 list。

③ 在查询工具栏中单击 按钮。

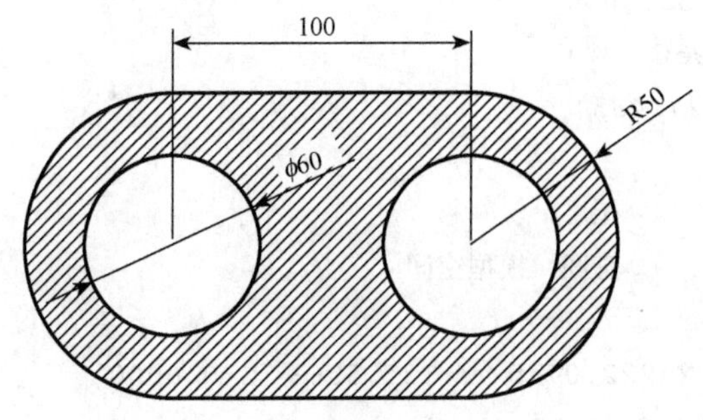

图 9.9 垫板

对于如图 9.9 所示垫板执行该命令，具体操作如下。

```
命令：_list
选择对象：指定对角点：找到 10 个（选中整个图形）
选择对象：r（在选择集中删除三个尺寸标注）
删除对象：找到 1 个，删除 1 个，总计 9 个
删除对象：找到 1 个，删除 1 个，总计 8 个
删除对象：找到 1 个，删除 1 个，总计 7 个
删除对象：（按回车键）
        直线          图层：0
                      空间：模型空间
        句柄=16d
        自点，X=122.0775  Y=87.5563  Z=0.0000
        到点，X=222.0775  Y=87.5563  Z=0.0000
    长度=100.0000，在 XY 平面中的角度=0
        增量 X=100.0000，增量 Y=0.0000，增量 Z=0.0000

        直线          图层：0
                      空间：模型空间
        句柄=16c
        自点，X=122.0775  Y=187.5563  Z=0.0000
        到点，X=222.0775  Y=187.5563  Z=0.0000
    长度=100.0000，在 XY 平面中的角度=0
        增量  X=100.0000， 增量 Y=0.0000，增量 Z=0.0000

        圆            图层：0
                      空间：模型空间
```

```
    句柄=16b
    圆心点，X=222.0775  Y=137.5563  Z=0.0000
    半径    30.0000
周长  188.4956
    面积 2827.4334

    圆弧          图层：0
                  空间：模型空间
    句柄=16a
    圆心点，X=222.0775  Y=137.5563  Z=0.0000
    半径   50.0000
    起点 角度     270
    端点 角度      90
长度  157.0796

    圆            图层：0
                  空间：模型空间
    句柄=169
    圆心点，X=122.0775  Y=137.5563  Z=0.0000
    半径   30.0000
    周长  188.4956
    面积 2827.4334

    圆弧          图层：0
                  空间：模型空间
    句柄=168
    圆心点，X=122.0775  Y=137.5563  Z=0.0000
    半径   50.0000
    起点 角度      90
    端点 角度     270
```

按回车键继续。

```
长度  157.0796

    HATCH         图层：0
                  空间：模型空间
    句柄=1cc
    填充图案 ANSI31
    填充比例     1.0000
```

填充角度　　0
关联
面积　　12199.1149
原点　　X=0.0000 Y=0.0000 Z=0.0000

以上列出了垫板包含的两条直线、两个圆、两段圆弧和一个图案填充的图形数据。

9.2.5 面积查询

利用面积命令，可以得到所选封闭图形的周长与面积。

选择面积命令，可以有以下方法。

① 在菜单栏中选择【工具 | 查询 | 面积】命令。

② 在命令行输入 area。

③ 在查询工具栏中单击按钮。

1. 查询垫板小孔的周长和面积

查询如图 9.9 所示垫板中小孔的周长和面积，具体操作如下。

命令：_area
指定第一个角点或 [对象（O）/加（A）/减（S）]：o（表示选择对象）
选择对象：（选择小圆）
面积=2827.4334，圆周长=188.4956

2. 查询封闭图形的周长和面积

查询如图 9.9 所示垫板的周长和面积，先要用多段线编辑命令把垫板的轮廓线转化为一条多段线。具体操作如下。

命令：pedit
选择多段线或 [多条（M）]：选择垫板轮廓上的一段圆弧
选定的对象不是多段线，是否将其转换为多段线？<Y>（按回车键）
输入选项 [闭合（C）/合并（J）/宽度（W）/编辑顶点（E）/拟合（F）/样条曲线（S）/非曲线化（D）/线型生成（L）/放弃（U）]：j
选择对象：找到 1 个
选择对象：找到 1 个，总计 2 个
选择对象：找到 1 个，总计 3 个，分别选择垫板轮廓上的另一条圆弧和两条直线
选择对象：（按回车键）
三条线段已添加到多段线
输入选项 [打开（O）/合并（J）/宽度（W）/编辑顶点（E）/拟合（F）/样条曲线（S）/非曲线化（D）/线型生成（L）/放弃（U）]：（按回车键）
已删除填充边界关联性。

这样，垫板轮廓线就由一条多段线组成。接着，就可以查询面积和周长，操作如下。

```
命令：_area
指定第一个角点或 [对象（O）/加（A）/减（S）]：o
选择对象：（选择垫板轮廓线）
面积=17853.9816，周长=514.1593
```

在执行面积命令时，如果封闭图形的轮廓线都是由直线组成，则可以按顺序单击选中各个角点以计算面积和周长；如果封闭图形的轮廓线包含有圆弧，则需要把轮廓线转化为一条多段线后，按选择对象方式计算面积和周长。

3. 查询垫板阴影部分的周长和面积

查询如图 9.9 所示垫板阴影部分的面积，先要查询整个垫板的面积，然后扣除两个小圆的面积。具体操作如下。

```
命令：AREA。
指定第一个角点或 [对象（O）/加（A）/减（S）]：a（进入累加模式）
指定第一个角点或 [对象（O）/减（S）]：o
（“加”模式）选择对象：（选择垫板轮廓线）
面积=17853.9816，周长=514.1593（显示垫板的周长与面积）
总面积=17853.9816。
（“加”模式）选择对象：（按回车键，退出累加模式）
指定第一个角点或 [对象（O）/减（S）]：s（进入扣除模式）
指定第一个角点或 [对象（O）/加（A）]：o
（“减”模式）选择对象：选择一个小圆
面积=2827.4334，圆周长=188.4956（显示所选小圆的周长与面积）
总面积=15026.5482（显示扣除小圆后的周长与面积）
（“减”模式）选择对象：选择另一个小圆
面积=2827.4334，圆周长=188.4956（显示所选小圆的周长与面积）
总面积=12199.1149（显示扣除两个小圆后的周长与面积，即阴影部分面积）
（“减”模式）选择对象：（按回车键，退出扣除模式）
指定第一个角点或 [对象（O）/加（A）]：（按回车键，退出命令）
```

9.3 由实体自动生成二维视图

建立了零件的实体模型以后，根据投影关系，能够自动生成二维视图。在第 8 章中利用视口命令在模型空间建立多个视口，主要用来观察实体。本案例中将根据第 8 章建立的滑座实体模型在图纸空间生成相应的二维视图。

9.3.1 用视口命令生成视图

1. 在图纸空间创建视口

打开建有滑座模型的文件，把模型的显示模式改为二维线框，并如图 9.10 所示选择“布局 1”。此时，在所选布局中生成一个视口，并显示出模型。

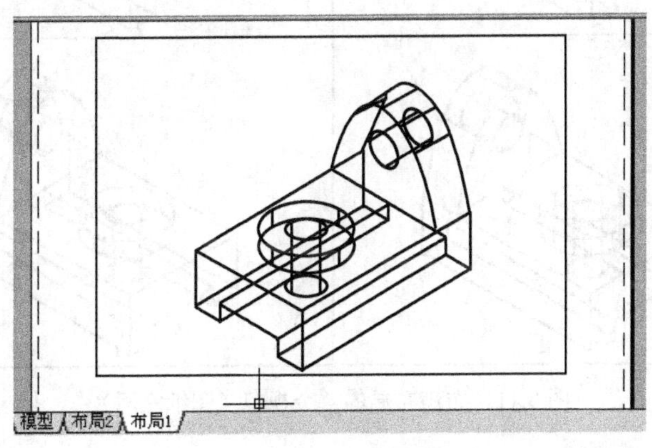

图 9.10 激活布局

2. 编辑视口

在布局中的视口就相当于模型空间中的对象，可以使用图形编辑命令对布局中的视口进行移动、缩放、复制等操作。因此，布局中的视口也称为活动视口。使用删除命令（erase），选择视口的边框，删除视口，使布局空白。

3. 创建多视口

在菜单栏中选择【视图｜视口｜4 个视口】命令，显示如下提示。

```
命令：_-vports。
指定视口的角点或 [开（ON）/关（OFF）/布满（F）/着色打印（S）/锁定（L）/对象（O）/多边形（P）/恢复（R）/2/3/4] <布满>：_4
指定第一个角点或 [布满（F）] <布满>：（按回车键）
```

按回车键，让 4 个视口布满整个布局，如图 9.11 所示。

如图 9.12 所示，单击状态栏中的【模型或图纸空间】切换按钮，从原来的图纸空间转为模型空间，4 个浮动视口变为模型窗口。每一个窗口的左下方显示 UCS 图标，其中一个窗口的边框加粗，表示该窗口处于激活状态。

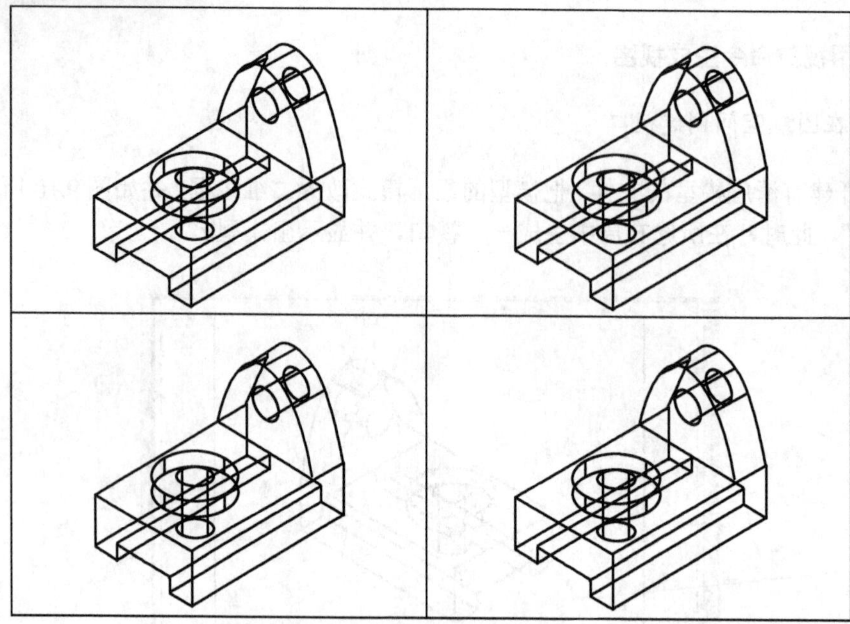

图 9.11　布满布局的 4 个视口（图纸空间）

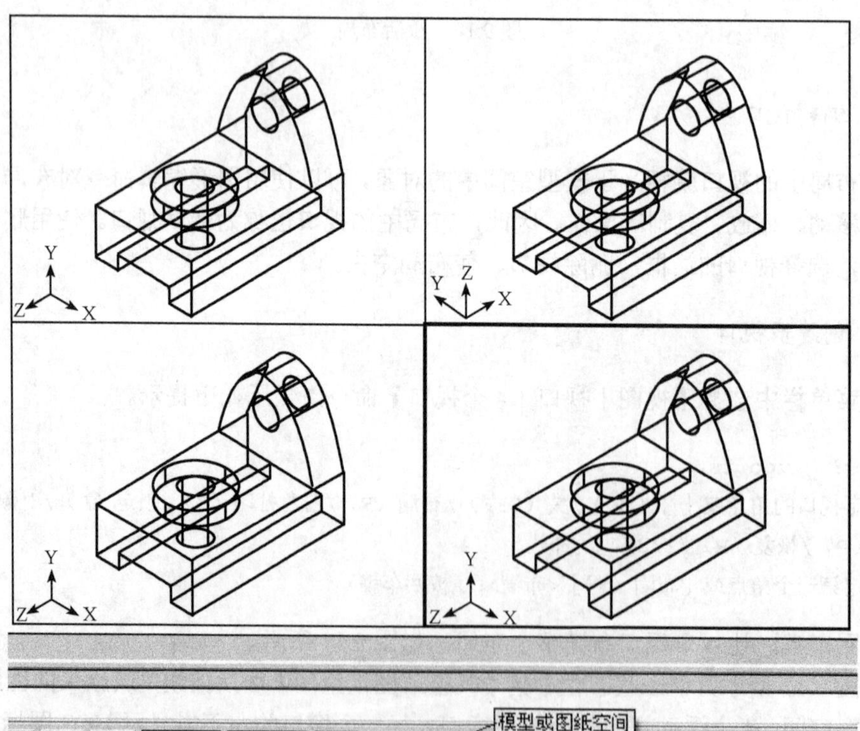

图 9.12　图纸空间转为模型空间

4. *在布局中生成三视图*

激活左上方的窗口，并设定为主视图，结果如图 9.13（a）所示。窗口中的图形显得太大。如图 9.14 所示，在视口工具栏中选择比例 2∶1，调整窗口中的图形大小，结果如图 9.13（b）所示。

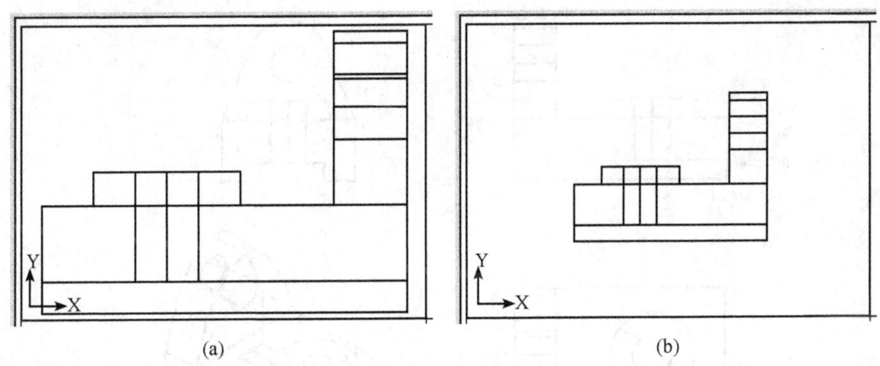

图 9.13　调整窗口中图形的大小

使用同样的方法，分别激活其他窗口，得到俯视图、左视图和轴测图，并把比例统一为 2∶1。再次单击状态栏中的【模型或图纸空间】切换按钮，从模型空间转回到图纸空间，最终结果如图 9.15 所示。

图 9.14　在视口工具栏中设定比例

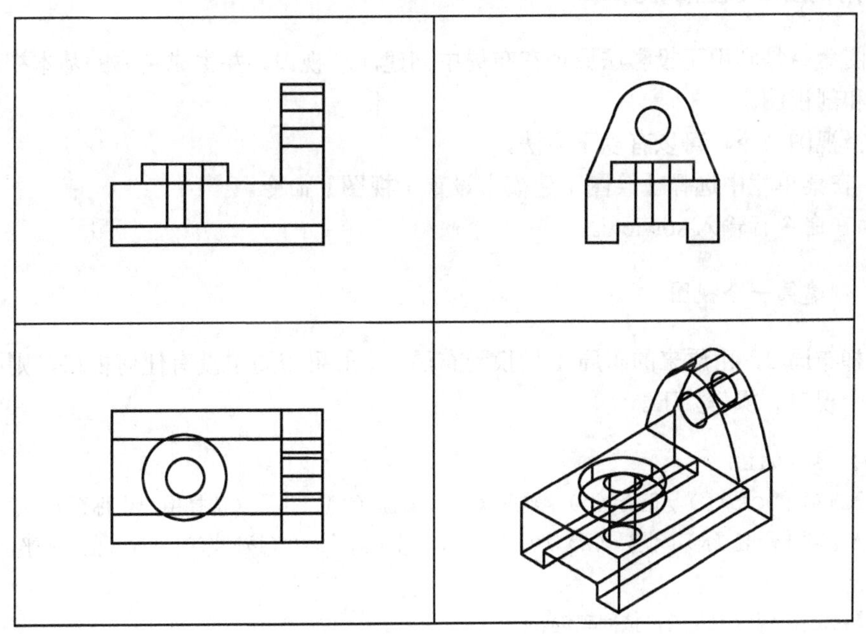

图 9.15　布局中的三视图

5. 删除视口边界

在布局中不应显示视口的边框线，需要把这些边框线隐藏起来。

选中 4 个视口的边框，使用对象特性命令修改它们的图层属性，从原来的 0 图层改为 vports 图层，并把 vports 图层设置为不可见，结果如图 9.16 所示。

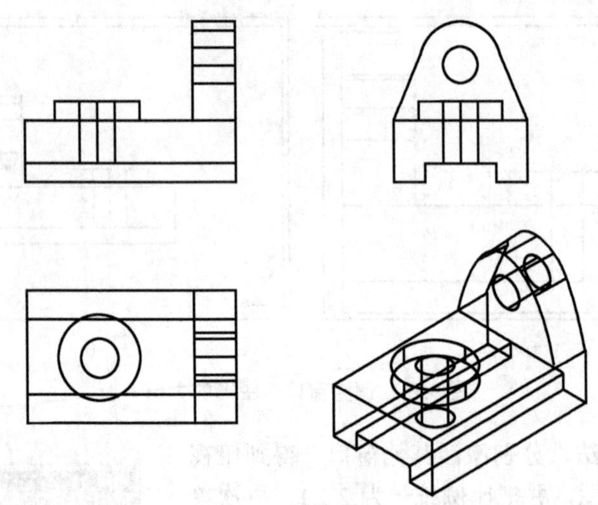

图 9.16　去掉边框的三视图

9.3.2　用视图命令生成视图

视图命令是利用正投影法原理在布局中创建浮动视口，并生成实体的基本视图、辅助视图和剖视图。

选择视图命令，可以有以下方法。

① 在菜单栏中选择【绘图 | 建模 | 设置 | 视图】命令。

② 在命令行输入 solview。

1. 创建第一个视图

选择布局 2，由原来的布局 1 切换到布局 2。如果布局中没有任何视口，则必须先创建一个视口。操作如下。

命令：SOLVIEW

输入选项 [UCS（U）/正交（O）/辅助（A）/截面（S）]：u（选择用户坐标系）

输入选项 [命名（N）/世界（W）/?/当前（C）] <当前>：（按回车键，UCS 的 XY 平面作为投影面）

输入视图比例 <1>：2，按回车键。

指定视图中心：在布局 2 的左下方单击。

指定视图中心 <指定视口>：按回车键（可以重新确定视图中心，按回车键结束）。
指定视口的第一个角点：（单击选中 p1 点，如图 9.17 所示）
指定视口的对角点：（单击选中 p2 点，通过两个角点确定视口的位置和大小）
输入视图名：主视图（为视图取名为“主视图”）
输入选项 [UCS（U）/正交（O）/辅助（A）/截面（S）]：（按回车键，结束命令）

结果如图 9.17 所示。

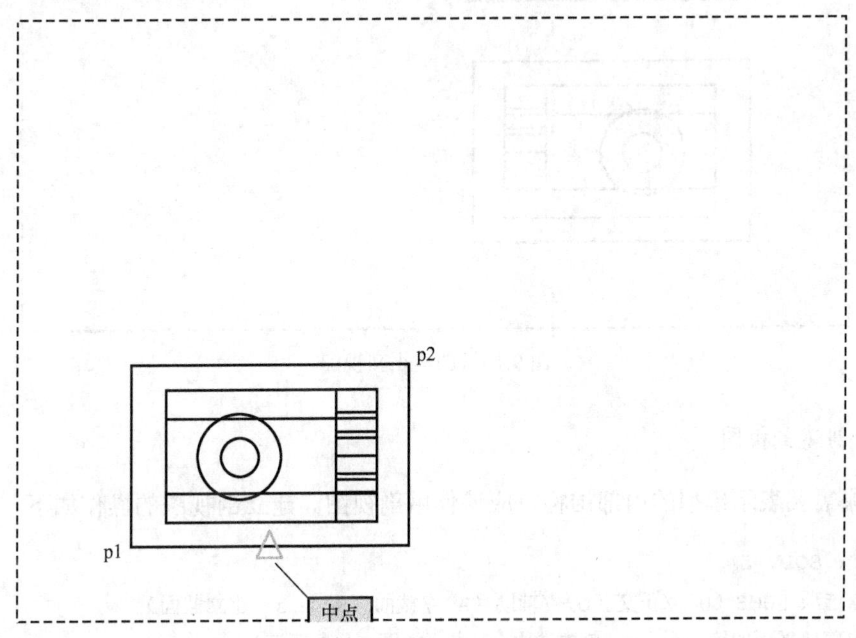

图 9.17　创建第一个视口

2. 创建正交视图

如果布局中已经存在视口，就可以以此创建其他视口的正交视图。操作如下。

命令：_solview
输入选项 [UCS（U）/正交（O）/辅助（A）/截面（S）]：o（创建正交视图）
指定视口要投影的那一侧：（如图 9.17 所示，选取视口边框的中点）
指定视图中心：（在俯视图的上方选取一点）
指定视图中心<指定视口>：（按回车键）
指定视口的第一个角点：
指定视口的对角点：（确定主视图的视口位置和大小）
输入视图名：主视图
输入选项 [UCS（U）/正交（O）/辅助（A）/截面（S）]：（按回车键）

结果如图 9.18 所示。

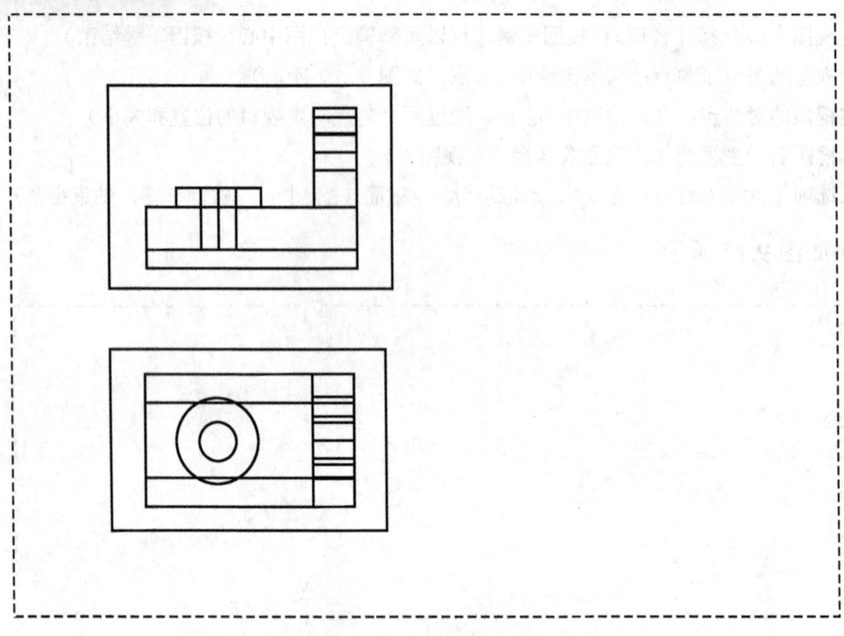

图 9.18　创建正交视图

3. 创建剖视图

如果需要表示模型的内部结构，应该使用剖视图。建立剖视图的操作如下。

```
命令：SOLVIEW
输入选项 [UCS（U）/正交（O）/辅助（A）/截面（S）]：s（建立截面）
指定剪切平面的第一个点：（单击选中 p1 点，如图 9.19 所示）
指定剪切平面的第二个点：（单击选中 p2 点）
指定要从哪侧查看：（单击选中 p3 点）
输入视图比例<2>：（按回车键）
指定视图中心：（在主视图的右侧选取一点）
指定视图中心<指定视口>：（按回车键）
指定视口的第一个角点：
指定视口的对角点：（确定左视图的视口位置和大小）
输入视图名：左视图
输入选项 [UCS（U）/正交（O）/辅助（A）/截面（S）]：（按回车键）
```

结果如图 9.19 所示。

9.3.3 创建实体图形

图 9.19 中的左视图没有打上剖面线，不是真正的剖视图。用图形命令可以创建视口中实体的可见和不可见轮廓线，并得到剖视图。

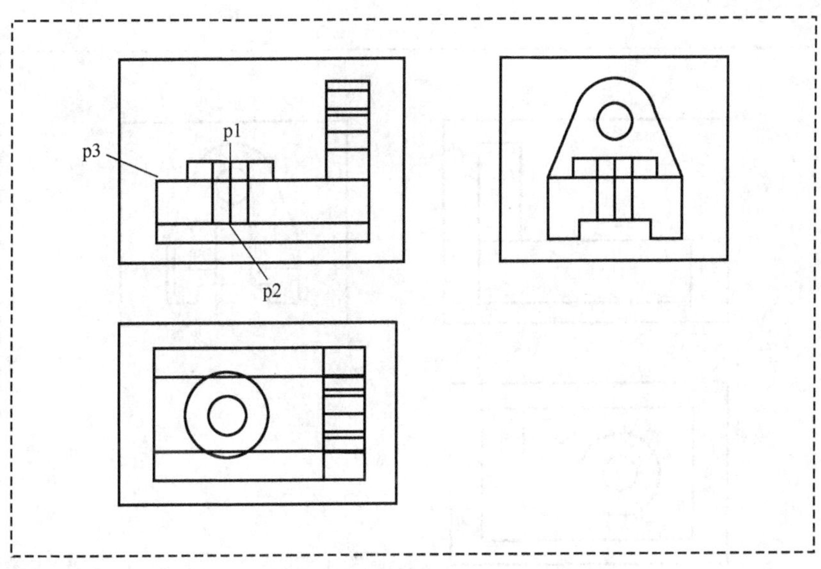

图 9.19 创建左视图（剖面图）

选择图形命令，可以有以下方法。

① 在菜单栏中选择【绘图 | 建模 | 设置 | 图形】命令。

② 在命令行输入 soldraw。

具体操作如下。

```
命令：_soldraw
选择要绘图的视口……
选择对象：找到 1 个（单击选中主视图所在视口的边框）
选择对象：找到 1 个，总计 2 个（单击选中俯视图所在视口的边框）
选择对象：找到 1 个，总计 3 个（单击选中左视图所在视口的边框）
选择对象：（按回车键）
已选定一个实体
已选定一个实体
已选定一个实体
```

结果如图 9.20 所示，各个视图中的不可见轮廓线隐去，剖视图打上了剖面符号。

在自动生成的剖面图中，发现剖面符号不是国家标准的剖面线，需要调整。首先转入布局中的模型空间，激活左视图窗口，选中剖面符号，在【对象特性】对话框中修改其图案名为 ANSI31，并设置适当的比例，最终结果如图 9.21 所示。

在执行了视图命令后，系统会自动生成一系列图层，用来放置视口边框线、可见与不可见轮廓线和剖面符号等对象，具体见表 9.1。由这些图层的属性来控制实体的显示方式。

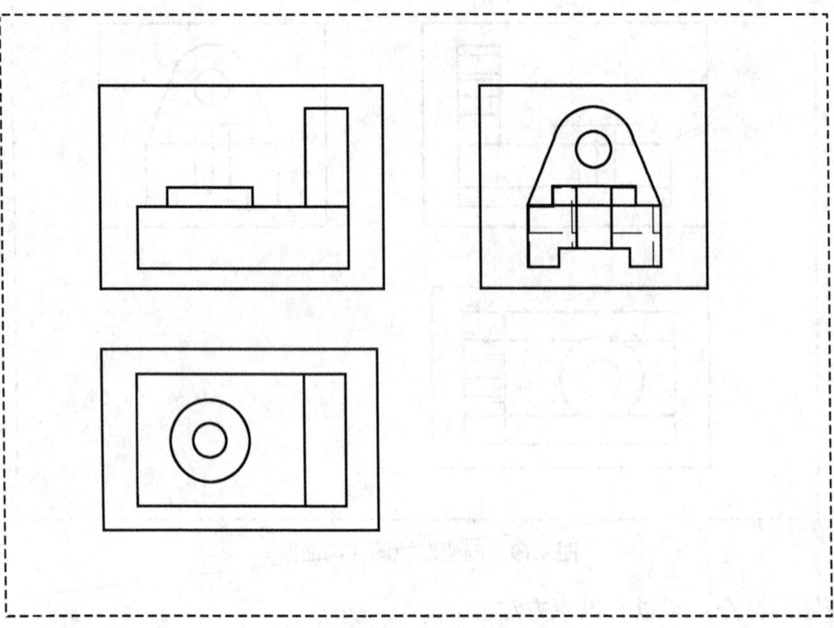

图 9.20　创建实体图形

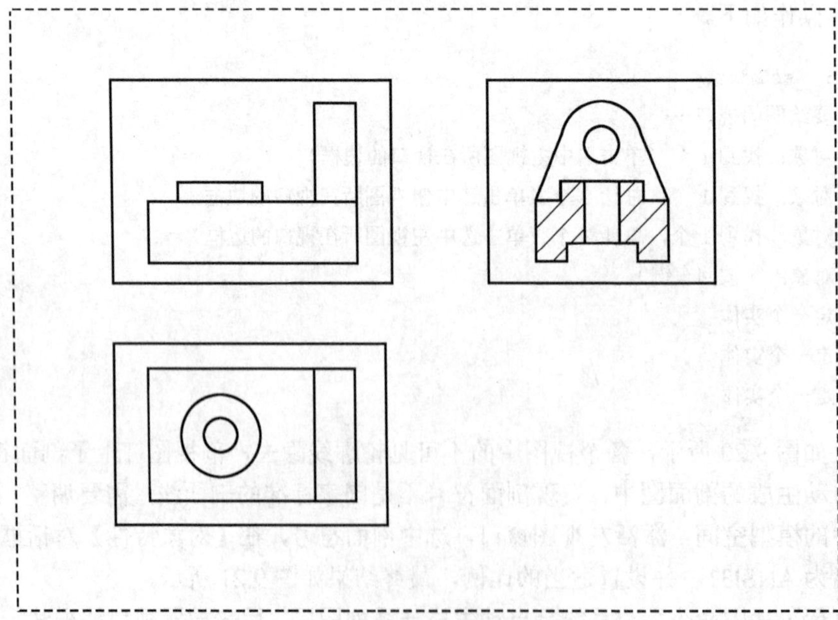

图 9.21　得到正确的剖面图

表 9.1 由视图命令自动生成的图层

图 层 名 称	对 象 类 型
VPORTS	视口边框线
视图名——VIS	可见轮廓线
视图名——HID	不可见轮廓线
视图名——DIM	尺寸标注
视图名——HAT	填充图案

9.3.4 创建实体轮廓

为了帮助读图，除了三视图外，在布局中再创建一个视口来显示轴测图。

1. 创建视口

在菜单栏中选择【视图｜视口｜新建视口】命令，弹出如图 9.22 所示的对话框。按图 9.22 设置各个选项，单击【确定】按钮。

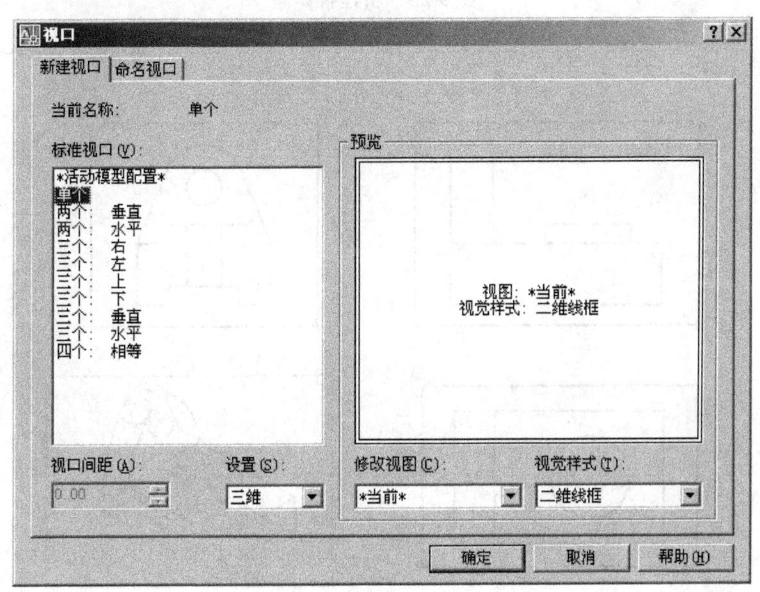

图 9.22 【视口】对话框

在布局的右下方开一个矩形框以确定新建视口的位置和大小，结果如图 9.23 所示。激活新建的视口，调整实体的大小和位置，如图 9.24 所示。

2. 创建实体轮廓

使用轮廓命令在布局中创建实体模型的轮廓线。该命令必须在布局的模型空间中使用。

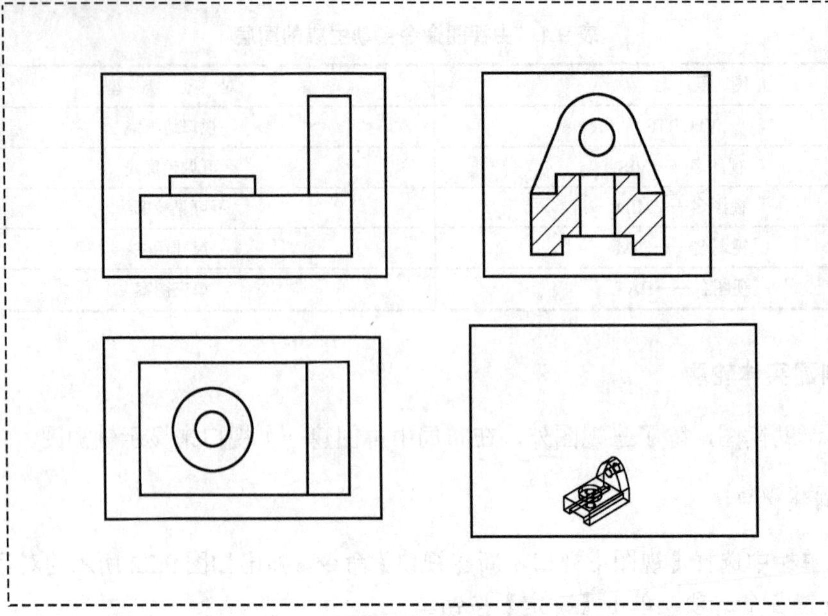

图 9.23　新建视口

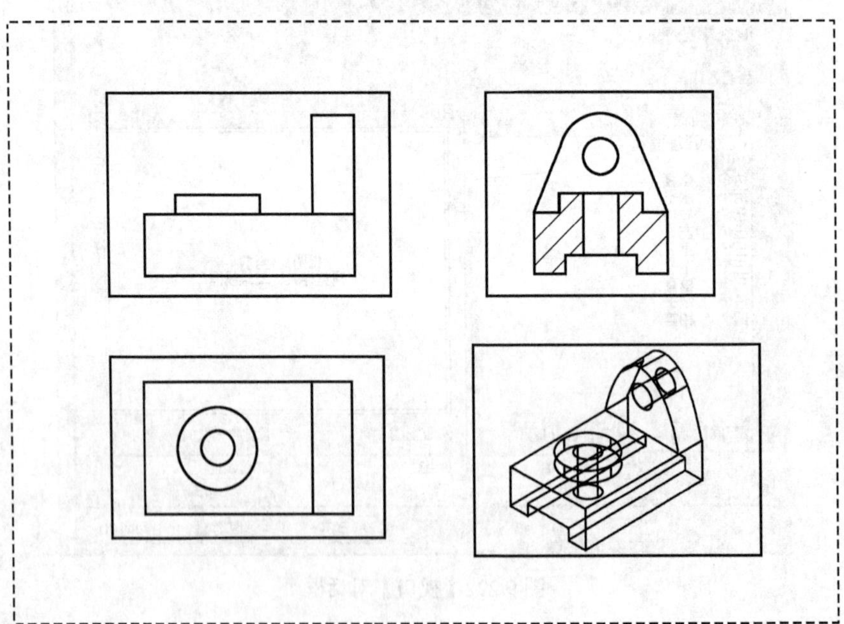

图 9.24　调整视口中实体的大小

选择轮廓命令，可以有以下方法。

① 在菜单栏中选择【绘图 | 建模 | 设置 | 轮廓】命令。

② 在命令行输入 solprof。

创建实体轮廓的操作如下。

```
命令：_solprof
选择对象：找到 1 个（在激活的轴测视图中选择实体）
选择对象：（按回车键）
是否在单独的图层中显示隐藏的轮廓线？[是（Y）/否（N）] <是>：（按回车键）
是否将轮廓线投影到平面？[是（Y）/否（N）] <是>：（按回车键）
是否删除相切的边？[是（Y）/否（N）] <是>：（按回车键）
……
已选定一个实体
```

此时实体轮廓创建完毕，但在布局中看不出变化。

3. 显示轮廓

轮廓命令执行完毕后，切换到布局的图纸空间。如图 9.25 所示，关闭 0 图层和 PH-7AC 图层，即可显示轴测图的可见轮廓线。再关闭 VPORTS 图层，隐去视口的边框线。最终的布局如图 9.26 所示。

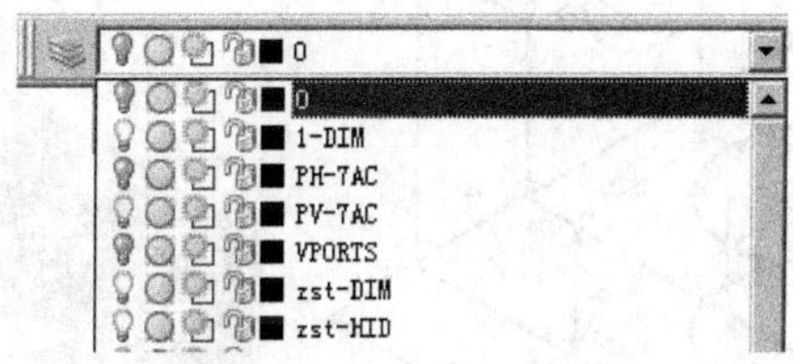

图 9.25 关闭相应的图层

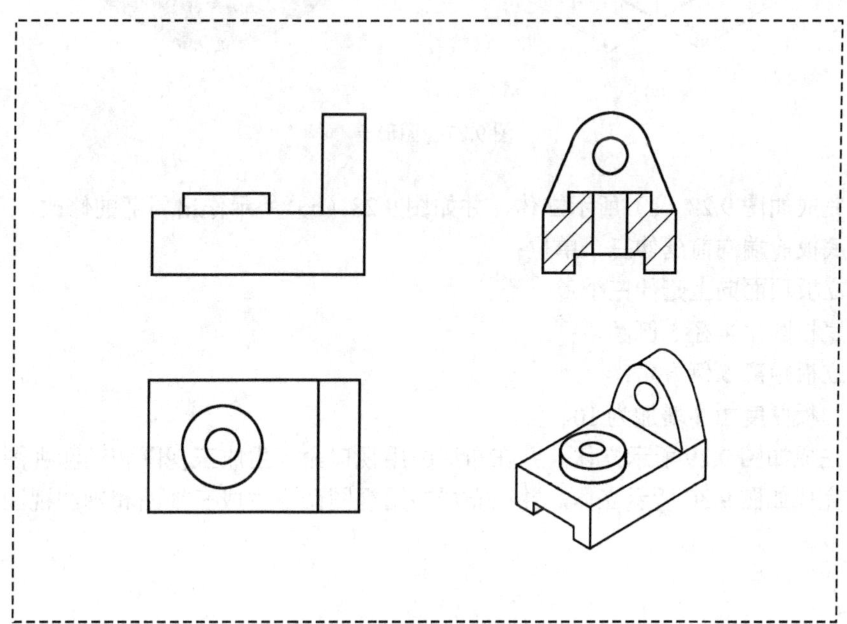

图 9.26 最终的布局

9.4 习 题

1．完成如图 9.27（a）所示立体，并如图 9.27（b）所示作出局部的修改。
底板的圆孔直径扩大为 14；
立板的圆孔直径缩小为 10；
底板圆角半径 5 倒圆角；
立板圆孔距离 1.5 倒方角；
底板和立板以圆角半径 2 过渡。

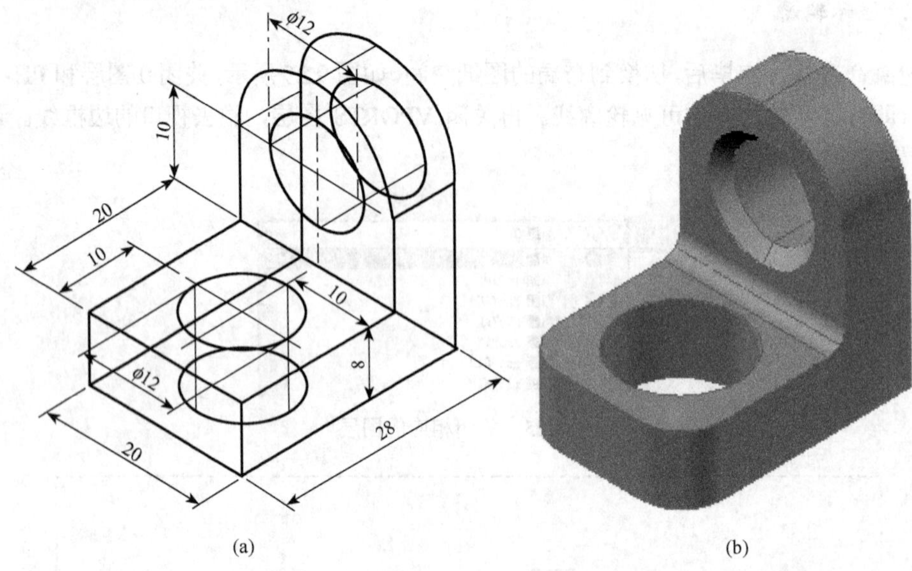

图 9.27　图形一

2．完成如图 9.28（a）所示立体，并如图 9.28（b）所示作出局部的修改。
底板前端向前延伸三个单位；
立板顶面向上延伸三个；
底板圆角半径 5 倒圆角；
立板距离 5 倒方角；
肋板厚度由 8 增加为 10。

3．完成如图 9.29 所示立体，并在布局中用视口命令生成三视图和轴测视图。

4．完成如图 9.30 所示立体，并在布局中用视图命令生成三视图和轴测视图。

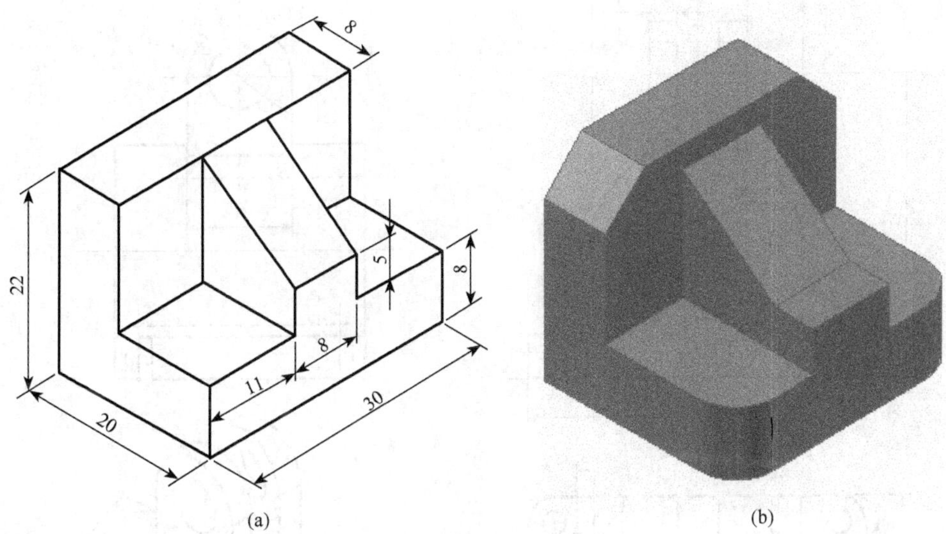

图 9.28　图形二

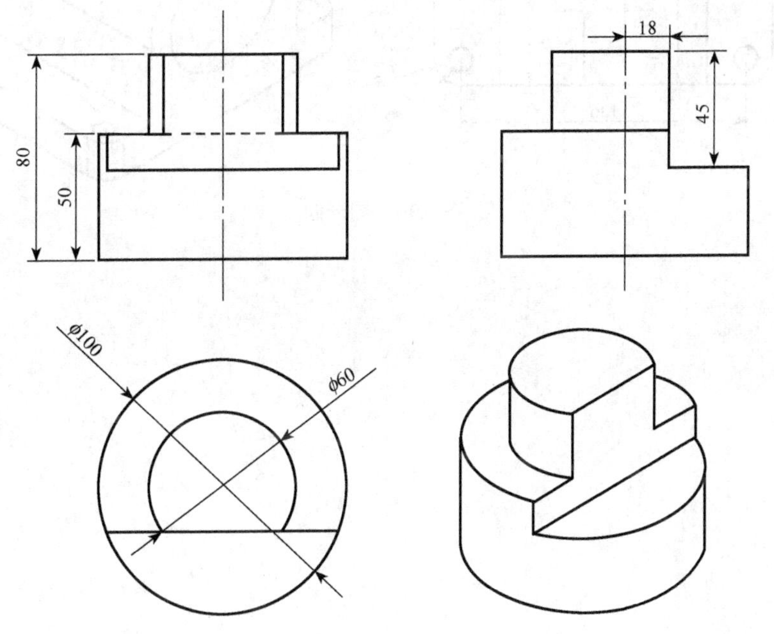

图 9.29　图形三

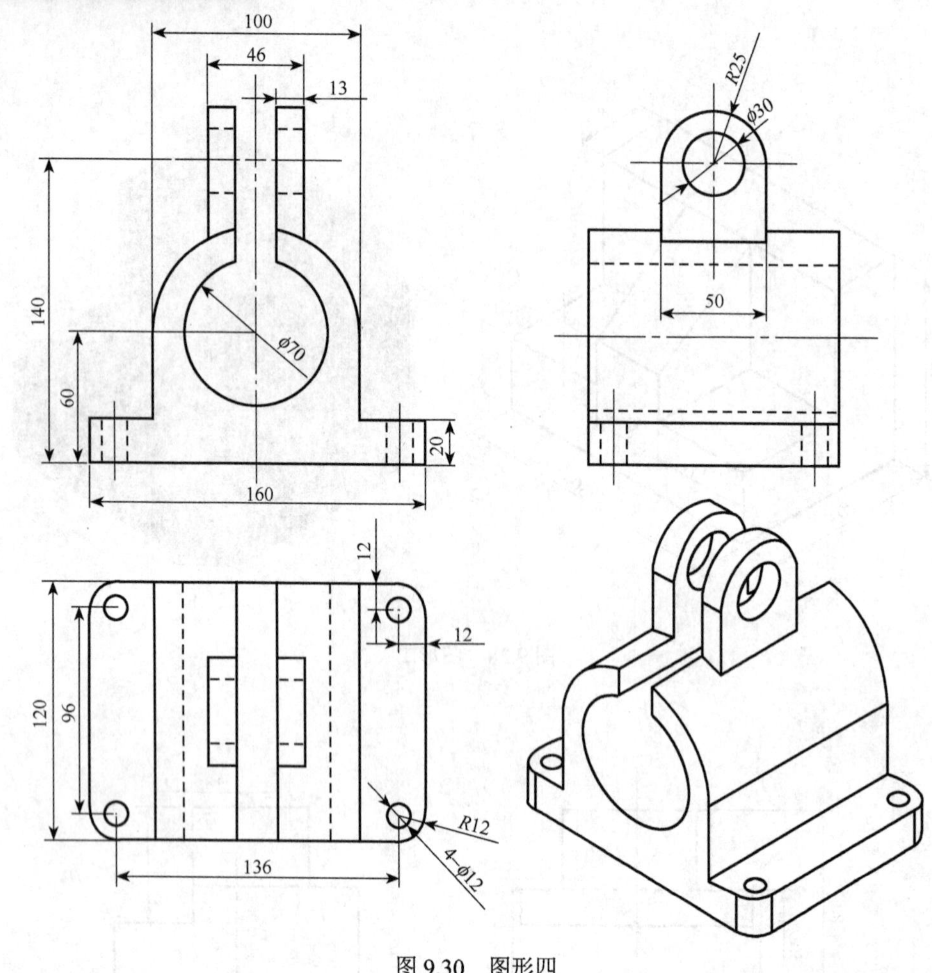

图 9.30　图形四

第10章

建筑平面图的绘制

能力目标：学习并掌握各类绘图、编辑命令和图块、属性等在建筑制图中的应用；学习并掌握用多线命令和多线编辑命令绘制墙体的方法；掌握门、窗、楼梯等建筑元素的绘制方法。此外，还将学习建筑制图中比例的设置和尺寸标注。

在本章中，将通过如图 10.1 所示的建筑平面图的绘制，介绍建筑平面图绘制的一般步骤和方法。

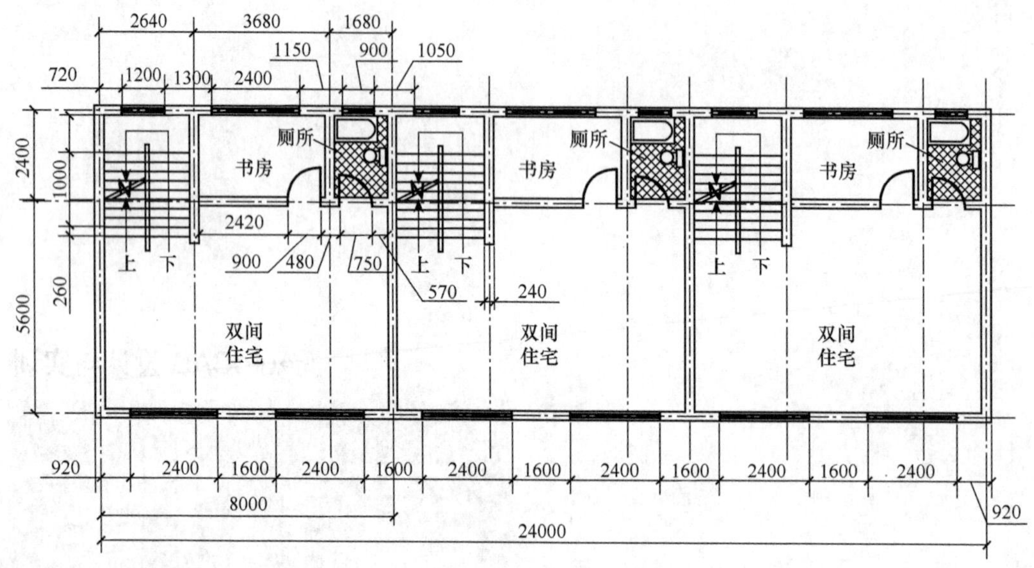

图 10.1　建筑平面图

10.1　绘图环境设置

10.1.1　绘图界限设定

建筑图样与机械图样不同，它的尺寸很大，因此在绘图时为了按图形实际尺寸数值输入，要将绘图界限放大为图幅的 100 倍，由绘图设备以 1∶100 比例输出。

在本章案例中，选择 A3 图纸。操作如下。

```
命令：limits
重新设置模型空间界限：
指定左下角点或 [开（ON）/关（OFF）] <0.0000，0.0000>：（按回车键）
指定右上角点 <42000.0000，29700.0000>：42000，297000（放大 100 倍）
```

设定完毕。为了让整个图纸幅面都能显示在窗口中，需进行如下窗口缩放命令。

```
命令：zoom
指定窗口的角点，输入比例因子（nX 或 nXP），或者 [全部（A）/中心（C）/动态（D）/范围
```

```
(E)/上一个(P)/比例(S)/窗口(W)/对象(O)] <实时>: a(表示整屏显示绘图界限)
正在重生成模型
```

10.1.2　设置图层并定义属性

建筑图样根据其功能特点，一般按表 10.1 设置图层并定义属性。

表 10.1　图层与属性

图 层 名	线　型	颜　色	作　用
wall	Continuous	黑色	绘制墙体
axis	Dashdot	蓝色	绘制中心线
toilet	Continuous	深绿色	绘制洁具
text	Continuous	深蓝色	文字和尺寸标注
windoor	Continuous	紫色	绘制门窗

10.1.3　线型比例设定

由于绘图界限的放大，会造成设置的线型不能正常显示。需要通过线型比例命令进行调整。具体操作如下。

```
命令: ltscale
输入新线型比例因子 <1.0000>: 1000
```

其他绘图环境，如文字样式等可以自行设定。有关尺寸标注精度、变量等将在尺寸标注时再进行设定。

10.2　用多线命令绘制墙体

10.2.1　绘制轴线、布置轴网

建筑图样与机械图样相同，首先应该绘制反映总体结构的轴线分布。把 axis 图层设为当前层。绘制如图 10.2 所示的轴网。

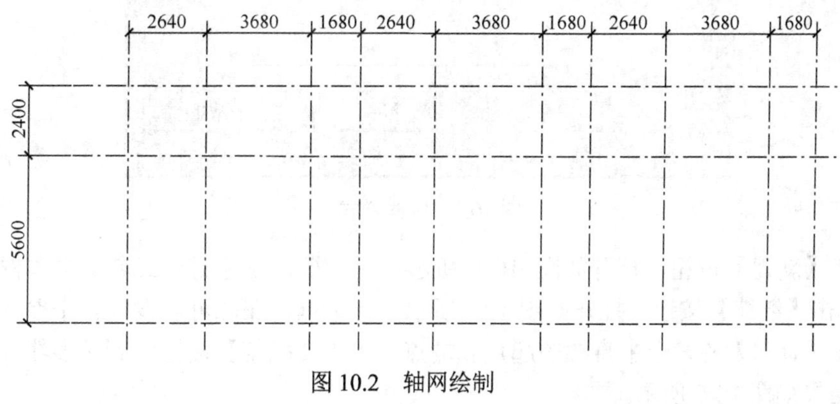

图 10.2　轴网绘制

在具体绘制中，有不同的方法。先绘制水平和垂直两条轴线，然后用偏移命令(offset)，按不同距离进行偏移。对于垂直轴线，可以根据它们的分布规律使用阵列命令绘制。

10.2.2 多线命令

如图 10.1 所示图形表示包含三个相同房间的建筑平面图。主要结构是墙体、墙体上的窗户、门和楼梯。

在 AutoCAD 中，多线和多线编辑命令可以专门用来绘制墙体。选择多线命令，可以有以下三种方法。

① 在菜单栏中选择【绘图 | 多线】命令。

② 在命令行输入 mline。

1. 创建并设置多线

在系统中有默认的多线样式，应该创建一种符合自已要求的多线来绘制墙体。

在菜单栏中选择【格式 | 多线样式】命令，弹出如图 10.3 所示的对话框。

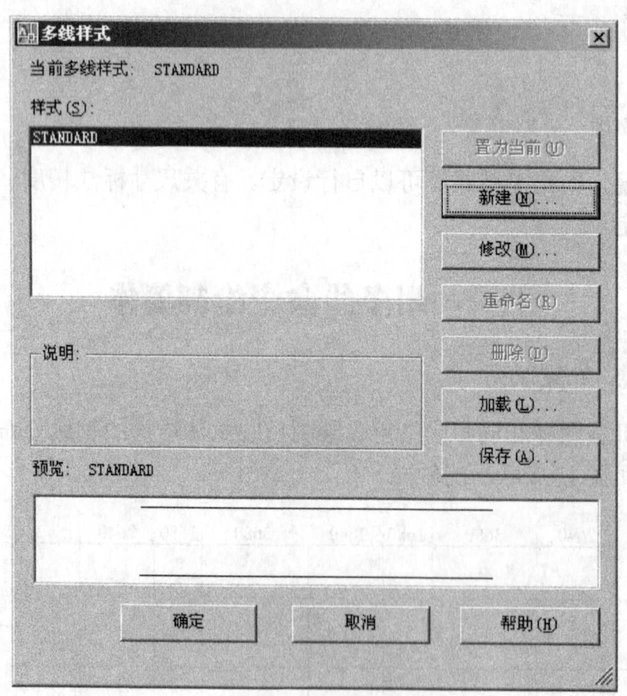

图 10.3 多线样式

单击【新建】按钮，打开如图 10.4 所示的对话框，在【新样式名】文本框中输入 wall。单击【继续】按钮，打开如图 10.5 所示的对话框，在此可以设定各个参数。本案例中，在【订口】栏，选中直线的起点和端点。单击【确定】按钮回到【多线样式】对话框，结果如图 10.6 所示。

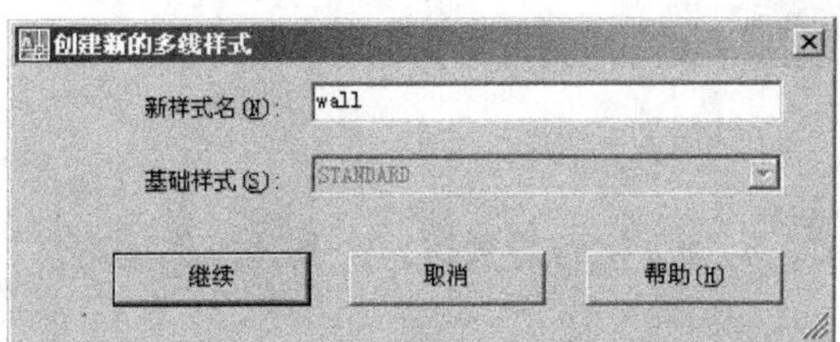

图 10.4 创建多线样式

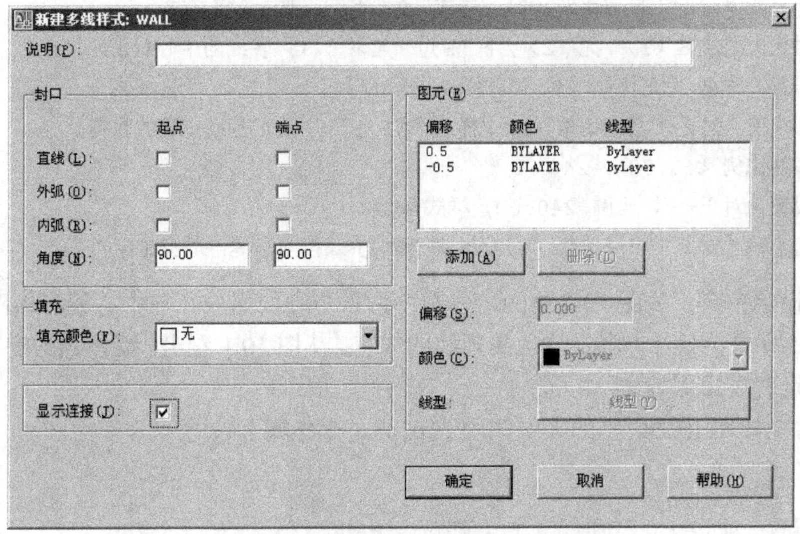

图 10.5 参数设定

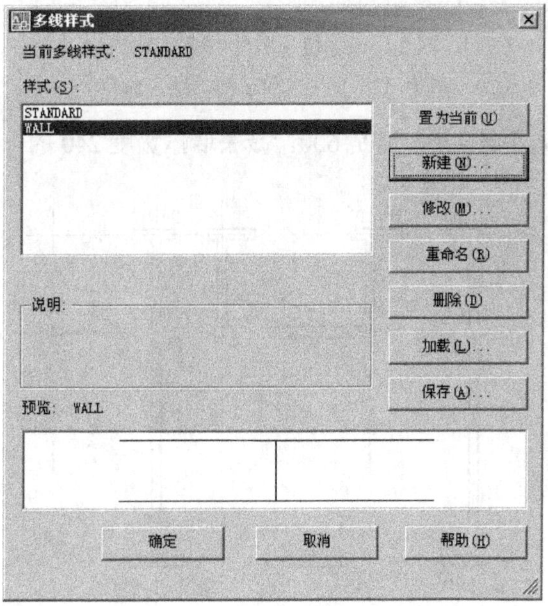

多线样式
当前多线样式: STANDARD
样式(S):
STANDARD
WALL
置为当前(U)
新建(N)...
修改(M)...
重命名(R)
删除(D)
加载(L)...
保存(A)...
说明:
预览: WALL
确定
取消
帮助(H)

图 10.6 建立 WALL 多线样式

选中新建的 wall 多线样式，把它置为当前。

2. 绘制墙体

在执行多线命令前，必须先进行参数设定，具体操作如下。

```
命令：MLINE
当前设置：对正=无，比例=60.00，样式=WALL
指定起点或［对正（J）/比例（S）/样式（ST）]：j（选择对正方式）
输入对正类型［上（T）/无（Z）/下（B）] <无>：z（以多线的中心对正）
当前设置：对正=无，比例=60.00，样式=WALL
指定起点或［对正（J）/比例（S）/样式（ST）]：s（设定多线宽度的比例）
输入多线比例 <60.00>：240
当前设置：对正=无，比例=240.00，样式=WALL
指定起点或［对正（J）/比例（S）/样式（ST）]：（按回车键，退出命令）
```

参数设定完毕。从图 10.5 可知，多线由两条平行线组成，与中心线各偏距 0.5，即两平行线的距离为一个单位，这也是多线的线宽。从图 10.1 看出，墙体线的宽度为 240，因此，设定宽度比例为 240。

1）绘制如图 10.7 所示的多线线段 p1p2p3，操作如下。

```
命令：mline
当前设置：对正=无，比例=240.00，样式 = WALL
指定起点或［对正（J）/比例（S）/样式（ST）]：（捕捉交点 p1）
指定下一点：（捕捉交点 p2）
指定下一点或［放弃（U）]：@600，0（使用增量坐标得到点 p3）
指定下一点或［闭合（C）/放弃（U）]：（按回车键，结束命令）
```

注意 p2p3 的距离不是 720，而是 600。减去墙体宽度 240 的一半。

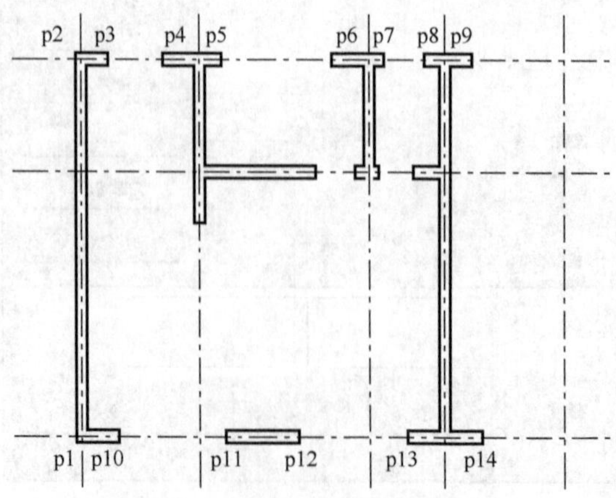

图 10.7 墙体绘制与临时点捕捉

2）p3p4 之间是窗户的位置，在绘制 p4p5 多线时，起点 p4 可以通过捕捉“临时点”确定，具体操作如下。

```
命令：MLINE
当前设置：对正=无，比例=240.00，样式=WALL
指定起点或［对正（J）/比例（S）/样式（ST）］：tt（捕捉临时点）
指定临时对象追踪点：int（捕捉多线端面线与轴线的交点 p3）
于（捕捉 p3 点）
指定起点或［对正（J）/比例（S）/样式（ST）］：@1200，0（确定 p4 点）
指定下一点：@1300，0（得到 p5 点）
指定下一点或［放弃（U）］：（按回车键，结束命令）
```

P3p4 为窗宽 1200，p4p5 长为 1300。如图 10.7 所示，使用临时点捕捉的目的是：要绘制的线段 p4p5 的起点不能直接给出坐标或者捕捉到，但可以知道起点 p4 相对于点 p3 的位置，而点 p3 已经可以通过一定的捕捉方式得到，这时就可以使用临时点捕捉方式。

3）用同样的方法绘制如图 10.7 所示的多线 p6p7、p8p9、p1p10、p11p12、p13p14，结果如图 10.8（a）所示。

4）如图 10.8（b）所示，绘制 p0p2，长度 3500；绘制 p8p10、p4p0；绘制 p1p3，长度 2540；绘制 p4p5，长度 480；绘制 p6p7，长度 690。其中 p3p4、p5p6 是门的位置，宽度分别为 900 和 750。

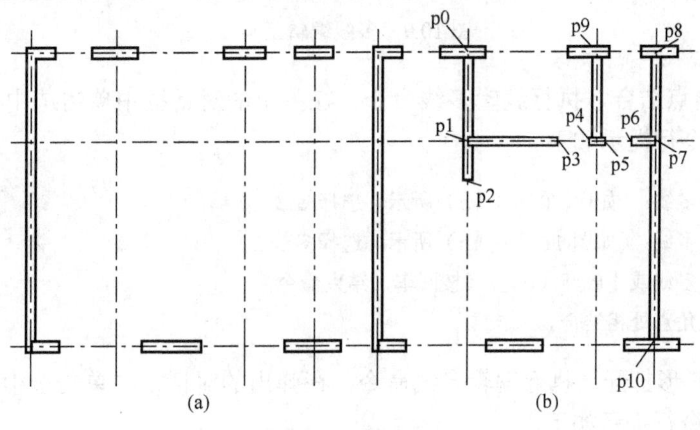

图 10.8 绘制墙体

3. 多线编辑

如图 10.8（b）所示，在多线的转角处和交叉处的图形不合要求，需要进行编辑。多线的编辑功能非常强大。

选择多线编辑命令，可以有以下方法。

① 在菜单栏中选择【修改｜对象｜多线】命令。

② 在命令行输入 mledit。

选择多线编辑命令，弹出如图 10.9 所示的【多线编辑工具】对话框。本案例中将用到“T 形打开”和“角点结合”两种方法。

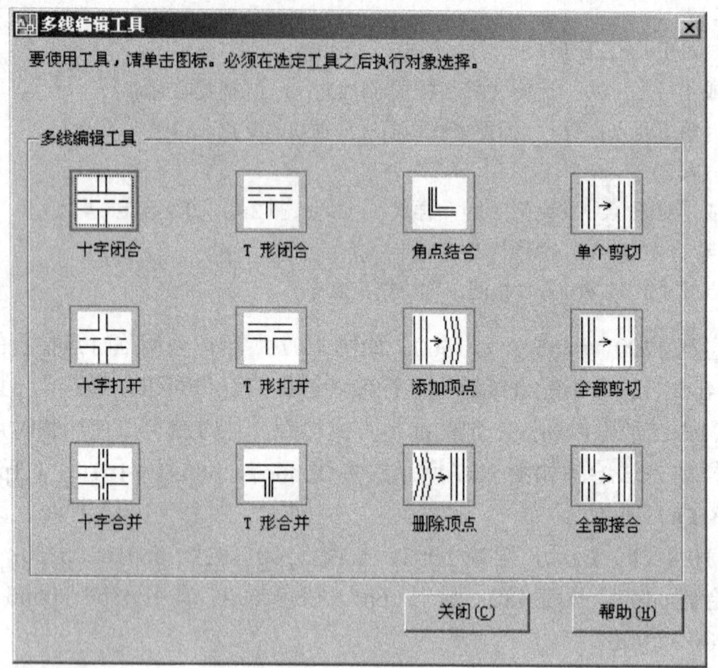

图 10.9　多线编辑工具

1）进行角点结合，执行编辑多线命令，在弹出的对话框中单击选中【角点结合】编辑工具，命令行提示如下。

选择第一条多线：（如图 10.10（a）所示，选择多线 1）
选择第二条多线：（如图 10.10（a）所示，选择多线 2）
选择第一条多线或 [放弃（U）]：（按回车，结束命令）
两条多线在角点处相结合。

2）进行 T 形打开，执行编辑多线命令，在弹出的对话框中单击选中【T 形打开】编辑工具，命令行提示如下。

选择第一条多线：（如图 10.10（b）所示，选择多线 1）
选择第二条多线：（如图 10.10（b）所示，选择多线 2）
选择第一条多线 或 [放弃（U）]：（按回车键，结束命令）
两条多线在交接处相结合

在进行角点结合时，选择多线的次序对操作结果没有影响。而在进行 T 形打开时，如图 10.10（b）所示，必须先选多线 1，再选多线 2，多线的选择顺序直接影响打开的结果。

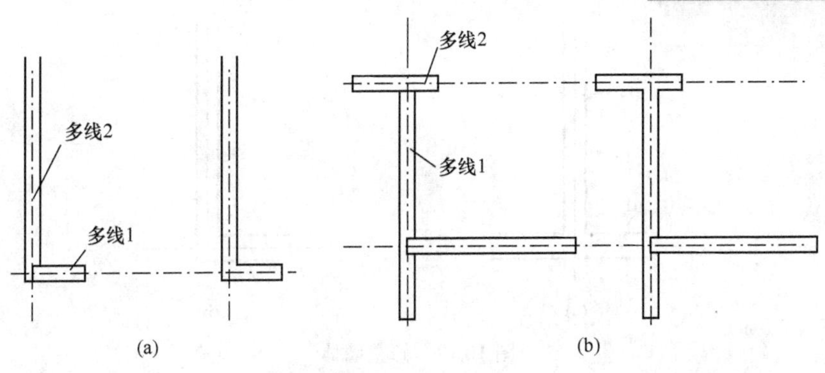

图 10.10 多线编辑工具

3）同样的方法完成图中其余的角点结合和 T 形打开。最终结果如图 10.7 所示。

10.2.3 复制并修整墙体

1. 复制墙体

如图 10.7 所示为一个房间的墙体结构，可以使用复制命令得到另外两个房间的墙体。

如图 10.11 所示，对于选中的墙体复制两份，得到了完整的墙体结构图。

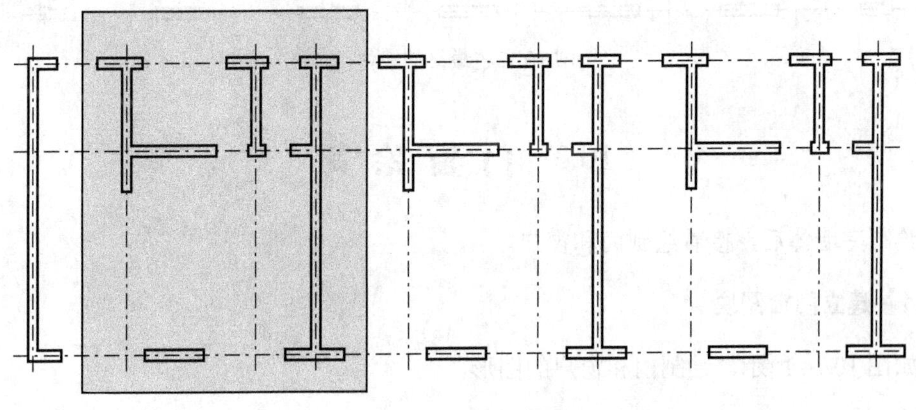

图 10.11 复制墙体

2. 修整墙体

如图 10.11 所示的墙体结构中，最右边的墙体不正确，需要修正。

墙体的右下角如图 10.12（a）所示，应该是一个转角的结构，可以使用角点结合对它进行修整。执行角点结合，分别单击选中 p1、p2 选择两条多线，注意 p1 点的位置必须再左侧，不然转角的方向相反，结果如图 10.12（b）所示。

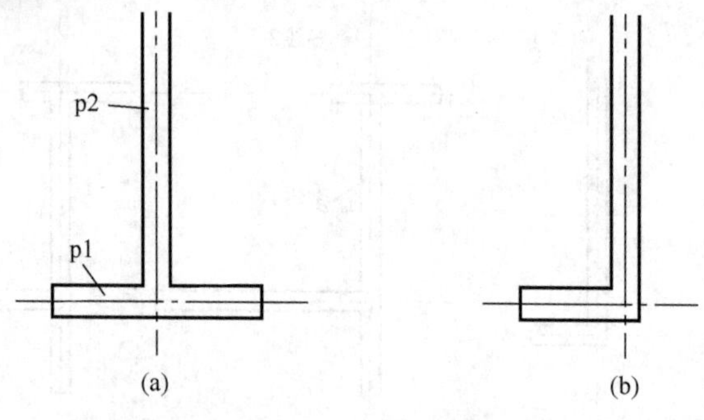

图 10.12　修整墙体

对墙体的右下角作同样的处理，最终完成如图 10.13 所示的墙体结构图。

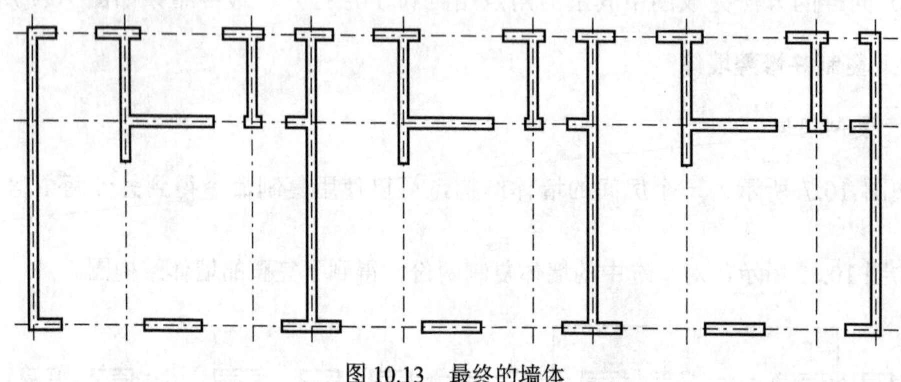

图 10.13　最终的墙体

10.3　门 窗 绘 制

绘制完墙体后，接着绘制门和窗户。

10.3.1　建立门窗图块

如图 10.14 所示，绘制门和窗户的图形。

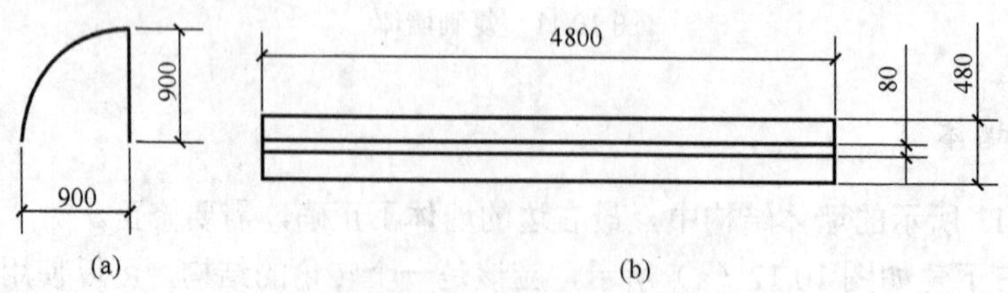

图 10.14　门和窗的尺寸

1. 门的绘制

如图 10.14（a）所示为门的形状，用宽度 20 的多段线绘制。把 0 层设置为当前层。

具体操作如下。

1）绘制直线段。

```
命令：PLINE
指定起点：确定直线的下方端点
当前线宽为 0.0000
指定下一个点或 [圆弧（A）/半宽（H）/长度（L）/放弃（U）/宽度（W）]：w【回车】设定线宽
指定起点宽度 <0.0000>：20
指定端点宽度 <0.0000>：（按回车键）
指定下一个点或 [圆弧（A）/半宽（H）/长度（L）/放弃（U）/宽度（W）]：@0，900
指定下一点或 [圆弧（A）/闭合（C）/半宽（H）/长度（L）/放弃（U）/宽度（W）]：（按回车键）
```

2）绘制圆弧。因为线条有 20 宽度，所以仍用多段线命令。

```
命令：PLINE
指定起点：捕捉直线段的上方端点
当前线宽为 20.0000
指定下一个点或 [圆弧（A）/半宽（H）/长度（L）/放弃（U）/宽度（W）]：a（进入圆弧方式）
指定圆弧的端点或 [角度（A）/圆心（CE）/方向（D）/半宽（H）/直线（L）/半径（R）/第二个点（S）/放弃（U）/宽度（W）]：ce（表示输入圆心）
指定圆弧的圆心：（捕捉直线段的下方端点）
指定圆弧的端点或 [角度（A）/长度（L）]：a（表示输入圆心角）
指定包含角：90
指定圆弧的端点或 [角度（A）/圆心（CE）/闭合（CL）/方向（D）/半宽（H）/直线（L）/半径（R）/第二个点（S）/放弃（U）/宽度（W）]：度（W）]：（按回车键，结束命令）
```

3）建立门的图块。块名 door，插入基点为直线的下方端点。

2. 窗的绘制

如图 10.14（b）所示为窗户的形状。确认 0 层为当前层。用宽度 20 的多段线绘制图形，并建立图块。图块名为 win1，插入基点为窗户左端面的中点。

10.3.2 插入门窗图块

1. 插入窗户图块

由图 10.1 可知，每个房间有三种不同规格的窗户。如图 10.15 所示，窗户 1、窗户 2 和窗户 3 的宽度都为 240，长度分别为 1200、2400 和 900。

首先插入窗户 1。执行图块插入命令，弹出如图 10.16 所示的图块插入对话框。

选择 win1 图块，在【缩放比例】选项区域中，设定 X 方向的比例为 0.25，因为图块中窗户的长度为4800，实际窗户长度只有1200；Y方向的比例为0.5，因为图块中窗户的宽度为480，实际为240。

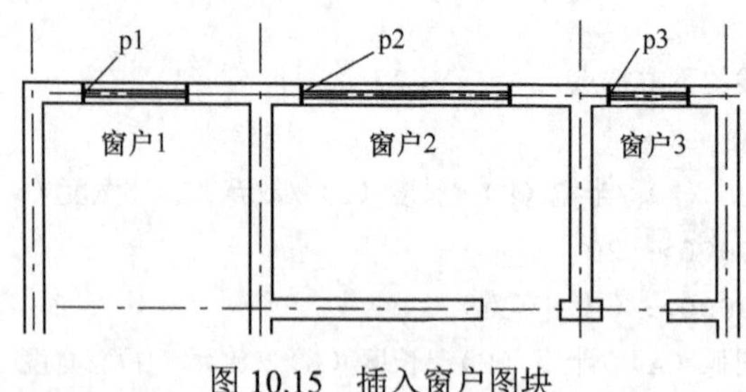

图 10.15　插入窗户图块

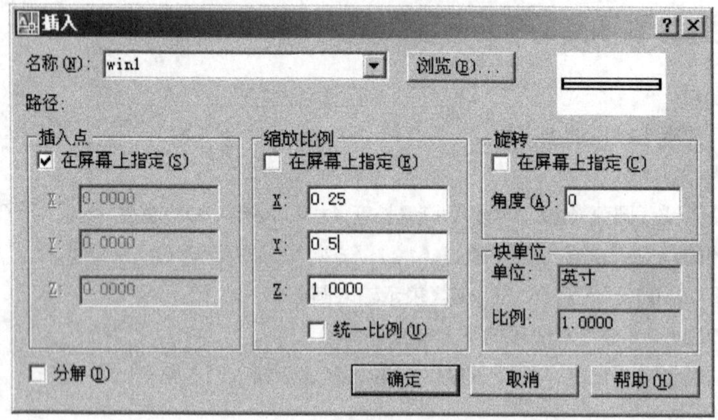

图 10.16　插入图块参数设定

单击【确定】按钮后，把图块的插入基点对准到多线端面的中点p1处，如图10.15所示。完成窗户1的插入。

同样的方法插入窗户2和窗户3。

插入窗户2时，设定X方向的比例为0.5，因为图块中窗户的长度为4800，实际窗户长度为2400；Y方向的比例为0.5。

插入窗户3时，设定X方向的比例为0.1875，因为图块中窗户的长度为4800，实际窗户长度为900；Y方向的比例为0.5。

插入窗户后，结果如图10.15所示。其余窗户可以通过复制相应规格的窗户得到。

2. 插入门图块

首先插入门1。执行图块插入命令，在弹出的对话框中选择door图块，在【缩放比例】选项区域中，设定X、Y方向的比例都为1。插入基点为p1点，如图10.17所示。

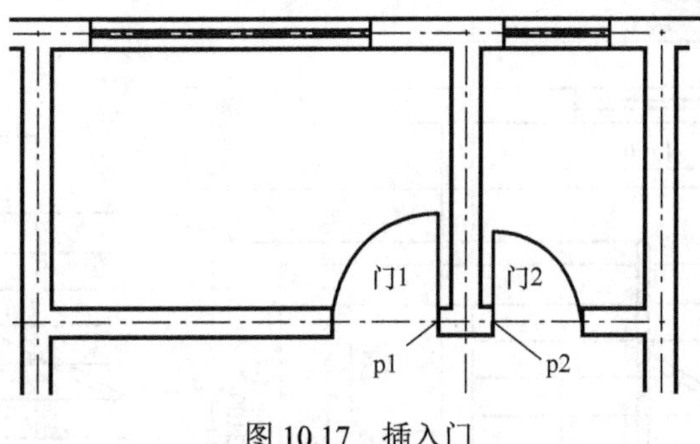

图 10.17 插入门

与门 1 的插入不同，门 2 插入时，X、Y 方向的比例都为 0.8333，因为图块中门的宽度为 900，而实际为 750，并且门的方向相反。

如图 10.18 所示设定图块插入参数。可以设定 X 方向的比例为−0.8333，当 X 方向的比例取负值时，插入的图块和创建的图块沿 Y 轴成镜像对称关系，具体插入的结果就是能把门的方向置反。

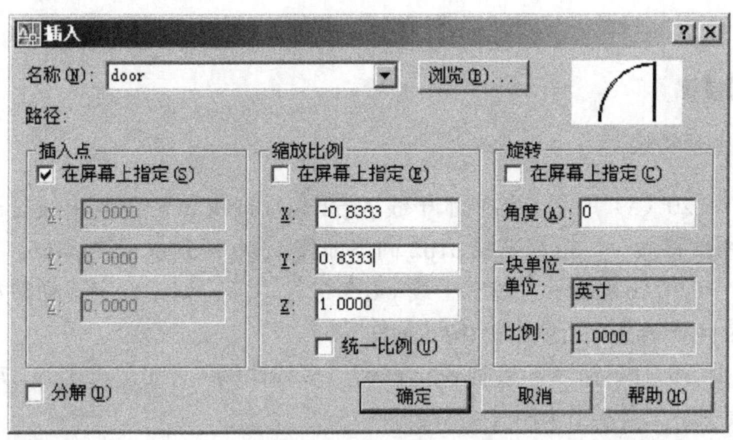

图 10.18 插入门的参数

把如图 10.17 所示的门复制到另外两个房间，完成所有门的绘制。

从本案例可知，在图块插入中，X、Y 方向的比例可以自由设定以得到不同大小的图形；X、Y 方向的比例如果不相同，图形就会产生拉伸或压缩；X、Y 方向的比例可以取负值，以使插入的图形沿 X 或 Y 轴产生镜像效果。

10.4 楼梯绘制

把建筑平面图中的楼梯部分放大后如图 10.19（a）所示。真正反映出楼梯结构的图形如图 10.19（b）所示，应该把这些图形成制成图块，以便调用。

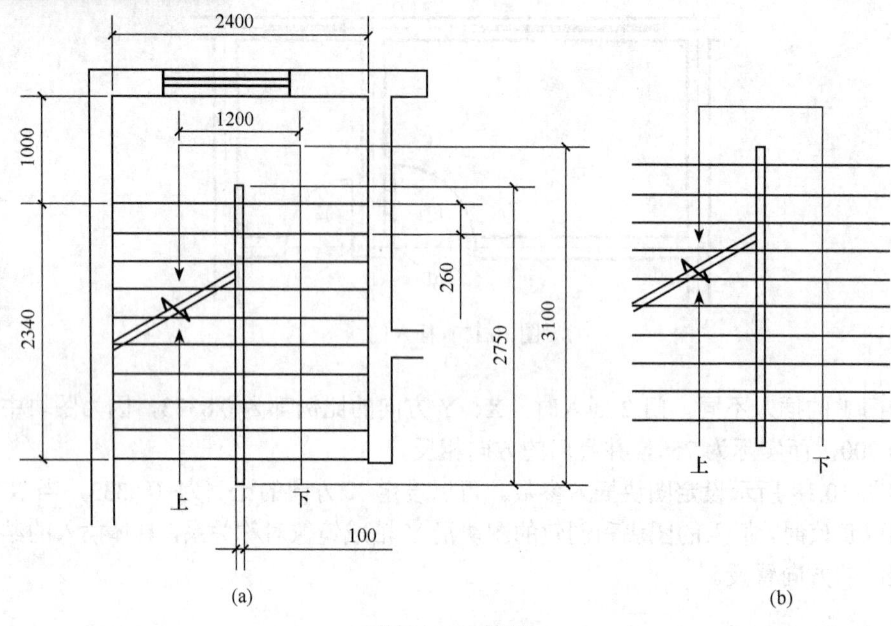

图 10.19　楼梯

10.4.1　绘制楼梯

1．楼梯主结构绘制

1）如图 10.20（a）所示，绘制水平线 p1p2 和垂直线 p1p3，其中线段 p1p2 的长度为 2400。使用偏移命令，把水平线 p1p2 向下偏移 1000 得到水平线 p4p5。

2）如图 10.20（b）所示，对水平线 p4p5 进行矩形阵列，设定阵列参数如图 10.21 所示。因为是向下偏移，所以取行偏距为负值。

3）如图 10.20（b）所示，绘制多线 p6p7，多线比例为 100，长度为 2750，p6 点通过捕捉中点得到。具体操作如下。

```
命令：MLINE
当前设置：对正=无，比例=100.00，样式=WALL
指定起点或［对正（J）/比例（S）/样式（ST）］：s
输入多线比例 <1.00>：100
当前设置：对正=无，比例=100.00，样式=WALL
指定起点或［对正（J）/比例（S）/样式（ST）］：mid
于（捕捉水平线 p4p5 的中点）
指定下一点：@0，-2750
指定下一点或［放弃（U）］：（按回车键，结束命令）
```

4）如图 10.20（c）所示，把多线 p6p7 向上作稍微的移动。并从线段 p1p2，以距离 500 偏移得到水平线 h1；从线段 p1p3，分别以距离 600、1800 偏移得到垂直线 v1 和 v2。

5）如图 10.20（c）所示，修剪 v1、v2、h1，得到如图 10.22（a）所示的图形。

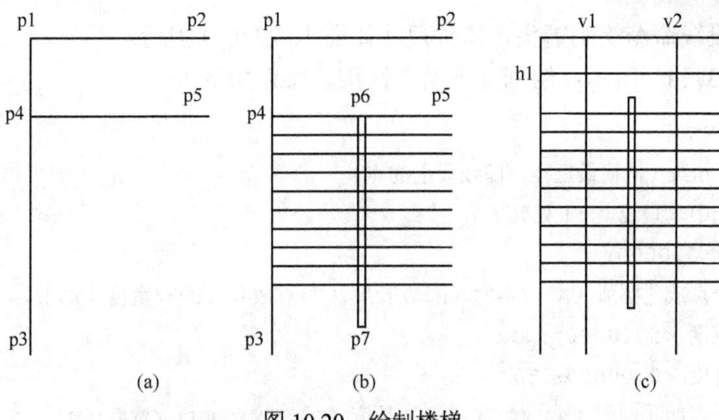

图 10.20　绘制楼梯

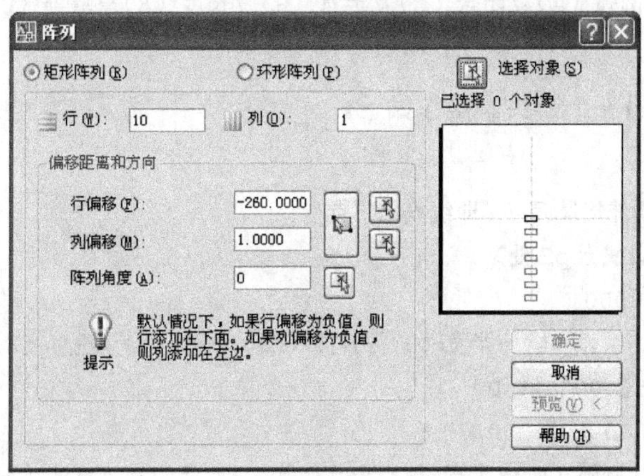

图 10.21　阵列

2. 绘制楼梯标记和箭头

1）如图 10.22（a）所示绘制标记，尺寸不必非常精确。标记放大后如图 10.22（b）所示。

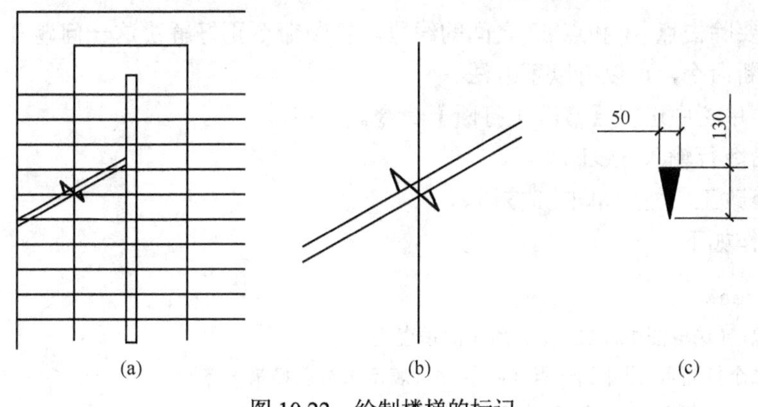

图 10.22　绘制楼梯的标记

2）用多段线命令绘制箭头，箭头尺寸如图 10.22（c）所示。

如图 10.23（a）所示，绘制上下两个箭头，操作如下。

命令：PLINE

指定起点：nea（捕捉最近点，即线段上的点）

到（单击选中垂直线上 p1 处）

当前线宽为 0.0000

指定下一个点或 [圆弧（A）/半宽（H）/长度（L）/放弃（U）/宽度（W）]：w

指定起点宽度 <50.0000>：0

指定端点宽度 <0.0000>：50

指定下一个点或 [圆弧（A）/半宽（H）/长度（L）/放弃（U）/宽度（W）]：@0，130

指定下一点或 [圆弧（A）/闭合（C）/半宽（H）/长度（L）/放弃（U）/宽度（W）]：（按回车键）

同样方法绘制另一个箭头。操作如下。

命令：PLINE

指定起点：nea（捕捉最近点，即线段上的点）

到（单击选中垂直线上 p2 处）

当前线宽为 50.0000

指定下一个点或 [圆弧（A）/半宽（H）/长度（L）/放弃（U）/宽度（W）]：w

指定起点宽度 <50.0000>：0

指定端点宽度 <0.0000>：50

指定下一个点或 [圆弧（A）/半宽（H）/长度（L）/放弃（U）/宽度（W）]：@0，-130

指定下一点或 [圆弧（A）/闭合（C）/半宽（H）/长度（L）/放弃（U）/宽度（W）]：（按回车键）

上、下箭头绘制完毕。

3. 打断命令

最后需要除去点 p1 和点 p2 之间的线段。打断命令正好解决这一问题。

选择打断命令，可以有以下方法。

① 在菜单栏中选择【修改 | 打断】命令。

② 在命令行输入 break。

③ 在修改工具栏中单击□按钮。

打断操作如下。

命令：break

选择对象：（选取图 10.23（a）所示的垂直线）

指定第二个打断点 或 [第一点（F）]：f（表示重新选择第一点）

指定第一个打断点：<对象捕捉 开>（捕捉点 p1）

指定第二个打断点：（捕捉点 p2）

打断后的效果如图 10.23（b）所示。

最后还需标注“上”、“下”两个文字，完成楼梯图形的绘制，完成的楼梯如图 10.24（a）所示。

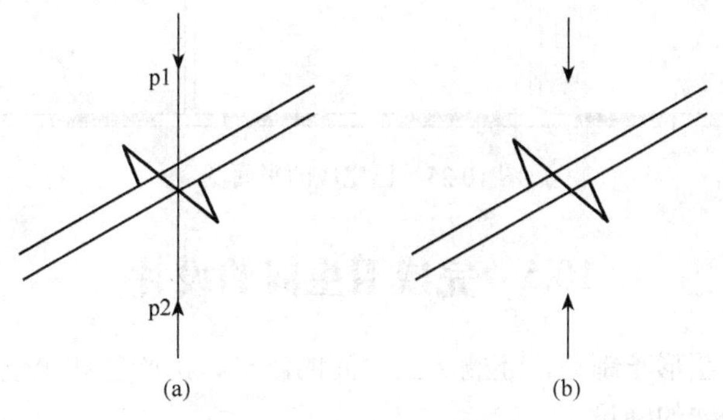

图 10.23 箭头绘制与打断命令

10.4.2 建立楼梯图块并插入

创建楼梯图块，取名 stair，插入基点为如图 10.24（b）所示的 p1 点，使用 C 窗选方式，选择除直线 p1p2、p1p3 外的所有图形作为图块对象。还可以把楼梯图块创建为外部图块，以方便其他图形文件调用。

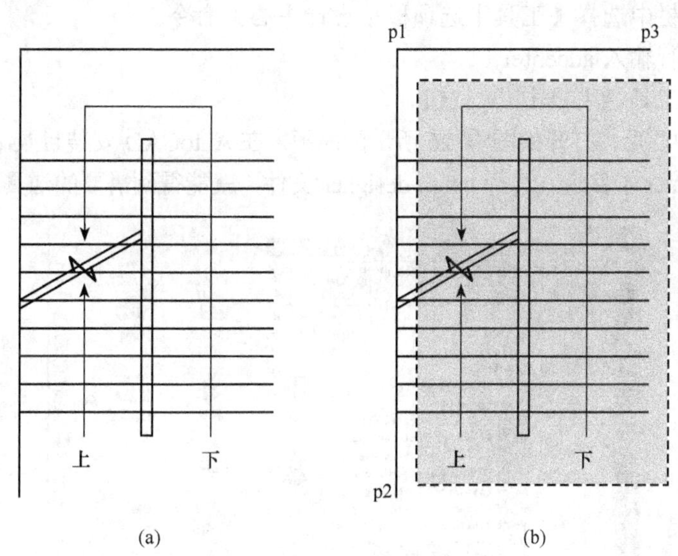

图 10.24 建立楼梯图块

执行图块插入命令，把图块插入到三个房间中。图形如图 10.25 所示。

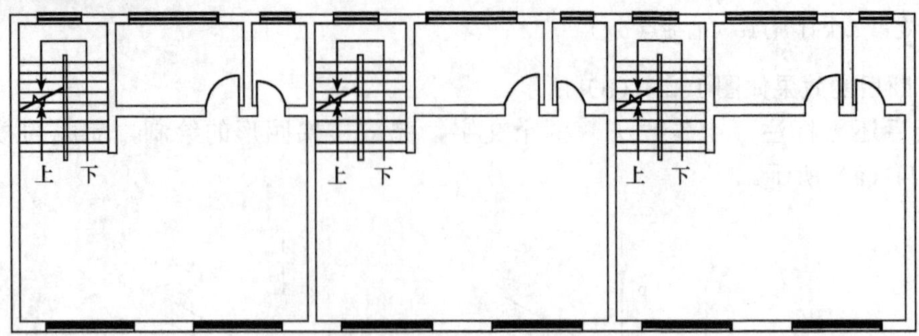

图 10.25　已完成的平面图

10.5　完成卫生间的设计

完成了大部分图形绘制后，还剩下卫生间的浴缸、洗脸盆和坐便器等洁具的绘制，以及卫生间地面瓷砖的铺设。

10.5.1　洁具绘制

对于每种洁具，可以自行绘制，如第 2 章中习题四的坐便器。本案例中则将在“设计中心”中直接选取相应的图块插入到当前图形中。

1. 打开设计中心

要打开并进入设计中心，可以有以下方法。

① 在菜单栏中选择【工具 | 选项板 | 设计中心】命令。

② 在命令行输入 adcenter。

③ 在标准工具栏中单击 按钮。

进入设计中心后，打开如图 10.26 所示的面板。在 AutoCAD 安装目录下，找到并打开 sample\designcenter 子目录，选择 house designer 文件，就能得到需要的洁具图块。

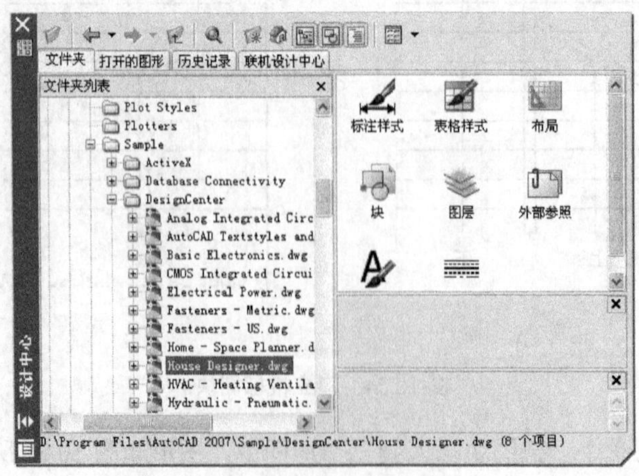

图 10.26　设计中心

展开【house designer】文件，如图 10.27 所示选中【块】项，在右侧显示了建立好的各种图块。

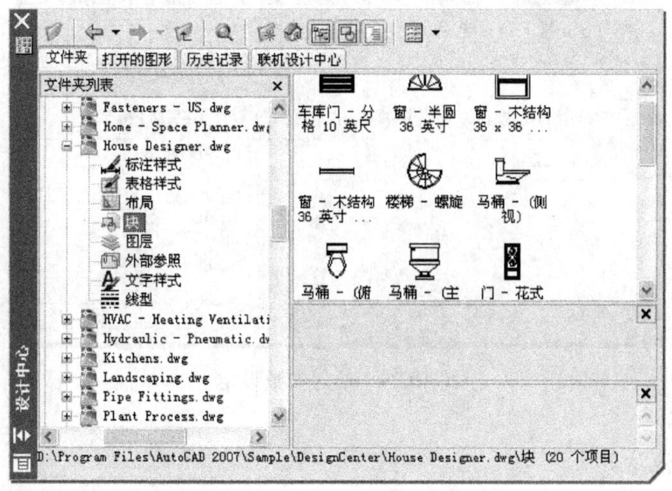

图 10.27 设计中心

2. 插入浴缸图块

如图 10.28 所示，选中其中的“浴缸”，在右侧会显示该图块的放大图。双击所选的图块，就能把图块插入到当前的图中。或者在选中图块，右击，在弹出的快捷菜单中选择【插入块】命令也可。

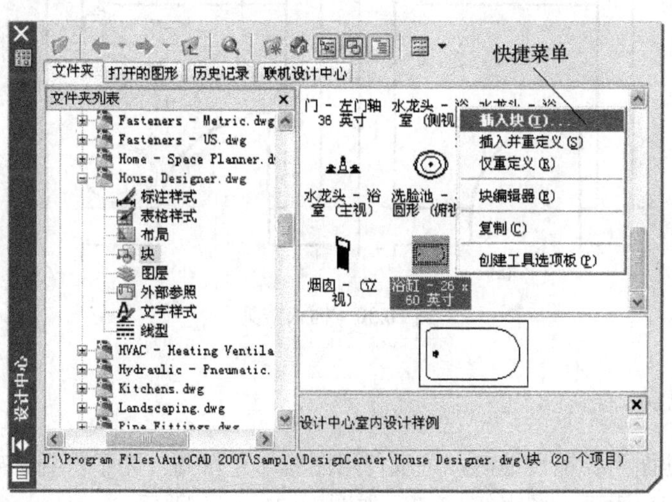

图 10.28 插入图块

选择【插入块】命令后，打开如图 10.29 所示的【插入】对话框，设定 X 方向的比例为 20，单击【确定】按钮。插入基点选择图 10.30（a）中的 p 点，浴缸就绘制在图中。

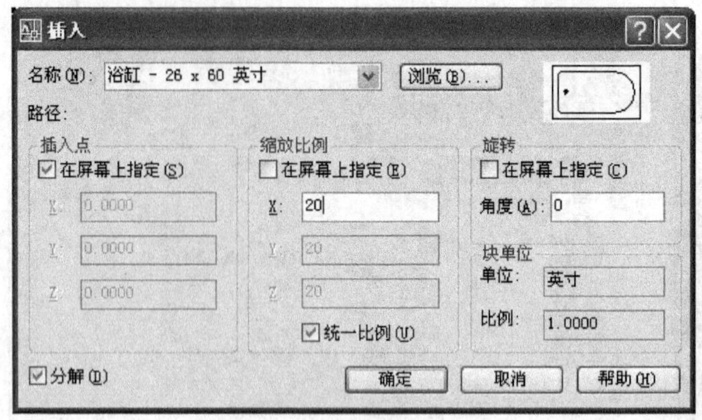

图 10.29　插入参数设定

3. 插入其他洁具

用同样的方法，把洗脸盆和坐便器插入到图中，比例也为 20，插入基点可选择在适当位置，结果如图 10.30（b）所示。

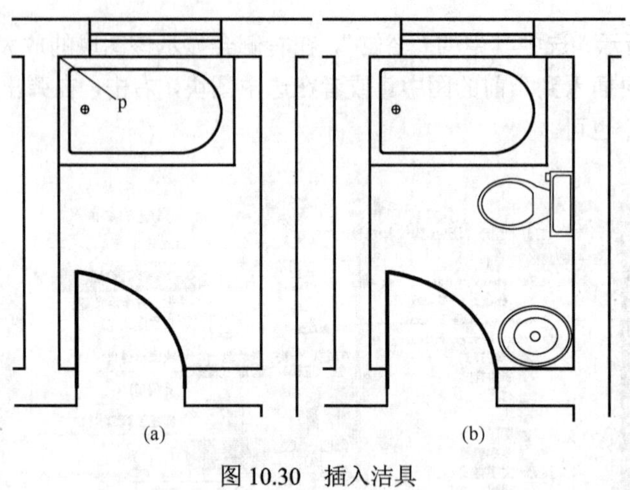

图 10.30　插入洁具

10.5.2　地砖铺设

卫生间的地面需要铺设地砖，可以使用图案填充得到。为了得到正确的铺设范围，需要在卫生间门口添画一条直线 p1p2，如图 10.31（a）所示。

然后可以进行图案填充。如图 10.32 所示，选择 ANSI37 图案，比例 2400，在单击选中边界时单击选中如图 10.31（a）所示的 s1、s2，得到如图 10.31（b）所示的铺设结果。

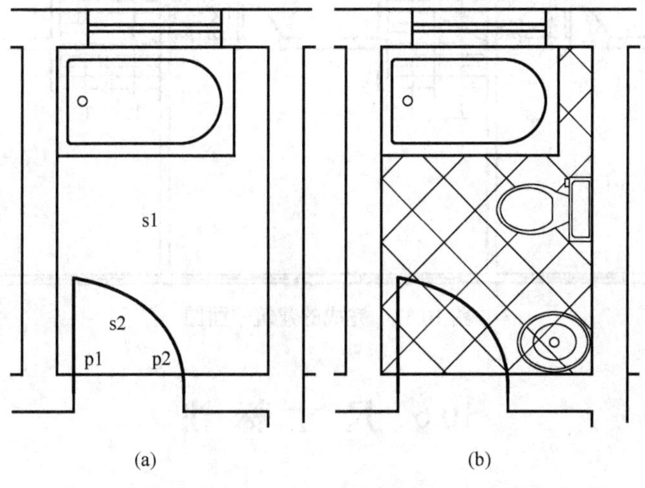

图 10.31 铺设地砖

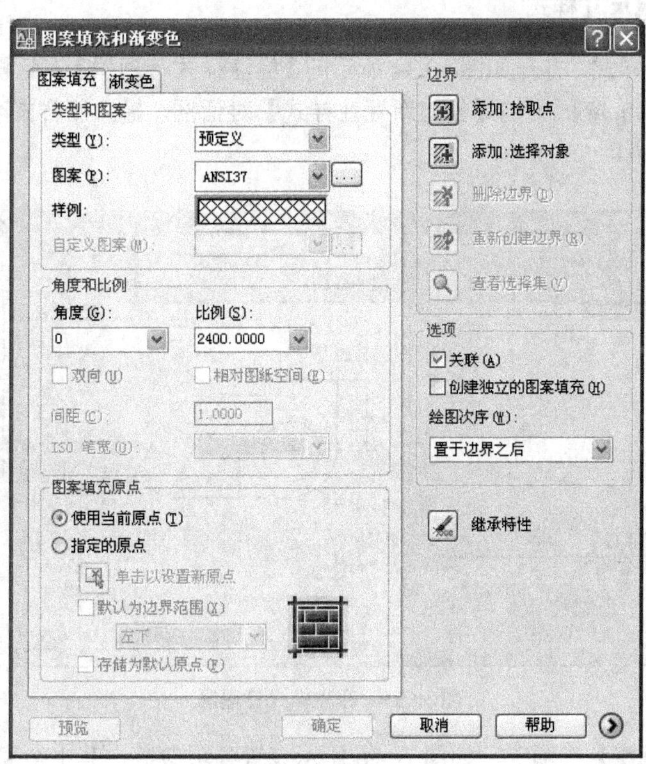

图 10.32 图案填充

把绘制好的洁具和铺好的地砖复制到其他两个房间的卫生间中，结果如图 10.33 所示。

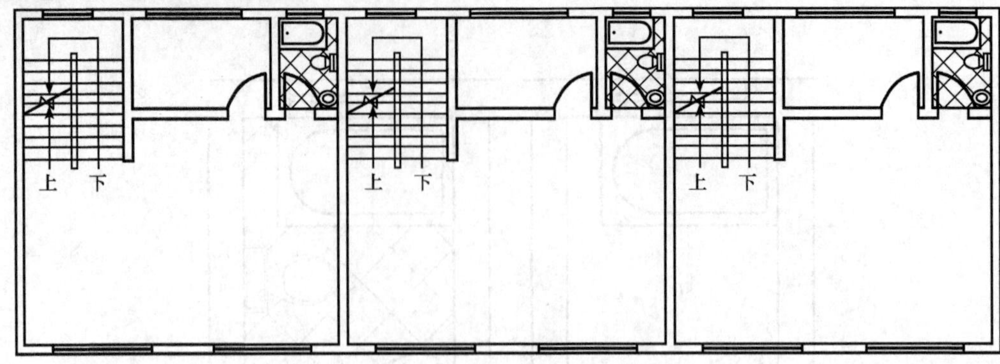

图 10.33　完成的建筑平面图

10.6　尺 寸 标 注

建筑图样和机械图样在尺寸标注时有所区别，主要表现在尺寸箭头形式与比例这两点。

10.6.1　创建建筑尺寸样式

1）启动标注样式，打开如图 10.34 所示的【标注样式管理器】对话框。单击【新建】按钮，弹出如图 10.35 所示的【创建新标注样式】对话框，输入新样式名“建筑标注”，单击【继续】按钮。

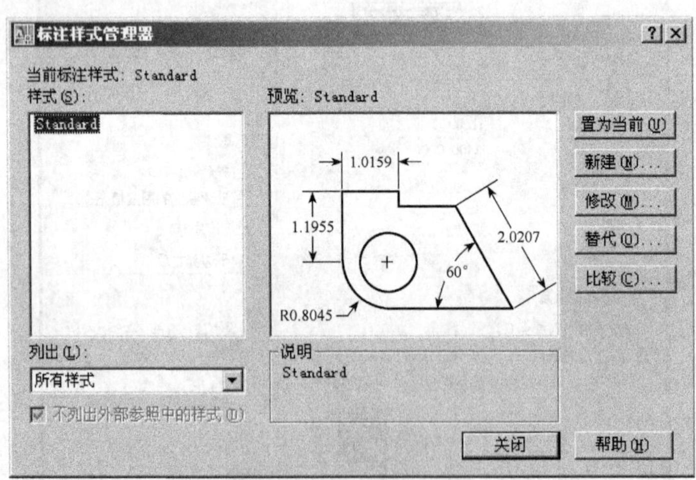

图 10.34　标注样式管理器

2）单击【调整】选项卡，如图 10.36 所示设置各项参数，其中全局比例为 1000。

3）切换到【符号和箭头】选项卡，如图 10.37（a）所示选定箭头形式为“建筑标记”。

4）切换到【主单位】选项卡，如图 10.37（b）所示设定精度为 0，即不保留小数。

图 10.35　新建标注样式

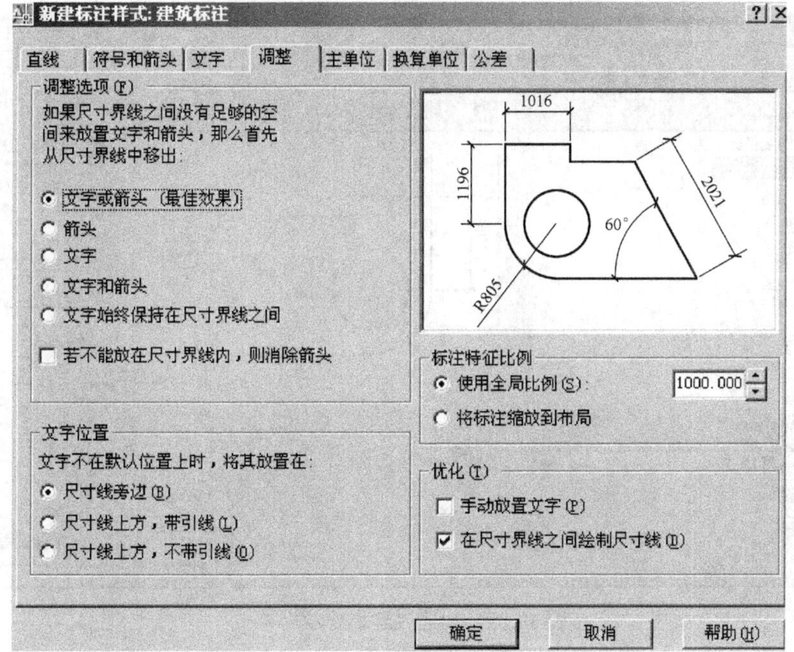

图 10.36　调整标注样式

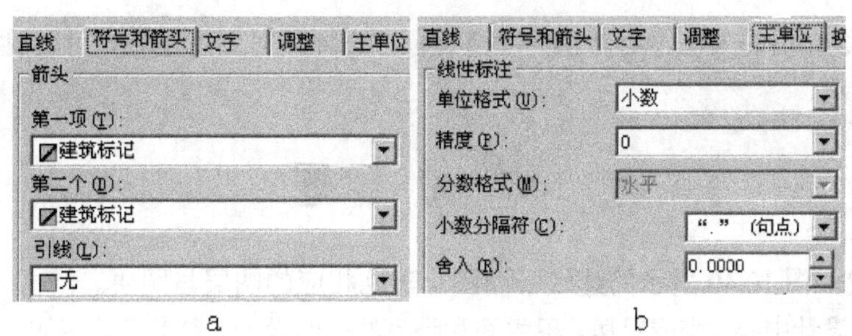

图 10.37　设定箭头与主单位

5）切换到【文字】选项卡，如图 10.38 所示，选定各项参数。

6）单击【确定】按钮，回到如图 10.39 所示的【标注样式管理器】对话框，选中左边样式表中的“建筑标注”样式，并把它设置为当前尺寸标注样式。

文字位置

垂直(V)：上方

水平(Z)：置中

从尺寸线偏移(O)：0.0900

文字对齐(A)

水平

与尺寸线对齐

ISO 标准

图 10.38 设定文字位置与对齐方式

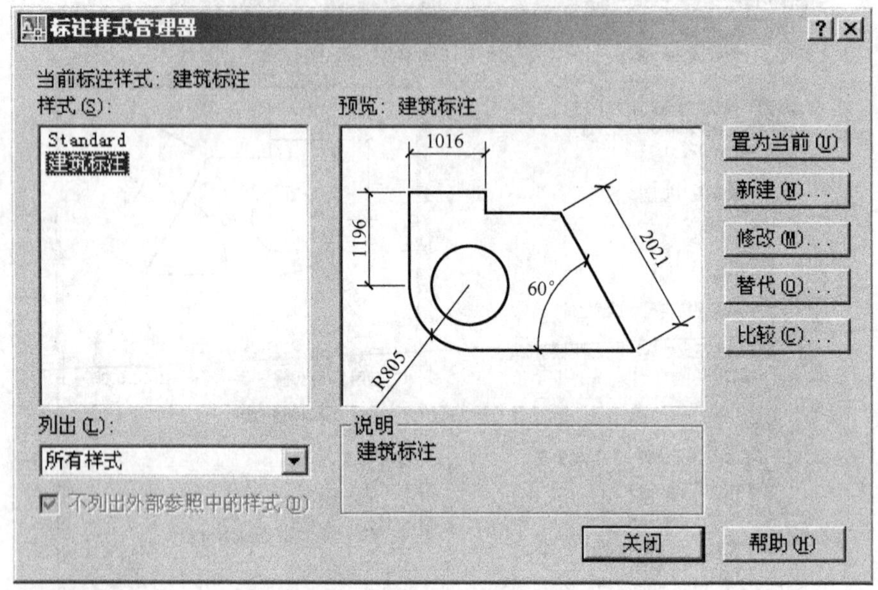

图 10.39 创建“建筑标注”样式

10.6.2 标注尺寸

按第 3 章介绍的方法，用新建的“建筑标注”样式对图形进行尺寸标注。最终结果如图 10.1 所示。

10.7 习 题

1．完成如图 10.40 所示的建筑平面图。建立相应的图层与图块。

2．利用设计中心，完成厨房、卫生间和卧室的平面设计。参考设计图如图 10.41 所示。

3．利用图案填充，完成厨房、卫生间的地砖和卧室的地板铺设。参考设计图如图 10.42 所示。

4．完成尺寸标注，如图 10.40 所示。

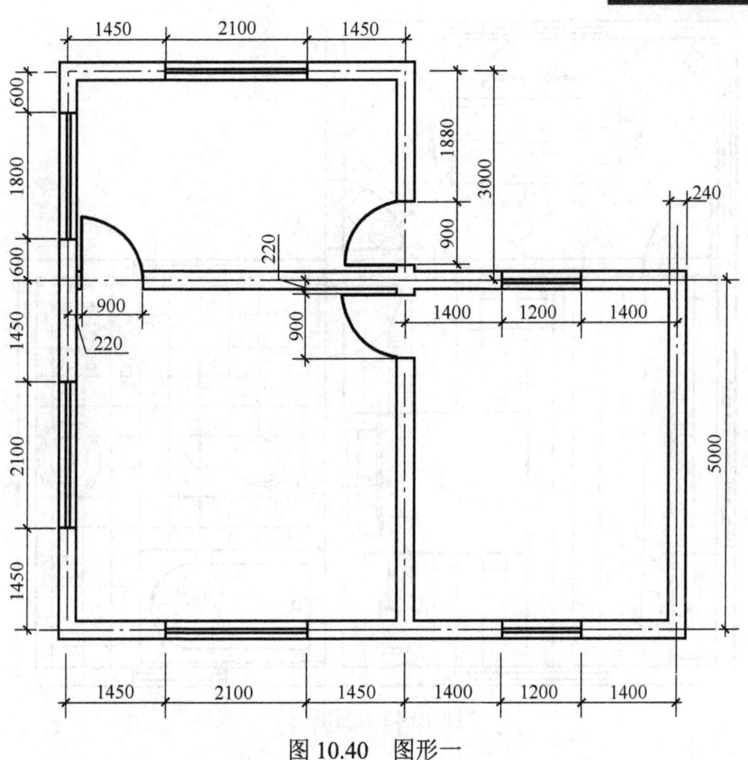

图 10.40　图形一

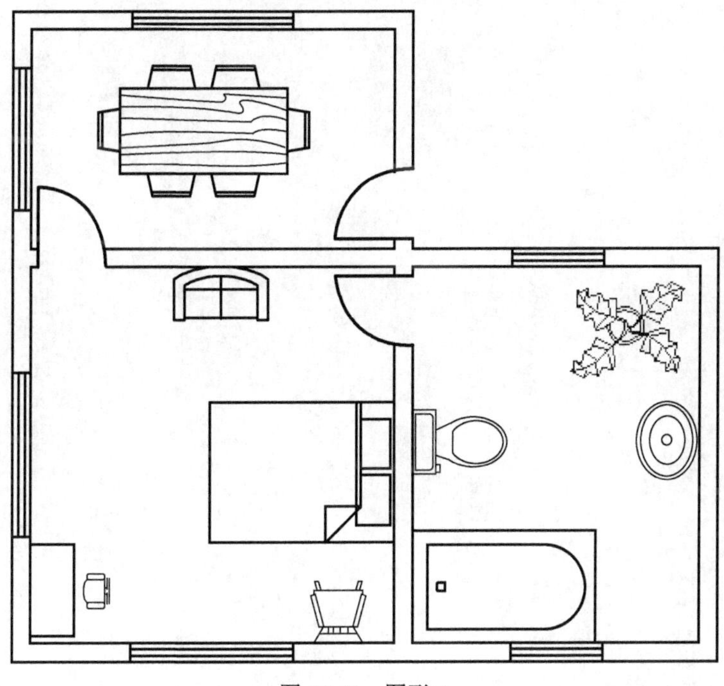

图 10.41　图形二

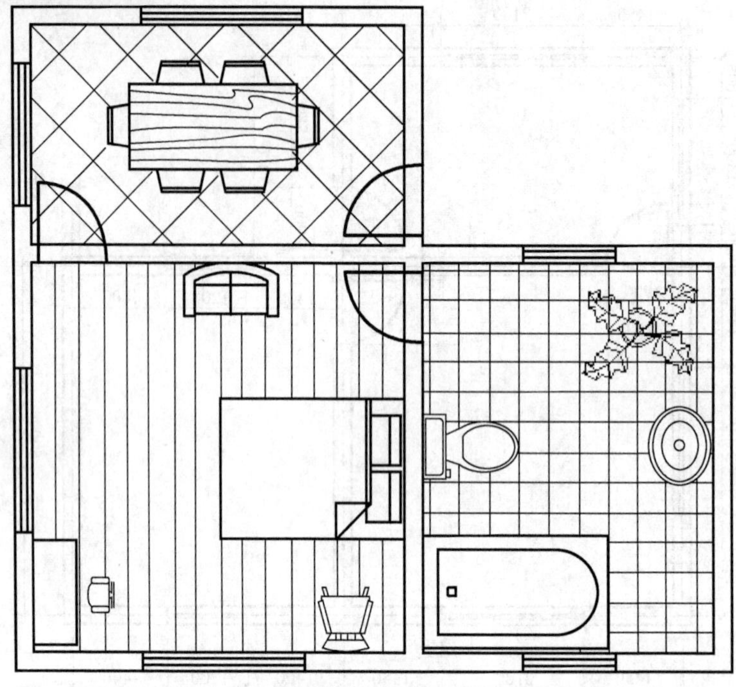

图 10.42　图形三

第11章

综合练习 1——旋塞的绘制

能力目标：本练习将要求读者运用所学绘图知识，绘制旋塞主要零件的零件图和旋塞装配图。

图 11.1 为旋塞的装配图。在本练习中，先绘制旋塞的主要零件的零件图，如锥形塞、压盖、螺钉和阀体等。然后由零件图绘制装配图。

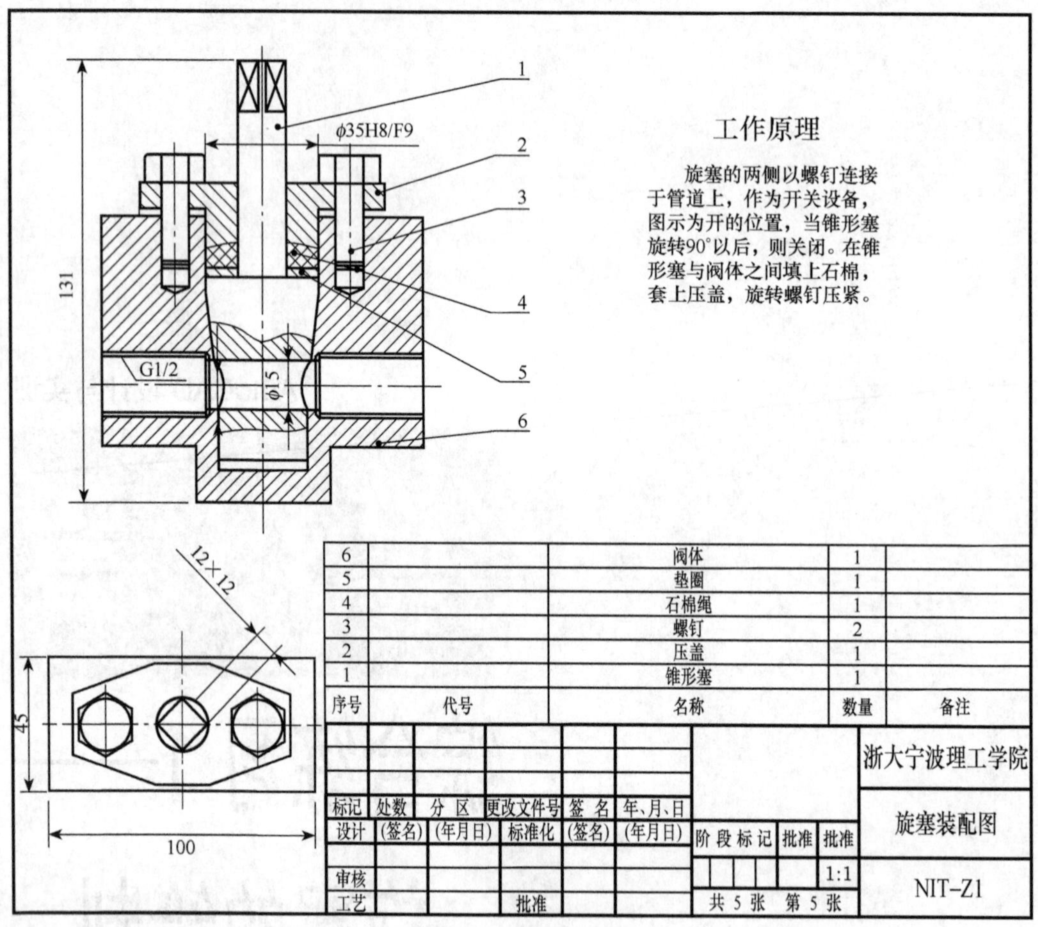

图 11.1　旋塞装配图

11.1　零件图绘制

11.1.1　压盖绘制

1．调用样板文件

启动 AutoCAD，选择【文件 | 新建】命令，弹出如图 11.2 所示的【选择样板】对话框。选择在第 6 章中创建的“A4（横）样板”样板文件，单击【打开】按钮。结果如图 11.3 所示。

图 11.2　旋塞装配图

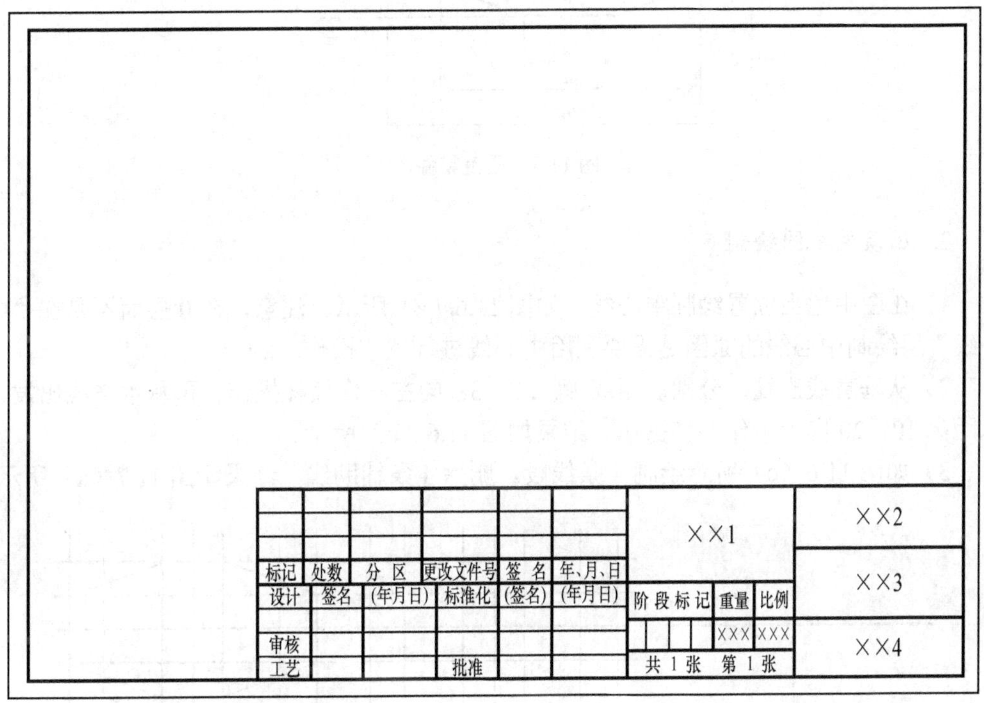

图 11.3　A4 样板插入

由于在创建样板时已经设定了图层、线型、尺寸标注样式和图块等内容，由该样板新建的图形文件中也就包含了这些内容。例如，观察图中的图层设置，如图 11.4 所示，已经包含了绘图需要的各种线型。

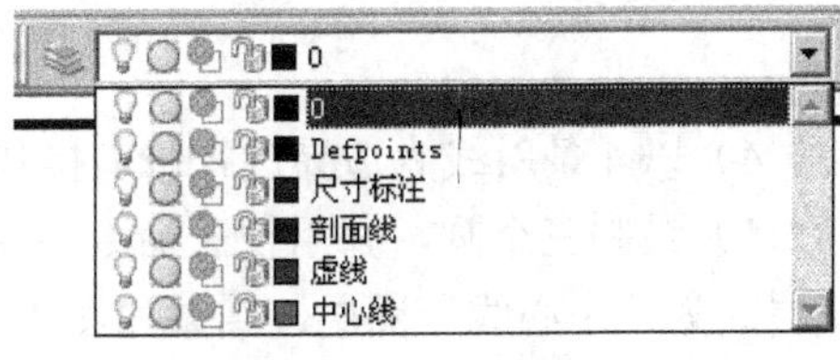

图 11.4　样板中的图层

选择【文件 | 保存】命令，取名为“压盖”。

确认当前层为 0 图层。开始后续绘图。图 11.5 为压盖零件图。

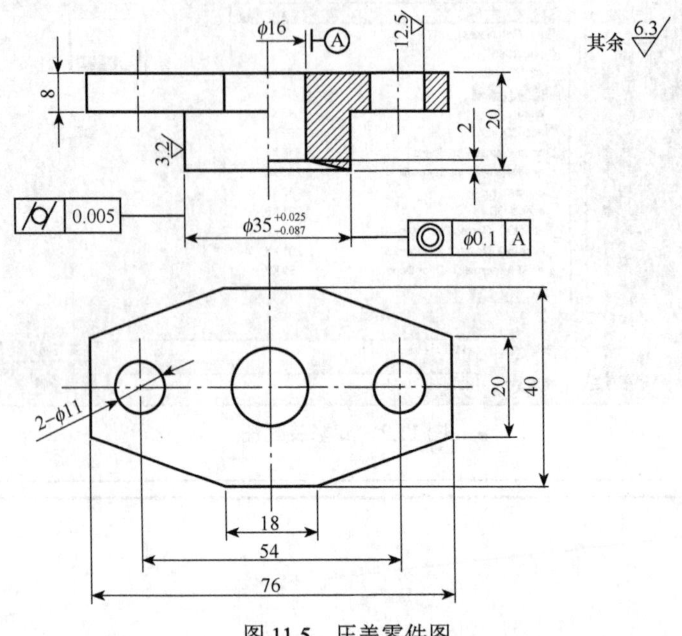

图 11.5　压盖零件图

2. 压盖俯视图绘制

1）在图中适当位置绘制中心线，如图 11.6（a）所示。注意，在 0 层而不是在“中心线”层绘制中心线的原因是需要利用中心线进行偏移操作。

2）从垂直线出发，分别以距离 9、27、38 向左右作偏移操作。再从水平线出发，以距离 10、20 向上下作偏移操作。结果如图 11.6（b）所示。

3）如图 11.6（c）所示绘制 4 条线段。删除 4 条辅助线，结果如图 11.7（a）所示。

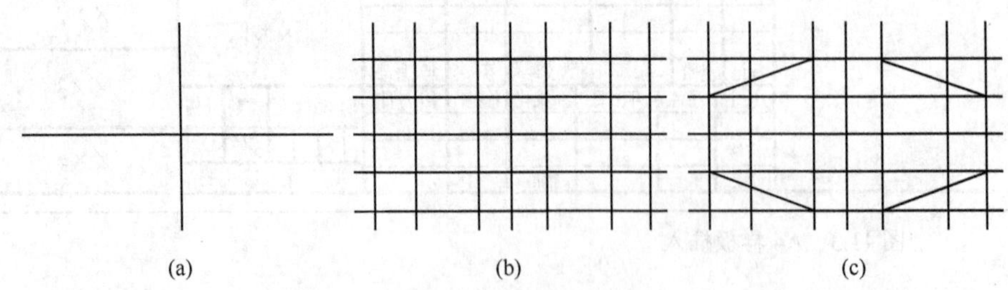

图 11.6　绘制中心线并偏移

4）以 4 条斜线为边界进行修剪操作，结果如图 11.7（b）所示。

5）绘制三个圆，并用拉长命令对中心线进行调整，修改中心线的属性，把它们的图层改为“中心线”图层，结果如图 11.7（c）所示。

6）建立外部图块。选择中心线以外的所有图形作为图块的对象，图块的插入基点为两条中心线的交点。取名 yabwf。

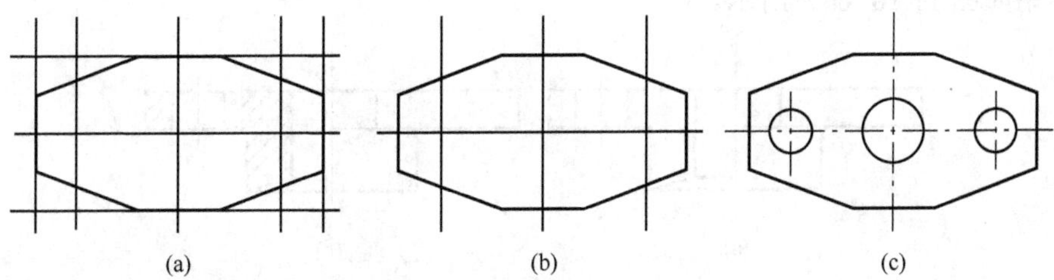

图 11.7 删除辅助线、修剪并画圆

3. 压盖主视图绘制

1）在图中适当位置绘制中心线，如图 11.8（a）所示。

2）从垂直线出发，分别以距离 17.5、38 向左右作偏移操作。再从水平线出发，以距离 8、20 向下作偏移操作。结果如图 11.8（b）所示。

3）把如图 11.8（b）所示图形修剪成如图 11.8（c）所示。

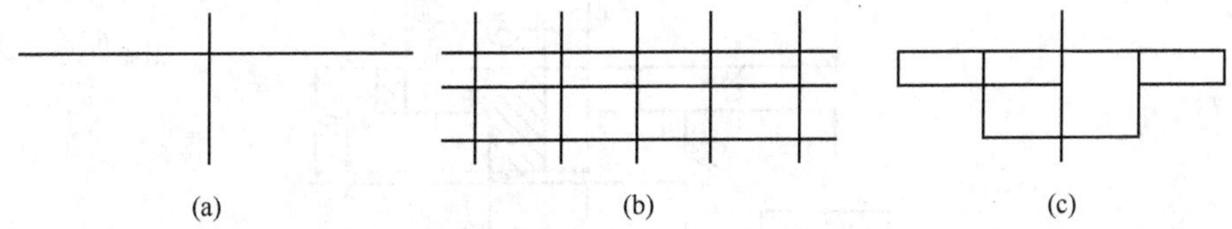

图 11.8 绘制主视图的中心线、偏移并修剪

4）根据压盖主、俯视图的投影关系，绘制如图 11.9（a）所示的垂直线。

5）修剪图形，结果如图 11.9（b）所示。

6）从主视图的下方水平线出发，以距离 2 向上作偏移，并如图 11.9（c）所示绘制直线。

7）修剪如图 11.9（c）所示的主视图，结果如图 11.10（a）所示。

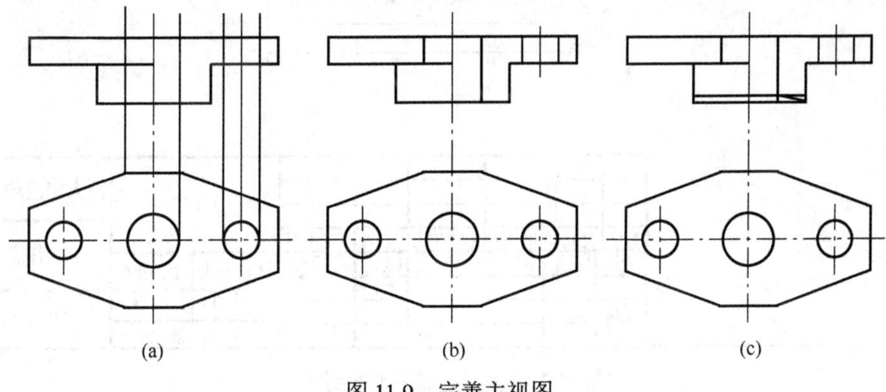

图 11.9 完善主视图

8）设置“剖面线”图层为当前层，进行图案填充，并把中心线改到“中心线”图层，结果如图 11.10（b）所示。

p
(a)
(b)

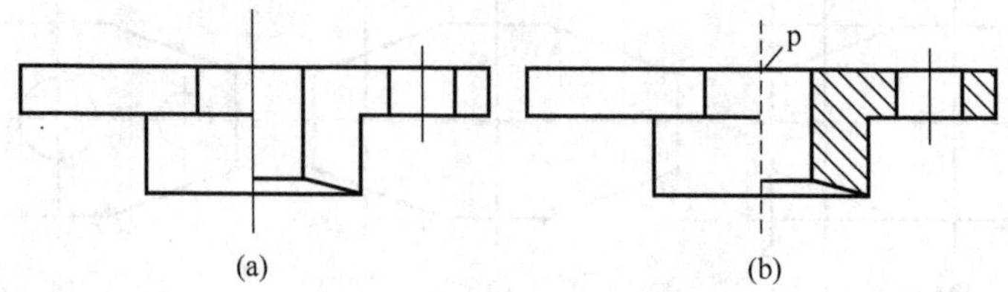

图 11.10　完成主视图绘制

9）建立外部图块。选择中心线以外的所有图形作为图块的对象，图块的插入基点为 p 点，取名 yabwz。

4. 完成压盖零件图的绘制

设置“尺寸标注”图层为当前层。如图 11.11 所示完成尺寸标注、表面粗糙度标注和形位公差标注。在表面粗糙度标注和形位公差标注中可以使用第 6 章建立好的 CCD

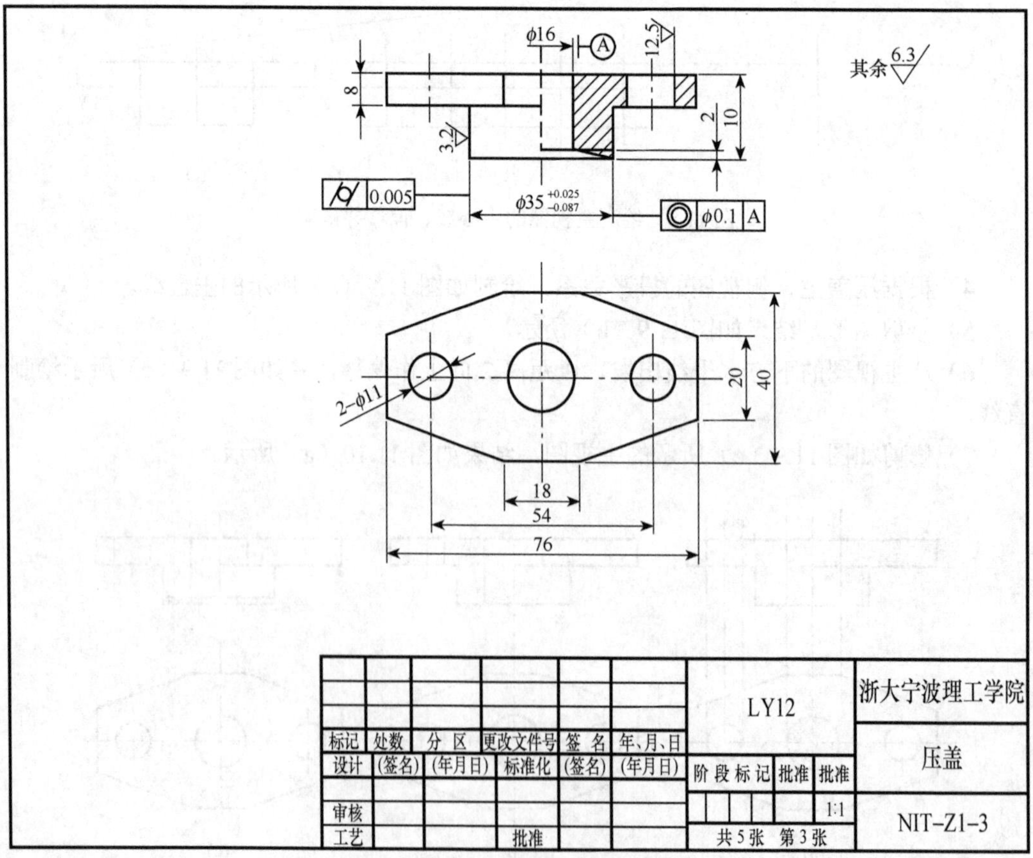

ϕ16
A
12.5
其余 6.3
8
2
10
3.2
0.005
ϕ35 +0.025 −0.087
ϕ0.1 A
2−ϕ11
20
40
18
54
76
LY12
浙大宁波理工学院
标记 处数 分 区 更改文件号 签 名 年、月、日
设计 (签名) (年月日) 标准化 (签名) (年月日)
阶 段 标 记 批准 批准
压盖
审核
1:1
工艺
批准
共 5 张 第 3 张
NIT−Z1−3

图 11.11　完成压盖零件图绘制

和 BS 图块。对于基准符号，由于插入后文字 A 的方向不正确，需要分解该图块并设置文字 A 的转角属性为 0。

修改标题栏中的各项内容，完成压盖零件图的绘制。

11.1.2　螺钉绘制

1. 绘制零件图

调入 A4 样板图，如图 11.12 所示完成图形绘制、尺寸标注和标题栏填写。

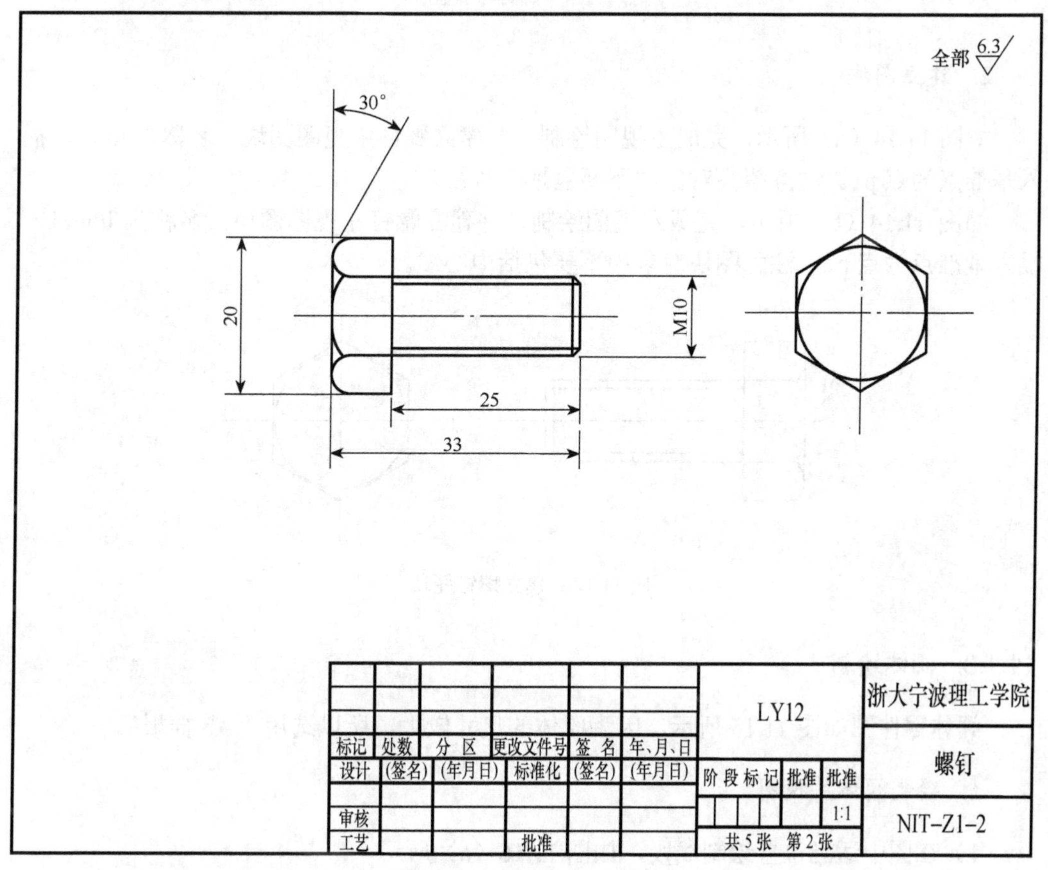

图 11.12　螺钉零件图

在螺钉六角头部的绘制中，可以调用第 4 章建立的外部图块，名称为 thread。图块插入参数为比例 1∶1、角度 90°，并以“分解”方式插入图中，插入基准点确定在事先绘制的中心线上，结果如图 11.13（a）所示。

删除多余的线段。若图块未分解，则使用 explode 分解命令打开图块。结果如图 11.13（b）所示。

修剪多余的线段，最终结果如图 11.13（c）所示。

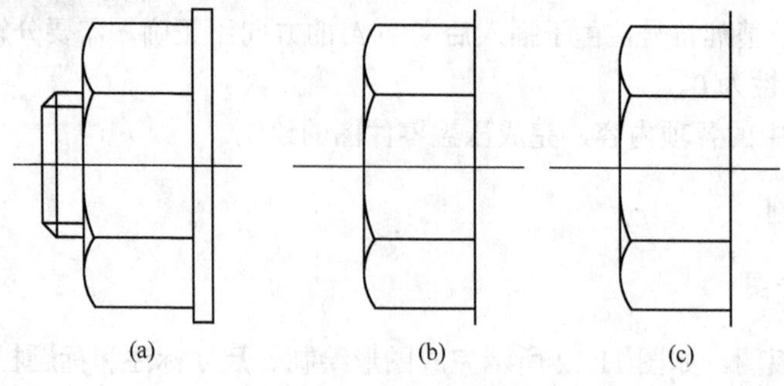

图 11.13　螺钉零件图

2. 建立图块

如图 11.14（a）所示，完成主视图绘制，并建立螺钉主视图图块，名称为 ldwz，插入基准点为点 p1。注意图块对象中不要包括中心线。

如图 11.14（b）所示，完成左视图绘制，并建立螺钉左视图图块，名称为 ldwz1，插入基准点为点 p2。注意图块对象中不要包括中心线。

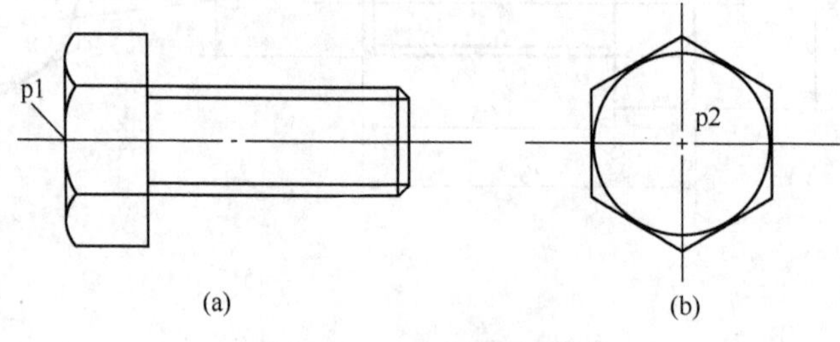

图 11.14　建立螺钉图块

11.1.3　阀体绘制

阀体零件图如图 11.15 所示。因为阀体的尺寸较大，所以选用“A3 样板”。

1. 绘制阀体主视图

1）在图中适当位置绘制线段，如图 11.16（a）所示。

2）从水平线出发，分别以距离 50、68、85 向下作偏移操作。再从垂直线出发，以距离 50 向左右作偏移操作。结果如图 11.16（b）所示。修剪图形，结果如图 11.16（c）所示。

3）从中间的垂直线出发，分别以距离 17.5、21 向左右作偏移操作。再从上方的水平线出发，以距离 27 向下作偏移操作。结果如图 11.17（a）所示。

4）修剪图形，结果如图 11.17（b）所示。从中间的垂直线出发，分别以距离 16.565 向左右作偏移操作。再从下方的水平线出发，以距离 10、15 向上作偏移操作。结果如图 11.17（c）所示。

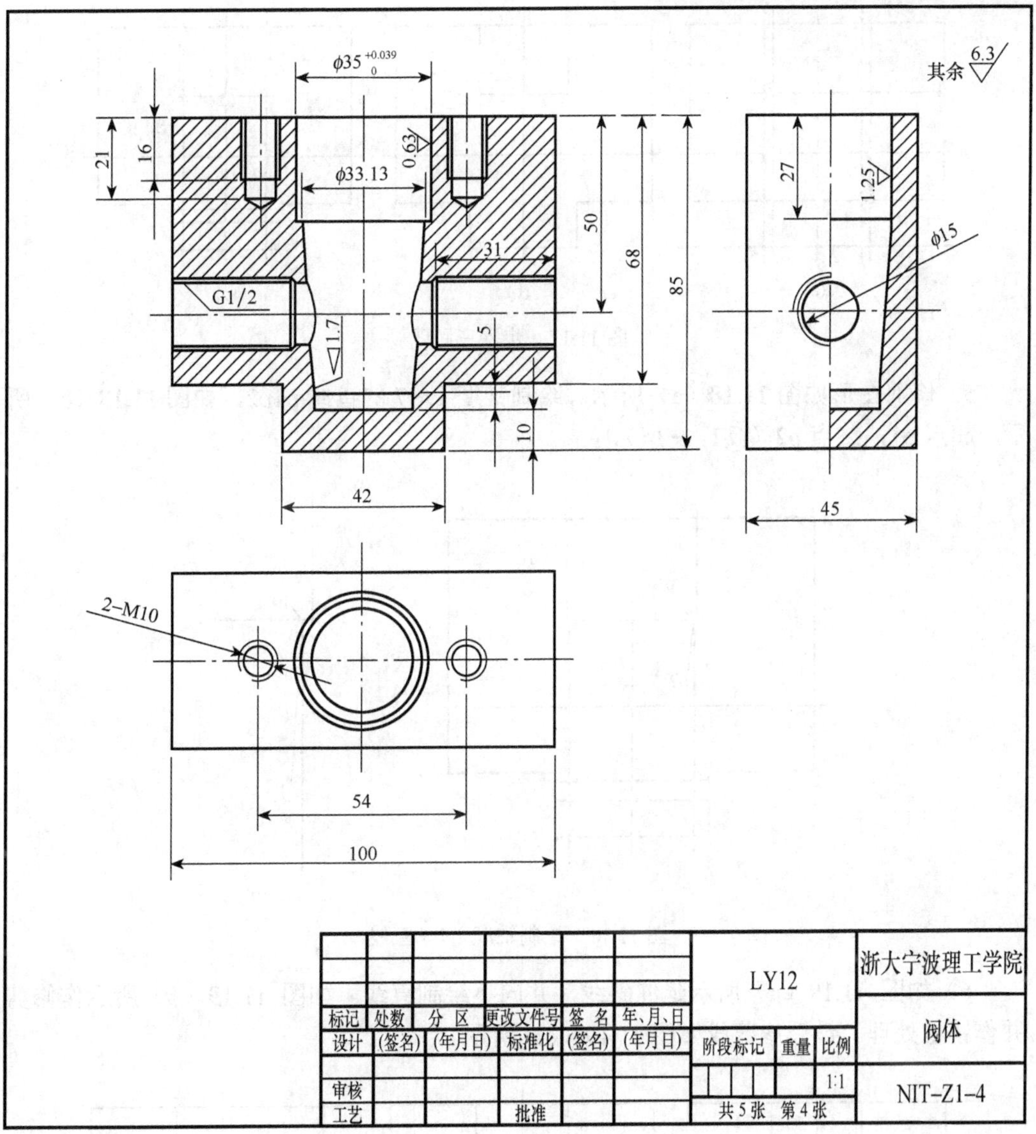

$\phi35^{+0.039}_{0}$
其余 6.3
21
16
0.63
$\phi33.13$
27
1.25
$\phi15$
50
68
85
31
G1/2
1.7
5
10
42
45
2-M10
54
100
标记 处数 分 区 更改文件号 签 名 年、月、日
设计 (签名) (年月日) 标准化 (签名) (年月日)
审核
工艺 批准
LY12
阶段标记 重量 比例
1:1
共 5 张 第 4 张
浙大宁波理工学院
阀体
NIT-Z1-4

图 11.15　阀体零件图

(a)
(b)
(c)

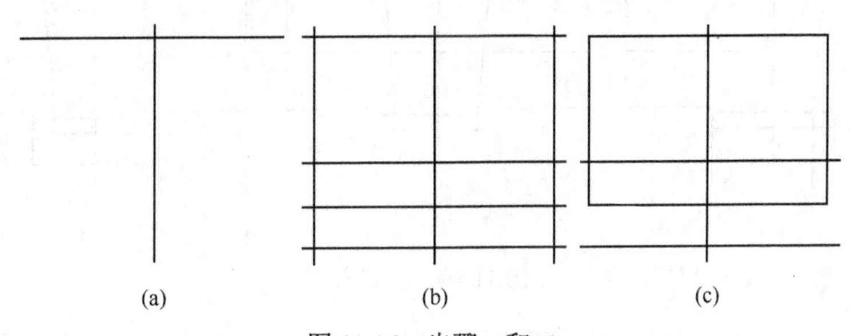

图 11.16　步骤一和二

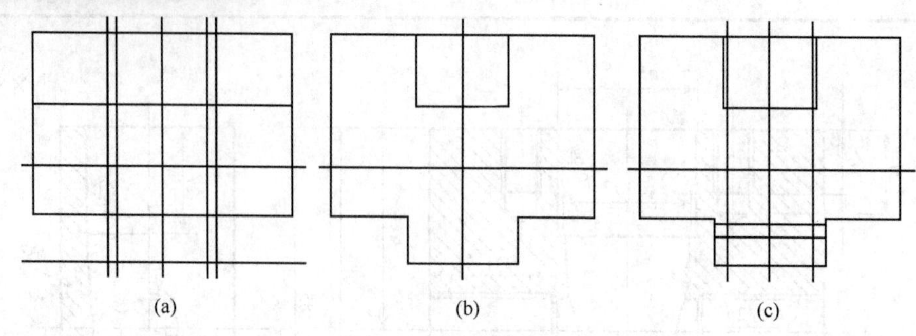

图 11.17 步骤三和四

5）修剪图形如图 11.18（a）所示。绘制锥度 1∶7 的直线 p1p2，如图 11.18（b）所示，起点 p1，终点 p2（@1，−14）。

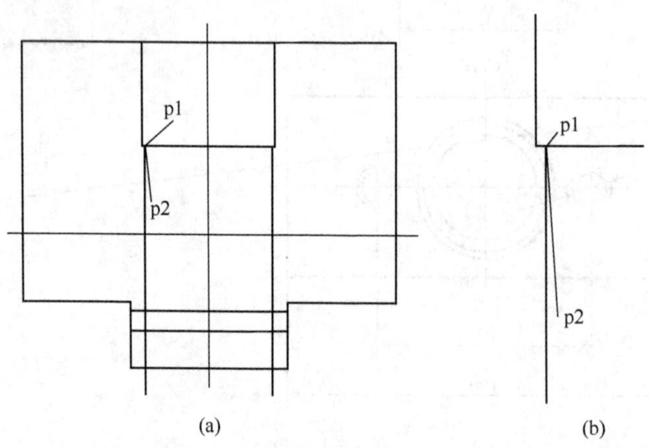

图 11.18 绘制锥度 1∶7 直线

6）如图 11.19（a）所示延伸斜线，并向下绘制直线。如图 11.19（b）所示作修剪并作镜像处理。最后修剪成如图 11.19（c）所示。

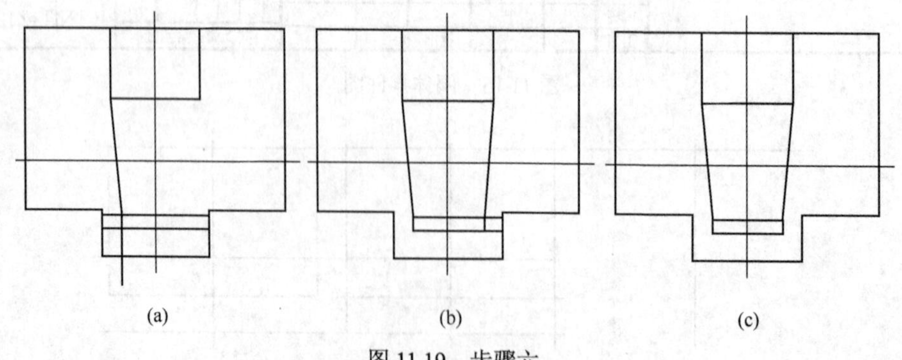

图 11.19 步骤六

7）如图 11.20（a）所示，从垂直中心线出发，以距离 27 向右作偏移，并绘制螺孔。如图 11.20（b）所示。从水平中心线出发，以距离 7.5 向上下作偏移操作。从右端面直线出发以距离 31 向左作偏移操作，并把图形修剪成如图 11.20（c）所示。

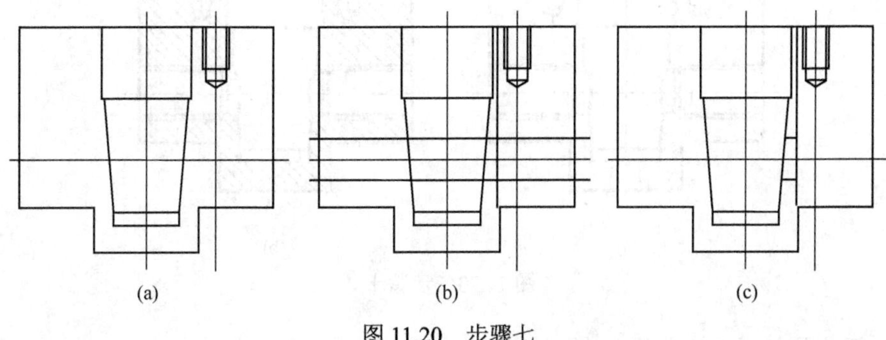

图 11.20　步骤七

8）如图 11.21 所示，从 s1 出发，以距离 8.5、9.5 向上、下作偏移，再从 s2 出发，以距离 2 向右作偏移。绘制上下两端直线，上段如 p1p2。

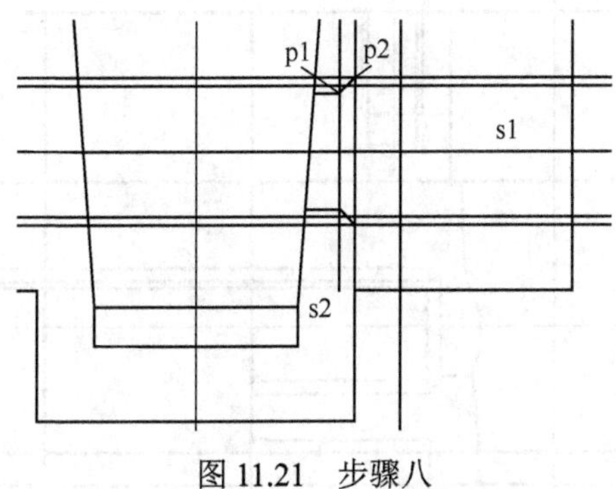

图 11.21　步骤八

9）修剪图 11.21 图形，结果如图 11.22（a）所示。使用镜像命令得到如图 11.22（b）所示图形。绘制相贯线，如图 11.22（c）所示。

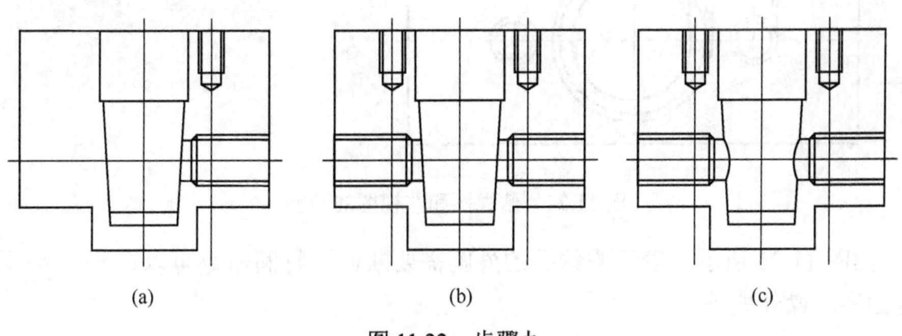

图 11.22　步骤九

10）调整如图 11.22（c）所示图形中的中心线长度，并把它们从 0 图层转入“中心线”图层，结果如图 11.23（a）所示。最后设置当前层为“剖面线”，进行图案填充，完成阀体的主视图，如图 11.23（b）所示。

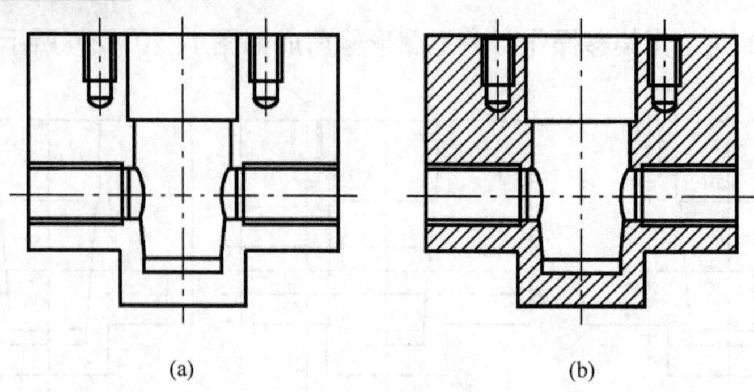

图 11.23 步骤十

2. 阀体俯视图、左视图绘制

1）根据投影关系，绘制如图 11.24 所示图形。

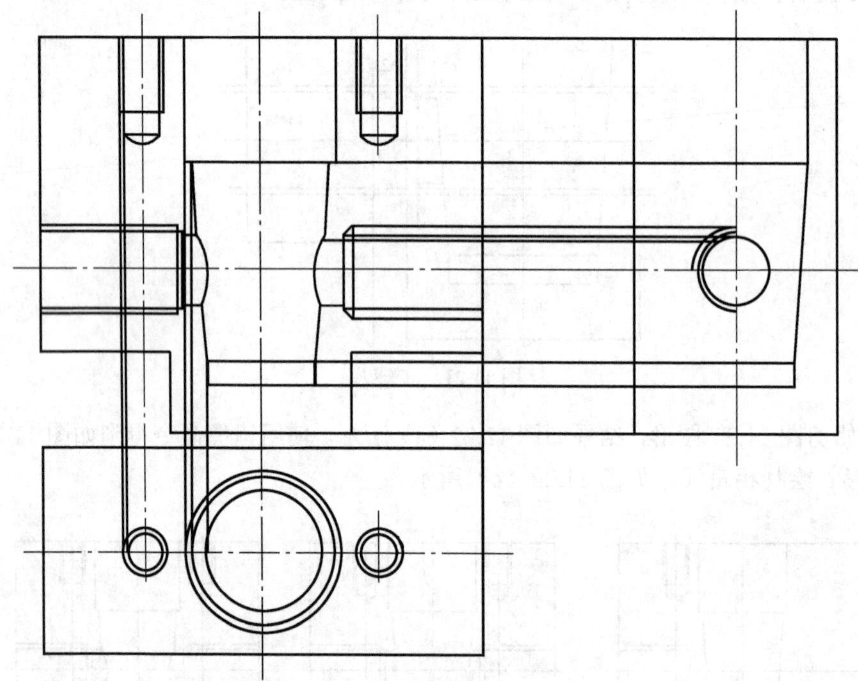

图 11.24 俯视图和左视图的绘制

2）如图 11.25 所示，表示螺纹孔的外圆需要断开，打断命令可以在 p1、p2 两点之间断开圆周。操作如下。

```
命令：_break
选择对象：(选择点 p1 处)
指定第二个打断点或 [第一点（F）]：(按 F3 键关闭“对象捕捉”方式，选择点 p2)
```

3）对左视图中的相应区域进行图案填充。

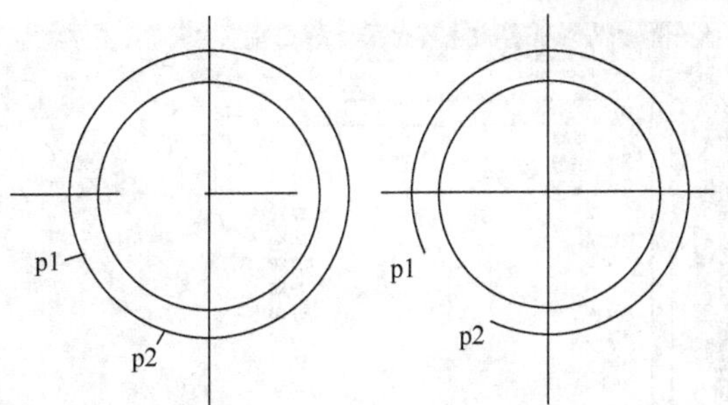

图 11.25　圆弧的两点打断

3. 完成三视图

1）设置当前层为“尺寸标注”，完成尺寸标注。

2）继续在“尺寸标注”图层中完成表面粗糙度标注和文字标注。

3）填写标题栏。

最终结果如图 11.15 所示。

因为阀体的结构最复杂，在后面装配图绘制时可以以阀体的三视图为基础进行，所以阀体的各个视图不单独建立图块。

11.1.4　其他零件的绘制

1. 垫圈绘制

垫圈零件比较简单，图形和尺寸如图 11.26 所示，可以自行绘制图形、标注尺寸，并建立外部图块 dqw。

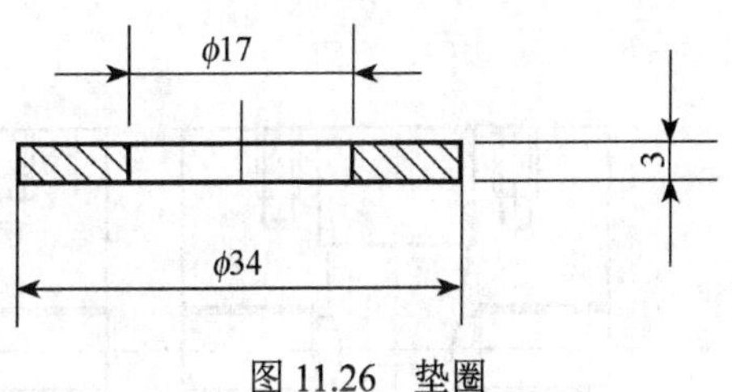

图 11.26　垫圈

2. 锥形塞绘制

按照第 4 章介绍的方法，完成锥形塞的绘制和尺寸标注。建立外部图块 zxsw。

11.2　旋塞装配图绘制

11.2.1　以阀体零件图为基础绘制旋塞装配图

1. 打开阀体零件图

启动 AutoCAD，选择【文件｜打开】命令，选择绘制好的阀体零件图，打开其图形文件。再选择【文件｜另存为】命令，如图 11.27 所示，在弹出的对话框中，输入名称“旋塞装配图”，单击【保存】按钮，就从阀体零件图复制得到一份装配图的初稿。

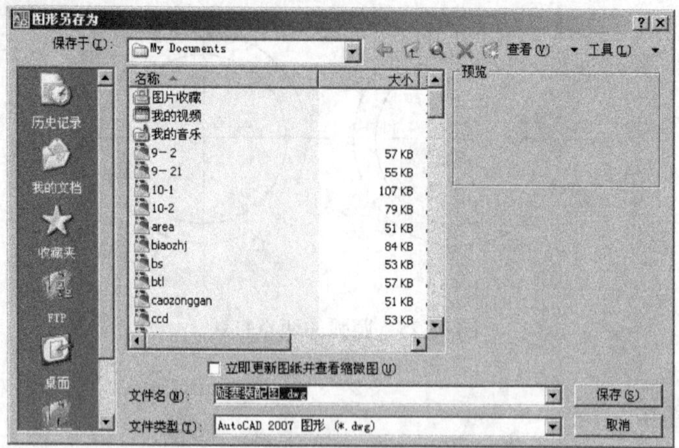

图 11.27　把阀体零件图另存为旋塞装配图

2. 修改图形

关闭“剖面线”图层，删除所有的尺寸标注、表面粗糙度标注和文字标注。因为只需用主视图和俯视图表示装配关系，因此可以删除整个左视图。修改后图形如图 11.28（a）所示。

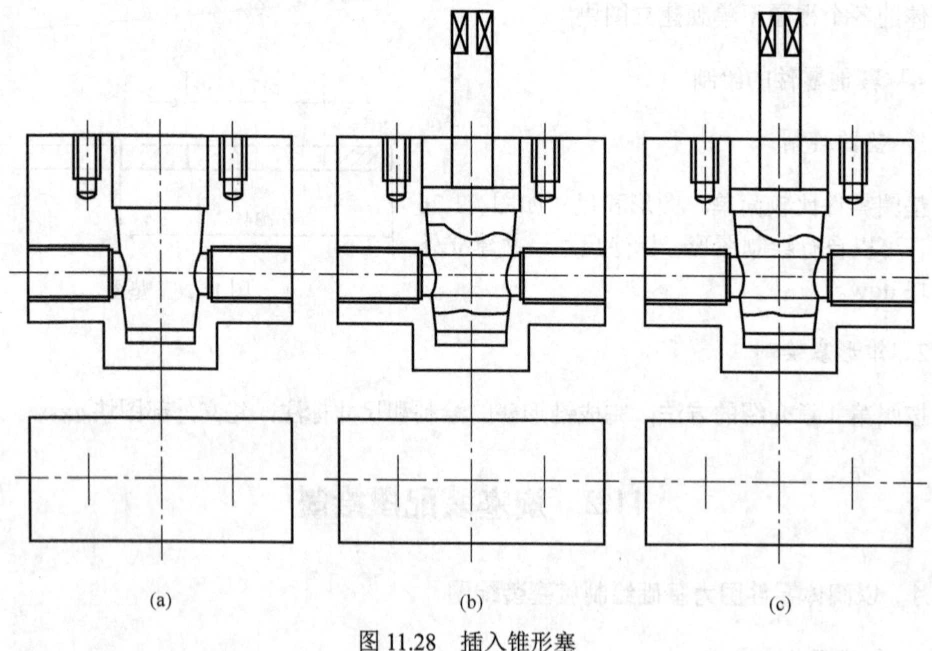

图 11.28　插入锥形塞

11.2.2　插入其他零件图块

1. 插入锥形塞图块

打开在第 4 章中绘制的锥形零件图，选择图形建立外部图块“ZXSW”，注意在建立图块时不要包含剖面图形，图块插入基点选在两中心线的交点处。

回到装配图中,选择 zxsw 外部图块。如图 11.29 所示设置图块插入参数。插入比例为 1∶1，插入角度为−90°，选中【分解】复选框。单击【确定】按钮，锥形塞图块的插入基准点是两十字中心线的交点，插入基准点选择阀体主视图中的中心线交点。结果如图 11.28（b）所示。

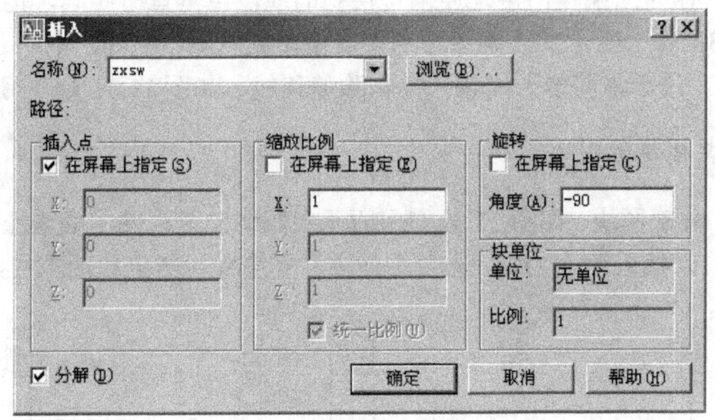

图 11.29 锥形塞插入参数设定

修改遮挡住的图形部分，结果如图 10.28（c）所示。

2. 插入垫圈图块

选择 dqw 外部图块。如图 11.30（a）所示插入垫圈图块，插入比例为 1∶1，插入角度为 0，选中【分解】复选框。垫圈图块的插入基准点是图中的 p 点。

修剪被遮挡的图形线段，结果如图 11.30（b）所示。

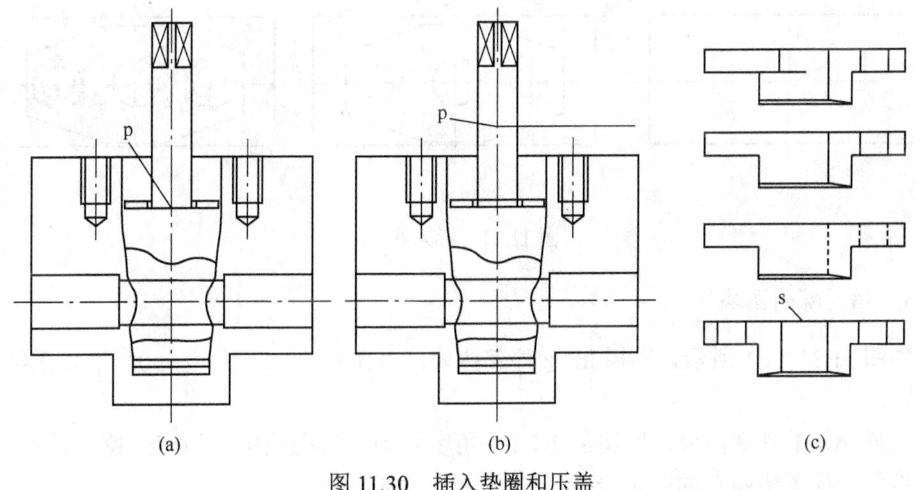

图 11.30 插入垫圈和压盖

3. 插入压盖主视图图块

选择 yabwz 外部图块。如图 11.30（c）所示在图中空白处插入压盖主视图图块。插入比例为 1∶1，插入角度为 0，选中【分解】复选框。

如图 11.30（c）所示，先修剪和删除多余线段，再镜像复制图中 4 段虚线，最后修剪得到正确的图形。

如图 11.30（b）所示，拉长垂直中心线，从阀体上端面的线段出发，以距离 12（在 10～14 范围内）作向上偏移，再延伸偏移得到的线段至垂直中心线，得到交点 p。

把如图 11.30（c）所示的正确图形从 s 点移动到图 11.30（b）中的 p 点，结果如图 11.31（a）所示。最后修剪多余线条，并删除偏移线，如图 11.31（b）所示。

4. 插入压盖俯视图图块

选择 yabwf 外部图块。如图 11.31（b）所示在阀体的俯视图中插入压盖俯视图图块。插入比例为 1∶1，插入角度为 0，选中【分解】复选框。结果如图 11.31（b）所示。

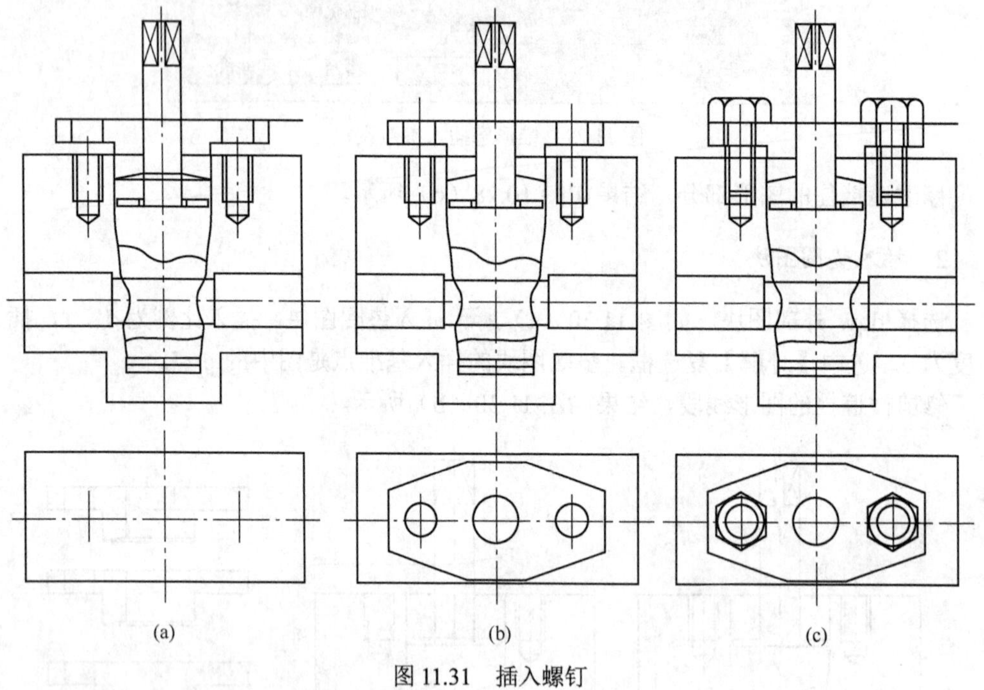

图 11.31　插入螺钉

5. 插入螺钉图块

如图 11.31（c）所示，选择 ldwz 外部图块，以比例 1∶1，角度-90° 插入图纸相应的位置。

选择 ldwz1 外部图块，以比例 1∶1，角度 0 插入俯视图中的相应的位置。

修剪主视图中螺钉的多余线条，结果如图 11.32 所示。

6. 石棉绳的绘制

如图 11.32 所示，在压盖和垫圈之间要填充石棉绳。可以使用图案填充完成绘制。

设置“剖面线”图层为当前层，选择图案名称为 ANSI37，比例为 1∶1，角度为 0。填充结果如图 11.32 所示。

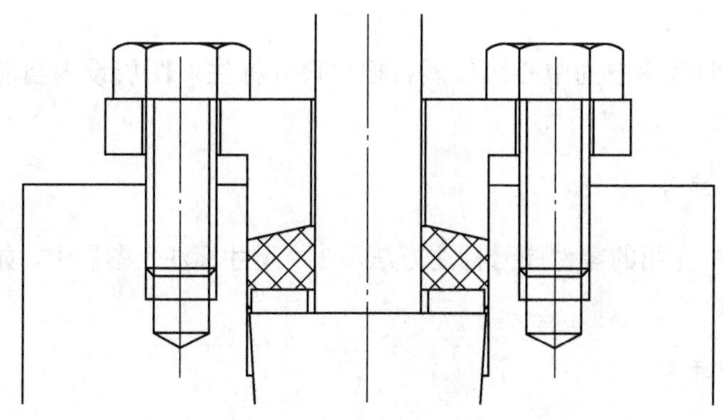

图 11.32　修剪螺钉

至此，完成组成旋塞的所有零件的插入工作。

7. 锥形塞俯视图的绘制

如图 11.1 所示，锥形塞的上部是一个方头结构，在俯视图中能反映出真实形状。下面介绍锥形塞头部在俯视图中的投影。

1）用构造线命令绘制角度一定、长度无限的直线。

选择【绘图 | 构造线】命令，后续操作如下。

```
命令：_xline。
指定点或 [水平（H）/垂直（V）/角度（A）/二等分（B）/偏移（O）]：a
输入构造线的角度（0）或 [参照（R）]：45
指定通过点：(选取图 11.33（a）中的圆心点)
指定通过点：(按回车键，结束命令)
```

同样方法绘制角度-45° 的构造线，结果如图 11.33（a）所示。

2）修剪构造线，结果如图 11.33（b）所示。

3）以距离 6，偏移得到如图 11.33（c）所示图形。

4）修剪并删除多余线段，得到正确图形，如图 11.33（d）所示。

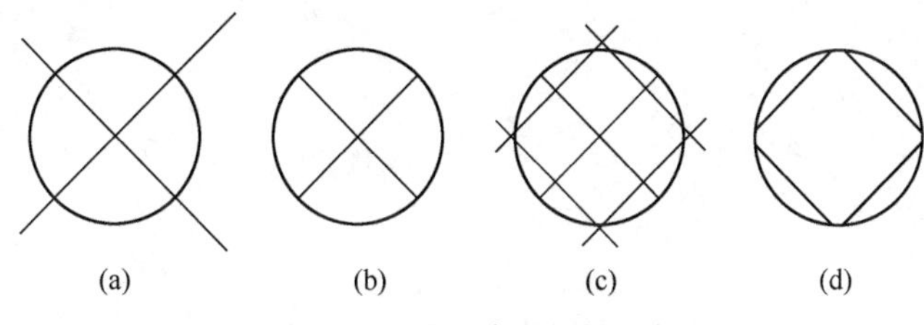

(a)　(b)　(c)　(d)

图 11.33　锥形塞俯视图绘制

11.2.3 完成装配图的绘制

1. 尺寸标注

用拉长命令调整图中的中心线长短。把“尺寸标注”图层设为当前层。如图 11.1 所示标注所有尺寸。

2. 标注零件序号

利用第 7 章中介绍的零件序号标注方法，在“尺寸标注”图层中，如图 11.1 所示标注所有零件序号。

3. 填写技术要求

本装配图的技术要求是旋塞的工作原理。用 text 或 mtext 命令标注如图 11.1 所示的文字。

4. 填写零件明细表和标题栏

利用第 7 章介绍的方法插入表格，按图 11.1 编辑表格、填写相关内容。最后完成标题栏的填写。

第12章

综合练习 2——建立钢模的实体模型

能力目标： 综合运用所学的各类建模命令、实体编辑命令创建一个钢模的实体模型。在本练习中将学习各类拉伸方法，以及回转体母线的设计方法。

钢模实体模型与线框模型如图 12.1 所示。

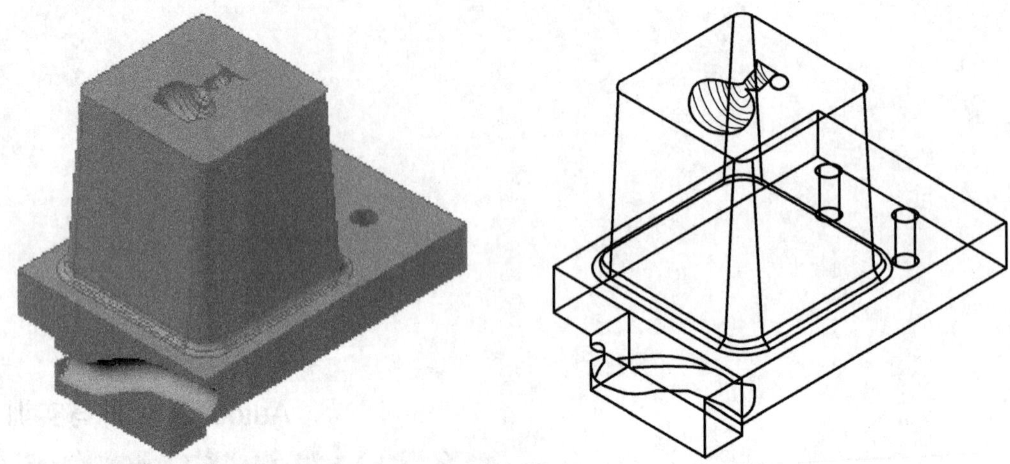

图 12.1　钢模实体模型与线框模型

12.1　建立钢模的基座

12.1.1　底板制作

1. 创建矩形并拉伸

1）绘制 70×50 矩形操作如下。

命令：_rectang
指定第一个角点或 [倒角（C）/标高（E）/圆角（F）/厚度（T）/宽度（W）]：（在图中适当位置单击选中点）
指定另一个角点或 [面积（A）/尺寸（D）/旋转（R）]：@70，50

2）向上拉伸矩形，厚度为 10。操作如下。

命令：_extrude
当前线框密度：ISOLINES=4
选择要拉伸的对象：找到 1 个　选取矩形
选择要拉伸的对象：（按回车键）
指定拉伸的高度或 [方向（D）/路径（P）/倾斜角（T）]：10

结果如图 12.2（a）所示。

在拉伸操作中，操作对象一般为面域，但对于圆、矩形和多段线围成的封闭图形，可以直接拉伸。

3）使用同样的方法建立一个长方体，长为 30、宽为 10、高为 12。如图 12.2（a）所示。

2. 合并矩形成钢模基座

1）使用移动命令，移动小长方体到底板下方，操作如下。

```
命令：MOVE
选择对象：找到一个（选取小长方体）
选择对象：（按回车键）
指定基点或 [位移（D)] <位移>：mid
于（如图 12.2（a）所示，捕捉中点 p1）
指定第二个点或 <使用第一个点作为位移>：mid
于（如图 12.2（a）所示，捕捉中点 p2）
```

结果如图 12.2（b）所示。

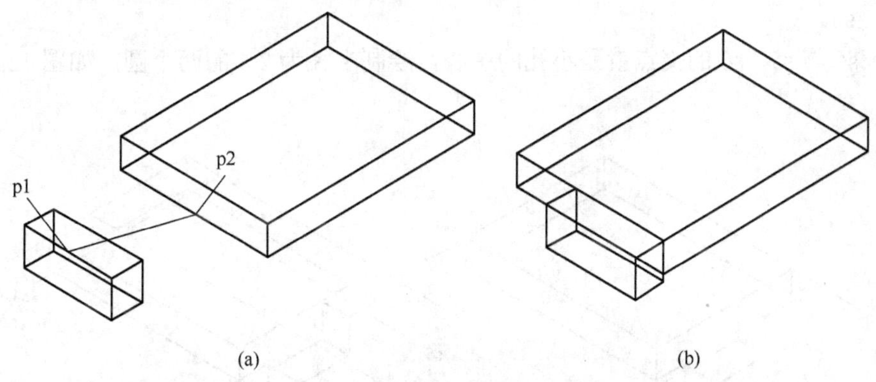

图 12.2　钢模实体模型与线框模型

2）使用并集命令，把两个长方体合二为一，操作如下。

```
命令：_union
选择对象：找到 1 个　选择底板长方体
选择对象：找到 1 个，总计 2 个（选择小长方体）
选择对象：（按回车键）
```

合并后的实体如图 12.3（a）所示，消隐显示如图 12.3（b）所示。

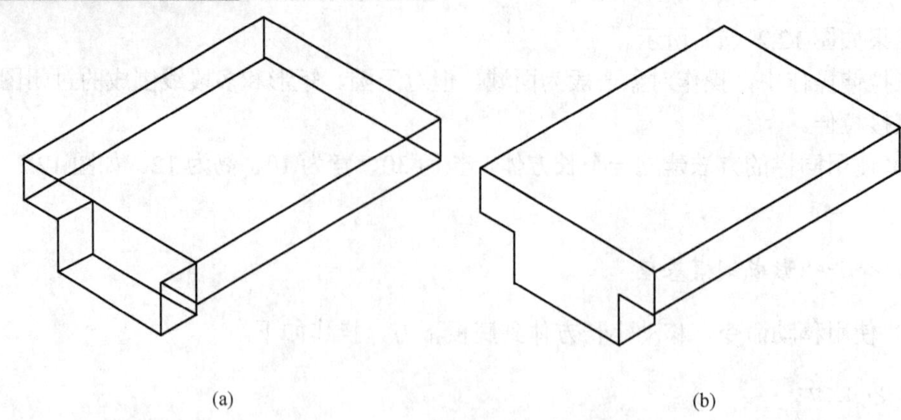

(a) (b)

图 12.3　钢模实体模型与线框模型

12.1.2　底板打孔

1. 绘制用于定位小孔中心的辅助线

1）打开正交开关，绘制如图 12.4（a）所示的三条直线：s1、s2、s3。

2）如图 12.4（b）所示，从 s1 以距离 12 偏移得到 s4；从 s2、s3 以距离 15 偏移得到 s5、 s6。

3）s4 与 s5、s6 的交点就是小孔的中心，绘制半径为 2.5 的两个圆，如图 12.4（b）所示。

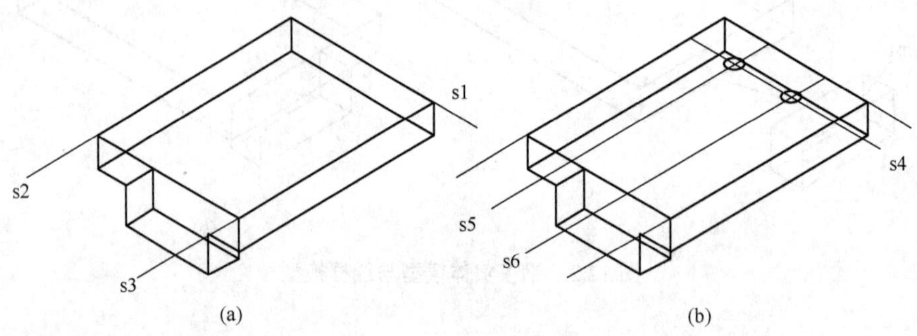

(a) (b)

图 12.4　绘制定位辅助线

2. 底板打孔

1）删除辅助线，并用拉伸命令，向下拉伸两个圆，高度为−12，结果如图 12.5（a）所示。

2）用差集命令，从底板中挖去两个圆柱，具体操作如下。

命令：_subtract 选择要从中减去的实体或面域……
选择对象：找到一个　　选择底板。

选择对象：按回车键。
选择要减去的实体或面域……
选择对象：找到一个　单击选中一个圆柱。
选择对象：找到一个，总计两个　单击选中另一个圆柱。
选择对象：按回车键。

结果如图 12.5（b）所示。

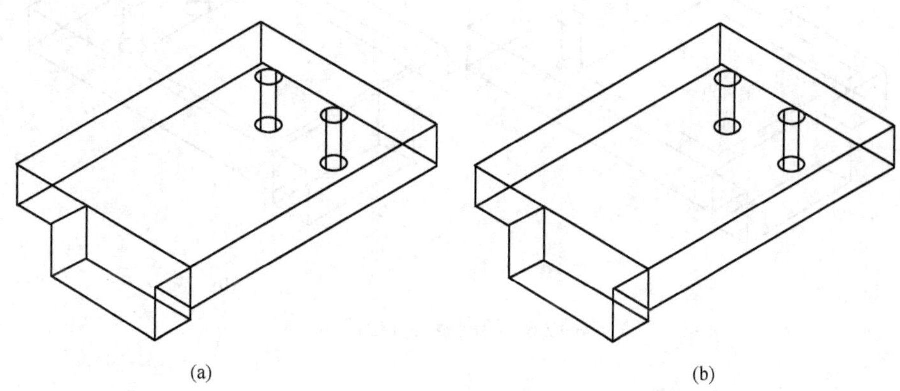

(a)　(b)

图 12.5　绘制定位辅助线

12.2　建立钢模模体

12.2.1　带锥度拉伸

1. 创建钢模模体底面

1）绘制 40×40 矩形，这一矩形与底板的三条边相距 5 个单位，可以使用 from 捕捉方式确定矩形的第一个角点，如图 12.6（a）所示，操作如下。

命令：_rectang
指定第一个角点或 [倒角（C）/标高（E）/圆角（F）/厚度（T）/宽度（W）]：from
基点：（选择底板的左下角点）
<偏移>：@5，5（表示矩形第一个角点与底板左下角点的相对位置）
指定另一个角点或 [面积（A）/尺寸（D）/旋转（R）]：@40，40

2）对矩形倒圆角，如图 12.6（b）所示，操作如下。

命令：_fillet
当前设置：模式=修剪，半径=2.0000
选择第一个对象或 [放弃（U）/多段线（P）/半径（R）/修剪（T）/多个（M）]：r
指定圆角半径 <2.0000>：5
选择第一个对象或 [放弃（U）/多段线（P）/半径（R）/修剪（T）/多个（M）]：p

选择二维多段线：（选择矩形）

4 条直线已被圆角

选项 p 表示对整个多段线倒圆角，矩形也是多段线。

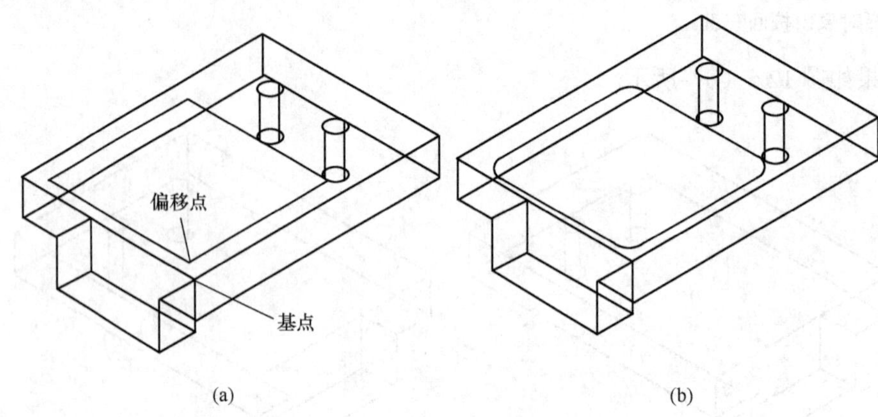

图 12.6　绘制矩形并倒圆角

2. 拉伸钢模模体

钢模模体的拉伸与前面的拉伸不同，钢模在向上拉伸时是变截面的。如图 12.7（a）所示，操作如下。

```
命令：_extrude
当前线框密度：ISOLINES=4
选择要拉伸的对象：找到 1 个（选择矩形）
选择要拉伸的对象：按回车键。
指定拉伸的高度或 [方向（D）/路径（P）/倾斜角（T）] <40.0000>：t
指定拉伸的倾斜角度 <0>：4
指定拉伸的高度或 [方向（D）/路径（P）/倾斜角（T）] <40.0000>：40
```

钢模的高度为 40，以 4° 的锥体度拉伸。

12.2.2　实体倒圆角

1. 组合钢模模体和基座

使用并集命令把钢模模体与基座合二为一。

2. 钢模模体和基座之间圆角过渡

使用圆角命令在钢模模体与基座之间倒圆角，操作如下。

```
命令：_fillet
```

当前设置：模式 = 修剪，半径 = 5.0000

选择第一个对象或 [放弃（U）/多段线（P）/半径（R）/修剪（T）/多个（M）]：（选择实体，单击选中 p1 处，如图 12.7（a）所示，即需要倒圆角的交线位置）

输入圆角半径<5.0000>：3（圆角半径 3 过渡）。

选择边或 [链（C）/半径（R）]：c

选择边链或 [边（E）/半径（R）]：（单击选中模体与基座的交线，如图 12.7（b）所示，单击选中 p2，选择链，被选中的链变为虚线）

选择边链或 [边（E）/半径（R）]：（按回车键）

已选定 8 个边用于圆角。

结果如图 12.7（c）所示。

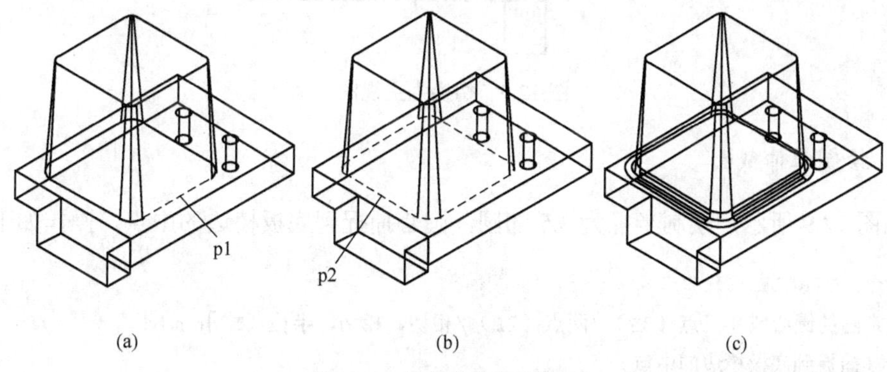

图 12.7　模体拉伸和倒圆角

12.3　沿路径拉伸得到实体

12.3.1　制作拉伸截面

1. 设置用户坐标系

首先把作图平面设定在前端面，如图 12.8 所示，操作如下。

命令：ucs

当前 UCS 名称：*世界*

指定 UCS 的原点或 [面（F）/命名（NA）/对象（OB）/上一个（P）/视图（V）/世界（W）/X/Y/Z/Z 轴（ZA）] <世界>：（单击选中 p1 点，确定新原点）

指定 X 轴上的点或 <接受>：（单击选中 p2 点，确定 X 轴方向）

指定 XY 平面上的点或 <接受>：（单击选中 p3 点，确定 Y 轴方向）

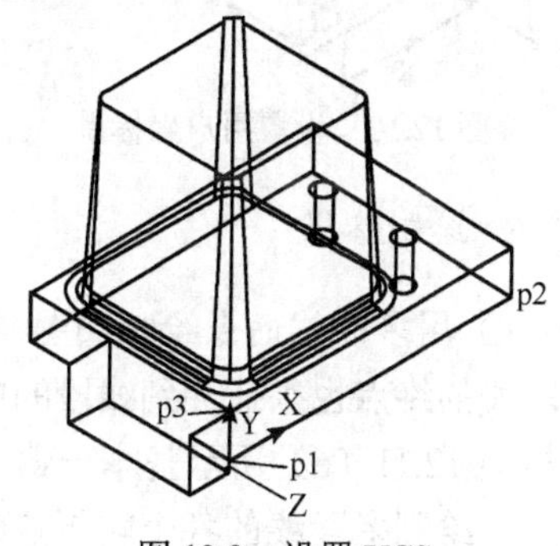

图 12.8　设置 UCS

2. 切换视图为主视图

如图 12.9 所示，单击主视图按钮，切换为主视图。

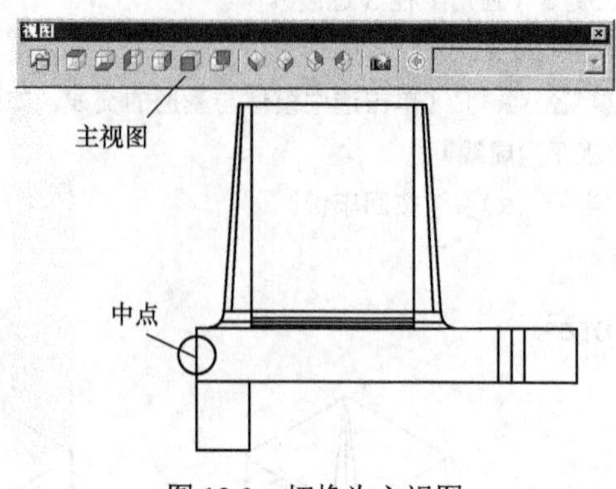

图 12.9　切换为主视图

3. 绘制拉伸截面

如图 12.9 所示，绘制半径为 3.5 的圆，圆心捕捉到底板棱边的中点，操作如下。

```
命令：CIRCLE
指定圆的圆心或 [三点（3P）/两点（2P）/相切、相切、半径（T）]：mid
于（捕捉到底板棱边的中点）
指定圆的半径或 [直径（D）]：3.5
```

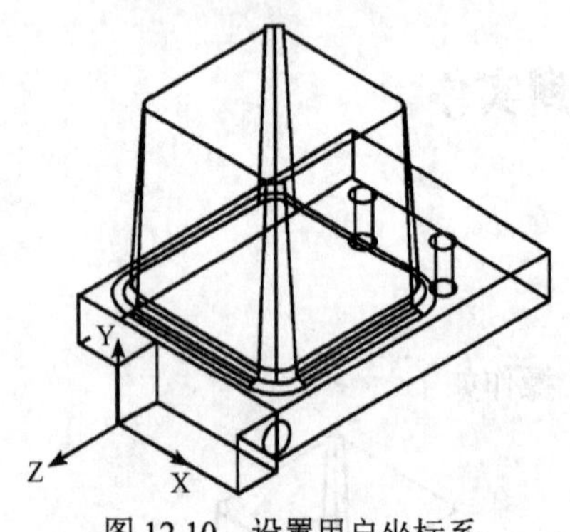

图 12.10　设置用户坐标系

12.3.2　制作拉伸路径

1. 设置用户坐标系

用同样的方法设置用户坐标系，把作图平面设定在右端面，如图 12.10 所示。

2. 切换视图为左视图

把视图切换为左视图，结果如图 12.11（a）所示。

3. 绘制路径

1）用多段线命令绘制如图 12.11（a）所示线条。多段线起点捕捉到线段的中点，多段线的终点也须捕捉到线段的中点。其余多段线的转折点可以自由绘制，但要保证形状与图 12.11（a）所示基本一致。

在绘制多段线的各个转折点时，务必关闭对象捕捉方式，以方便多段线的绘制。

如图 12.11（a）所示的各个蓝色点即多段线的转折点，也称节点。

2）对多段线进行样条曲线拟合。操作如下。

命令：pedit
选择多段线或 [多条（M）]：（选择绘制的多段线）
输入选项 [闭合（C）/合并（J）/宽度（W）/编辑顶点（E）/拟合（F）/样条曲线（S）/非曲线化（D）/线型生成（L）/放弃（U）]：s（进行样条曲线拟合）
输入选项 [闭合（C）/合并（J）/宽度（W）/编辑顶点（E）/拟合（F）/样条曲线（S）/非曲线化（D）/线型生成（L）/放弃（U）]：按回车键，结束命令）

结果如图 12.11（b）所示。

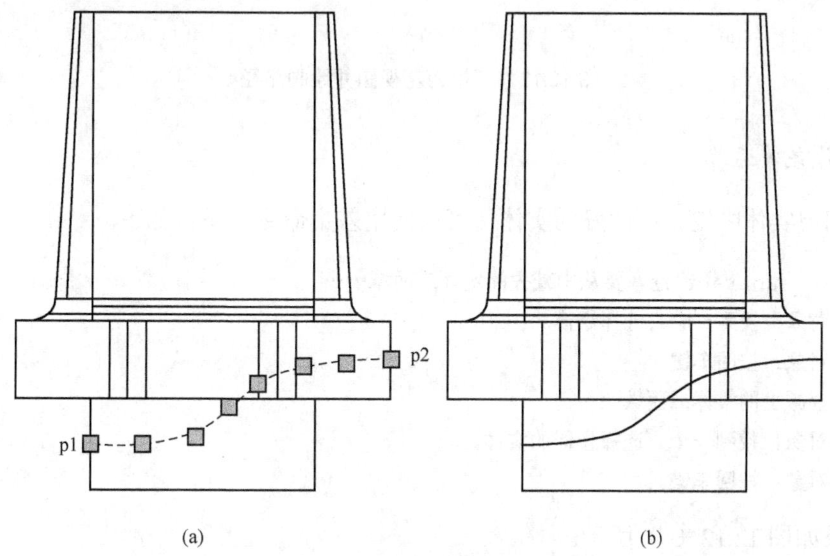

图 12.11　切换为左视图并绘制路径

12.3.3　沿路径拉伸实体

1. 切换视图

把视图切换为轴测方式，如图 12.12（a）所示。

2. 沿路径拉伸小圆

沿绘制的多段线拉伸小圆，操作如下。

命令：_extrude
当前线框密度：ISOLINES=4
选择要拉伸的对象：找到一个（如图 12.12（a）所示，选择小圆）
选择要拉伸的对象：（按回车键）
指定拉伸的高度或 [方向（D）/路径（P）/倾斜角（T）] <40.0000>：p（选择沿路径拉伸）
选择拉伸路径或 [倾斜角]：（如图 12.12（a）所示，选择多段线）

拉伸结果如图 12.12（b）所示。

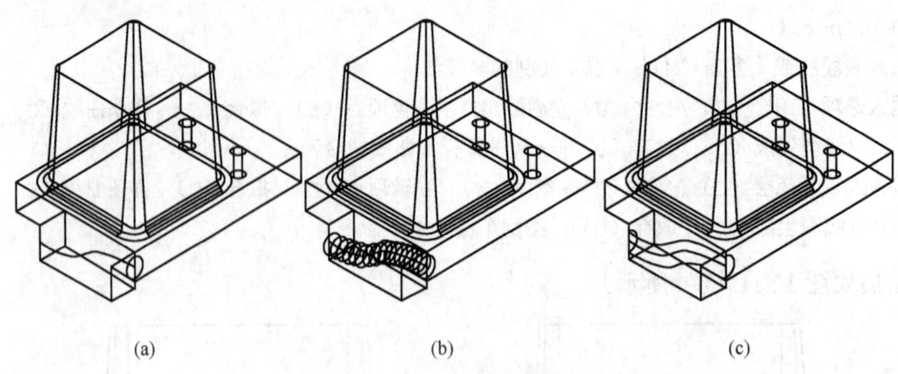

图 12.12　切换为左视图并绘制路径

3. 作差集运算

从钢模实体中挖去拉伸好的实体，可以使用差集命令，操作如下。

命令：_subtract 选择要从中减去的实体或面域……
选择对象：找到一个　选择钢模。
选择对象：按回车键。
选择要减去的实体或面域……
选择对象：找到一个　选择拉伸的实体。
选择对象：按回车键。

结果如图 12.12（c）所示。

12.4　制作酒杯凹模

12.4.1　制作旋转截面

1. 回到世界坐标系

返回世界坐标系。操作如下。

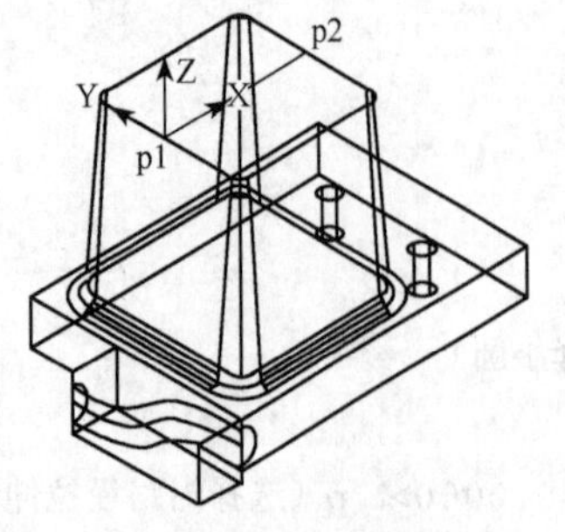

图 12.13　切换为左视图并绘制路径

命令：ucs
当前 UCS 名称：*左视*
指定 UCS 的原点或［面（F）/命名（NA）/对象（OB）/上一个（P）/视图（V）/世界（W）/X/Y/Z/Z 轴（ZA）］<世界>：（按回车键）

2. 移动坐标系至钢模顶面

1）捕捉钢模顶面上相对两边的中点 p1、p2，绘制辅助线，如图 12.13 所示。

2）把作图平面设定在钢模的顶面，UCS 如图 12.13 所示。

3. 绘制酒杯的旋转截面

1）切换视图为俯视图，如图 12.14 所示。

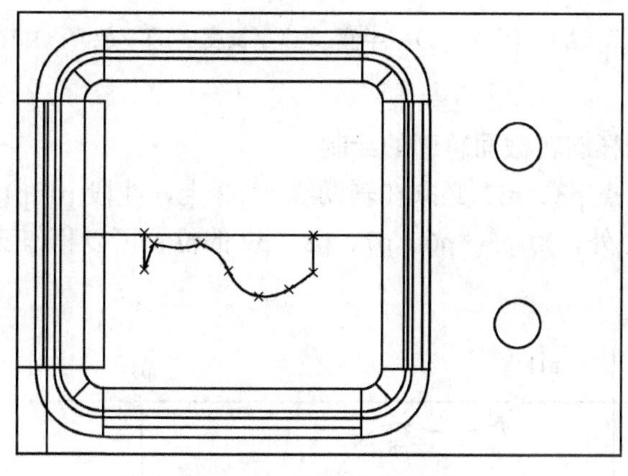

图 12.14　切换为俯视图

2）用多段线命令绘制截面轮廓，如图 12.15 所示，具体操作如下。

命令：PLINE。

指定起点：nea（捕捉最近点）

到（单击选中辅助线 p1p2 上的点 p3）

当前线宽为 0.0000。

指定下一个点或 [圆弧（A）/半宽（H）/长度（L）/放弃（U）/宽度（W）]：(单击选中 p4 点)

指定下一点或 [圆弧（A）/闭合（C）/半宽（H）/长度（L）/放弃（U）/宽度（W）]：(单击选中 p5 点)

指定下一点或 [圆弧（A）/闭合（C）/半宽（H）/长度（L）/放弃（U）/宽度（W）]：a（转入圆弧绘制模式）

指定圆弧的端点或 [角度（A）/圆心（CE）/闭合（CL）/方向（D）/半宽（H）/直线（L）/半径（R）/第二个点（S）/放弃（U）/宽度（W）]：(单击选中 p6 点)

指定圆弧的端点或 [角度（A）/圆心（CE）/闭合（CL）/方向（D）/半宽（H）/直线（L）/半径（R）/第二个点（S）/放弃（U）/宽度（W）]：(单击选中 p7 点)

指定圆弧的端点或 [角度（A）/圆心（CE）/闭合（CL）/方向（D）/半宽（H）/直线（L）/半径（R）/第二个点（S）/放弃（U）/宽度（W）]：(单击选中 p8 点)

指定圆弧的端点或 [角度（A）/圆心（CE）/闭合（CL）/方向（D）/半宽（H）/直线（L）/半径（R）/第二个点（S）/放弃（U）/宽度（W）]：d（此处圆弧不再是光滑连接，选 d 改变圆弧的走向）

指定圆弧的起点切向：单击选中 s 点（p8s 决定将要绘制圆弧的切线方向）

指定圆弧的端点：单击选中 p9 点。

指定圆弧的端点或 [角度（A）/圆心（CE）/闭合（CL）/方向（D）/半宽（H）/直线（L）/

半径（R）/第二个点（S）/放弃（U）/宽度（W）]：l（转入直线绘制模式）

指定下一点或［圆弧（A）/闭合（C）/半宽（H）/长度（L）/放弃（U）/宽度（W）]：（单击选中 p10 点）

指定下一点或［圆弧（A）/闭合（C）/半宽（H）/长度（L）/放弃（U）/宽度（W）]：per

到（捕捉垂足，得到点 p11）

指定下一点或［圆弧（A）/闭合（C）/半宽（H）/长度（L）/放弃（U）/宽度（W）]：c（封闭多段线）

至此，完成了酒杯旋转截面轮廓的绘制。

在绘制过程中，点 p3、p11 必须在辅助线 p1p2 上，线段 p10p11 和 p3p4 必须垂直辅助线 p1p2。除此之外，点 p5、p6、p7、p8、p9 的位置可以稍作变动，以求酒杯形状的逼真。

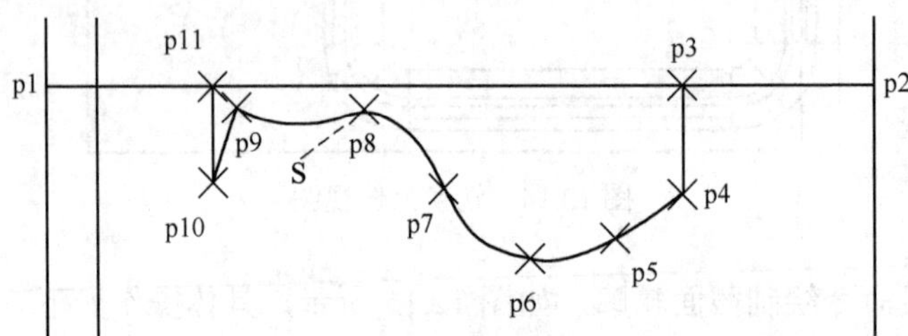

图 12.15　绘制截面轮廓

12.4.2　制作酒杯

1. 生成回转体

酒杯是一个回转体，使用旋转扫描命令可以生成回转体。如图 12.16（a）所示，返回到轴测视图，操作如下。

命令：_revolve
当前线框密度：ISOLINES=4
选择要旋转的对象：找到一个（选择酒杯截面轮廓线）
选择要旋转的对象：（按回车键）
指定轴起点或根据以下选项定义轴［对象（O）/X/Y/Z］<对象>：（选择辅助线的一个端点）
指定轴端点：（选择辅助线的另一个端点）
指定旋转角度或［起点角度（ST)］<360>：（按回车键）

结果如图 12.16（b）所示。

2. 生成酒杯凹模

使用差集命令，从钢模中挖去酒杯实体。结果如图 12.16（c）所示。

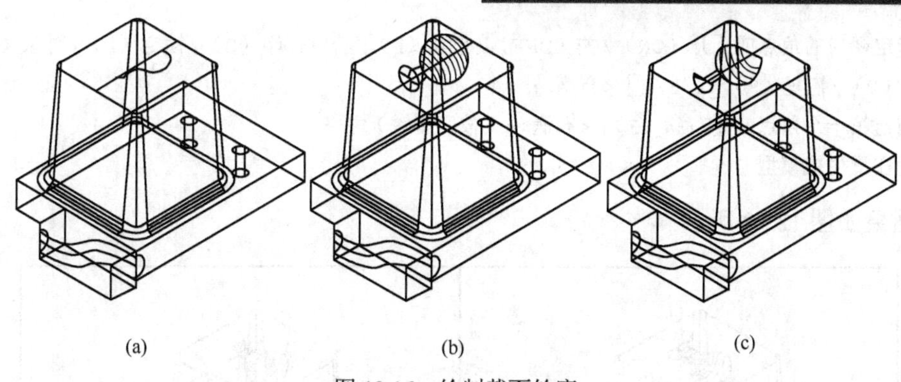

(a)　(b)　(c)

图 12.16　绘制截面轮廓

12.5　生成视图

12.5.1　布局

1. 默认布局

单击绘图区下方的“布局 1”，打开如图 12.17 所示的默认布局。在该布局中只有一个视口。

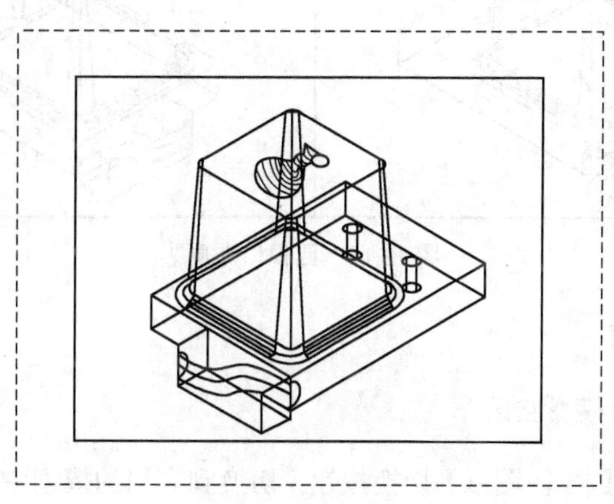

图 12.17　默认布局

2. 删除默认布局中的窗口

使用删除命令，选择视口边框，删除视口。

3. 四视口布局

选择【视图 | 视口 | 四个视口】命令，后续操作如下。

命令：_-vports。

指定视口的角点或［开（ON）/关（OFF）/布满（F）/着色打印（S）/锁定（L）/对象（O）/多边形（P）/恢复（R）/2/3/4］<布满>：_4

指定第一个角点或［布满（F）］<布满>：（按回车键）

正在重生成模型

结果如图 12.18 所示。

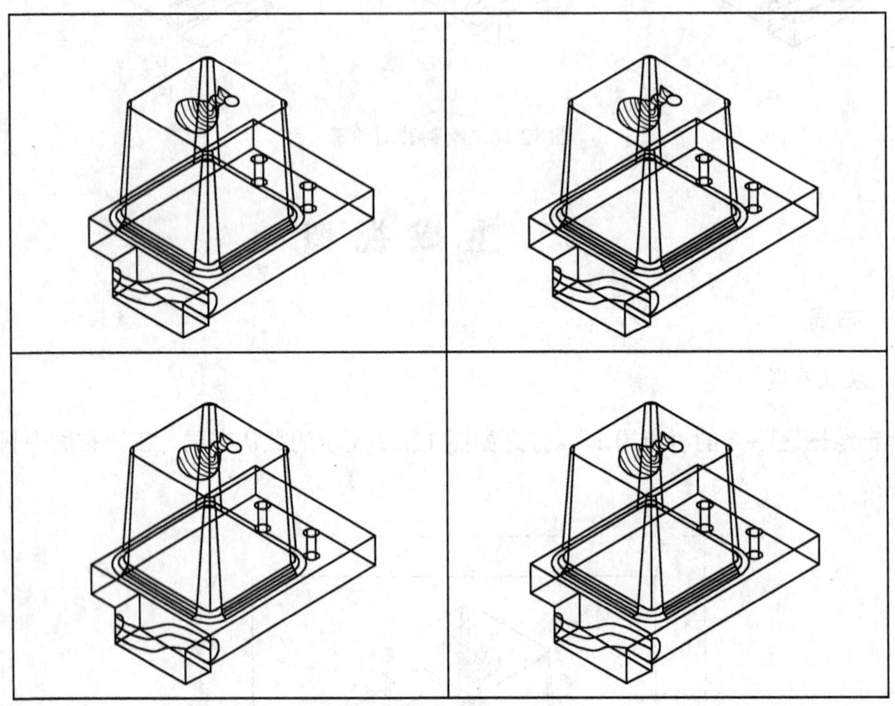

图 12.18　四视口布局

12.5.2　生成各个视图

1. 切换到布局的模型空间

单击状态栏中的【模型/图纸】切换按钮，切换到布局的模型空间，并激活左上角视口。结果如图 12.19 所示。

2. 确定激活视口中的视图

在激活的视口中，设定视图为主视图，并调整显示比例，具体操作如下。

命令：ZOOM

指定窗口的角点，输入比例因子（nX 或 nXP），或者［全部（A）/中心（C）/动态（D）/…/上一个（P）/比例（S）/窗口（W）/对象（O）］<实时>：3

结果如图 12.20 所示。

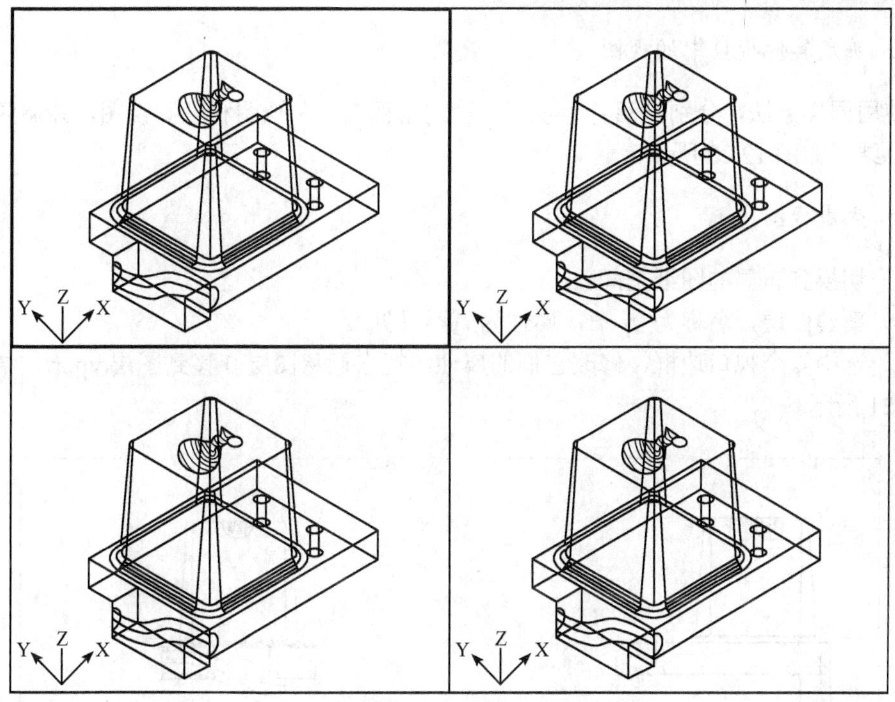

图 12.19 布局中的模型空间

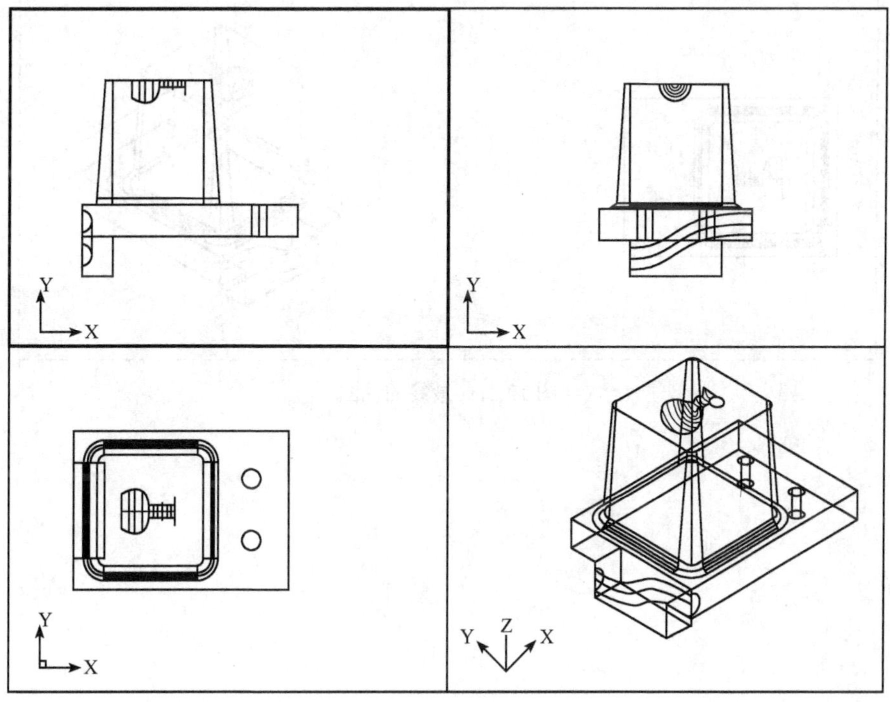

图 12.20 确定视图

3. 确定其他视口中的视图

使用同样方法，分别激活各个视口，设定俯视图、左视图和轴测视图，并调整显示比例，结果如图 12.20 所示。

4. 生成视图

1）切换到布局的图纸空间。

2）新建图层，名称为 vport，属性为“不可见”。

3）选中 4 个视口边框，修改它们的属性，把它们从图层 0 移到图层 vport，结果如图 12.21 所示。

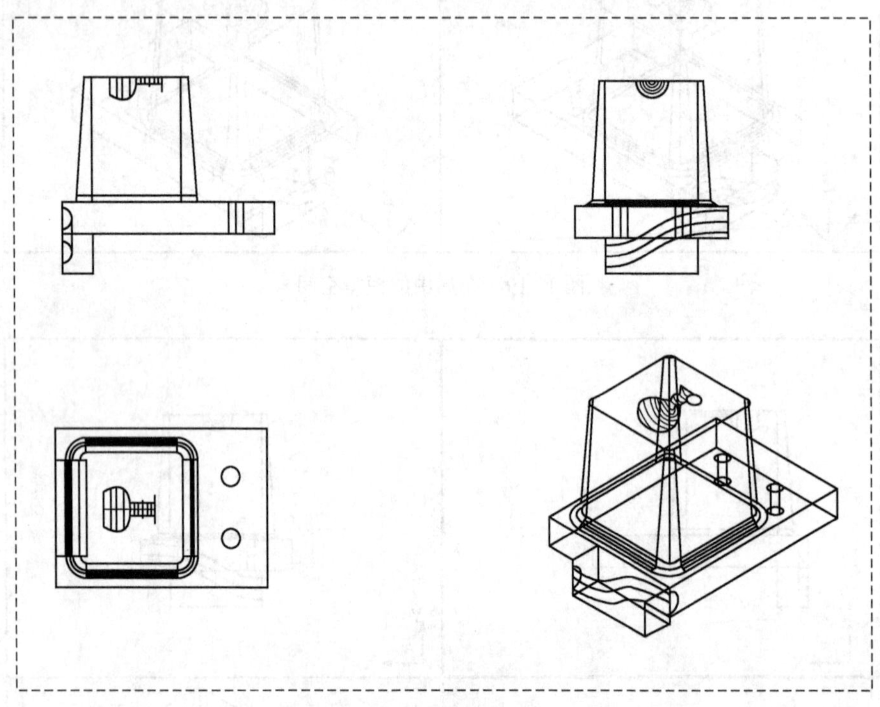

图 12.21　最终的视图

第13章

综合练习 3——建筑立面图的绘制

能力目标：学习并掌握各类绘图、编辑命令和图块、属性等在建筑制图中的应用；学习并掌握建筑立面图的绘制方法；掌握门、窗等建筑元素的绘制方法。

在本练习中，将通过如图 13.1 所示的建筑立面图的绘制，使读者学习和了解建筑立面图绘制的一般步骤和方法。

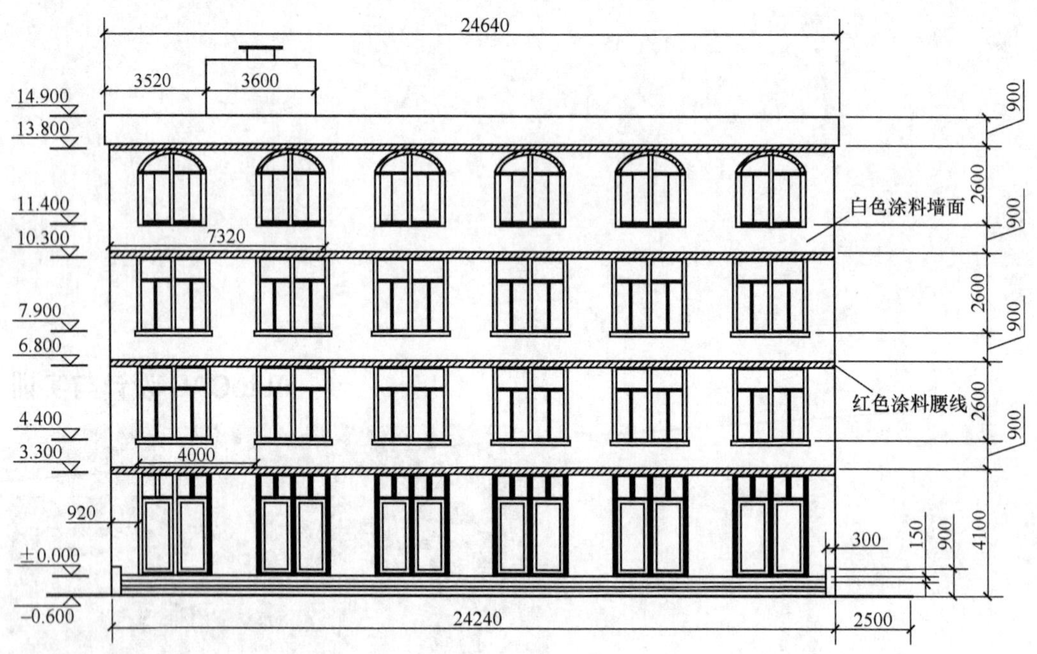

图 13.1　建筑立面图

13.1　绘图环境设置

13.1.1　绘图界限设定

选择 A3 图纸。操作如下。

```
命令：limits
重新设置模型空间界限：
指定左下角点或 [开（ON）/关（OFF）] <0.0000，0.0000>：（按回车键）
指定右上角点<42000.0000，29700.0000>：42000，297000（按回车键）（放大 100 倍）
```

设定完毕。为了让整个图纸幅面都能显示在窗口中，需进行如下窗口缩放命令。

```
命令：zoom
指定窗口的角点，输入比例因子（nX 或 nXP），或者 [全部（A）/中心（C）/动态（D）/范围（E）
/上一个（P）/比例（S）/窗口（W）/对象（O）] <实时>：a（表示整屏显示绘图界限）
```

正在重生成模型

13.1.2　设置图层并定义属性

建筑图样根据其功能特点，一般按表 13.1 设置图层并定义属性。

表 13.1　图层与属性

图层名	线型	颜色	作用
wall	continuous	黑色	绘制墙体
elev	dashdot	蓝色	绘制中心线
roof	continuous	深绿色	绘制洁具
text	continuous	深蓝色	文字和尺寸标注
windoor	continuous	紫色	绘制门窗

13.1.3　线型比例设定

由于绘图界限的放大，会造成设置的线型不能正常显示。需要通过线型比例命令进行调整。具体操作如下。

```
命令：ltscale
输入新线型比例因子<1.0000>：1000
```

其他绘图环境，如文字样式等可以自行设定。有关尺寸标注精度、变量等将在尺寸标注时再进行设定。

13.2　绘制墙体轮廓

13.2.1　绘制墙体轮廓线、墙面嵌条线和窗定位线

把 wall 图层设为当前层。使用直线命令和偏移命令绘制如图 13.2 所示的墙体轮廓。

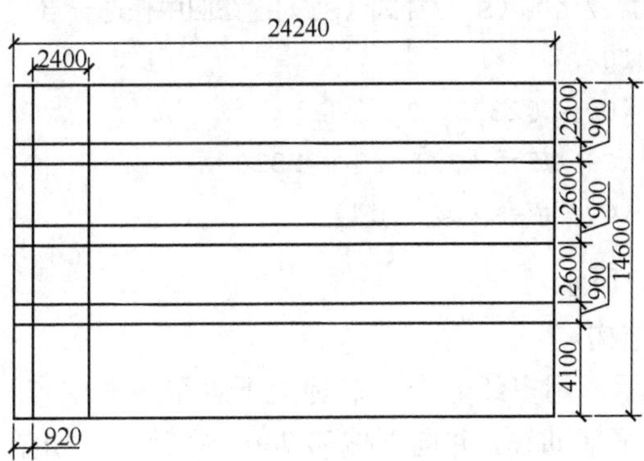

图 13.2　墙体轮廓

13.2.2 建立方窗图块

方窗的图形与尺寸如图 13.3 所示。

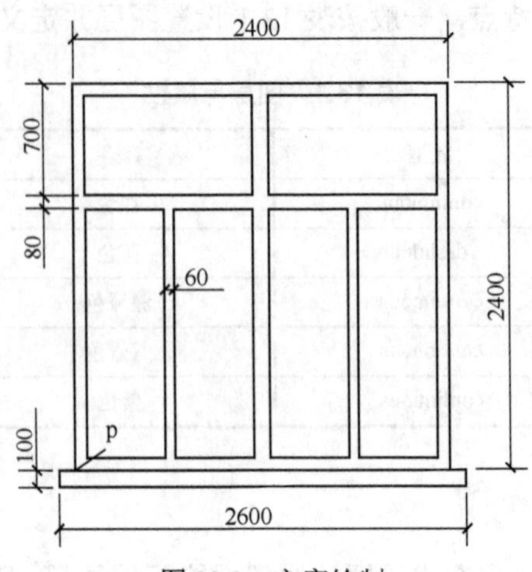

图 13.3 方窗绘制

1. 图形绘制

使用多线命令完成窗户的绘制。把 windoor 设置为当前层。在空白处绘制图形。

1）绘制窗户外框，操作如下。

```
命令：MLINE
当前设置：对正=无，比例=80.00，样式=WIN。
指定起点或［对正（J）/比例（S）/样式（ST）]：j
输入对正类型［上（T）/无（Z）/下（B）]<无>：z
当前设置：对正=无，比例=80.00，样式=WIN
指定起点或［对正（J）/比例（S）/样式（ST）]：s
输入多线比例<80.00>：80
指定起点或［对正（J）/比例（S）/样式（ST）]：在图中任选一点
指定下一点：@0，2320
指定下一点或［放弃（U）]：@2320，0
指定下一点或［闭合（C）/放弃（U）]：@0，-2320
指定下一点或［闭合（C）/放弃（U）]：c
```

结果如图 13.4（a）所示。

2）绘制窗户内部结构。

如图 13.4（b）所示，用多线命令，捕捉上下水平线的中点，绘制窗户中间的垂直线。然后绘制窗顶的水平辅助线，并向下偏移 740。最后绘制如图 13.4（c）所示的多线。

3）继续绘制窗户内部结构。

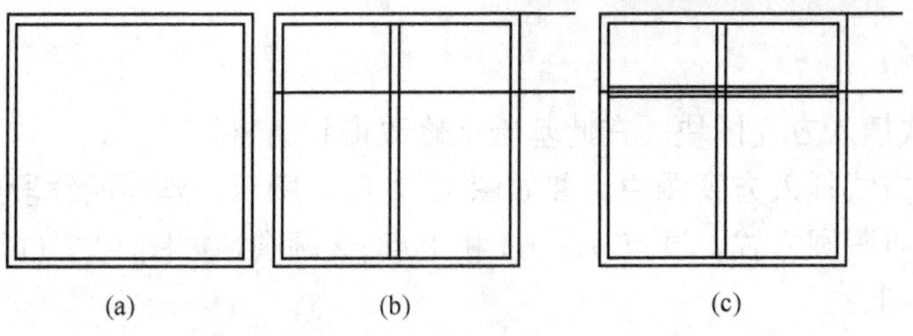

图 13.4　外框绘制

如图 13.5（a）所示，绘制窗户的中垂辅助线，向左右各偏移 580。设置多线的比例为 60，然后绘制如图 13.5（b）所示的多线。最后删除辅助线，并编辑多线，结果如图 13.5（c）所示。

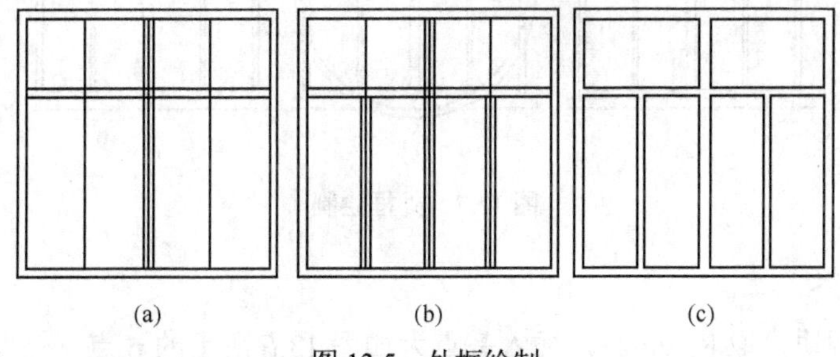

图 13.5　外框绘制

4）绘制窗台，设置多线的比例为 100，绘制长度 2600 的水平多线，利用中点捕捉，移动多线至方窗的下方，如图 13.3 所示。

2. 建立图块

建立方窗图块，取名 win21，插入基点为如图 13.3 所示的 p 点。

13.2.3　建立圆窗图块

圆窗的图形与尺寸如图 13.6 所示。

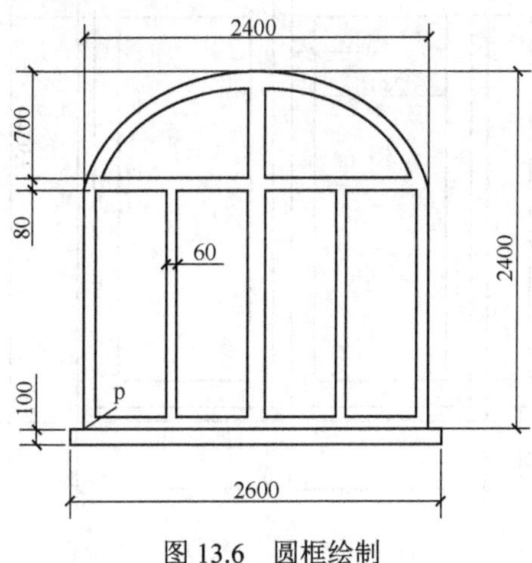

图 13.6　圆框绘制

1. 图形绘制

以分解方式插入方窗图块，在此基础上修改得到圆窗。

1）以分解方式插入方窗图块，并如图 13.7（a）所示，延伸两线段至点 p1、p3。

2）使用三点画圆方式，过点 p1、p3 和中点 p2 画圆，如图 13.7（b）所示。并以距离 80 向内偏移圆。

3）修建图形，如图 13.7（c）所示。

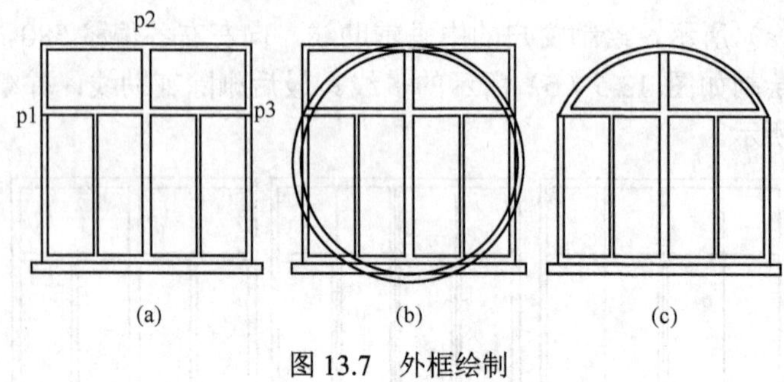

图 13.7　外框绘制

2. 建立图块

建立圆窗图块，取名 win22，插入基点为如图 13.6 所示的 p 点。

13.2.4 建立门图块

门的图形与尺寸如图 13.8 所示。

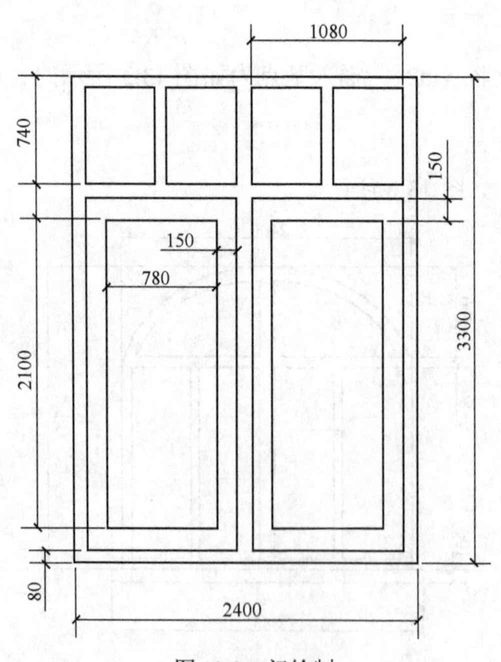

图 13.8　门绘制

1. 图形绘制

1）绘制门框，操作如下。

```
命令：MLINE
当前设置：对正=无，比例=80.00，样式=WIN
指定起点或 [对正（J）/比例（S）/样式（ST）]：(任选一点)
指定下一点：@0，3220
指定下一点或 [放弃（U）]：@2320，0
指定下一点或 [闭合（C）/放弃（U）]：@0，-3220
指定下一点或 [闭合（C）/放弃（U）]：c
```

结果如图 13.9（a）所示。

2）如图 13.9（b）所示，用多线命令，捕捉上下水平线的中点，绘制窗户中间的垂直线。然后绘制窗顶的水平辅助线，并向下偏移 740，并绘制如图 13.9（b）所示的多线。

3）继续绘制窗户内部结构。删除图 13.9（b）中的辅助线。

如图 13.9（c）所示，绘制窗户的中垂辅助线，向左右各偏移 580。然后绘制如图 13.9（c）所示的多线。

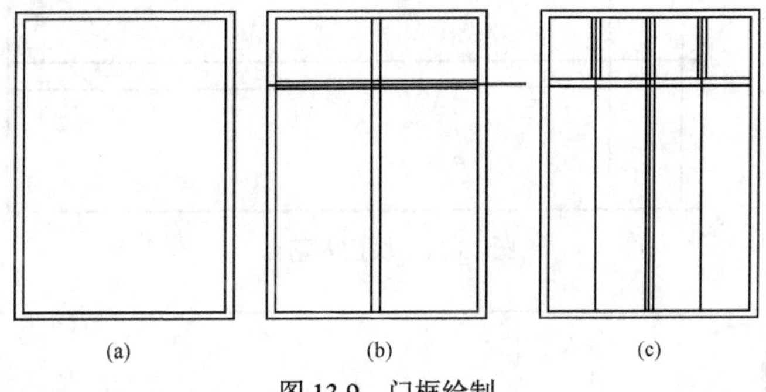

(a)　(b)　(c)

图 13.9　门框绘制

4）删除辅助线，并编辑多线，结果如图 13.10（a）所示。

5）用 explode 命令分解多线。如图 13.10（b）所示，以距离 150 偏移得到 4 条线，并修剪成矩形。同样方法绘制另一个矩形，结果如图 13.10（c）所示。

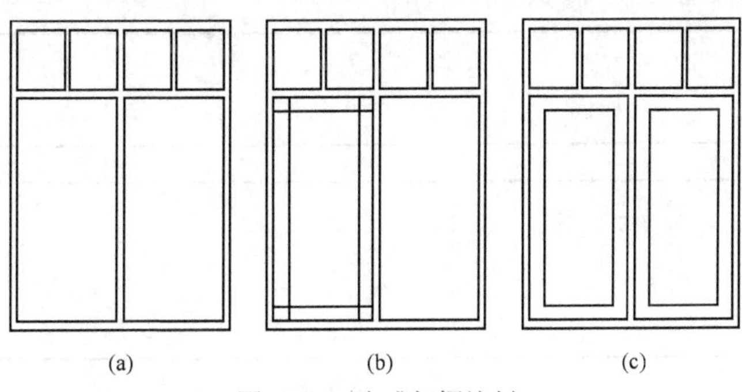

(a)　(b)　(c)

图 13.10　完成门框绘制

2. 建立图块

建立门图块，取名 win23，插入基点为门的左下角点。

13.3 绘制墙体立面

13.3.1 在墙面中插入各图块

1. 绘制窗户

1）在墙面的第一层插入圆窗，图块名称为 win22，第二、第三层插入方窗，图块名为 win21。图块插入基点如图 13.11 所示。图块插入后如图 13.12 所示。

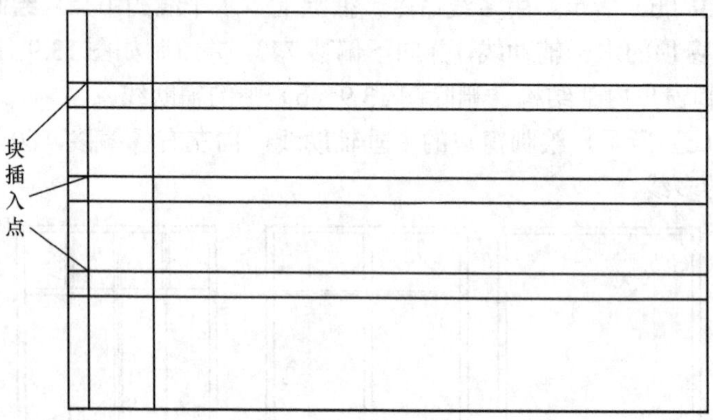

图 13.11 块插入基点

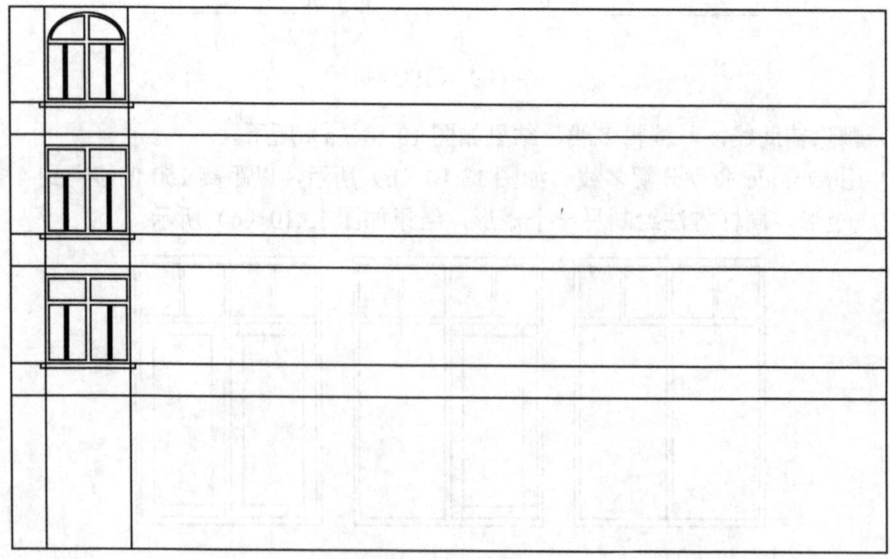

图 13.12 插入窗户

2）使用矩形阵列命令，绘制所有的窗户。阵列参数设置如图 13.13 所示，阵列对象为三个窗户。操作结果如图 13.14 所示。

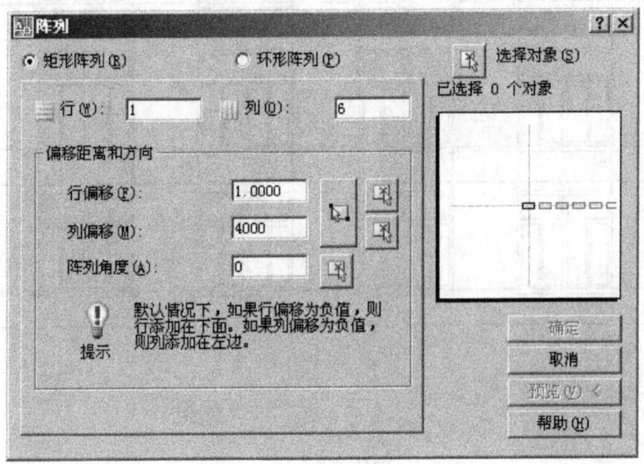

图 13.13 阵列参数设置

图 13.14 阵列结果

2. 绘制台阶

1）在墙面的左下角和右下角绘制 300×900 的矩形。

2）从墙面的底线出发，以距离 150 偏移得到表示台阶的水平线，并进行修剪，结果如图 13.15 所示。

3. 插入门图块

1）插入门图块，图块名称为 win23，插入基点如图 13.15 所示。

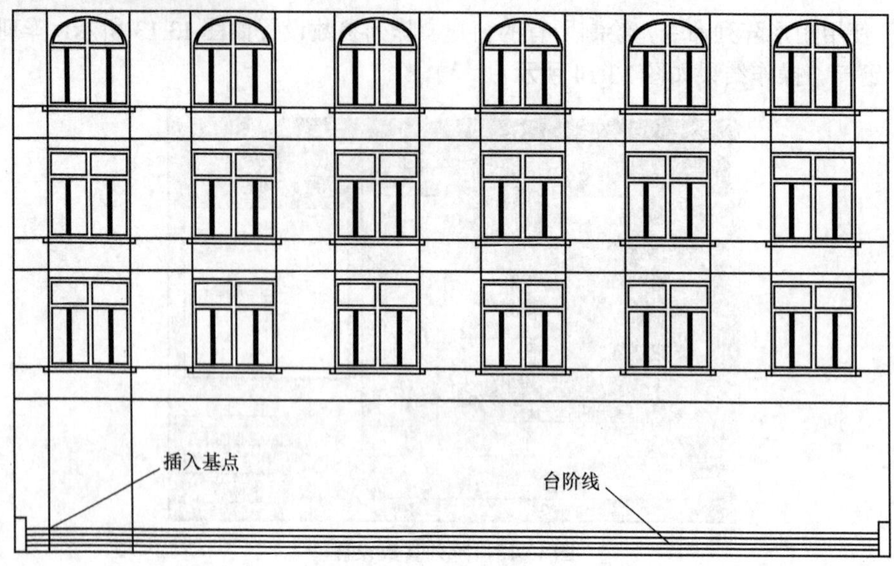

图 13.15　绘制台阶线

2）使用阵列命令完成所有门的绘制。结果如图 13.16 所示。

图 13.16　绘制门

13.3.2　绘制地平线、屋顶和水箱

1. 绘制地平线

1）使用 pline 命令，设置线宽为 100，在墙面的底部绘制多段线，如图 13.17（a）所示。

2）在向左右绘制长度 2500 的多段线，得到完整的地平线，如图 13.17（b）所示。

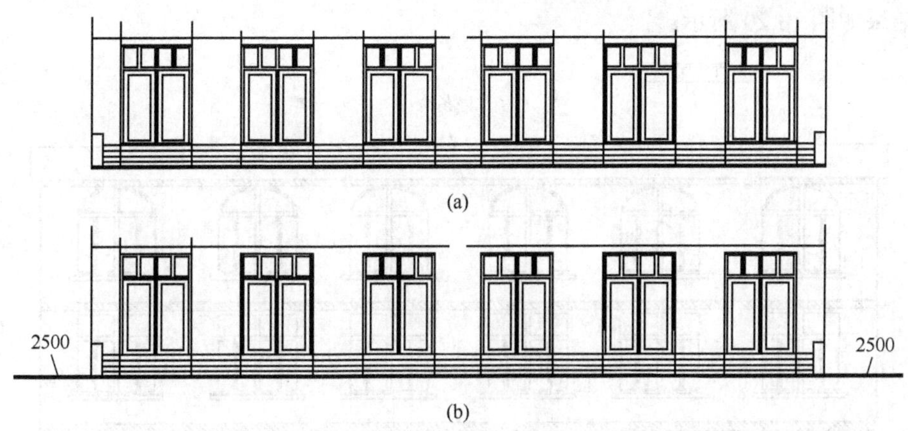

图 13.17　绘制地平线

2. 绘制屋顶

把 roof 图层设置为当前层，绘制 24640×900 的矩形，并使用中点捕捉把它移动到墙面的上方，如图 13.18 所示。

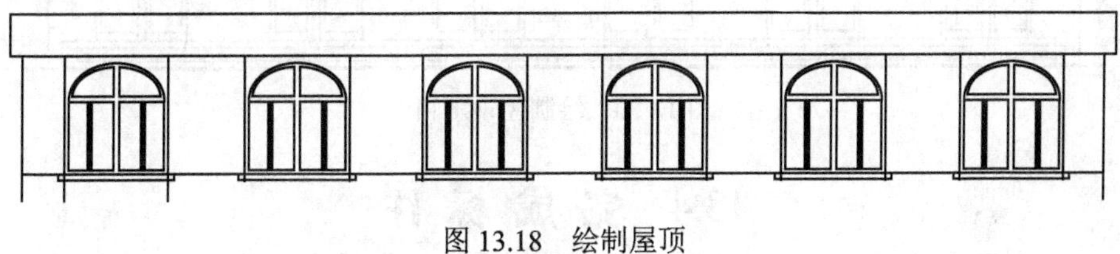

图 13.18　绘制屋顶

3. 绘制水箱

继续在 roof 图层绘图，绘制水箱。尺寸如图 13.19 所示。

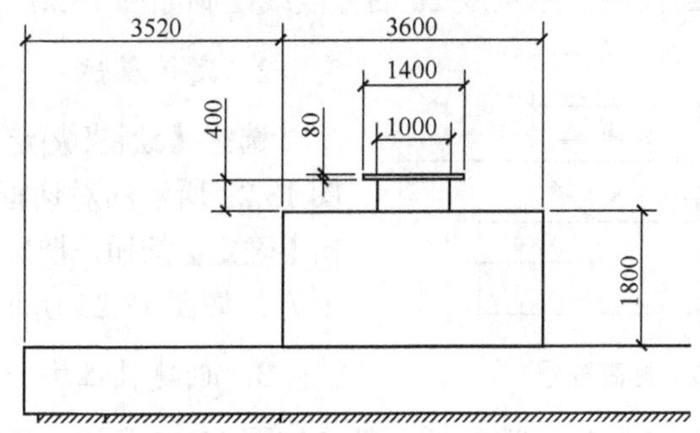

图 13.19　绘制屋顶水箱

13.3.3　绘制立面嵌线条

现在可以删除辅助线。立面嵌线条的绘制可以通过图案填充完成。

选择图案名称为 ANSI31，比例 1∶500，单击选中立面中的 4 条嵌线，完成图案填充，结果如图 13.20 所示。

图 13.20　绘制屋顶水箱

13.4　完成标注

13.4.1　标注标高

1. 绘制标高符号

设置 elev 图层为当前层，用宽度 20 的多段线绘制如图 13.21 所示的标高符号。

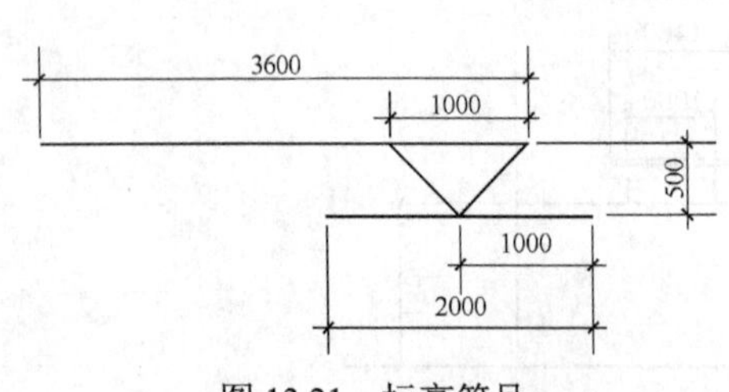

图 13.21　标高符号

2. 定义属性

选择【绘图|块|定义属性】命令，在如图 13.22 所示的对话框中输入各项参数。单击【确定】按钮，把属性插入到标高符号的上方，如图 13.23 所示。

3. 创建属性块

创建标高图块，取名为 hg，选择插入基点如图 13.23 所示，图块对象选择标高符号和属性。

4. 标注各个标高

如图 13.24 所示，从需要标高的高度拉出水平辅助线，再绘制一条垂直辅助线，它们的交点就是各个标高的插入基准点，使得各标高沿垂直辅助线对齐，美观、漂亮。

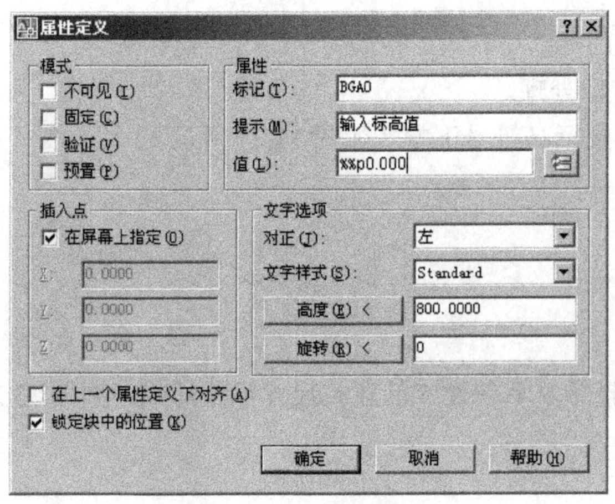

图 13.22 定义标高属性

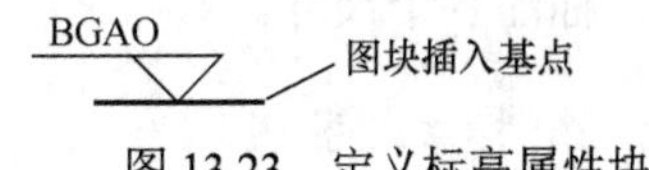

图 13.23 定义标高属性块

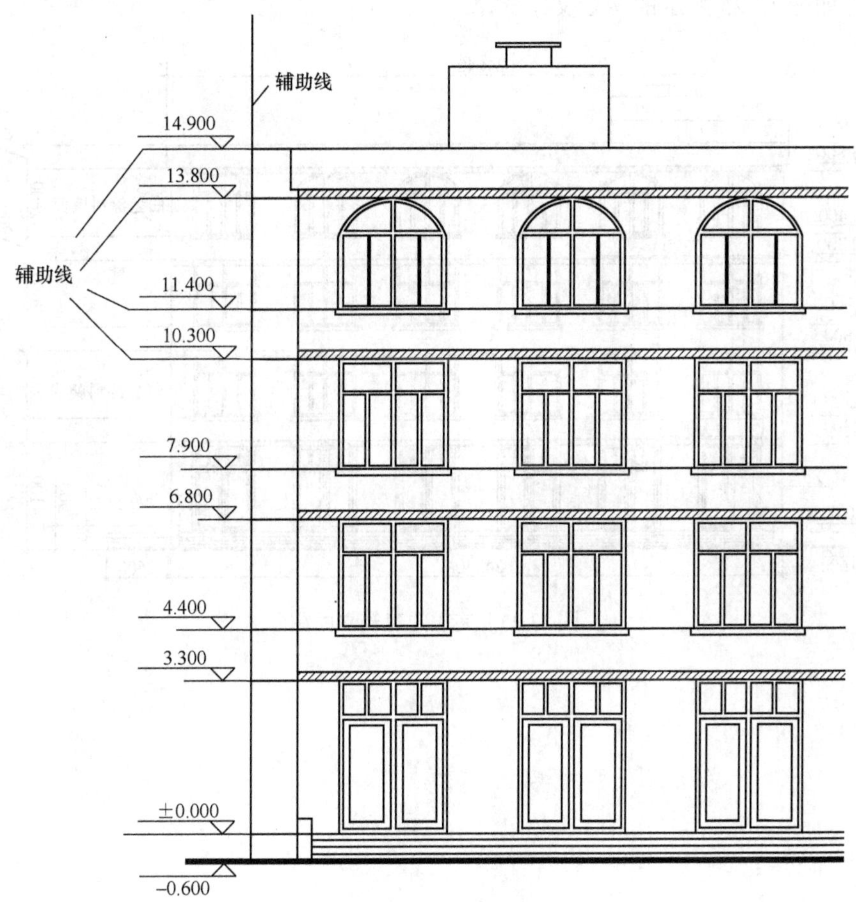

图 13.24 标注标高

在插入标高属性块时，需要输入不同的标高值。其中标高值为-0.600 的标高符号方向相反，可以按以下方式插入。

1）插入属性块，输入标高值-0.600。

2）分解图块，对标高符号作镜像处理。

3）移动属性（标高值-0.600）到标高符号下方，如图 13.24 所示。

4）删除辅助线。

13.4.2 标注尺寸和文字

1. 标注尺寸

设置 text 图层为当前图层，选择第 9 章中建立的建筑尺寸标注样式，如图 13.25 所示，标注各个尺寸。

2. 标注文字

标注如图 13.25 所示的两行文字。

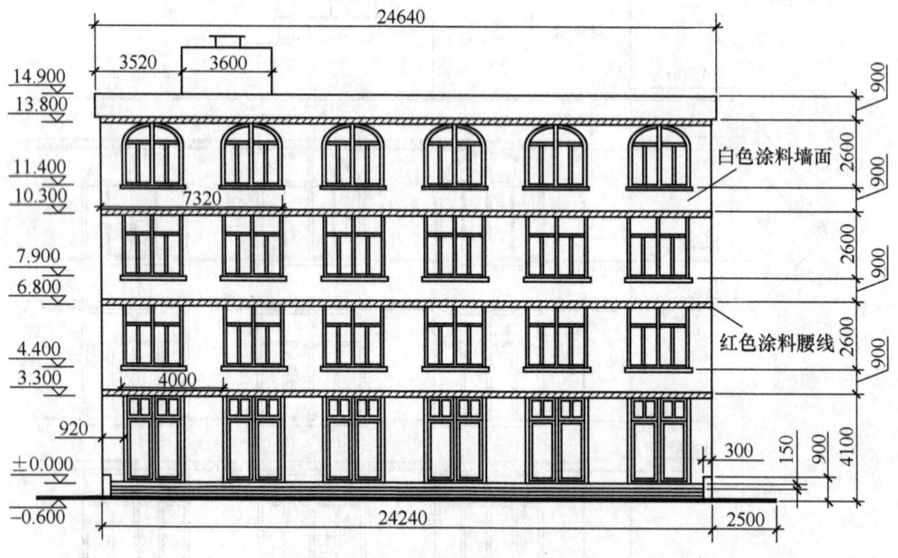

图 13.25 完成的建筑立面图

主要参考文献

郭朝勇．1998．AutoCAD 的定制与开发［M］．北京：人民邮电出版社

蒋晓．2007．AutoCAD 2007 中文版机械制图实例教程［M］．北京：清华大学出版社

《机械设计手册》联合编写组．1987．机械设计手册［M］．北京：化学工业出版社

李启炎．2001．计算机绘图（初级）习题及上机指导［M］．上海：同济大学出版社

李启炎．2003．计算机绘图（初级）［M］．上海：同济大学出版社

李启炎．2003．计算机绘图（中级）［M］．上海：同济大学出版社

谭建荣．2003．图学基础教程［M］．北京：高等教育出版社